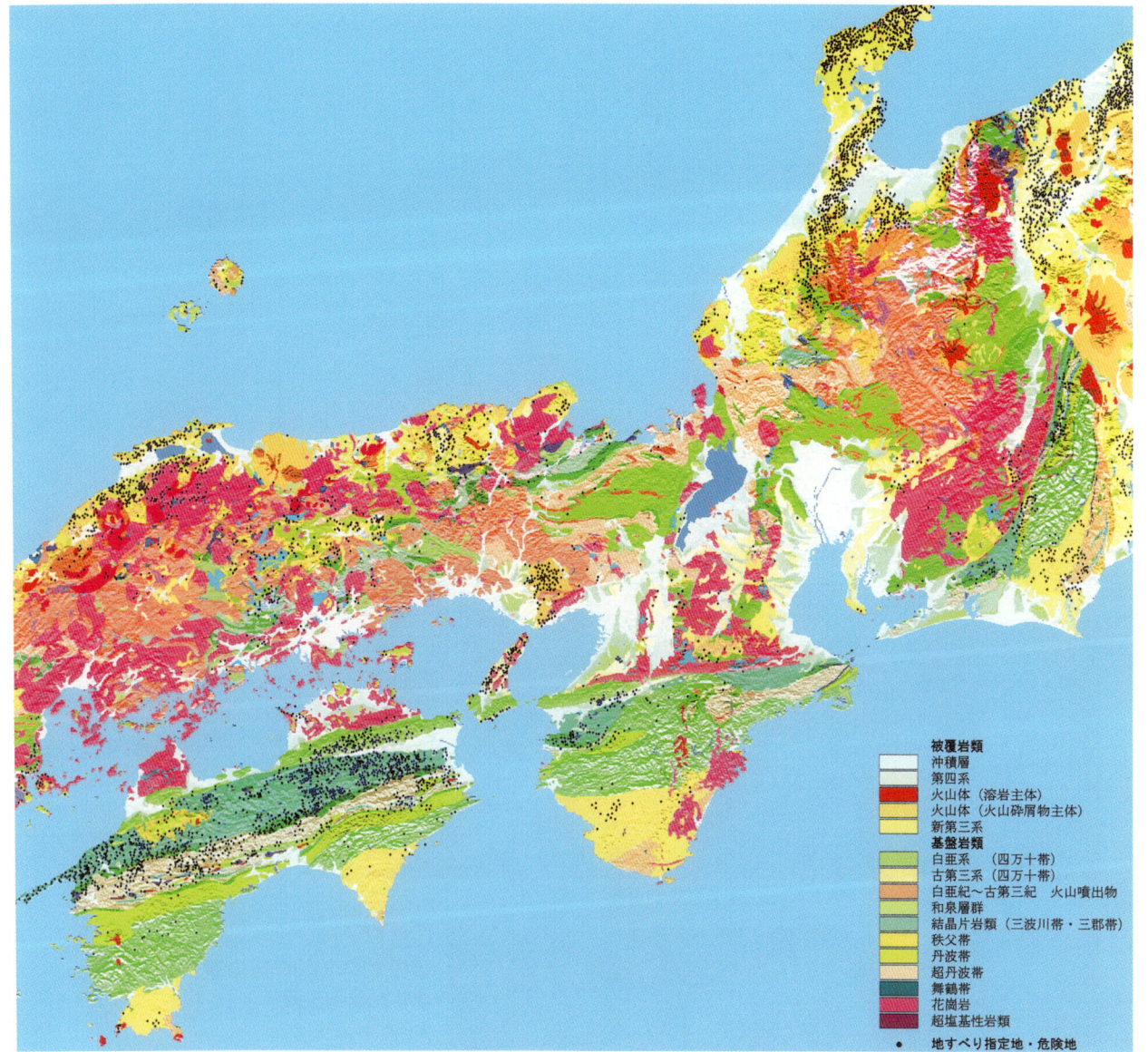

口絵1
近畿地方とその周辺の地形・地質と地すべりの分布
GIS上で地形データ（国土地理院，1997）を用いて地質データ（地質調査所，1995）を立体的に表示し，地すべり指定地・危険地（国土地理院，1977）をプロットした（凡例は主要なもののみを表示した）．
（地質調査所，1995，100万分の1日本地質図第3版CD-ROM版，数値地質図G-1，地質調査所；国土地理院，1977，日本国勢地図帳，366 p.，（財）日本地図センター；国土地理院，1997，数値地図50mメッシュ（標高）日本II，国土地理院）
日本海側の山陰地域から能登半島にいたる黄色部分は新第三系を，四国中央部から紀伊半島中央部を経て中部地方にいたる緑色部分は三波川帯を示す．これらの地域には地すべり地（黒色点）が集中していることが示されている．

口絵 2（上）
昭和 42 年当時の亀の瀬地すべりの全景
右側が峠地区
左側が清水谷地区
（清水谷地区の上方に滑落崖が見える）

口絵 3（下）
亀の瀬地すべりにみられるすべり面
峠地区における深礎工掘削時に発見された．昭和 42 年の滑動によるものと考えられる．すべり層は，1 m 程度の層厚があるが，すべり面は鏡肌を呈している（本文第 1 部 6 章参照）．

（いずれも国土交通省近畿地方整備局大和川工事事務所の提供）

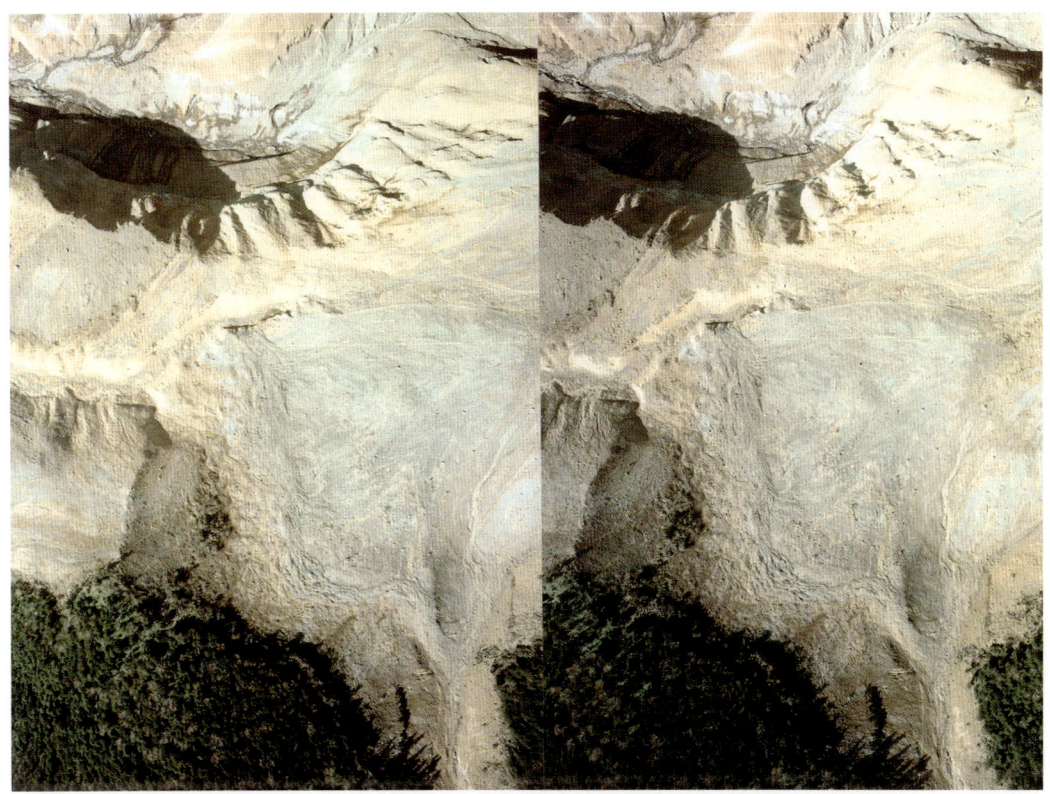

口絵 4　1984 年の長野県西部地震により発生した御岳崩れの崩落物質が，直下にある小三笠山の鞍部に乗り上げた部分

安山岩礫が色調の異なる帯状の流動痕を残し，末端部にはプレッシャーリッヂが発達している．上方の伝上川の谷壁には流下方向にのびるストリエーションが認められる．
中日本航空 C 1-7196・7197（1984 年 11 月 10 日撮影）による．原縮尺は約 1/4000．

口絵 5　小三笠山から御岳崩れの滑落崖を望む（藤田崇撮影）

口絵 6
大阪層群で発生した回転地すべりの滑落崖

大阪層群砂礫層の土取り場の急傾斜掘削崖に発生した回転すべりによる滑落崖である．滑落崖に沿う移動体の回転は山側への傾動とそれに伴う樹木の転倒から推定される．

（京都府城陽市，横山俊治撮影）

口絵 7
熊野酸性火成岩類に属する花崗斑岩の谷側への傾動運動

既存の柱状節理に沿ったすべりと新たに生じた引っ張りクラックの成長によって斜面下方（写真の右方向）に向かって最大で 20°傾動している．現状では，個々の岩塊の転倒には至っていない．

（三重県熊野市大泊，横山俊治撮影）

口絵 8　和泉層群砂岩泥岩互層からなる地すべり移動体の将棋倒し構造

砂岩泥岩互層からなる和泉層群の岩盤すべりでは，移動体内でも多数の泥岩層中ですべりと圧砕が起こり，砂岩層はその直上の泥岩層のすべり量が大きいと引きずられる．その結果，系統的節理群に画された砂岩ブロックが傾動して，将棋倒し構造が形成される．

（大阪府泉南郡岬町谷川，横山俊治撮影）

地すべりと地質学

藤田 崇 編著

古今書院

はじめに
私の地すべり研究の遍歴

　私が地すべりに初めて接したのは，兵庫県北部温泉町の丹土地すべりであり，1960（昭和35）年前後であった．そのころ，私は原子燃料公社（核燃料サイクル開発機構の前身）に在職してウラン鉱床の探査に明け暮れていた．新第三系の含ウラン礫岩層を追って人形峠から東方の鳥取層群・北但層群へと調査地を拡げていった．ちょうど，兵庫県北部温泉町付近を調査していた時，丹土付近の礫層の一部に放射能異常値があり，そこから採取したサンプルを化学分析したところ，高濃度のウランが検出された．それとばかりに付近一帯を調査したが，現場を見に来られた大阪市立大学時代の恩師池辺展生先生から，「そこは地すべり地だよ」と笑われた．私は地すべりなんて考えたこともなく，唖然とするのみであった．

　1963（昭和38）年，大阪工業大学に赴任後しばらしてから，京都大学を定年になられた佐々憲三先生が大阪工業大学の学長になられた．多方面にわたって活躍された佐々先生は，この当時地すべりの研究に精力的に取り組まれており，まもなく地すべり学会を設立され，その初代会長になられた．私どもの研究室の玉城逸夫先生は佐々先生の弟子であったので，同じ研究室の川本整先生とともに地すべり地の弾性波探査を実施することになり，高知県の長者地すべり地におもむいた．ここで，はじめて地すべり調査を実施したが，同時に長者地すべり周辺地域の地質調査も行った．

　その後，大阪府と奈良県との県境にある大和川沿いの亀の瀬地すべり地に弾性波探査で破砕帯（低速度帯）が発見されたので，これを精査するための弾性波探査を行うことになった．これが契機となって，私は地すべりの本格的な調査・研究を行うことになった．亀の瀬地すべり地は二上層群の分布域であるが，学生時代によく地質巡検でなじみがあったので，弾性波探査の合間に地質調査をした．調査をしているうちに，明神山火砕岩類を基盤として，地すべりを起こしているのはその上位のドンズルボー溶岩であることがわかった．その調査結果を秋田で開催された地すべり学会で発表したのが地すべり研究の最初である．その時，秋田大学の著名な岩石学者である加納博先生が私の発表に対してたいへんな賛辞を述べられた．これは忘れ得ぬ思い出であり，ますます地すべりの研究にのめり込むようになった．地すべり地の地質に関する本格的な論文もこの亀の瀬地すべりが最初となった．

　1967（昭和42）年に亀の瀬地すべりは大規模な活動を起こした．前年まで調査してい

たので，どの部分が滑動するのか，どのような現象が起こるのか，しばしばこの地すべり地を訪れて，もろもろの現象を観察した．亀の瀬地すべりはきわめて緩慢な運動であるが，長期にわたって滑動が継続するのが特徴である．このときも梅雨明けの7月にいたるまで，半年にわたって滑動した．私の亀の瀬地すべりの論文が認められたせいか，地すべり地の地質を全面的に見直すことになった．当時，建設省大和工事事務所（現国土交通省大和川工事事務所）の亀の瀬地すべりの専門官であった渡辺正幸氏は亀の瀬地すべりの地質のまとめを大阪市立大学の藤田和夫・笠間太郎両先生に委託され，私も全面的に協力することになった．この時に地すべり地内の多数のボーリング・コアを観察して，地すべり地の内部状況を詳細に知ることができ，本格的な地すべり調査に取り組んだ次第である．

　1960年代後半から1970年代（昭和40～50年代）には，大阪工業大学の同僚や土木工学科学生諸君と卒業研究をかねて毎年四国や新潟の地すべりの調査，主として物理探査に従事した．この時多くの学生諸君と実施した弾性波探査の経験は，その後の地すべり調査・研究に大いに役立った．当時の学生諸君とは酒を飲み交わしながら，今なおこの時の思い出に話の花が咲く．本当に良き大学時代であった．また，当時，大学の後輩にあたる平野昌繁・波田重熙の両氏とは，四国の地すべり調査におもむいて得た数々のことがらは貴重で，忘れがたいものがある．いずれにしても私の地すべり調査・研究がもっとも進んだ時代であったといえる．

　もう20年も経つのであろうか，平野氏の紹介で，日本地形学連合に入会したことも重大なことであった．地形については平野氏から手ほどきを受けたものの，本格的な地形学者の団体であるこの学会で最近の新しい地形学の考え方・研究手法に接して，私は地形学に開眼したと言ってよい．とくに，この学会は，地形学者のみならず，地球物理学・土木工学・砂防工学・地質学など関連分野の研究者が参加し，シンポジウムでも開こうものなら，参加者一同がカンカンガクガクの議論を展開するのである．最近の学会がおざなりの議論に陥る傾向が強い時に，この雰囲気はたいへん新鮮であった．この学会は，京都の伏見の「池田屋」（かの有名な池田屋騒動が起こった）で，酒を飲み交わしながら議論が伯仲している時，何かのきっかけで設立することが決まったという逸話がある．良い意味でたいへん戦闘的（積極的では感じが出ない）な学会である．ちなみに，初代会長は京都大学の奥田節夫教授であり，先生の学会の閉鎖性を打ち砕こうとする気概がみなぎっていた．昨年8月に，念願の第5回国際地形会議が東京で開催されたことは，慶賀にたえない．

　地すべり学会が設立された後，私はまたとない貴重な機会が与えられた．1970年代の半ば頃と記憶するが，当時，小出博氏の提唱された地すべりの地質分類にいくつかの問題点が指摘されたこともあって，学会に地すべりの地質分類委員会（委員長：安藤武氏）が設けられ，私も委員の一員に加えられたことである．この委員会のメンバーには，故羽田野誠一・中村三郎・大八木規夫・黒田和男・古谷尊彦・中山康・中村浩之・吉松弘之の諸氏など，後に学会の会長をつとめた方々と親しくつきあう機会を得たことである．なかで

も羽田野氏の個性あふれる洞察力・学識は強烈なインパクトがあった．このように，専門の異なる多くの方々と接する機会が増え，議論をかわす中で地すべりに関するさまざまな知見を得て，私なりの地すべり観をまとめることができた．

　1990年代（平成2年以後）になって，私は当時の科学技術庁防災科学技術研究所の田中耕平氏から，地すべりを調査研究する中堅・若手の地質の専門家を鼓舞するような機会を考えるのが私の年代の責務ではないかといわれた．確かに，われわれの年代は地すべり学会の地質分類委員会などによって，互いに切磋琢磨する機会を経験した．われわれの年代より若い地質の専門家の方々に何かを残すとすれば何がよいかを考え，中堅層を主体とした専門家を中心に新たな研究委員会を，日本応用地質学会で設立したいと田中氏に提言した．これには彼も驚いた様子であった．というのは，当時地すべりの研究委員会は地すべり学会が相場と決まっており，実績のない日本応用地質学会は考慮外であったからである．私は，地質の専門家を主体とするのなら，地質学を看板にあげている日本応用地質学会で行うほうが地質学界にインパクトを与えることになり，将来に良い結果を生むのではないかと話した．田中氏もこれを了承して，委員会設立を日本応用地質学会に申し出た．当の学会も驚いたようであったが，当時の岡本会長以下幹部の方々の御尽力もあって，1994（平成6）年より「斜面地質に関する特別研究委員会」は発足した．

　この委員会は，推進役の田中氏の努力が報いられ，各委員もきわめて活動的であった．多くの資料が提示され，それを基に議論するおもしろさは，格別の味わいがあった．委員諸子も私自身も大いに興味をいだくことができ，委員会の活況を呈した．私のもくろみはあたったといえるであろう．

　この委員会の具体的な活動およびその成果については，日本応用地質学会から上梓された書籍『斜面地質学』がすべてを物語っている．これは，山地の形成に始まり，斜面構成物質の風化・浸食作用，これらの作用を受けながら，不安定化要因の増大，斜面変動にいたる過程が述べられている．さらに，斜面の調査・評価の手法，事例研究が述べられ，実際の斜面問題への取り組み方が解説されている．斜面に関する書籍でありながら，斜面の対策工についてはまったくふれておらず，地形学・地質学の分野から斜面の問題に対して，従来になされた貢献が要約されており，将来への展望が述べられている．戦前はともかく，少なくとも1960年代以降では，地質学・地形学を基礎として，斜面の課題に真正面から取り組んだ書籍は他に見当たらない，と自負している．

　この書籍の刊行とほとんど日を同じくして，中心人物であった田中耕平氏（1999年から信州大学に転出）が赴任先で急逝された．私は呆然とした．まだ50歳台の半ばの若さであり，惜しみてもあまりあるものがある．残念というより他にない．つづいて，当時の斜面地質委員会の有力メンバーであったＪＲ総合研究所の櫻井孝氏が急逝された．この委員会は何かに祟られているのではないか，と本気で考えたくなった．このときの斜面地質

委員会のテーマは,「ハザードマップ」であったが,委員諸子の奮闘のおかげでこれらの不幸な出来事を乗り切り,最後に学会でシンポジウムを開催することができ,委員会の責任を果たした.

　1900年代も終わるころになって,どこでもれたのか,私が大阪工業大学を定年になることが知れてしまった.この書籍の編集委員になっておられる方々に呼ばれて,私の定年記念出版物の計画を聞かされた.たいへん有り難いお話であるが,私にそれほどの資格はないので,いったんはお断りした.しかし,再度の要請があったので,私は地すべり現象を地質学の観点からまとめた書籍はいかにも少ないこと,これほどの有力なメンバーであれば,価値のある書籍がうまれる可能性が高いこと,などを考えて,これも1つの良い機会ではないかと考えた.それで,私の定年に合わせることなくこの計画を進めて良いものと考え,そのことを皆さんに了承願った.これを基に具体化したのが本書である.『斜面地質学』が刊行されて間もない時であったので,この書籍との重複を避けるために,本書の内容を地すべりに関連の深い地質学の分野と地すべり現象とのかかわり合いを,中心課題として本書を構成した.

　本書の計画から,2年が経過して私も定年となり,大阪工業大学を2000(平成13)年3月に退職した.大学に所持していた書籍・文献などいろいろな資料を焼却,分散して保管したため,私の執筆すべき箇所が遅れに遅れた.編集の責任者としても十分な職責を果たしたとはいえないが,本書の構成・編集に関する全責任は私にあることはいうまでもない.

　執筆者各位にはたいへんご迷惑おかけした.編集委員各位には何度もお集まり願い,貴重な時間を割いて尽力いただいた.御礼の言葉がないほどである.心からの感謝を申し上げたい.ことに大阪市立大学の三田村宗樹氏には編集幹事を引き受けていただいた.本書が刊行されるにいたったのも同氏なくしては考えられない.ただただ,御礼申し上げる.

　本書は必ずしも1頁から読む必要はなく,読者の興味あるところから随時読んでいただいて構わない.第1部・第2部ともに,各章は執筆者の判断を尊重して,自由に書いていただいた.そのため,いくぶんかの用語や表記のくいちがいなどがあるが,完全な統一は逆に執筆者の個性を損なう可能性もあるので,最低限の修正しかしていない.読者にはこの点をご了解いただき,細かな点よりも各章の大意をくみとっていただきたい.

　　　平成14年1月吉日

　　　　　　　　　　　　　　　　　　　　　　　　　　　　　　　藤田　崇

目　次
地すべりと地質学

第1部　地すべり研究へのアプローチ

1. 地すべりと地質学 　　　　　　　　　　　　　　　　　　　　　　　　藤田　崇　3
   - 1.1　日本の地すべりの特徴 …………………………………………………………3
   - 1.2　地すべりの分類 …………………………………………………………………6
   - 1.3　地すべりの発生要因（素因と誘因） …………………………………………8
   - 1.4　地すべり変動体と地すべり構造 ………………………………………………10
   - 1.5　地すべりの地質規制と地形 ……………………………………………………13
   - 1.6　地すべりと地質地帯区分（ゾーニング） ……………………………………14
   - 1.7　地すべりの発達とネオテクトニクス …………………………………………16
   - 1.8　地すべり発達史 …………………………………………………………………20

2. 地すべりの地史的背景 　　　　　　　　　　　　　　　　　　　　　三田村宗樹　22
   - 2.1　第四紀と地すべり ………………………………………………………………22
   - 2.2　第四紀層序学的手法の地すべり研究への展開 ………………………………26

3. 地すべりと地形学 　　　　　　　　　　　　　　　　　　　　　　　　平野昌繁　32
   - 3.1　地すべり地形 ……………………………………………………………………32
   - 3.2　地形と地すべり …………………………………………………………………41
   - 3.3　地すべりに関連した補足的な問題 ……………………………………………53

4. 地すべりと構造地質学 　　　　　　　　　　　　　　　　横山俊治・横田修一郎　60
   - 4.1　地すべり研究への構造地質学の適用 …………………………………………60
   - 4.2　既存の地質構造と地すべりの発生 ……………………………………………63
   - 4.3　地すべり発生初期に生じる変動構造 …………………………………………65
   - 4.4　成熟した地すべりの変動構造 …………………………………………………68
   - 4.5　テクトニックとノンテクトニックの識別に関する最近の重要な問題 ……73

5. 地すべり移動体の運動と堆積 　　　　　　　　　　　　　　　　　　　　　　　78
   - 5.1　地すべり移動体の運動像とその特性 ……………………………………諏訪　浩　78

5.2	堆積学における地すべり研究	田中　淳	92
5.3	地すべり研究から堆積学へ	田中　淳	93

6. 地すべりの記載手法　　　　　　　　　　　　　　太田英将・林　義隆　96

6.1	地すべり機構を解明する上での記載項目	96
6.2	安定解析を検討する上で必要な記載	97
6.3	ボーリング情報の記載	104
6.4	すべり面の記載	113

7. 地すべりの情報化　　　　　　　　　　　　　　　　　　　升本眞二　124

7.1	地すべりとGIS	124
7.2	地すべりと三次元地質モデル	129
7.3	地すべりとリモートセンシング	131

第2部　地すべり研究の事例

1. 近畿地方の地形・地質特性　　　　　　　　　　　　　　　　　　137

1.1	地形・地質の概要	藤田　崇	137
1.2	近畿地方の地質特性	藤田　崇	139
1.3	付加体の地質学	波田重熙	141
1.4	近畿地方の地すべり地帯	藤田　崇	143

2. 内帯北部・内帯中部　　　　　　　　　　　　　　　　　　　　　146

2.1	新第三系北但層群・照来層群	藤田　崇	146
2.2	白亜系生野層群（福知地すべり）	三田村宗樹	152

3. 内帯南部　　　　　　　　　　　　　　　　　　　　　　　　　　156

3.1	白亜系和泉層群	横山俊治	156
3.2	古第三系神戸層群	加藤靖郎	160
3.3	新第三系二上層群（亀の瀬地すべり）	林　義隆	167
3.4	第四系大阪層群	栃本泰浩	172

4. 外帯北部　　　　　　　　　　　　　　　　　　　　　　　　　　178

4.1	三波川結晶片岩類（善徳地すべり）	守隋治雄	178
4.2	御荷鉾変成岩類（蔭地すべり）	原　龍一・小川　洋	185

5.	**外帯南部**		**191**
	5.1 外帯付加体の地質特性 ……………………………………波田重熙		191
	5.2 秩父累帯の例 …………………………………………………波田重熙		195
	5.3 四万十帯の例 …………………………………………………石井孝行		200
6.	**火山体・火山岩および人工地盤**		**206**
	6.1 御岳1984年崩壊 …………………………………諏訪　浩・平野昌繁		206
	6.2 人工地盤（とくに地震による地すべり発生の例）……………三田村宗樹		212

文献 ……………………………………………………………………………………218

索引 ……………………………………………………………………………………232

第1部
地すべり研究へのアプローチ

1　地すべりと地質学
2　地すべりの地史的背景
3　地すべりと地形学
4　地すべりと構造地質学
5　地すべり移動体の運動と堆積
6　地すべりの記載手法
7　地すべりの情報化

1
地すべりと地質学

　山地の発達した日本列島では，代表的な地盤災害として地すべり現象があげられる．日本海側の米作地帯は，平野部のほか新第三系黒色泥岩から成る丘陵・小起伏山地であった．この地域は斜面すべてといってよいほど地すべりの多発地域であり，毎年，米の収穫後地すべりで変形した水田を修復することが多く，千枚田のような光景がうまれてきた．日本の米作と地すべりは密接な関連があり，農民は地すべりとつきあってきた歴史がある．

　終戦後，1950年代には度重なる台風の襲来や地震の発生により，全国的に地すべり災害が顕著になった．新潟県の栅口地すべり，九州の天草やボタ山の崩壊，和歌山県花園村金剛寺の大崩壊が起こった有田川水害など多数にのぼる．これが一つの契機となって，「地すべり等防止法」が1958（昭和33）年に制定された．以後，この法律により多くの山地災害が軽減・防止された．

　近年は道路建設の際に形成された長大のり面に発生した例が多くなった．北海道豊浜や福井県越前岬の道路トンネルの崩壊による事故は記憶に残る痛ましい出来事であったが，この例に他ならない．

　地すべりは山地斜面にみられる地質過程である風化・浸食作用であって，そのこと自体は特殊な現象ではない．山国である日本は以前からこれら地すべり現象を，地すべり・山崩れ・地崩れ・山津波・土石流など多様な表現で表した．これら諸現象の厳密な区分は難しく，後述のように以前から多くの議論があった．

　藤田（1990a，b）は，斜面に発生するさまざまな変動現象を「斜面変動」と総称したが，よく使われる地すべりや崩壊の用語を使用しないということではない．本書では，通常の地すべり現象とこれに加えて大規模な崩壊現象をあつかっている．いずれにせよ，地すべりの発生・発達は，斜面の形状とその斜面を構成する地質体の物質とその構造に密接に関与している．地質状況によって，地すべり現象はさまざまな様相を呈するが，基本的には山地の地質過程に起こる現象といえる．

1.1　日本の地すべりの特徴

（1）　地すべりとその関連現象

　日本列島は東アジア大陸の東縁にあり，最大の海洋である太平洋に面した島弧を形成している．つまり，海洋プレートと大陸プレートに挟まれている世界有数の変動帯に位置している．そのため，地震・火山が多いほか，基盤岩体はしばしば破砕が進み，多くの断層が発達し，また，隆起地帯である山地と沈降地帯での平野・盆地の発達が対照的である．こうして，日本列島の約80％が山地で構成され，残りが平地であって，人口の大部分は平地に集中することとなった．

　山地の発達は，風化・浸食作用を推し進め，結果として斜面に特有の変動現象が生じ，斜面構成物質が主として重力の作用により，多様な規模・運動様式・速度でもって斜面下方に移動する．これが地すべり・崩壊，あるいは土石流である．

　一般に，「地すべり」は移動する斜面を構成物

質の規模が比較的大きく，移動速度が相対的に小さいのが特徴である．類似の現象に「崩壊」があり，これは小規模であるが，移動速度が大きい．また，火山・地震あるいは豪雨によって，山体自体が崩壊するような大規模な変動が発生することがある．1821（明治21）年の磐梯山の崩壊や1984（昭和59）年の御岳の崩壊はその土量が10^7 m³を超える巨大な崩壊であるが，このような大規模な崩壊は高速な土砂移動が行われるので，「大規模崩壊」とか「岩屑なだれ」などと呼ばれることが多い（町田，1984）．

一方，「土石流」は地すべり・崩壊とは別の概念でとらえられているのが通常であり，行政的には「砂防法」が基本となっている．土石流は，大量の岩屑と土砂を含んだ高密度の混合水が，土石を先頭にして高速で河谷を流下する現象である．総体積の半分以上は水で構成されている，土石の量が水量を大幅に上回るようになると，岩屑流などと呼ばれる．

最近，道路脇の急崖を構成する岩盤が崩壊する現象はしばしば「岩盤崩落」といわれている．岩盤が急角度の割れ目に沿ってすべりを起こすか，急崖の前方に倒れ込むトップリング現象のどちらかである．その他，落石などの小規模な現象も起こる．このように，日本には古くから斜面の変動現象が多発したため，多様な用語が残されている．

（2） 地すべりと日本の地質

よく知られているように，日本列島は太平洋・フィリピン海の2つの海洋プレートとユーラシア・北アメリカの2つの大陸プレートに挟まれているため，世界有数の変動帯となっている．これらの影響で複雑な地質構成と構造を呈している．変動史の観点から，基本的に次の4つの段階が認められる．

A 先カンブリア時代
飛驒片麻岩類など先カンブリア時代とみなされる花崗岩や片麻岩類．

B 古生代中期（シルル紀）〜中生代初期
日本列島の骨格を形成した付加体からなる．秋吉・丹波・美濃・秩父・三郡・三波川・北上・阿武隈などの諸地帯．西南日本に広く分布している．

C 中生代中期〜新生代前半
四万十帯などの付加体，ならびに北海道中央山地（日高区）など．および，西南日本内陸部の花崗岩や流紋岩質噴出岩類などの酸性火成岩体．

D 新生代後半
北海道渡島半島から秋田・新潟・北陸・山陰にいたる日本海側のグリーンタフ地帯，東北日本を特徴づけている．ならびに瀬戸内区などの内陸性の新第三系，および各地の第四系．

これらのうち，AからCの時代は，古代の東アジア大陸縁辺部にあった海溝に，南方からプレート運動に伴う付加作用によって形成された地質体を主体に大陸地塊の一部が加わっていると考えられ，これらの一部は変成作用を受けた地質体となっている．さらに，白亜紀から古第三紀にかけて当時のプレート内部の火成作用によって，花崗岩類や流紋岩類を主体とした酸性の深成岩類や噴出岩類が形成された．

Dの時代になって，日本海が開口しはじめ，島弧としての日本列島が形成される．日本海側と日本列島の屈曲部に相当するフォッサマグナ地域に，激しい火山活動が起こるとともに，隆起・沈降が顕著になって厚い海成層が形成された．これらの中で，塩基性の火山噴出物は緑色化し，グリーンタフと呼ばれている．

このように，古第三紀までの大陸時代の基盤岩類と，これらを覆う島弧時代の被覆岩類に二分できる．前者を一応大陸時代とし，後者を島弧時代として区分することができる．基盤岩類の区分は，図1.1に基盤岩類の区分を示され（Ichikawa, 1990），17の地質体が区分されている．これらの

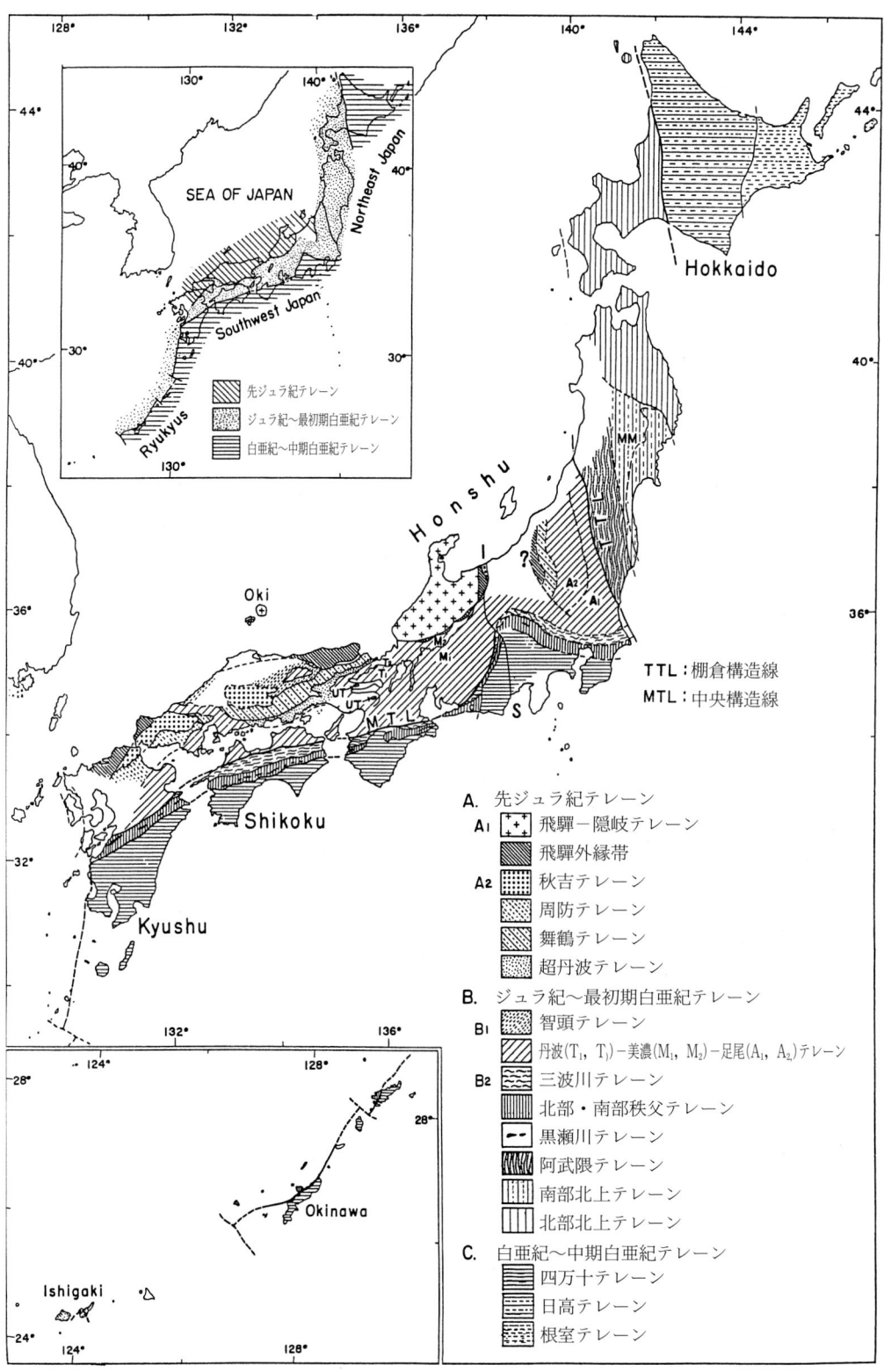

図1.1 日本列島の基盤岩の地質体区分 (Ichikawa, 1990, 一部改変).

地質体は，以前の地向斜造山運動の考え方では，ほぼ現在の場所で形成されたと考えられていた．しかし，最近の付加体地質学では，次のように説明される．海洋プレートが大陸プレートのもとに潜り込むときに，海洋プレートの一部や海山，および海洋プレートに伴われて海洋性の堆積層，あるいは海溝を埋めていた陸側から運搬された堆積層などが，沈み込みプレートからはぎ取られて陸側に付加して形成された，という考え方である．この図の地質体区分の基本的な説明は，最近の地質学の知識が必要であり，詳細は別の文献（平，1980など）を参照していただきたい．本書では，第2部で最近の付加体地質学の概要を説明する．

　固結の進んだ大陸時代の基盤岩類は堆積岩・火成岩ともに通常は硬質であり，通常は安定している．これらは時代の異なるいくつかの付加体岩類を基本としてから成り立っている．その後，主として第四紀の地殻変動はこれらの岩体を隆起せしめて山地を形成した．その際に，断層・節理など多くの断劣が起こり，また，表層部分は風化作用により軟弱化した．このため，いろいろなタイプの地すべりが発達した．一般に，日本の堆積岩類は時代とともに硬質となる傾向がある．したがって，これらを基盤として発生した地すべりは，硬質岩タイプの地すべりとみなすことができる．

　一方，島弧時代の新第三系は，固結が十分進んでおらず，粘土分の多い軟質の堆積岩類が主体をなし，ここに地すべりが多発する．軟質岩タイプの地すべり群であり，前述の硬質岩の地すべりとは区別される．また，第四紀火山活動は，急斜面を有する新たな火山を形成するとともに，噴出岩類は火山ガス・熱水により粘土化が促進され，この地帯に特有の地すべりが発生した．

　このように，日本列島の地すべりは，大陸時代と島弧時代という地質的な背景のもとに大きく二分され，それぞれ特有の活動を起こしている．小出（1955）が破砕帯地すべりと第三紀層地すべりに分類したのは，大陸時代と島弧時代に形成された地質体に発生した地すべりにそれぞれ対応している．小出が温泉地すべりを設けたのは，第四紀火山およびその周辺に粘土化の進んだ岩体に発生した地すべりのためで，日本が火山国である特性を示しているといえよう．

　現在みられる地すべり・崩壊等は第四紀に発生したものであるが，島弧を形成した変動と深く関連している．後述するように，このことは日本列島など島弧地域にみられる特徴であり，氷河の発達したヨーロッパ・アメリカ大陸などとは決定的に異なる点である．

1.2　地すべりの分類

（1）　従来の見解

　明治時代に近代地質学が移入されて，日本列島の地質が次第に明らかにされるにつれ，地すべりの地質的側面も，多くの先人の貴重な調査・研究により明確にされてきた．ことに，明治時代の後半は地震・火山など大規模な自然災害が相次いで発生した．例えば，1888（明治21）年の磐梯山の噴火と山体の崩壊，1889（明治22）年の十津川水害，1911（明治44）年の稗田山の崩壊のような大規模な斜面災害が発生し，巨智部忠承・横山又次郎など当時の著名な地質学者が調査に赴いている（宇智郡役所，1891など）．

　その後，脇水鉄五郎（1912）は，本邦における山地の崩壊現象に関する本格的な研究論文を発表し，渡辺貫（1928）は地すべりを「山甫行」と「山崩」とに2分類した．中村慶三郎（1934）は，「山崩」において，これを地殻表層の局部的な移動現象であるとし，突発的で崩土の破壊を伴う現象を「地崩」，崩土の著しい破壊を伴わない永続的緩慢運動をなす現象を「地亡」とした．この見解は現在でも引き継がれて，崩壊と地すべりを区別する基本的要素の1つとなっている．

　このように，本邦の地すべりの基礎的研究は地質学者によってなされた．そして，小出（1955）

の『日本の地すべり』はきわめて示唆に富んだ内容をもち，以後の地すべり研究に大きな影響を与えた．この著書では，ほとんどの斜面上の変動現象を地すべりとし，小規模な斜面表層の滑動を崩壊とした．この見解は，1958（昭和33）年制定の「地すべり等防止法」，後のいわゆる「急傾斜地法」に引き継がれ，行政的にはこれが地すべりと崩壊の定義となっている．

この小出の著書は，本邦の地すべりの地質特性をまとめ，地すべりの発生がこれら地質特性の反映であることを強調し，地すべりの地域性を指摘した．この書で提示された「第三紀層地すべり」・「破砕帯地すべり」・「温泉地すべり」という地質分類は，以後の地すべり調査・研究にとって重要な概念となった．

（2） 最近の見解

地すべり・崩壊・土石流を主体とする地すべり現象は，運動・構成物質など複雑な様相を示す．そのため，多くの研究者によってさまざまな分類が提示されている．これらの分類の主な基準は次のようである．

- A　形態（地表面）
- B　物質
- C　運動
- D　移動速度
- E　規模
- F　すべり面形状
- G　地域性
- H　時代性
- I　基盤地質
- J　これらの組み合わせ

これらにもとづく具体的な地すべりの分類は別の専門書に譲る．一般的な地すべりの分類ということになると，構成物質・運動・規模など客観的に表し得る現象を基本としている．

Vernes（1978）は，斜面上の変動現象を slope movement と呼び，構成物質と運動を組み合わせて分類を行い，Hutchinson（1988）は，多様な運動様式を中心として独自の分類を提示した．その後，全世界で landslide の語がどのようなタイプの現象にも使用される傾向が顕著となったため，landslide を総称として運動様式などの名称を一部修正した（Cruden & Varnes, 1996）．この分類は一般的な現象を基準としているので，現在多くの国・地域で用いられている．

日本でもこの分類，あるいは一部改変した分類を提示した場合もあるが（古谷，1980；日本応用地質学会，1999b など），なんといっても小出の提唱による地質分類が主体となっている．地質現象は世界共通のものも多々認められるが，きわめて地域性が強い現象も少なくない．地すべりも同様の傾向があり（植村，1986）．小出の地質分類は，島弧である日本列島の地域性を活かした分類ともいえるであろう．

小出の分類はいくつかの欠点が指摘されていることもあって（藤田，1990b など），これに替わる地質分類を地すべり学会「地形・地質用語委員会」で検討された．委員会では，地すべりの地形・地質記載法などが検討されたほか，従来の地質分類とは異なる地すべり現象を主とした地質分帯が提唱された．それは，次のような斜面の変動現象の主な属性をとりあげて，これをもとに一般的な分類を提唱した（Oyagi et al, 1991；古谷・黒田，1983 など）．

① 場の条件（発生域・押し出し域／2区分）
② 運動様式（toppule, squeezing / lateral spreading / basal flow, slide, creep, fall, flow　6様式／速度の垂直変化）
③ 運動速度（大，5〜10 m / day，小／2区分）
④ 規　　模（大，W＝30 m，小／2区分）
⑤ 物質構成（岩盤・岩屑・表土など）
⑥ 内部構造（特に基底部）の変化
⑦ すべり面の形態（円弧・板状など）

これは，地すべり活動の場（発生域と押出域）

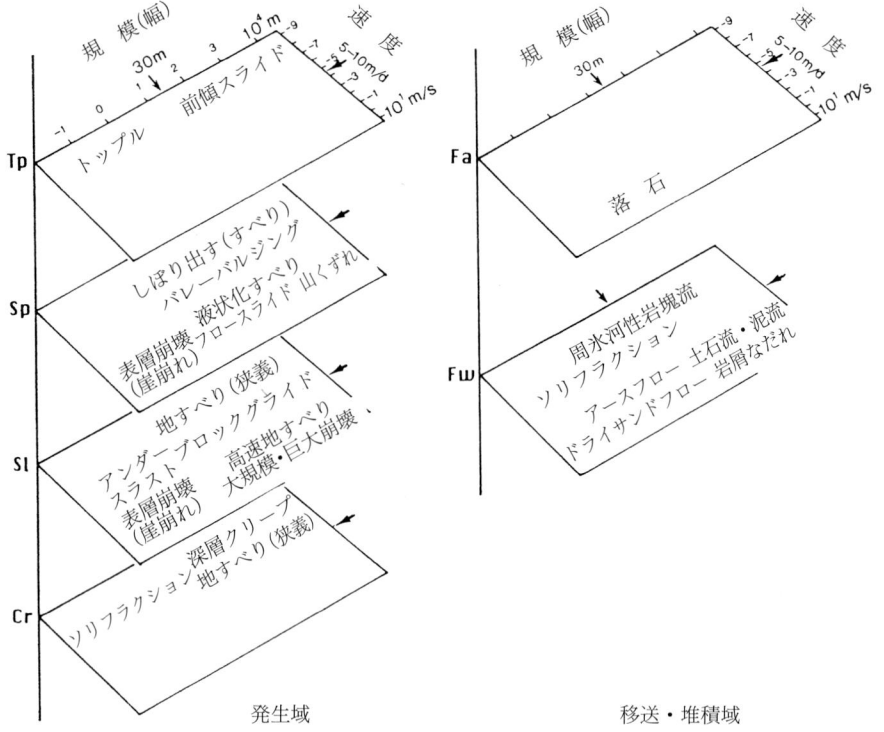

図 1.2 地すべり学会による斜面変動の分類試案.
(Oyagi *et al*., 1991；日本地すべり学会 地形地質用語委員会での検討案).
縦軸は運動様式を示す．Tp：トップル，Fa：フォール，Sp：スプレッド，Fw：フロー，Sl：スライド，Cr：クリープ．

において，運動様式・運動速度・規模を基準とし（図1.2），日本で用いられる斜面の変動現象の主な名称をこの分類図上で示した．地すべり・崩壊がどのような現象であるかを示しており，従来，曖昧なまま使用していたこれらの用語を明確に示している．これら斜面の変動現象の総称を，当時の地すべり学会地形地質用語委員会では（Oyagi *et al*., 1996など），「斜面変動（slope movement）」と呼ぶことにしたが，英文表記ではlandslideになる可能性が高い．ちなみに，地形学の専攻者は，mass movementの用語を使用する例をしばしば見受ける．

なお，本書ではこの表で示す「地すべり」を主としてとりあげている．

1.3 地すべりの発生要因（素因と誘因）

地すべりが発生する要因は，発生の場となる斜面や構成物質がどのような状態が基本的に重要であり，「素因」と呼ばれる．とくに，初生地すべりは岩盤内で発生するので，斜面構成物質の風化とそれに伴う脆弱化など山体の岩盤劣化・不安定化の過程の進行が前提である．地すべりは，これらと斜面に働く営力とのかねあいによって発生する．

一方，地すべり発生のトリガーとなる直接的な要因は「誘因」と呼ばれる．誘因となる現象は，営力の急激な変化，あるいは一時的な増大と考えることができる．

表1.1 斜面変動の素因の最近の見解 （日本応用地質学会，1999）

植村　武 (1974, 1982a, b)	羽田野誠一 (1974a, b)	藤田　崇 (1990b)・Fujita (1994)
物質因子群（斜面構成物質の物性） A 粒度組織，固結度，充填度，鉱物組織，化学組織などの岩質や土質と総称される性質． B 構成物質の粒子の集合状態や配列状態，異方性，連続性など岩石や土の内部構造に関係するもの．	物質要因 地質体（基盤・表層），土層，土壌など，斜面構成物質に関する因子群．	物質要因 地質体の岩相・構造 斜面構成物質（岩石・表土）の物性，とくに弱層（粘土層など）の強度ならびに鉱物組成（とくに粘土鉱物）など． 地下水
環境因子群（斜面変動の発生「場」の性質） 物質因子群を変化させる原因となる温度・圧力・媒質（水）など 媒質としての水の役割＝化学的風化の促進，含水量の増加による剪断抵抗の減少，間隙水圧の増加による破壊強度の低下．	地形要因 斜面の傾斜・斜面形（水平断面形・縦断形），斜面規模（比高・奥行・幅・有効起伏量），傾斜変換点，遷急線（侵食前線），集水面積など．	場の要因 斜面変動の場である斜面の形態 斜面の形状，斜面長，起伏量，傾斜，谷密度，集水面積など主として地形的因子群斜面表層を覆う植生や地表水の状況など 山地の成長などに伴われる斜面の成長過程に関する因子群 （山地の隆起・断層・褶曲による地質体の変化）
	変動要因 降雨，地震，水文，植生，人為，侵食，谷と斜面の発達史（崩壊履歴を含む）．	

（1）地すべりの素因

山体が岩盤劣化・不安定化となり，地すべりに発展する地形・地質的要因は，斜面を構成する基盤岩体がもともと強度が小さいか，あるいは低下した条件に適合する．一般的な地すべりの素因は，いくつか提唱されているが，その主な例を**表1.1**に示す．ここに示したように，誘因はともかくとして，素因となる要因（因子）は，斜面の形状あるいは斜面構成物質の特性が主体であり，地形・地質的因子と密接な関係を表示し，斜面の地形・地質環境に大きく依存する．

斜面構成物質の諸性質は，それがおかれている場の外的条件により多様に変化する．新第三紀の地質体はいわゆる軟岩であり，クリープ・膨潤・スレーキング・攪乱などの性状変化を引き起こしやすい．それに伴う斜面物質の劣化現象は，地すべりに発展するなどさまざまな問題を引き起こす．新第三系に地すべりが多発するのもこのような要因にもとづく．

これらを基準として現在の斜面の安定性（あるいは不安定性）を評価することが可能であり，地すべり発生の場所の予測の要件となる．対象とする斜面がこれらの複数の事項に合致していると，規模は別にして何らかのタイプの地すべり発生が予想できる．これがハザードマップの基本であるが，全斜面について具体的にこれらを明確に表現することは困難である．

岩盤地すべりは基盤岩と同質の移動岩塊を主体としているが，現在活動している地すべりの中には，大規模な土量を有しながらも岩屑崩土を主体としているものが相当多い．これは，斜面上を長期にわたって滑動を継続して岩盤が次第に岩屑化した場合，または，岩盤斜面が崩壊して急激な運動を起こし，岩屑を斜面上に堆積した後，その岩屑が緩慢な運動をする場合，もしくは急激な運動をして斜面下方に移動した場合，のいずれかの現象である．したがって，地すべりの予測にあたっ

て斜面上のこのような堆積物の存在を確認すること，また，地すべりは大きな地形変化をもたらすので，特徴的な地すべり地形を空中写真・地形図などにより抽出することが重要である．

しかし，岩盤斜面において初生地すべりが発生する場合は，このような予測の手法の適用は容易ではない．初生的な大規模地すべりは現在多発しているわけではないが，発生すれば大きな災害をもたらすことは，歴史上の記録が示している．

（2） 地すべりの誘因

地すべりの誘因は，その規模の大小にかかわらず，地震・降雨や火山噴火，あるいはそれに伴う地下水，また人工的な要因のいずれかといえる．しかし，現実にはこの誘因が競合したり，明確には判明しがたい場合も少なくなく，しかも大規模な地すべりの場合にその例が多い．

例えば，先行降雨があって地震あるいは火山の噴火が起こった場合，またはその逆の場合などは，地すべりはより容易に発生するであろう．地震や火山活動の場合は短時間内で大きなショックを斜面に与えることが多いので，それらの現象と地すべりの発生が比較的容易に関連づけられる．降雨の場合は，規模の大きい地すべりの発生は降雨強度のピーク時より数時間から数日も遅れることが知られている．また，降雨と地下水の関係は必ずしも明確ではないので，一般に地すべりの誘因は特定しがたい．このことは，豪雨の際の住民の避難を如何にすべきであるか，さらに豪雨後の警戒体制のあり方を如何にすべきか，など防災上重要事項を含む．

1.4 地すべり変動体と地すべり構造

（1） 地すべり変動体とその構成物質

地すべりを起こした地質体は，基盤岩体から斜面構成物質が分離した独自の地質体であり，通常は地すべり移動体（単に移動体）と呼ぶことが多い．これを筆者の主張に従って（藤田，1990），地すべり変動体と呼ぶことにすれば，その形成には，基盤岩内に何らかの不連続面の存在が基本的に必要である．これがすべり面であり，地すべり変動体と不動岩体との境界をなす重要な不連続面であり，一種の断層あるいは堆積域では不整合面に相当する．

地すべり変動体を構成する物質は，岩盤地すべりといわれているものなど基盤岩と類似している場合があるとはいえ，同一の物質とはいえない．筆者は，次の4つに分類した（藤田，1990b；藤田・山岸，1993）．

①表土：斜面表層を構成する土壌とその下位の基盤岩と土壌の漸移層から成る．厚さは約1mであり，土壌と漸移層はともに50cm程度である．通常，西南日本のほうが東北日本よりよく発達している．

②岩屑崩土：もっとも一般的な構成物質である．しばしば，崩積土層などと呼ばれる．斜面上に地すべり現象が発生すれば，基盤岩体の崩壊などに由来する多量の岩屑とともに，表土が加わったものである．日本列島の斜面には表層がよく発達しているので，岩屑崩土が生産される．これが斜面上に残って緩慢に運動するのが現在見受けられる地すべりである．土壌があまり発達しなければ，岩屑のみとなり．欧米など大陸ではよくみられる．

③未固結層：日本では第四紀地殻変動が原因となって平野部の周辺に急崖を有する段丘の発達が顕著である．段丘層は沖積層より固結しているとはいえ，やはり軟弱である．河川に面した段丘崖が豪雨により崩壊する例が起こった．人的被害を伴うことが多いので，災害の観点から未固結層を設けた．

④岩盤（移動岩塊）：基盤岩から分離した岩体は，基盤岩と同質であっても，もはや基盤岩ではなく，地すべり変動体である．これが移動岩塊であり，いわゆる岩盤地すべりに相当し，一般に

表 1.2 地すべり構造の分類 (大八木, 1992)

カテゴリー	地すべり構造の要因
領域空間構成	斜面運動領域の空間的分布. 　非変動域（不動域），準変動域（遷移領域），変動域（移動域）， 　発生域（崩壊源），移送域（流送域），堆積域.
物質分布構造	斜面物質の空間的分布による構造. 　基岩中の異種の岩相がなす構造，基岩と斜面堆積層や表層土がな 　す構造，斜面中の固相と液相，気相がなす構造構造など.
変形構造	斜面運動で斜面物質の変形による形態および構造の変化とその分布. 　輪郭構造：すべり面，滑落崖，側方崖，… 　内部構造：二次滑落崖，亀裂，…
運動構造	斜面移動体の運動の分布パターンとその変化. 　移動量（変位量），移動速度，加速度の分布.
力学構造	斜面移動体内部，およびこれに接する周囲の斜面物質に作用する力 　の分布とその変化.

大規模である．岩盤地すべり変動体と基盤岩との接触部は一種の低角衝上断層となり，テクトニックな断層との区別がつきにくい．

以上のうち，③の未固結層を除く残りの3つは，多くの研究者が指摘しているところであり，国際的にも同様の見解が示されている（Varnes, 1978；Cruden and Varnes, 1996）．

（2） 地すべり構造

地すべり変動体が形成されることは，地すべりをなす新たな地質体の誕生を意味し，独特の物質構成・構造を構築する．大八木（1965）はこれを「地すべり構造」と呼び，動的・静的構造として4分類されていたが，その後，改訂されて現在は，**表1.2**のように5つのカテゴリーにまとめられている（大八木, 1992 など）．具体的な事例としては，九州北松地区の鷲生岳地すべりや秋田県澄川地すべりなどで示されている（大八木ほか, 1970；大八木・池田, 1998 など）．

この概念は，地質学の分野から提唱された国際的にもほとんど類例のみられない画期的な概念である．しかしながら，対策工事を優先してきた日本の地すべり分野では，適切な評価を受けていない．これはたいへん残念なことであり，基礎をそれほど重視しなかった日本の工学（技術）分野の反省すべき点である．

地表面にみられる変形構造は，現地調査や空中写真などによりもっとも把握しやすいといえる．このような地表面の変形構造は，**表1.3**のようにまとめられ，**図1.3**のように図式化されている．これは地すべりの模式図としてよく示される．科学技術庁（現文部科学省）防災科学技術研究所（1982～2001）による「地すべり地形分布図」（第1集～第13集）は，地すべり（地形）の分布図であるが，ここにいう地表面変形構造の表現に他ならない．

同じ変形構造でも，主として地下内部に存在する「すべり面」は，地すべり変動体全体の把握，地すべりの安定解析にとってきわめて重要である．しかし，これを調査するために，ピットの掘削など直接地下のすべり面を観察できる調査は，必ずしも行っているとは限らない．経費面のこともあるが，一般にはボーリングのコア判定に依存している．

地すべり構造の理解は，地すべり滑動の正確な把握・解析につながるものであるが，このことに正確さを期すのは決して容易ではない．例えば，

表1.3 地すべりの変形構造とその内容 (大八木, 1992)

空間構成		変形構造			
		地表面変形構造		地中変形構造	
		輪郭構造	内部構造	輪郭構造	内部構造
非変動域		未変形斜面物質：堆積・造構・風化作用，古期斜面運動による斜面の構造，など			
準変動域 (遷移領域)		発生域（崩壊源）の背後・外側の変化：孤状亀裂，雁行亀裂，スラスト，膨隆（特に発生域の前方の）		すべり面直下の初生的変化：微小せん断面，スラスト，流動など	
変動域	発生域 (崩壊源)	冠頂, 滑落崖 (滑落条線, 鏡肌) 側方崖, 側方亀裂, 側方隆起 (側方条線, 鏡肌) 側方崩壊, 側方スラスト, 側方泥流 脚部, 末端隆起	二次滑落崖 凹陥地（直線状, 曲線状), 池小丘, 線状小丘 亀裂（縦断, 横断, 放射状, 引張, 圧縮, 横ずれ） (条線, 鏡肌) スラスト, コンプレッションリッジ	主すべり面（層） (条線, 鏡肌) 崩壊面, 削剥面 側方すべり面 側方亀裂	副すべり面 (条線, 鏡肌) せん断面（すべり面以外の） 斜面運動による褶曲, 亀裂
	移送・堆積域 移送域	比高の小さい側方崖, 移動体による削剥面の輪郭 (境界)	削剥面	移動体に基底部に沿ったせん断面	種々の一時的変形
	移送・堆積域 堆積域	側方リッジ（小丘), 末端リッジ, 尖端部, 尖端	亀裂（放射状, 縦断状, 横断状, …) コンプレッションリッジ, 末端隆起	堆積物の基底面に沿う二次すべり面	二次的せん断面または流動

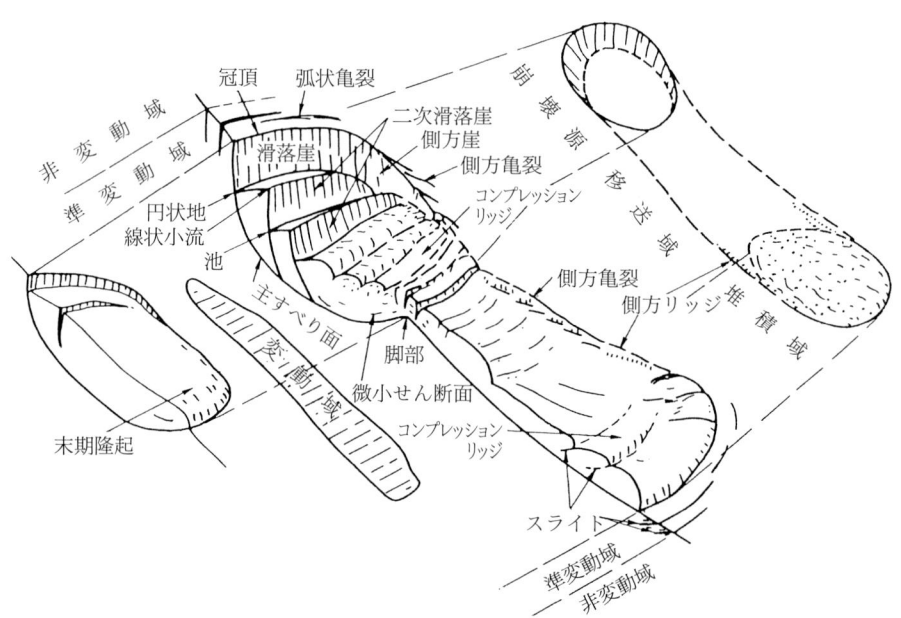

図1.3 地すべりなどの領域区分と変形構造 (大八木, 1992).

地すべり変動体の主な構成物質がどのようなものであるかは，記載されているが，その分布になると明確には把握していないのが実情であり，地すべり構造を正確に解析するのが容易ではないことがわかるであろう．また，変形構造も地表面の場合は現地調査や空中写真などにより解析しやすいといえるが，地下内部の変形構造である「すべり面」を調査することは，重要でありながら，必ずしも綿密な調査を行っているとは限らない．

地すべり構造が重要な基本的概念でありながら，必ずしも理解が得られているとはいえない現状は残念といわねばならない．表 1.2 の前三者は比較的静的環境，他の二者は動的環境といえる．どちらかといえば，静的環境の要素のほうが動的環境の要素に比べて解析しやすい．比較的認識しやすい地表面変形構造を明らかにすることにより，地すべり変動体全体の滑動状況の把握に重要な情報を得ることが期待でき，このような地道な努力が肝要である．また，今後は動的環境の構造要素の解析がいっそう重要な課題にあげられるであろう．

1.5　地すべりの地質規制と地形

（1）　地すべりの地質要因と地形

一般に，山地地形は主として気象・水文的環境に伴う外的営力による風化・浸食作用と地殻変動のような内的営力による斜面の成長を促す隆起作用との相互作用によって決まる．外的営力が大きければ山地斜面は成長せず，準平原化するが，内的営力が大きければ，山地は成長していく．ある特定の地域では，ほぼ同様の外的・内的営力が作用し，地質体ごとに特定の組織地形を形成する．その結果，同一の地質体はほぼ同様の地形量を有することになることが期待できる．

山地斜面では，起伏量・斜面傾斜・斜面方位・谷密度などは，地質体ごとに特有の地形量を有する，と考えられる．ことに，地すべりの発生を促進するような斜面で支配的な地質要因は，基盤

表 1.4　地すべりの岩相規制（藤田，1990a にもとづく）
（地すべりを起こしやすい岩石）

地　質　体	卓　越　岩　相
1．砕屑岩体	
（A）第四系	＊粘土およびシルト
（B）新第三系	＊泥岩・頁岩
	＊凝灰岩
	＊亜　炭
（C）先新第三系	＊泥質岩（粘板岩など）
（中〜古生界）	＊凝灰岩
	＊メランジュ
2．変成岩体	
（A）結晶片岩	＊泥質片岩
	＊塩基性片岩
（B）緑色岩類	＊玄武岩類
3．火成岩	
（A）深成岩	＊花崗岩及び花崗閃緑岩
	＊蛇紋岩
（B）火山岩	＊溶岩と火砕岩の互層
	＊細粒火山砕屑岩類

（地すべり発生に関係の深い卓越岩相を示す）

体の岩相と構造である．これを上記のような地形量によって表現すれば，地すべりの地質規制の要因を地形量として示し得る．これは地質情報の地形的表現である．

このような考えのもとに，地形形成の外的営力に対応する基盤岩体の強度は，基本的に岩相に規制される．一般に，泥質岩のような細粒砕屑岩は礫岩・粗粒砂岩のような粗粒砕屑岩より強度が小さい．このため，細粒砕屑岩体は起伏量・地表面傾斜がともに小さく，粗粒砕屑岩体はこれらがともに大きい組織地形が形成されると考えられる．つまり，同一の地質体においてはある一定の地形量を有する特有の地形を呈する．それを適当な手法で計測すれば，地形と地質との関係が明確になり，地質特性を地形量で表現できる．

筆者らは四国や近畿地域の地すべり地帯の地質特性を地形量でもって表現し，地形と地質との関係を明らかにした．このようにして，地質露頭の少ない地域でも地形量の計測により，広域の地質

表 1.5 地すべりの地質構造規制（平野・藤田，1986 に基づく）

地 質 体	地質構造の要素
1．砕屑岩体	
（A）新第三系	＊層理面
	＊褶曲（とくに背斜構造）
	＊断層
（B）古第三系～白亜系	＊層理面
	＊断層
（C）先白亜系	＊層理面
	＊断裂系
	（断層・節理及び他の断裂（割れ目）系）
	＊褶曲
2．変岩体（結晶片岩）	＊層面片理面
	＊断裂系
	（断層・節理・へき開及び他の断裂（割れ目）系）
3．花崗岩体	＊断層・断層谷
	＊断裂系（リニアメントとして表現されるもの）
4．火山体	＊成層構造（層理面）
（とくに成層火山体）	＊火山噴出物による埋没谷
5．人工地盤	＊埋没谷（土砂・岩片による）
	＊斜面脚部のカッティング

特性を表現することが可能と考えた（藤田ほか，1978；藤田，1992；Fujita，1994）．

地すべりの発生・発展にとって，地質・地形環境は重要な要因である．ことに，基盤岩体の岩相と地質構造は，地すべり発生の主要な要因であり，これを「岩相規制」および「地質構造規制」とし，**表 1.4** および **表 1.5** のようにまとめた．これら両者をあわせて「地すべりの地質規制」と呼んだ（藤田，1990 a など）．

（2）　岩相規制と構造規制

岩相規制は，砕屑岩の場合，通常，泥岩・シルト岩のような細粒の砕屑岩と，砂岩・礫岩のような粗粒の砕屑岩に二分することができ，一般に前者のほうが後者より強度が小さい．この傾向は，続成作用，変成作用が進んだ段階でも同様であり，泥岩・頁岩・粘板岩・泥質片岩のような泥質岩系列の岩体（岩石）は，砂岩・砂質片岩，あるいは礫岩・礫岩片岩のような砂質岩・礫岩系列の岩体（岩石）より，同一の地質体では強度が小さい．したがって，泥質岩系列の岩体主体の斜面では，地すべり発生の頻度は高く，多量の岩屑崩土が生産される．一般に斜面傾斜も緩やかになり，斜面上に岩屑崩土層が形成され，いわゆる地すべりを引き起こす．本邦ではこのタイプの地すべりがきわめて多い．新潟地域の新第三系は，日本を代表する軟質岩タイプの地すべり地帯であり，地すべりのもっとも多発している地層は黒色泥岩の発達する一連の海成層である．

一方，地すべりの発生・運動を規制あるいは促進させる地質構造の要因をまとめて地質構造規制と呼んだ（藤田ほか，1978；平野・藤田，1986）．これらの要因の中で，層理面，断層面，層面片理面，場合によっては節理面（群）はもっとも重要な地質構造規制の要因である．とくに，層理面は地層（単層）の境界面であって連続性がよい上に，地層という形態をとって物質の配列と平行であるので，地すべり構成物質の分離面（すべり面となる）として重要な役割を果たす．もっとも層理面そのものが分離面となる場合もあるが，軟弱な性質をもった地層（単層でよい）の内部に，分離面（すべり面）が形成される．例えば，砂岩・泥岩互層では強度の低い泥岩層内（あるいは泥岩下部の層理面）にすべり面が形成されやすい．

1.6　地すべりとその地質地帯区分（ゾーニング）

前述のように，日本列島の地質は複雑であり，地質の専門家でもすべてを理解しているわけではない．地質現象を地質学独特の表現と専門用語を駆使して説明しても，専門外の研究者・技術者からみれば，まったくといってよいほど理解できない．このことが地質嫌いから地質無視の風潮があるように思われ，地質の専門家にとってたいへん

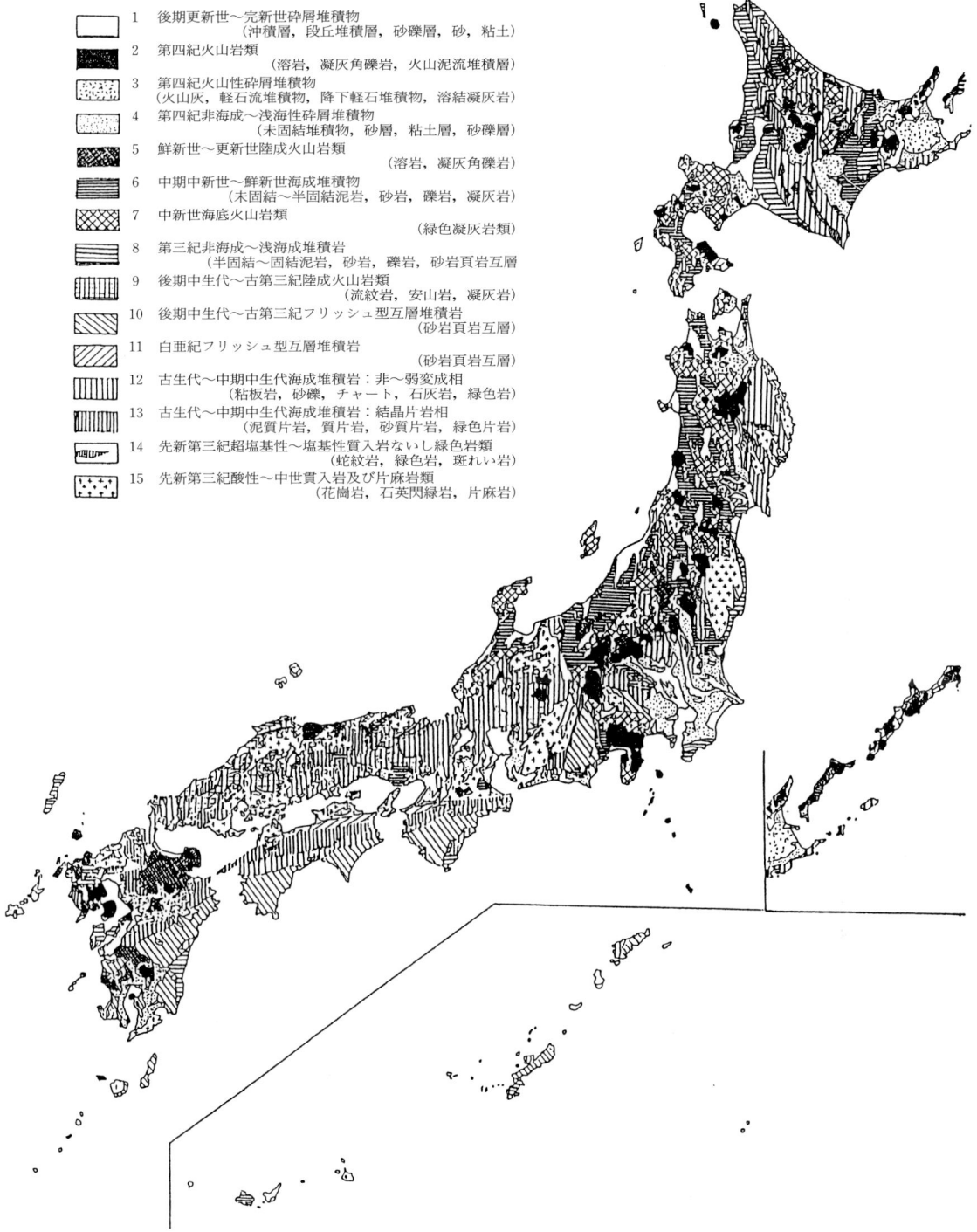

図1.4 日本列島の地質地帯区分図（黒田, 1986, 一部改変）.

残念なことであり，地質現象を地質学の立場から平易に説明する必要がある．ことに，応用地質の分野では，専門外の研究者・技術者と接する機会が多いので，地質現象の理解を深める努力が肝要である．

日本の地すべりの分布は，全国一様に分布しているわけではなく，地域性が顕著である．ことに，日本海側の地域，中部日本のフォッサ・マグナ地

域，北九州の北松地域，それに四国の中央山地は地すべり多発地帯として知られている．このうち，四国以外は主として新第三系が分布している地域である．固結が十分に進んでいない新第三系分布域は，地すべりの発生しやすい条件を備えており，軟質岩タイプの地すべりに相当する．一方，四国中央山地の三波川帯結晶片岩やみかぶ緑色岩類は硬質の岩石から成り，亀裂・断裂など割れ目の発達や基岩の風化の進行などにより，岩屑崩土層の形成しやすい条件にある．これは硬質岩タイプの地すべりに相当する．このような現実をふまえ，地質学的観点からみた地すべりの多発地帯は次の通りである．

① 先白亜系海成堆積岩類のうち，泥質岩の卓越する地帯，およびそれらに由来する結晶片岩（泥質片岩）の分布域で風化生成物が発達する地帯．
② 白亜紀〜古第三紀の付加体のうち，メランジュの卓越する地帯，また泥質岩の卓越する地帯．地層の傾斜が急角度になると，トップリングを起こしやすくなる．
③ 新第三系の海成の黒色泥岩，あるいは凝灰岩の卓越する地帯．
④ 火山地帯で，粘土化した噴気変質帯の斜面上を火山岩あるいは火山砕屑岩が覆っている地帯．
⑤ 超塩基性〜塩基性岩の卓越する地帯（構造帯を含む）で，風化生成物が形成されている地帯．

地すべりはそのような岩盤の諸性質に密接に関連しているので，1つの地質体内では基本的に地すべりの発生要因は共通の性格を有している．そのような共通の物理的・工学的を有する地質体では，ある営力の下では同じタイプの地すべりが発生するであろう．このように類似の地質体を区分して図示すれば，それぞれの地帯には独特の地すべりが発達していることが示される．

その後，黒田（1986）は，このような観点で基本的な地質的要素として，次の4つの事項をあげた．

① 岩と土の性質
② 水文地質条件
③ 地形条件
④ 現在の地表変動現象

黒田は，このような基準にもとづいて，日本列島を図1.4のように，15の地質地帯に区分した．これは土木地質図のみならず，環境地質図の要素をも有する適用範囲の広いものである．

この概念は，地すべり学会の地形地質用語委員会で検討されたのがきっかけである．その委員会の成果として，北海道・東北・北陸・近畿・九州の各地域において具体例を示した．詳細は，学会誌「地すべり」（18巻4号）に特集されている（黒田・大八木・吉松，1982，など）．

筆者は，この地質分帯が地すべりの新しい地質分類であるとともに，単に地すべりのみならず，応用地質で取り扱う地質図，例えば土木地質図や環境地質図など広範な分野に適合し得ると考えている．日本の複雑な地質を15の地帯で表現し得るとすれば，地盤を取り扱う他の分野の研究者や技術者にも理解しやすいと思われる．この地質分帯はもっと利用されても良いと考えている．

1.7 地すべりの発展とネオテクトニクス

（1） 変動物質の生成と地すべりの発生

地すべり変動体の形成とそれにつづく運動は，斜面の発達によって促進される．その主因の1つは斜面構成物質を下方に移動させる力の増大をもたらす斜面傾斜の増大である．他の1つは斜面長・起伏量の増大で，これは変動物質の量の拡大につながり，大規模な地すべりの発生を促す．斜面が発達しても，その構成物質が堅硬であれば斜面は安定である．したがって，斜面が不安定になり変動が発生するためには，変動を起こしやすい物質の生成が必要である．このためには，硬い物質でも割れ目などが発達して脆くなり，細片化・

表 1.6 山体の不安定化現象（Fujita, 1994 に基づく）

（1）基岩の軟弱性（強度）
　　（A）未固結堆積層（第四紀堆積物および火山砕屑物が主体）が発達すること
　　（B）強度の弱い特定の岩相（泥質岩・凝灰岩）が発達すること
（2）岩盤劣化現象
　　（C）風化岩（粘土鉱物の形成・粘土化・土壌化・亀裂の発達）
　　（D）熱水・温泉変質（粘土化・脆弱化）
　　（E）膨潤性粘土が存在すること
　　（F）断層運動による岩盤の破砕（破裂・ブロック化・粘土化）
　　（G）褶曲運動に伴う基盤岩の劣化
（3）地質構造（とくに面構造）
　　（H）層理面の発達，とくに地層の互層状態が発達すること
　　（I）節理系（シーティングを含む）・断裂系が発達すること
　　（J）断層（面）が発達すること
　　（K）流れ盤構造が発達すること
　　（L）帽岩（キャップ・ロック）が存在すること
　　（M）相対的に軟弱な地層が存在（挟在）すること
（4）水文地質
　　（N）良透水層が存在すること
　　（O）地表水・地下水の集水しやすい構造を呈すること
　　（P）集水面積の大きいこと
　　（Q）浅層地下水が氷結すること
（5）地形（力学的バランス）
　　（R）周辺の斜面より斜面傾斜が異なること
　　（S）斜面傾斜が安息角以上であること
　　（T）斜面の傾斜の変換点が認められること
　　（U）起伏量の大きいこと
　　（V）斜面長の大きい，長大斜面が存在すること
　　（W）斜面基部における浸食作用の大きいこと

破砕化しやすい性質をもっていること，あるいは斜面に粘土のような軟弱物質が形成されることが必要である．山地の不安定現象は**表1.6**のようにまとめられる（Fujita, 1994）．

日本応用地質学会では，『斜面地質学』を刊行し，不安定化要因・機構など広範囲にわたって検討した結果をまとめている．また，このことを地すべりの素因の変遷と関連づけて**図1.5**のように表し，地すべりの発生にいたる山体の劣化，地すべりの活動期と静穏期のくりかえしを説明している（日本応用地質学会，1999）．ぜひ一度参照していただきたい．

日本列島の第四紀における垂直変動量（隆起と沈降）は著しく，この間における隆起量が500～1000 m を示す部分が本邦の山地に広大な面積を占めており，現在の山地の標高は第三紀末に比しておおむね2倍になっている（第四紀学会，1977）．この年間平均 0.5～1.0 mm に達する隆起運動によって山地の成長が顕著になった．これに伴って，斜面の不安定性を招き，地すべりが発生が容易になったと推定できる．地すべりの発生が第四紀テクトニクスに密接に関係していることを示している．

地すべりの発生・発達過程は，渡（1986），古谷（1996），千木良（1995），および日本応用地質学会（1999）などにより説明されているが，基本的には，岩盤クリープ→急激な初生地すべり（あるいは大規模崩壊）の発生→地すべり変動体（主として岩屑崩土）の形成→斜面上における地すべり変動体の慢性的・断続的な運動の継続，として示され，**図1.6**のように，山地斜面の成長と関連づけて説明できる．

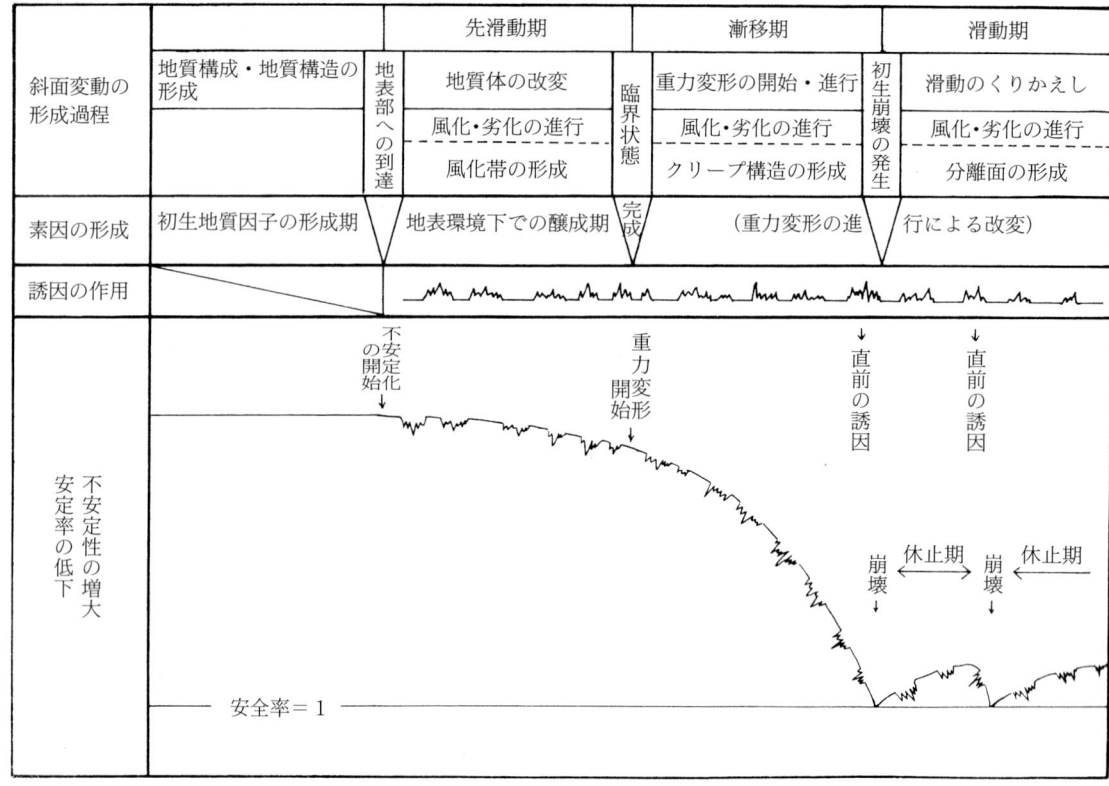

図1.5 山地斜面の素因の変化と斜面変動の発生 (日本応用地質学会, 1999).

①地すべりの前駆現象の段階：二重山稜など山稜付近の小崖地形・線状凹地，あるいは斜面における不規則な凹凸地形などが相当し，これらは岩盤クリープ現象が原因とみなされ，地すべりの前駆現象となる．
②初生変動の発生：岩盤自体の滑動現象も起こるが，一般には規模が大きくて突発的であり，急激な滑動を起こして大量の岩屑崩土の形成をもたらす．崩壊あるいは崩壊性地すべりと呼ばれる変動現象の発生である．
③二次的変動の段階：岩屑崩土・岩盤等からなる地すべり変動体の再滑動にあたり，現在みられる地すべりの多くはこの段階である．変動をくりかえすたびに，変動体内部は細分され（ブロック化），その構造はしばしば大幅に変化する．
④地すべりの終息：地すべり滑動が長期にわたって進むにつれ，その末端部は斜面の下部に近づいて比高を下げ，また傾斜が緩くなる．地すべりの末期的現象である．

（2） 山地の成長と地すべり発生・発達

日本列島を構成する地質体は，しばしば断劣系が発達して岩屑化しやすい性質をもっており，このような地質体が山地を形成し，斜面が発展するとともに地すべりが発生して，急速な山地の解体が進んで大量の岩屑・崩土が生産される．山地の成長・発展は第四紀後半の隆起運動にほかならず，ここに地すべりの発生とネオテクトニクスが結びつくのである．つまり，地すべりはネオテクトニクスに起因して発展した山地に発生する必然的な現象といえる．

一方，安定大陸では，島弧のような第四紀のテクトニクスより氷期の影響が大きい．日本列島は，氷期においても北海道や中部地方の高山地域を除

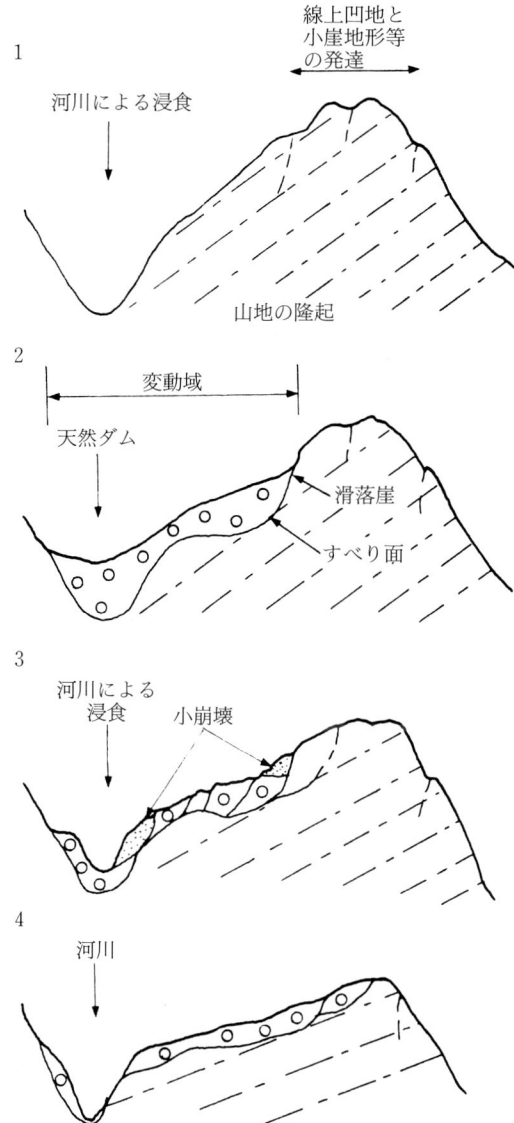

図 1.6 山地の成長と地すべりの発達過程の模式図（藤田，1990b にもとづく）．
 1 地すべり現象の前駆段階
 2 初生大規模変動の発生と天然ダムの形成
 3 二次的変動と天然ダムの崩壊
 4 地すべり変動の末期段階 → 隆起地塊上に残る地すべり変動体

いては氷河の形成は認められていない．これに対し，ユーラシア大陸や南・北アメリカ大陸などでは，地域差はあるが，氷河の発達とその影響は顕著であった．山地の氷河の削剥によるU字谷は，主として応力解放によって谷壁が崩壊し，地すべりが発生する例がよく知られている．欧米の研究者が地すべりの発生と氷河との関係を重視するのはこのためである．また，地すべりといえば，山地斜面の崩壊に伴う土砂の下方移動現象であり，いわゆる大規模な崩壊に相当する．これが landslide であり，日本の緩慢な運動を示す地すべりとは異なる．このような事情から，land creep という用語の提唱があったが（脇水，1912 など），その後，landcreep という和製英語が誕生した．

日本の山地は，第四紀後半とくに約 50 万年以前からの地殻変動，ネオテクトニクスを反映しつつ成長した．当然プレートの運動に関連がある．その上，気候変動に伴う氷河性の海水面変化が地形発達にいろどりを与えた．このように発達した山地斜面に地すべりが新たに発生することになり，新たな崩壊物質はなかなか消滅せずに斜面に残り，その後の地すべりの発達に大きな影響を与えた．柳田・長谷川（1993）は，地すべり地形の形成年代の開析状況を**図 1.7** のように示した．これによると，地すべり地形は平均して 1 万年で 5 ％，10 万年で 20 ％，100 万年で消滅することになる．これは段丘地形の開析状況と比べてもおおむね妥当と思われる．

山地地形は，地質体によってそれぞれ特有の傾斜を有しているが，しばしば山頂部に平坦面を有している．これは山地成長以前の地形面であり，山地の成長が必ずしも一様ではなかったため，山腹斜面にも何段かの平坦面が認められる．地すべり・崩壊現象はこれら平坦面と直下の急斜面との境界，つまり地形変換線（この場合は遷急線）を頭部として発生する（例えば，上野・田村，1990）．こうして発生した地すべり変動体は，その後二次的滑動を起こした．これが現在見受けられる地すべりの大部分である．

山地内部の河谷では V 字谷の発達し，谷壁斜面は急斜面を呈するが，その上部は平坦面が認められることが多い．これが浸食前線と呼ばれ（羽田野，1974），地すべり・崩壊の発生位置を示して

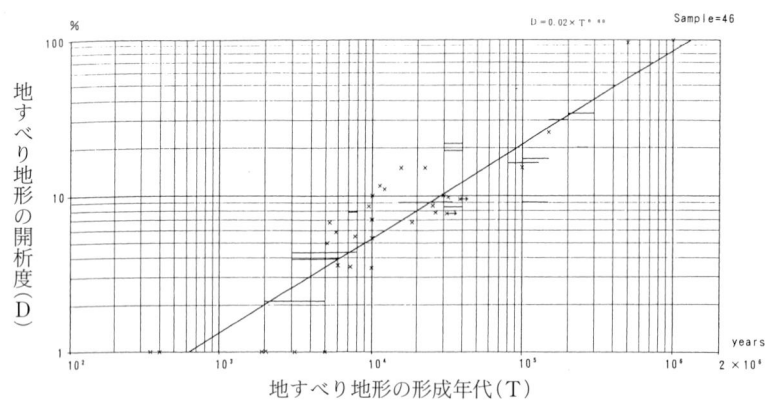

図 1.7 地すべり地形の形成年代と開析度との関係（柳田，長谷川，1993）．
地すべり地形の形成年代（T）と地すべり地形の開析度には，
$D = 0.02T^{0.6}$ の関係がある．
開析度（D）＝開析谷の面積（S_1）／地すべり土塊の面積（S_2）

いる．これは地すべり・崩壊の発生場所の予測としてよく利用されている．

このように，日本の地すべり発生・発達論には，欧米と異なる独自の概念のもとに調査・研究をすべきであろう．筆者がこのことを指摘してから約20年が経過する．近年になって，このような見解を支持する研究がなされるようになったのは喜ばしい限りである．

1.8 地すべり発達史

第四紀後半の地殻変動に伴う日本列島の山地の成長と地すべり現象の関連について，藤田（1980；1983）は，藤田和夫（1983）の山地成長曲線をもとに，山地の成長と地すべり発生・発展の関係を図1.8のように示した．これは島弧に発生する地すべり現象の特性であり，日本の地すべりを理解する点で重要なことである．以下，この図にもとづいて山地の成長とこれに対応する地すべりの発達の概要を説明する（藤田，1990b）．

（0）地すべり発生の準備時代で，約50万年前以前の中期更新世である．第四紀前半の情報は少ないけれども，準平原的な浸食小起伏面が発達した時代で，風化が進んで赤色土が多くの地域で形

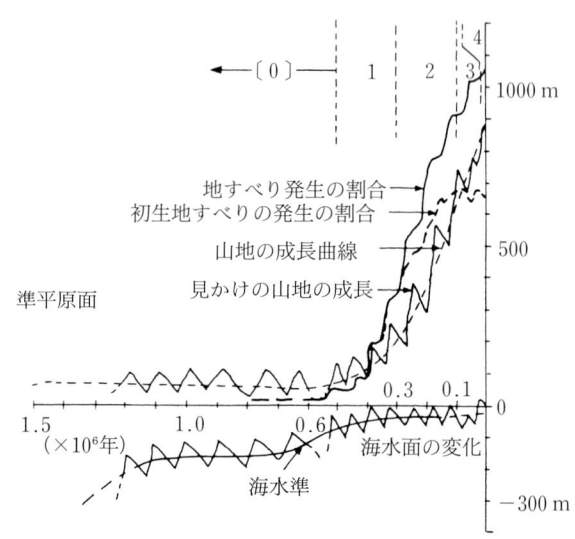

図 1.8 山地の成長と地すべりの発生（藤田，1990b にもとづく）．
山地の成長曲線は藤田和夫（1983）にもとづく．
「0」は第四紀前半，「1」～「4」の第四紀後半の変化．詳細は本文参照．

成された，とみられる．現在ほどの大起伏山地は発達していなかった．そのため，地すべりの発生はそれほど多くはなく，それらも大部分が小規模と考えられ，現在では，通常は一部の大規模な地すべり変動体を除いて残っていない（例えば，青木・高浜，1976；1977 など）．

しかし，次のような例が報告されている．

Hasegawa (1992)・長谷川 (1992) は，四国中央構造線に沿う和泉層群の山体が地すべり滑動を起こし，その後の中央構造線（父尾断層など）の横ずれ活動によってその地すべり変動体は発生域より西方に残された，というものである．その地すべりの活動年代は約100万年前としている．

(1) 第I期は約50〜30万年前の間である．中部地方など隆起の激しい地域における準平原伏の小起伏面の隆起とその浸食・開析で特徴づけられる．準平原面の縁辺部で初生の地すべりが多発したが，地すべり変動体の構成物質は準平原面上の風化堆積物が多かったと思われ，赤色土の混入が認められる．当時の地すべりは小〜中規模のものが主体と考えられるが，地すべり多発時代の幕開けである．

(2) 第II期は30〜10万年前の時代で，いわゆる高位・中位段丘の時代に対応する．日本列島全般にわたって山地の隆起が激しくなって，多種の地すべりが多くの斜面で発生しはじめる．初生地すべりの多発時代といってよい．新第三系分布域の隆起の激しい地域は，早い時期から大規模な地すべりが発生し，その後二次的変動がつづいたと考えられる．西南日本外帯のような硬質岩の発達域では，この段階後半に山地が成長し，斜面のクリープ現象から大規模な地すべりへ発展した．現在，一部の地すべり変動体は安定しているものの，その多くは滑動が継続している．

(3) 第III期は約10〜2万年前の時代である．中位段丘の形成時代に対応し，山地は次第に成長して高度をあげ，地すべりはますます活動の範囲を拡大していった．一言でいえば，この時代は二次的地すべりの拡大時代で，第II期に発生した地すべり変動体の多くが継続的，かつ慢性的に斜面を滑動していくタイプの現在の典型的な地すべりに移行していった．多量の崩壊物質を生む初生変動は衰えたわけではないが，斜面上を多数の地すべり変動体が覆ってしまうと，第II期ほどの大規模な初生地すべりの発生はみられなくなったようである．中部山地や外帯，とくに四国山地ではこの期の始めごろは依然として大規模な初生変動が発生しており，多量の崩壊物質が生産されているが，全体として，初生的滑動は少なく，準定常的な発生状態になったと考えられる．現在みられるような地すべり変動体を有する山地斜面がこの期の終わりに形成された．この期の後半から次の第IV期におけるいくつかの大規模な火山活動は，とくに九州では大きな地形変化を与えた．他地域でも活発な火山活動は，地形変化を与えるとともに，火山体の崩壊という新たな大規模な地すべりを発生することになった．

(4) 第IV期は2万年前以降の後氷期であり，人類の活動する時代でなる．地すべりの二次的変動のくりかえしが優勢な時代であるが，中部山地や外帯あるいは火山体で年平均数回程度の大規模な初生変動が発生する．しかし，人類の広範な活動は地すべりの発生に新たな誘因を付加した．これら人為的な要因によって発生した地すべりの中には大規模な初生変動を起こすことも少なくない．

2 地すべりの地史的背景

2.1 第四紀と地すべり

(1) 第四紀という時代

　一般に，地すべり地の規模は，10^2km 程度より小さな地形単位でとらえられる．地形単位の大きさと地形の継続時間の概念的な関係からみて，地すべり地形が保持される時間は，100万年以下とみられる．より具体的に地すべり地の開析度と地すべり移動体の形成時期との相関を調べた例（柳田・長谷川，1993）では，地すべり形成後の経過時間（年代：T）と地すべり地形の開析度（地すべり移動体の面積に対する開析谷の面積を百分率で表した D）には，$D=0.02\,T^{0.6}$ の関係があるとされる．この関係式からも，10万〜100万年も経過すると地すべり土塊は消失してしまうことになる．つまり現在，地すべり変動地形として確認できるものは，第四紀後半に生じ現在に至っている現象であるとみなすことができよう．現在にいたる地すべり変動現象には，第四紀の中での環境変化が大きく介在しているとみられる．

　約200万年前を始まりとする第四紀は，「人類紀」とも呼ばれている．地質年代区分は古生物の進化を軸としていて，新生代は哺乳類の時代であり，第四紀の始まりは人類出現をもって定義づけられている．また，第四紀は「氷河時代」ともよばれ，新生代の中で顕著な寒冷化の時期をもって，その始まりとみなされている．しかし，世界各地で人類化石や気候寒冷化の共通した質の資料が得られるわけではなく，地層・各種の化石・海水面変化・絶対年代・古地磁気変化・火山灰層などを補助的に用いて，同時期の共通した環境変化の認定を行おうとしている．

(2) 気候変化と海水面変化

　第四紀研究でその初期に位置づけられるヨーロッパアルプスの氷期編年が組み立てられる以前から，第四紀には顕著な気候変化のあることがわかっていた．現在では，深海底堆積物中に含まれる浮遊性有孔虫殻の酸素同位体比から大洋の古水温変化が明らかになっていて，より細かな汎地球規模の気候変化が示されている．こういった汎地球規模の寒暖の変化は，氷河性海水準変動をもたらし，氷期には，海水面低下（海退），間氷期には海水面上昇（海進）が生じる．

　図2.1 は，日本の第四紀層の代表的な地層である大阪層群相当層とその上位層を掘削した大阪平野平野地下のボーリングコアと深海底の酸素同位体比曲線との対比を示す図である．深海底の酸素同位体比の変化は，200万年以降，ほぼ数万年から数万年周期で数十回以上もくりかえされている．つまり，地球上の寒暖の変化は，同様の変化を生じてきたとみられる．この酸素同位対比の変化曲線で $\delta^{18}O$ 値が小さいピーク（図中の奇数番号の付したピーク）が温暖期すなわち間氷期に相当する．一方，大阪平野地下の第四紀層の上半部は，内湾底で堆積したとみられる厚く，側方への連続性のよい海成粘土層（Ma-1〜Ma 13層）とその間に挟まれる砂礫層主体の地層が交互に重なる特徴を示している．そして，これらの地層のうち，

海成粘土層の堆積した時期が，深海底酸素同位対比曲線の奇数番号のピークすなわち温暖期の時期に一致することがわかってきた（吉川・三田村，1999）．このように，沿岸部の第四紀堆積盆地では，その地下を構成する厚い第四紀層は，気候変化に伴う氷河性海水準変動の影響を受けながら，堆積相が調和的に変化して形成されたとみられる．

図2.2は，約2万年前の最終氷期最寒冷期における日本周辺の古地理図である．この当時の海水面は，現在よりも120m前後も低い位置にあったことから，現在の海底地形をもとに，当時の海岸線は描かれている．この当時の海岸線の位置は，ほぼ現在の大陸棚縁辺部に位置している．日本海は閉塞的な環境にあり，陸域が拡大し，日本列島はほぼひとつづきの陸地となっている．海面の低下は，浸食基準面の低下であり，陸域での相対的な浸食ポテンシャルの増加を意味する．陸域の拡大は，浸食域の相対的な拡大を意味している．また，直接海面変動による浸食基準面の変化を受けにくい山間地でも，氷期の気温低下に伴って，周氷河作用の生じる山地斜面が増加する．

最終氷期以降の気候変化は，日本列島における斜面変動に関しても大きな影響を与えてきたとみられている．最終氷期には，気温の低下によって周氷河地域での凍結融解，蒸発散量の減少による表層における土壌水分の増加に伴う岩屑の生産やソリフラクションが生じる．一方，降水量の減少によって河川流量が低下するため，山間地の河床には生産された岩屑が堆積する．最終氷期最寒冷期以降に顕著な温暖化が進み，後氷期へと以降する環境変化は，斜面変動にも大きな影響をもたらしている．気温上昇と降水量増大は，山間地での河川流量の増加につながり，氷期の間に堆積した岩屑は浸食され，急速な下刻が生じる．このような背景の中で，山間の谷や斜面で土石流の活発化や氷期にゆるんだ表層付近の物質の二次的な滑動が増加してきたとみられている（吉永，1999）．

間氷期における温暖化と降水量の増加は，斜面表層の岩盤の風化を促進させ，地すべり発生や氷期での岩屑生産の前駆的な役割をしている．このような研究事例としては，香川県阿讃山地香東川流域での地すべり地の分布と地形面との関係を調べたものがある（上野・田村，1993）．この地域の地すべり地は，古期の地形面で風化帯の厚い箇所に多く分布する．地形面形成と地すべり地の分布から，地すべり発生箇所の斜面形成は高位段丘

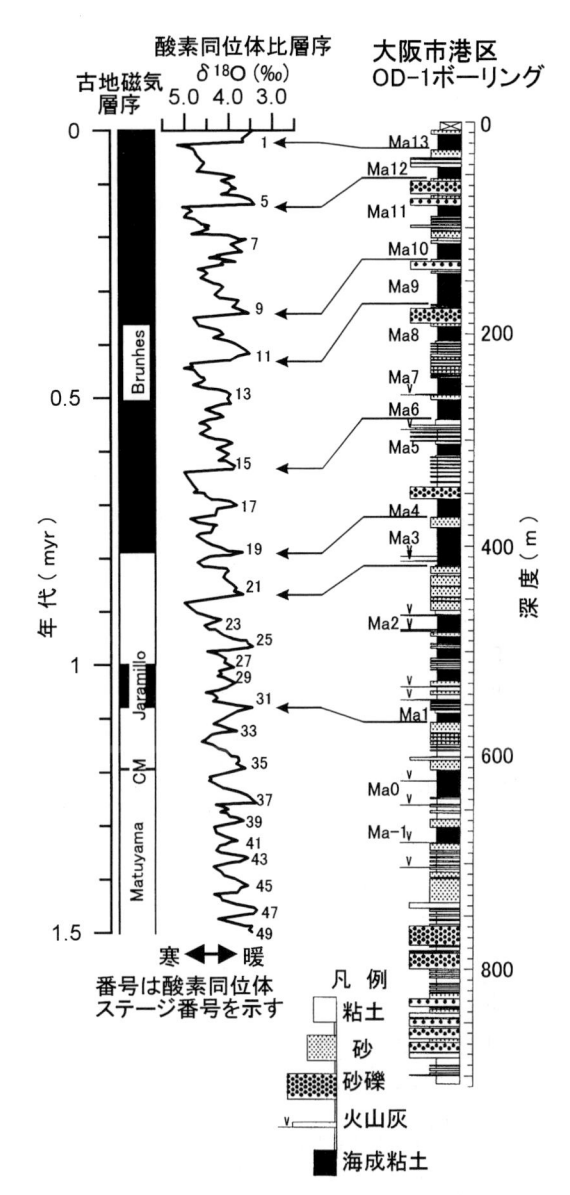

図2.1 深海底酸素同位体比層序と大阪層群の岩相変化の対比（吉川・三田村，1999をもとに作成）．

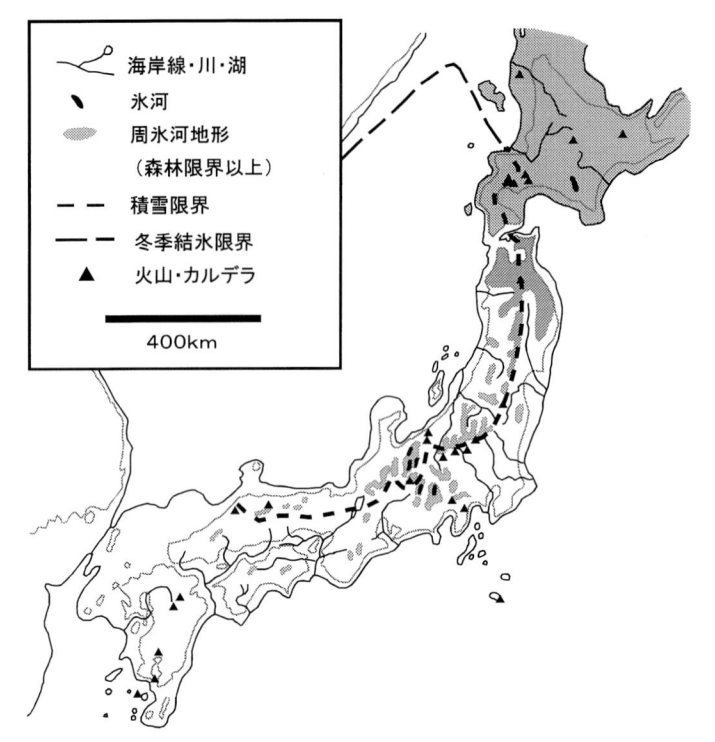

図 2.2　最終氷期（約2万年前）の古地理図（貝塚・成瀬，1977）．

形成期にあたり，地すべりの発生時期は，風化帯形成と浸食作用の生じた下末吉期以降であるとされた．

（3）　第四紀の山地隆起と火山活動

　変動帯の中にある日本列島は，第四紀に活発な隆起・沈降運動をしてきた．東北日本での第四紀の構造運動は，それ以前の第三紀の構造特性に規定されて150〜200 kmの広がりをもつブロック化した構造単元をなし，それぞれが第四紀に個々に特徴をもった運動を生じているとする島弧変動（藤田，1970）と呼ばれる概念でとりまとめられてきた．

　一方，西南日本では，近畿地方を中心にした第四紀の構造運動の特性をまとめた六甲変動（藤田，1983）が代表的なものとなっている．六甲変動では，第三紀後半に準平原化した基盤山地は，第四紀にはいって，基盤褶曲による緩やかな波長の起伏が生じ，大きな単元での山地・盆地の配列が形成された後，その後の基盤の断裂化によって，50万年以降に隆起・沈降現象が加速化し，急速に地形の起伏が増大するという運動像をまとめている．

　いずれにおいても，第四紀後半における山地起伏の増大は，斜面浸食力の増大を意味し，地すべり現象の顕在化につながるものとなる．

　図2.3のaは，第四紀を通じて生じた日本列島の地殻の垂直的な変動を評価した隆起・沈降図である．隆起量が500 mを上回るような地域は，そのほとんどが，現在の主要山地にあたる．また，沈降傾向の顕著な地域は，現在の主要な海岸平野となっている．すなわち，その大まかな傾向は，現在の日本列島では数十〜100 km単位の大地形に現れている．そして，第四紀の垂直変位量は，現在の山地と盆地底の比高の約2/3に相当するとみられている．図2.3のbには，主要な地すべり指定地を点で示した．沈降域は，そのほとんどが平野であることもあって，地すべりはほとんど存在しない．これに対して，四国の中央部，紀伊半

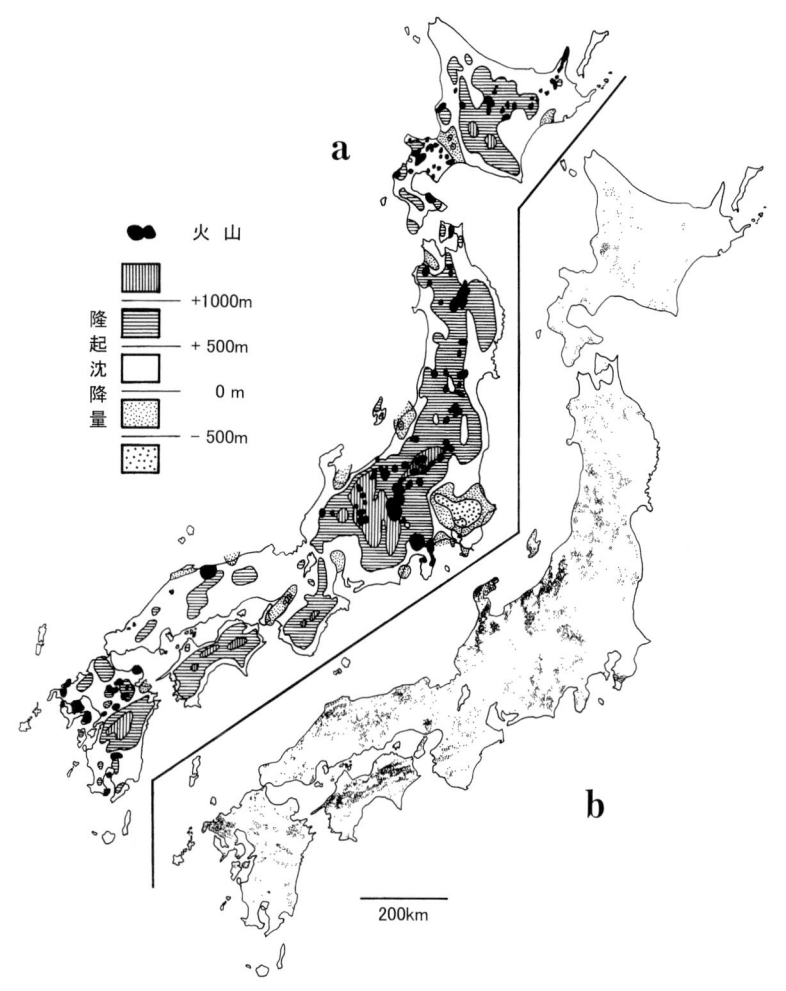

図 2.3 第四紀地殻変動量図（a）と地すべり指定地・危険地の分布図（b）（第四紀地殻変動研究グループ，1968；建設省・林野庁・農林省，1973 を簡略化）．

島，中部～東北地方の脊梁部，新潟南部の頸城山地などの地域は隆起域であり，地すべり地がかなり集中してみられる．新潟南部の頸城山地は魚沼層群を主体とする第四紀層から構成され，その稜線標高は 1000 m 近くに達する．他地域の第四紀層からなる地域の多くは，200 m 以下の起伏量を示す丘陵からなっているのが一般的である．これに比べて，第四紀層からなるにもかかわらず，頸城山地は大きな起伏をもつことが，地すべり多発地域としての一要因となっているとみられる．

変動のそれほど大きくない地域での地すべり集中域が九州北部・山陰・能登・北海道などにみられるが，これらはその素因として，第三紀火山砕屑岩類（いわゆるグリーンタフ）・蛇紋岩・第四紀玄武岩など，そこを構成する岩質などの特性，あるいは火山地形が介在しているとみられる．

変動帯の中の日本列島は，また活発な火山活動でも特徴づけられる．図 2.3 には第四紀火山も同時に示してある．第四紀火山は大規模なカルデラを形成するものからごく小規模な単成火山まで種々の規模の火山地形を形成する．一般的には，噴火活動によって周辺に放出された火山砕屑岩物や流れ出た溶岩が，安息角に近い斜面をかたちづくって累積している場合が多く，不均質で全体にもろく，空隙が多く，地下水が豊富で，部分的には熱水変質を受け軟質化した部分を含み，斜面安

定にとってはいずれも不安定要素を多く内在している．とくに九州・東北・北海道などに火山地形に関連する地すべりがみられる．

2.2 第四紀層序学的手法の地すべり研究への展開

　第四紀層序学は，堆積盆地に累積した地層の形成や堆積盆地の発達史と周辺地域の環境変化などを時系列的に編むことに主眼をおいている．つまり，環境変遷史・構造発達史などをひもとく研究の対象物として，それらの変遷の中で順次その変化に影響を受けながら堆積し，その変化を記録してきた堆積盆地の一連の地層に注目してきたわけである．一方，地すべり現象は主として削剝場で生じている．このため，地すべり現象は，第四紀層序学の主要な対象とはならない現象であろう．しかし，第四紀の総合的な環境変遷をみる場合，堆積場の環境変化の背景として，削剝場がどのように移り変わってきたのかを把握しておくことは重要である．したがって，第四紀における地すべり現象を時系列的にとらえることには意義がある．現状の多くの地すべり地の調査は，地すべりの挙動把握とその防止対策のために行われているが，地すべり現象の背景にある歴史性を認識することによって，その全貌がつかめ，今後の防止対策を見極める上でも重要な基礎資料として活用され得るであろう．

　地すべり現象の中で，第四紀層序学的手法を用いるには，何に視点を置けばよいかについて述べる．移動体が崩落・破壊して移動前の形態をとどめにくい斜面崩壊や崩落・土石流とはちがい，地すべり現象は移動前の内部構造を部分的にも保持しながら，比較的緩慢な移動を生じることが多い．このため，地すべり移動体を覆う新期の堆積物や移動体内にとりこまれた表層物質などを用いることによって，時間指標を認識できる可能性が高い．地すべり移動体を覆うものを対象として，広域テフラ，腐植土層を対象とした年代測定などによる時間指標が利用できる．また，地すべり移動体内にとりこまれたり，移動時に形成されるものを対象として，埋もれ木や地すべり粘土の年代測定などが試みられている．地すべり移動体には直接関係しないが，周辺で関連をもって形成され，それが地すべり移動現象の時間指標として利用できる対象は，せき止め水域に堆積した堆積物，滑落崖直下に形成される湿地堆積物や下流域の段丘構成層や沖積層などであろう．

　以下に，地すべり地周辺に残される指標層の取扱い方や，各種年代測定法についてその概要をふれておく．

（1）広域テフラの利用

　火山国である日本では，第四紀を通じて過去に起こった多くの火山噴火が，火山体周辺の火山噴出物の研究から明らかになってきている．とくに，大規模な火山噴火が生じた時には，そこから大量の火山灰が広範囲に飛散し，それらが地層中に保存されることがある．第四紀を通じた地層形成過程の中で，このような火山灰層の形成は，比較的短時間の出来事としてみなせる．つまり，火山灰層は，広範囲に同一時間面を与える指標層として利用できることを意味する．また，火山灰層に含まれる，火山ガラスや鉱物は，その給源マグマの化学組成を反映し，同一の火山灰であれば，堆積地が異なっていても，ほぼ類似した特性を示し，離れた地域での地層対比に活用できる．

　図2.4は，日本における，第四紀後半の大規模噴火に伴って噴出し，日本各地で確認されている主要な広域テフラの分布を示したものである．また，表2.1にそれらの広域テフラ層の特徴と年代がまとめられている．主要な広域テフラは，給源火山から放出された後，偏西風によって，その東方に広域に拡散して地表に降下し，地層中に残される．したがって，九州以西の給源火山をもつテフラは，ほぼ日本全域に，大山系は，北陸から東

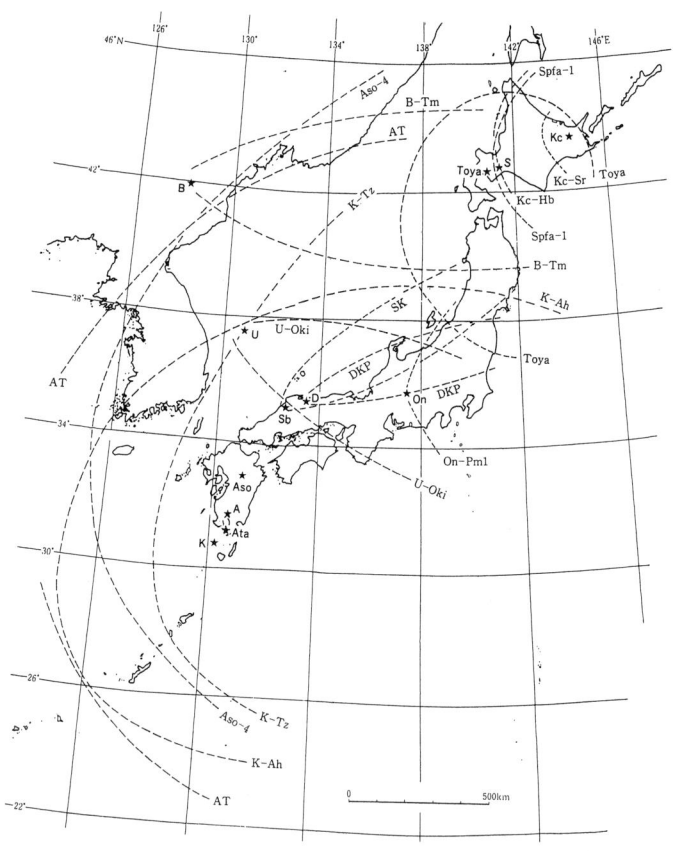

図 2.4 日本列島およびその周辺地域の第四紀後期の広域テフラの分布
(町田・新井, 1992).
肉眼で認定できる分布域のおよその外縁を破線で示す. テフラの記号は表1を参照.
供給火山・カルデラ (Kc：クッチャロ, S：支笏, Toya：洞爺, On：御岳, D：大山, Sb：三瓶, Aso：阿蘇, A：姶良, Ata：阿多, K：鬼界, B：白頭山, U：鬱陵島).

北に, 御岳のものは中部以東に広く分布している.

これらの広域テフラ層は, 水成堆積物中に挟まれるほか, 段丘面上の風成堆積物として残される. 段丘面上に保存された風成火山灰層 (ローム層) を対象にその火山灰層序を確立し, 古い段丘面ほど多くの火山灰層が保存され, 新しい段丘面では新規の火山灰層しか堆積していないという事実関係をみいだし, 段丘面の対比やその形成過程に関してとりまとめたのが, 関東ローム層研究の1つの成果であった. このように, 広域テフラ層は, 水成堆積物の同時間面を示す指標として, その対比に利用できるばかりでなく, 地形面形成後その上に累重し, 保存が良ければその地形面の形成時期の把握につながる指標としても利用できる可能性をもっている.

広域テフラを用いた火山灰層序を地すべり地域に応用することによって, より長期にわたる地すべり運動の変遷がたどれる可能性がある. 図 2.5 は不動域や地すべり移動体上にのるテフラ層の識別とその分布状況から, 運動履歴について解析を行う考え方をまとめたものである. これは, 地すべり変位の前後に地すべり地域の表層に堆積した風成火山灰層が, 地すべり移動体のブロックごとの差動に伴って, 変位・変形し, その累重様式

表 2.1 日本列島とその周辺地域で過去約 30 万年間起こった巨大噴火による広域テフラ層のリスト（町田・新井，1992 をもとに作成）

テフラ名	記号	年代(ka)	火山ガラス		斑晶
			形状	屈折率	
白頭山苫小牧	B-Tm	0.8-0.9	pm, bw	1.511-1.522	af, (am, cpx)
鬼界アカホヤ	K-Ah	6.3	bw, pm	1.508-1.516	opx, cpx
鬱陵隠岐	U-Oki	9.3	bw, pm	1.518-1.524	bi, am, cpx
姶良 Tn	AT	21(−25)	pm, bw	1.498-1.501	opx, cpx, (ho; qt)
クッチャロ庶路	Kc-Sr	30-32	pm, bw	1.502-1.505	opx, cpx
支笏第 1	Spfa-1, Spfl	31-34	pm	1.500-1.505	opx, ho, (cpx); qt
大山倉吉	DKP	43-55	bw, pm	1.508-1.514	ho, opx, (bi)
阿蘇 4	Aso-4	70(−90)	pm, bw	1.506-1.510	ho, opx, cpx
鬼界葛原	K-Tz	75(−95)	bw, pm	1.494-1.500	opx, cpx; qt
御岳第 1	On-Pm 1	80(−95)	pm, (bw)	1.500-1.503	ho, bi, (opx)
三瓶木次	SK	80(−100)	pm	1.494-1.498	bi; qt
阿多	Ata	85(−105)	bw, pm	1.508-1.512	opx, cpx, (ho)
洞爺	Toya	90-120	pm, bw	1.494-1.498	(opx, cpx, ho; qt)
阿蘇 3	Aso-3	105-125	pm, bw	1.512-1.540	opx, cpx
クッチャロ羽幌	Kc-Hb	100-130	pm, bw	1.502-1.506	opx, cpx
阿多鳥浜	Ata-Th	230-250	bw, pm	1.498-1.500	ho, opx, bi; qt
加久藤	Kkt	300-320	bw, pm	1.500-1.502	opx, cpx, (ho)

火山ガラスの形状…pm：軽石型ガラス，bw：バブル型ガラス．
斑晶…af：アルカリ長石，am：角閃石類，ho：普通角閃石，cpx：単斜輝石，opx：斜方輝石，bi：黒雲母，qt：石英
括弧内は少量含まれるもの．

が異なってくることを用いて地すべり変位の時期を認定しようとする方法である．図 2.6 では，同じ考えにもとづいて地すべり変位の時期を調べた南九州の例である（鬼頭・岩松，1996）．図 2.6 の a では，霧島御池テフラ（Kr-M，3000 年前）を削り込んで舌端部の地すべり堆積物が覆い，再堆積した二次的な Kr-M が挟まれていることから Kr-M 降下以降に地すべりの発生時期が認定できる．一方，図 2.6 の b に示す別の地すべり区域では，滑落崖直下の地すべり移動体が，桜島薩摩テフラ（Sz-S，11000 年前）に覆われることから，その発生時期が Sz-S 降下以前となり，それ以降，再動がみられないことがわかる．

従来，地すべり調査は，その対策のためのすべり面形状の把握や地すべり移動体の物性についての資料を求めることが主眼となっている．これに加えて，上記のような地すべり移動体の表層部や地すべり堆積物，また地すべり変動に伴うせき止め水域の堆積物などへ視野を広げることによって，地すべり現象の変遷史やその活動度の評価を行う目安を得ることもできよう．

（2） 年代測定法の利用

一般的に第四紀層を対象とした年代測定法は，沖積層をはじめとする地層の堆積や火山噴火の時期，文化財の年代，断層変位時期の特定など時間指標を得る目的で利用されてきた．測定対象となる試料は，地層中に地層形成時期にとりこまれた生物遺体，あるいは考古遺物などが測定に供される．地すべり変動の時期をとらえるためにも，こ

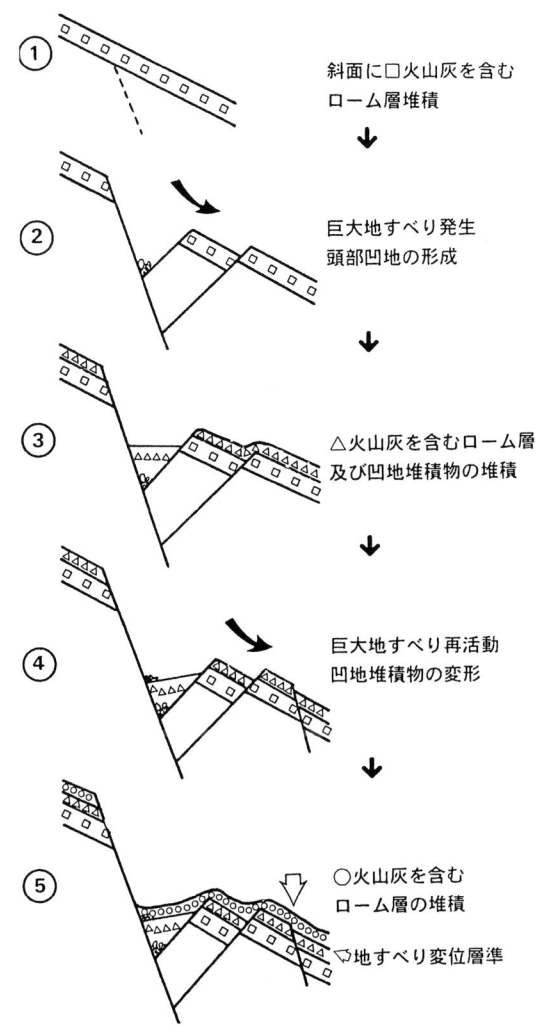

図2.5 地すべり地に降灰したテフラを利用した履歴解析の模式図 (中里, 1997).

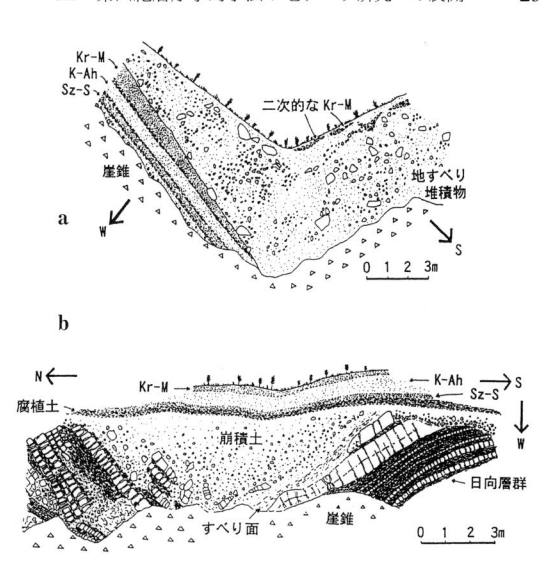

図2.6 四万十累層群の地すべり地での地すべり堆積物・崩積土とテフラとの関係を示すスケッチ (鬼頭・岩松, 1996).

れらの手法が利用できる．つまり，地すべりに伴って，地すべり移動体内への植物遺体のとりこみ，すべり面の形成，地表の変位などが生じる．このような地すべり変動に伴って生産されたり，影響を受けたりした材料の年代測定を行うことによって，直接的・間接的に変動時期の特定を行う試みがなされてきている．以下に，そのうちのいくつかを紹介する．

放射性炭素年代測定（^{14}C）法

放射性同位体の半減期を利用した年代測定法の1つである．炭素の放射性同位体である^{14}Cは，生物の死後，β崩壊によって約5700年でもとの1/2，約12000年で1/4となる．したがって，大気中の^{14}C量が一定であるという仮定のもと，生物遺体の^{14}C量を測定することで，その生物の死後の経過時間が計算できる．測定法には，生物遺骸から化学的に合成した気体や液体から放出される時間あたりのβ線放出量をもとにして年代値を計算する気体計数法・液体シンチレーション法や，イオン化した炭素原子を静電加速器に投入し質量分析を行い，^{14}C量を直接計測して年代を求める加速器質量分析法がある．前者の手法では計測できる年代値のレンジは数百年～3万年前まで，後者では5万年前までの年代値が計測可能である．また，測定に必要な炭素量は，前者では数gであるのに対して，後者では数mg程度あれば測定が可能となっている．

年代測定用の試料は，基本的に炭素を含む生物遺骸である．地すべり調査では，主に地すべり移動体内にとりこまれた材片や表層土壌（腐植土）がその対象となっている．年代測定に供する試料の採取にあたっては，その産出状況やその地質的な意義づけを明確にしておく必要がある．計測さ

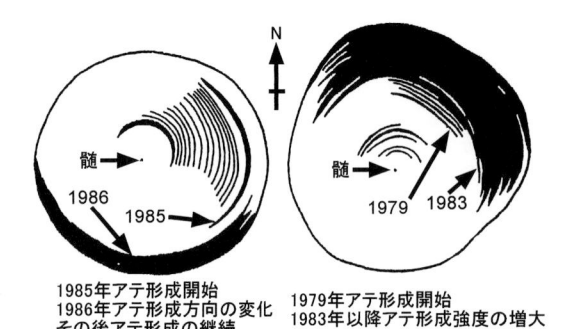

図 2.7 地すべり地域にみられるアテ形成（菊池ほか，1992）．

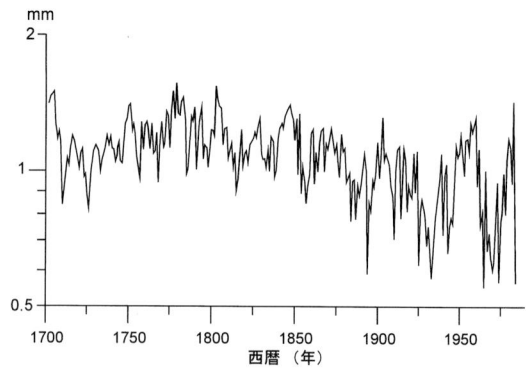

図 2.8 ヒノキ現世木年輪の暦年標準パターン（奈良国立文化財研究所，1990）．

れた年代値の計測誤差は，測定システムの統計誤差でしかなく，地質的にどのような経緯でそこに含まれたのかまでは示していないので，場合によっては，その地層の年代と大きく異なることもありえる．

現在では，放射性炭素年代測定法はかなり一般化していて，測定を委託できる企業もあり，1試料の費用が数万円程度，期間3ヵ月〜半年程度でその結果が得られる．

年輪年代学的手法

年輪形成の変化を時系列的にとらえて年代決定を行う手法である．地すべり地の地表に生えている樹木は，地表が変形し傾斜変化が起こると，樹幹が屈曲し，年輪幅の広狭，損傷，偏心やアテ（赤褐色の扇形を呈する異常組織）の形成が生じる．アテは針葉樹では傾斜した樹幹の下側に現れる．地すべり地の中では，山側あるいは谷側に現れることが多い．この現象を利用して，地すべり地内に生えている樹木のアテ材を解析して，地すべり変動の方向や時期を特定することが行われてきた．東北や北海道で比較的多く研究が進められている．アテ材を用いると，地すべり変動の変遷を数年〜数百年オーダーでとらえられ，運動の方向性も解析できる．図2.7はその例である．しかし，広範な樹種でアテ材が利用できるものではなく，針葉樹とくに基礎的研究の充実しているトドマツやアオモリトドマツでの事例が多い．

一方，年輪幅の変化パターンと暦年との対応関係からその暦年標準パターンがヒノキについては1984年〜紀元前317年まで完成している（図2.8）．また，スギやコウヤマキについても，部分的な欠如などがあるものの数百年分のパターンが確定している．これらを利用することで，暦年不明の出土材片の暦年を特定することが可能となっている．地すべり地からの出土材で，放射性炭素年代測定法では決定しにくい数百年以内の新しいものであれば，ヒノキ・スギ・コウヤマキといった樹種が限られるものの暦年決定を行える可能性がある．年輪年代からの暦年決定は，考古学分野の限られた研究機関で行われていて，そこへの委託が必要となる．

電子スピン共鳴(ESR)・熱ルミネッセンス(TL)法

これらの手法は，一般的には，断層破砕物中の石英が用いられる．断層変位によって構成物が破砕され，発生する熱によって構成物の原子中の不対電子が初期状態に戻され（リセット），その後の放射線量に応じて，不対電子が再び生産されてゆく変化を利用して年代値を算出する方法である．地すべり変動体と不動体との間のすべり面もまた断層としてみなせるので，同じように地すべり粘土中に含まれる石英を用いて測定を行うことになる．年代値の算出には，試料の不対電子量の測定以外に，現地の年間放射線量の計測が必要となる．また，地下では，水による放射線の減衰効果など

があり，含水状態の検討も必要となる．このような手法での測定例はまだ種々の要因が年代値に影響を与えるのでその事例は少ない．地すべり粘土の熱ルミネッセンス法による年代測定の例としては，秋田県澄川温泉の地すべり地に露出した地すべり面の粘土で7万年という年代値が出されている（高島・張，1998）．

3 地すべりと地形学

　地すべり現象は地形形成過程の1つである．地形，すなわち地表の起伏状態，の特徴とその形成過程を研究するのが地形学であるから，地形学の立場から地すべり地形のもつ形態的特徴とその成因にアプローチすることが可能である．

　地すべり運動によってつくられた地形は一般に面積が1 km²程度のもので，地殻変動による島弧・褶曲山脈や海溝などにくらべてはるかに小規模である．しかしそれは表層崩壊よりは大規模で，特徴的な形状を示す．したがって空中写真，地形図でそれとわかる場合が多い．

　ここでは，地すべりに関連して地形的にどのようなことがわかるか，あるいはどのような調査や分析がなされているか，について地形学の立場から述べる．そのためにここでは，方法論的にとくに地形図と空中写真の判読を中心とし，陸上の地すべり地形に限ることにする．なお，ここで述べる内容と事例については，小出(1955)，武居ほか(1980)，古谷(1996)においてもふれられている．

　なお用語に関して厳密には，「地すべり運動」「地すべり地形」「地すべり指定地」などを区別すべきであるし，広域的な問題と個別的な事例分析でもニュアンスのちがいがある．したがって，以下で単に「地すべり」というのは主に，それらを区別せず全体として包括的にとらえる場合である．

3.1 地すべり地形

　地すべりは，土塊あるいは岩盤が緩慢かつ集合的に下方へ移動する現象で，それに関連した地形は一定の特徴をもっている．したがって，地すべり地の典型的なものあるいは初生的なものは空中写真上で明確にわかるし，とくに大規模であれば地形図上でもわかる．さらに地すべり運動は，比較的緩やかな斜面でも発生し，緩慢な滑動をくりかえす，といわれている．しかし発生の古いものでは運動速度・運動履歴など運動過程における特徴がわからないこともあって，その跡は規模と形態的特徴から地すべり地形としてあつかわれることが多い．

(1) 地すべり地形の特徴

　地すべり運動に伴う地形の特徴については，Vernes (1978)の図がしばしば引用されるが(例えば古谷，1980)，それは一般に1章の図1.3に示す通りである．

　地すべり地の上端には馬蹄形あるいは円弧状の滑落崖がみられ，移動した土塊の上にはクラックが発達し，その下方の末端の押し出し部にはプレッシャーリッジが生じる(口絵写真4参照)．このように，滑落崖と地すべり崩土の配置というマクロな特徴と，地すべり崩土のつくる微地形が区別できる．これらの地形的特徴にもとづいて，地形図や空中写真の判読で地すべり地を抽出することができる．

　滑落崖は一般に円弧状ないし馬蹄形であるが，断層・節理などの影響を受けている場合には直線的となることもある．富山県の胡桃地すべり(1964年発生)や長崎県の平山地すべり(1962年

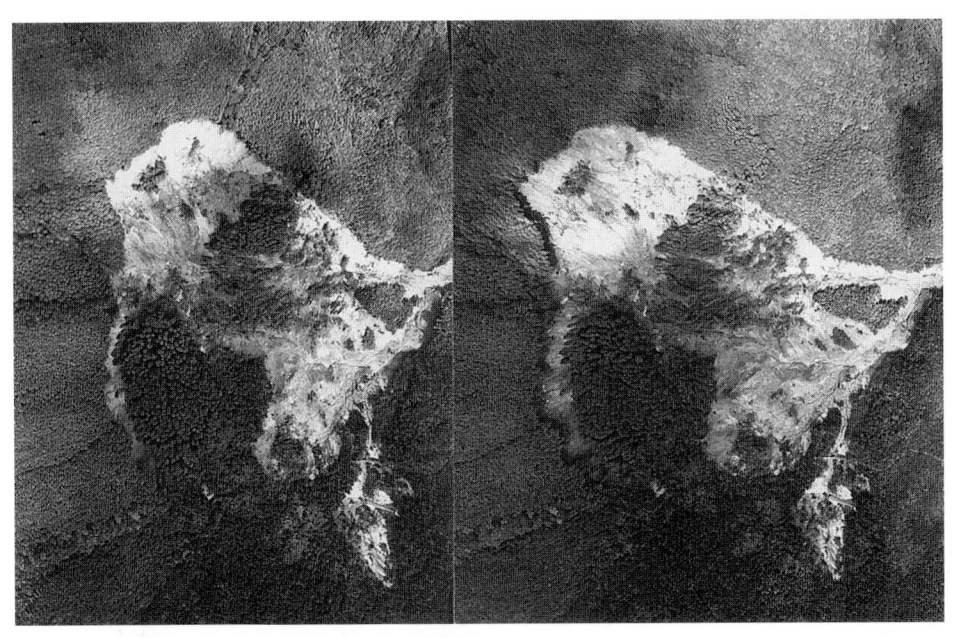

写真 3.1　宮崎県えびの市真幸の地すべりの源頭部.
　樹木の倒れ方から地すべり土塊のスランプ（回転）運動がわかる．アジア航測，1972年7月8日撮影，4452・4453空中写真による．

発生）はそのような例である．1つの地すべり地の中に滑落崖はいくつもみられる場合があり，その中でとくに大規模で地すべり地形の主要な形態を決めているものを主滑落崖と呼んで他と区別することがある．

　地すべり土塊の下方への運動が始まると，移動土塊の境界部およびその表面には微小なクラックが生じる．これは地すべり運動の予知にとって重要であるが，初冠雪時あるいは大縮尺写真を用いるなどの特別の配慮を行うのでなければ，空中写真による判読だけでは検出するのが難しいことが多い．

　地すべりの源頭部は，**写真3.1**に示すえびの市真幸の地すべりの例のように回転運動（スランプ運動）を伴うことが多く，それは樹木の倒れ方からも判別される．移動部分の表面は不規則な起伏にとみ，凹陥地や池がしばしばみられる．土塊あるいは岩盤が破壊されることなく元の形状・組織を残したまま移動したものが分離丘であるが，それは俗に「流れ山」と呼ばれることがある．地す

べり運動によって破壊したものが地すべり崩土である．地すべり崩土は，水流によって浸食された平均傾斜が40°に近い日本の山地のなかでは，際だって緩やかで小起伏に富む斜面を形成する．さらに崩土は，その後の二次的な浸食を受けやすく，再び滑動をくりかえしたりする．

　なお，稜線上に凹地が生じて二重山陵と呼ばれる地形が認められたり，山頂に近い平坦部にこまかなひだ状の地形が認められる場合があるが，これらの成因は地すべり以外にも岩質や気候条件などいくつか考えられる．地すべりである場合も，移動の初期段階にあるのか，発生後に少し移動して安定した部分であるのかの判断は写真判断による地形的特徴だけからは難しい場合が多い．

（2）　巨大崩壊

　地すべり地形と同様の馬蹄形の滑落崖を形成させる現象として，巨大崩壊あるいは大規模崩壊がある．誘因は地震や火山噴火である場合が多く，岩盤や土塊は急激に落下するが，静岡県安倍川上

34   3 地すべりと地形学

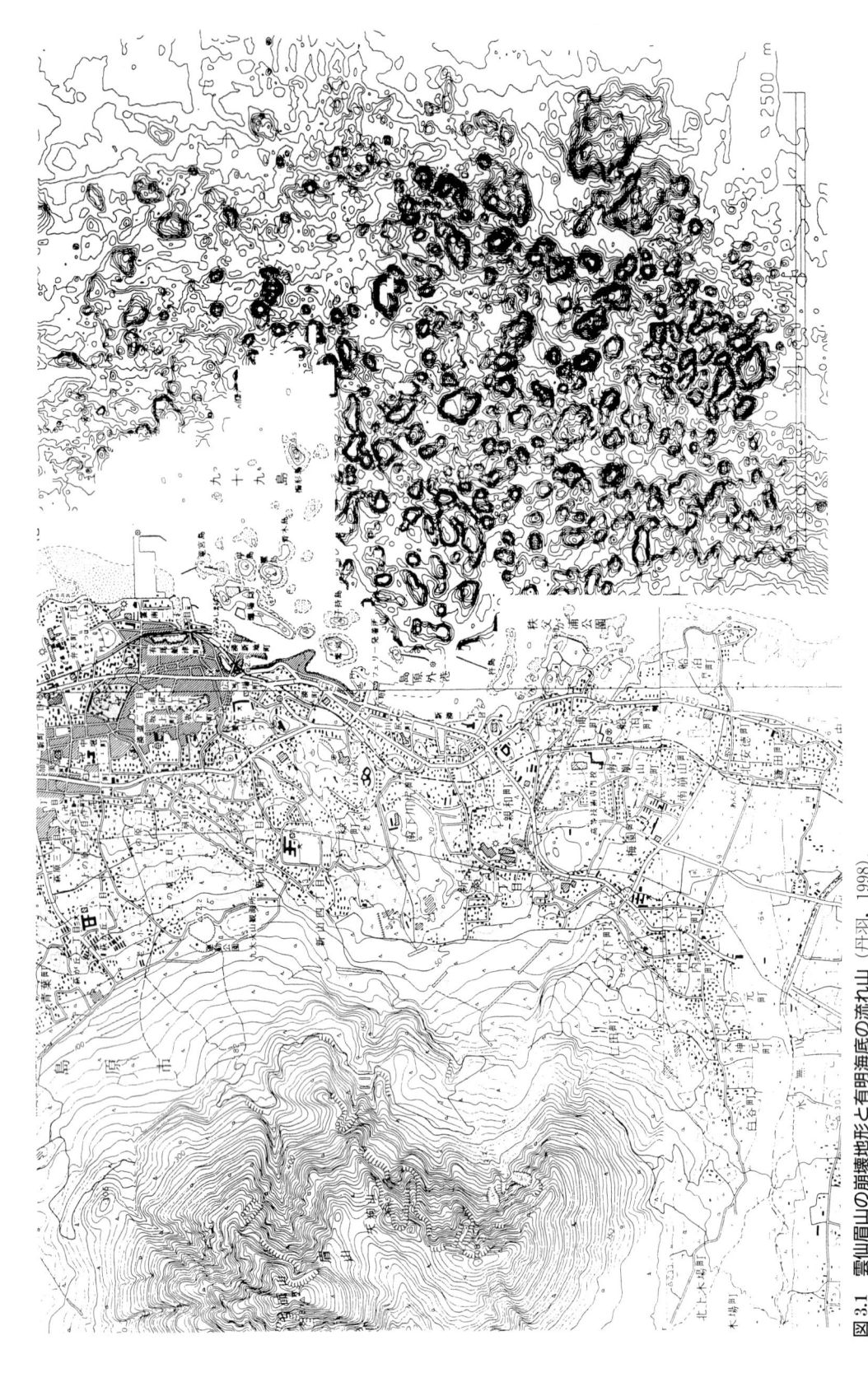

図 3.1 雲仙眉山の崩壊地形と有明海底の流れ山(丹沢, 1998).
崩土は放射状に広がり,一部は有明海に突入して九十九(つくも)島となったが,海底にも多くの流れ山が存在する.地形は国土地理院 1/25000 地形図「島原」などによる.地形図上の「崩山」「新山」は,この崩壊に関連した地名.

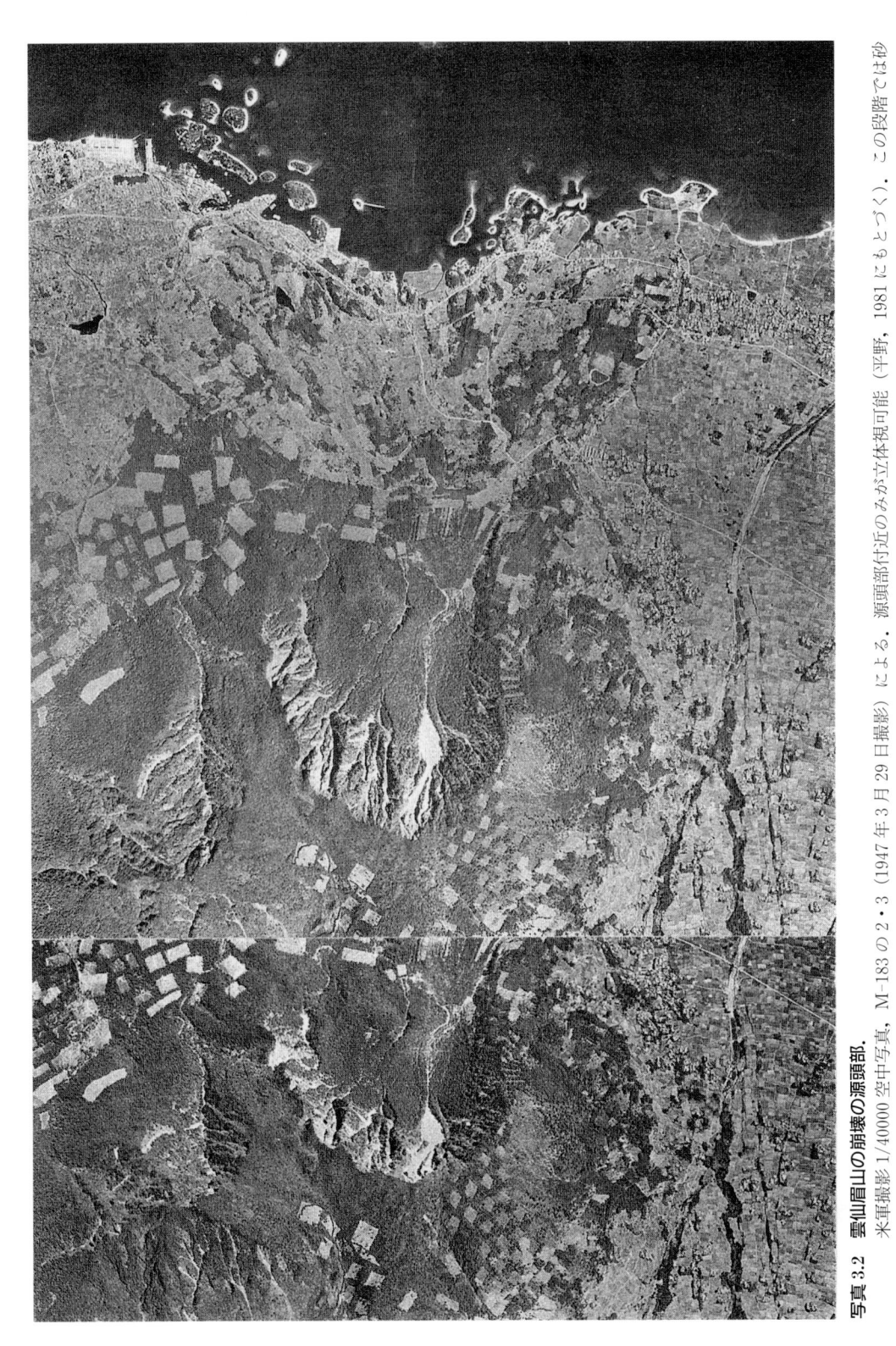

写真 3.2 雲仙眉山の崩壊の源頭部.
米軍撮影 1/40000 空中写真, M-183 の 2・3 (1947 年 3 月 29 日撮影) による. 源頭部付近のみが立体視可能 (平野, 1981 にもとづく). この段階では砂防ダムはまだ建設されていない.

流の大谷崩れ（18世紀初頭に発生）の場合のように誘因が必ずしも明確でないものもある．崩落・移動する土量は桁外れに大きく，一般の地すべりが 10^5〜$10^6 m^3$ 程度であるのに対して，10^7〜$10^8 m^3$ の桁に達する場合がある．とくに土量が $10^8 m^3$ に達するものを巨大崩壊，$10^7 m^3$ 程度のものを大規模崩壊と呼んで区別することがある．古い時代のものは移動速度や移動過程がわからず，残存する馬蹄形の滑落崖の特徴にもとづいて一般には地すべりの例として取り扱われることが多い．

図3.1 と**写真3.2**に示したのは雲仙眉山の崩壊地で，1792（寛政4）年に地震を誘因として発生し，崩土は有明海に突入して津波が生じ，それによる死者も含めてその数は16000名に達した．そのあとには典型的な馬蹄型の滑落崖が残されている．隣接した海底には，この時の崩土あるいは流れ山のつくる起伏が多数存在することが，**図3.1**から読みとれる．眉山の崩壊については，古谷（1996）に詳しい．火山噴火による磐梯山の崩壊や海外の例であるセントヘレンズ火山の崩落，も巨大崩壊の例である．

急峻な山体をつくっていた岩盤が急激に滑落すると，一部は「流れ山」をつくり，崩壊によって粉砕されて生じた土塊は放射状に広がり，一部はさらに谷を流下する．移動部と周辺部の境界部には，自然堤防状の畝が形成される．崩土は，含まれていた水あるいは河川水により下流部では土石流から泥流となり，さらに洪水流となる．土石流は谷を高速で流下するので，湾曲した流路部分では遠心力で谷壁に乗り上げ（スーパーエレベーション），ときに尾根を乗り越えて直進することがある．このように崩落部分は移動途中で破壊し，物性が変化しつつ遠方まで達するのが特徴である．

巨大崩壊あるいは大規模崩壊によって生成した移動体は，その後も長期にわたって土砂生産の場となり，時に地すべり運動を起こす．したがって，崩落運動は過去の現象であったとしても，それは現代における土砂移動現象に深くかかわるので，固有の地形的特徴に十分注意する必要がある．

（3） 地すべり地形の発達

地すべり直後の地形は新鮮で明瞭であるが，時間が経過するとそれは浸食をさらに受け，とくに崩落土層は水流による開析を受けて谷が発達し速やかに浸食されるので，本来の地形特性は不明瞭となる．しかし大規模なものでは，基岩に刻された馬蹄形の滑落崖を主体とする地形的特徴をあと

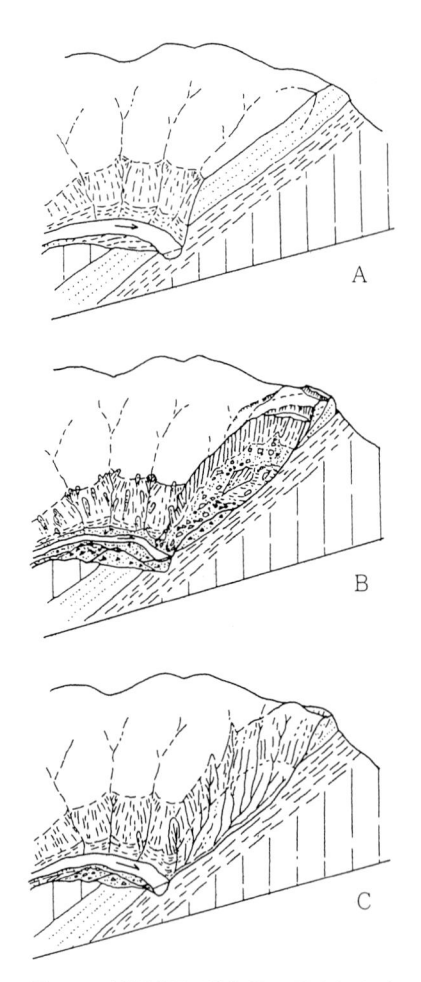

図3.2 攻撃斜面の流れ盤に発生した地すべり地の地形変化過程を示す概念図（平野，1993a）．
流れ盤の長大な攻撃斜面（A）が，大規模地すべりを起こして崩土は対岸に乗り上げ（B），それが浸食を受け表面流による谷地形へと移行する（C）．

写真 3.3 和歌山県金剛寺の崩壊（中央の 2 つのうちの右側）と，それによって生じた一夜段丘．
崩壊地基部の河道部分の細い眉状の陰影部が段丘崖に対応．林野庁 1/20000 空中写真，近畿地区 C51-185・186（1953 年 12 月 1 日撮影）．武居ほか（1980）にもとづく．

まで残すので，それと判別できる．河川の曲流部（攻撃斜面）に位置する流れ盤で発生した地すべり地形の発達過程を示す概念図を図 3.2 に示す．

新鮮な地すべり地では，地すべり土塊は原地表面の形状を留めつつ地すべり凹地を残し，主滑落崖に近い部分に位置している．やがてその表面は水流による谷が発達することで開析されつつ浸食され，地すべり土塊も二次的な滑落運動をおこして下方へ移動し，滑落崖から離れた位置に部分的に残存するのみとなる．一方で滑落崖は，新鮮な馬蹄形であったものが一部崩落し，あるいは水流の浸食を受けて凹凸を増し，さらに時間が経過するとゆるやかで目立たない状態となる．このように地すべり土塊の移動距離と開析度，さらに滑落崖がどの程度原形をとどめているか，によってステージわけができる．このようにして崩落物質の大部分が浸食された地すべり地は，水流による谷地形とやがて区別できなくなる．

地すべり地形そのものはその後の浸食で不明瞭となっても，崩土によって天然ダムが形成された場合，河道を堰き止めた崩土が水流による浸食を受けて河岸段丘が形成され，それがあとまで残る場合がある（町田，1984）．このような成因による河岸段丘はごく短期間に形成されるので，「一夜段丘」と呼ばれることがある．写真 3.3 に示したのは，和歌山県の有田川災害の際に形成された金剛寺の崩壊とそれに伴う一夜段丘の例である．他に一夜段丘が形成された例として，富山県の常願寺川鳶崩れ，静岡県の安倍川大谷崩れ，岐阜県帰雲山，などがある．庄川上流は上記の帰雲山の崩壊で現在のような広い河原になったといわれていて，大規模崩壊が河況の変化をもたらした例は多い．

このように，地すべりや巨大崩壊を発端として生じる地形変化と，それに伴われて発生する土石流などによる河況の変化に注目すると，地すべり地形そのものは不明瞭となっても，このような付随的な特徴にもとづいて過去の発生事例を特定できる場合があるし，発生年代の特定も可能となる場合がある．その意味では，河岸段丘の特性（構成物質や局部的な勾配変化）には十分注意を払う必要がある．

（4） 地すべりと地形分類

地すべり運動による土塊の下方移動は，地形形成過程（プロセス）の1つである．地形をつくる物質は，それを形成したプロセスに対応して，一定の傾斜をもって安定化する．したがって，それを境に傾斜の異なる線（傾斜変換線）に注目して，地形を分類・区分できる．傾斜変換線の判別には，空中写真を用いるのが正確かつ便利である．

山地地形の分類は，斜面の分類でもある．斜面分類の第1の基準は，重力の斜面下方への分力に関係する斜面傾斜（勾配）である．傾斜の測定方法には何通りかあるが，空中写真測量によって作成されている1/25000地形図の場合は，等高線間隔にもとづく方法が簡便である．

湿潤気候下にある日本では，地形変化には重力

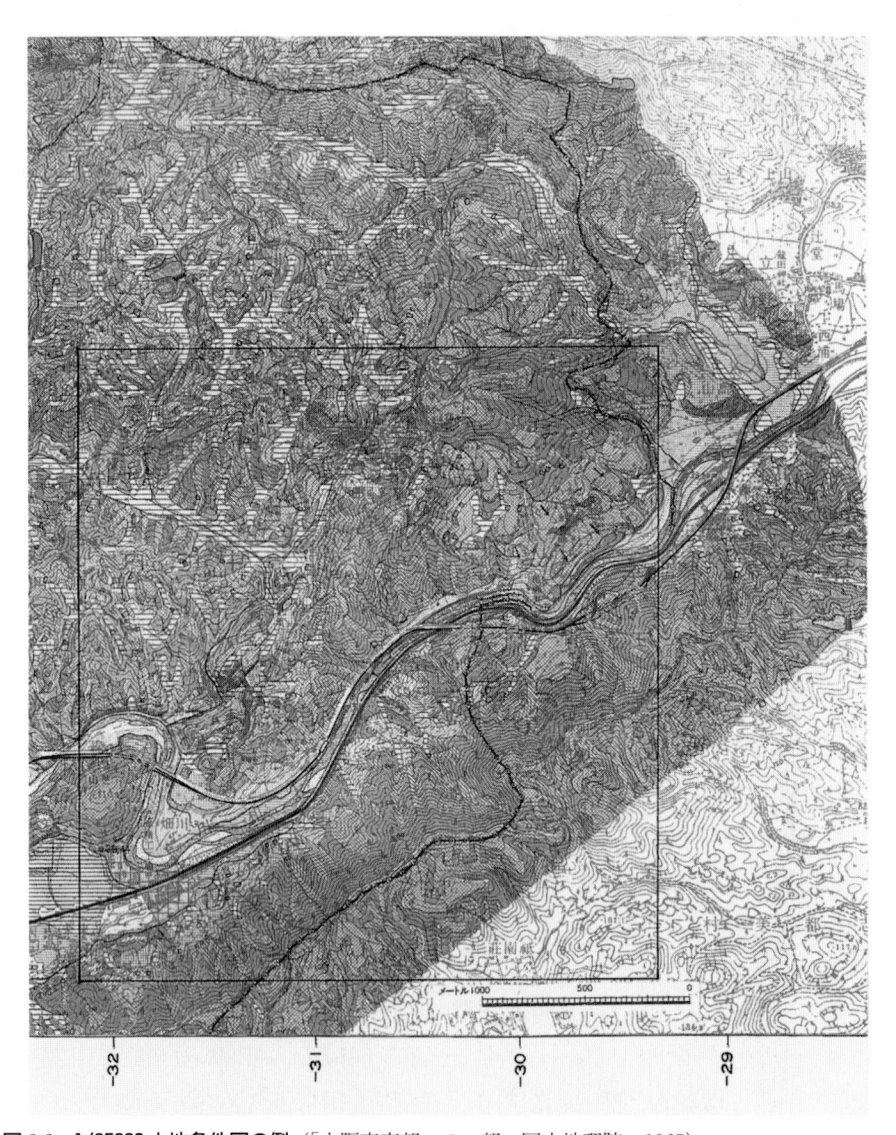

図3.3　1/25000 土地条件図の例（「大阪東南部」の一部，国土地理院，1965）．
大和川の右岸（北東側）中央右寄りの矢印を付けた部分は，亀の瀬地すべりの滑動ブロック．それ以外の山地斜面においては，現在の河床から谷頭浸食による谷型斜面が発達し，傾斜変換線を挟んで尾根付近には緩い尾根型斜面がみられる．

写真 3.4 図 3.3 の枠内に対応する空中写真.
尾根付近の平坦な部分と急峻な浸食谷のあいだに傾斜変換線（浸食前線）が認められ，大和川北東側の支谷には遷急点が存在し，それより上流は耕地（主に水田）となっている．写真の右上部分が亀の瀬地すべり．国土地理院 KK-71-2X・C10-11・12 による．

（体積力）以外に表面流による剪断力（boundary shear）が関与する（地震・火山噴火はその意味で例外的）．したがって重力に関係する斜面傾斜の他に，尾根型斜面（標高の低いほうに向かって等高線が凸型で，水が分散する）・谷型斜面（等高線が凹型で，水が集中する）という流水の条件に対応した分類が重要である．

このようにして地形分類が行われ図化されるが，国土地理院の 1/25000 土地条件図はその例である．このような図に示された一般の山地地形の中では，地すべり地形の占める割合は比較的小さい．**図 3.3** には地すべり地を含む土地条件図（地形分類図）の例を示し，**写真 3.4** にはその一部を示すが，いずれにおいても河床に連なる急峻な谷壁斜面と尾根部の緩斜面の間に傾斜変換線がみられる．

かつて地すべり運動を起こした場所は，すでに述べた固有の地形的特徴にもとづいて判読されるが，新鮮な地すべり地形のみとは限らず，抽出に困難を伴う場合もある．例外的に地すべりの多い地域で，かつ防災上問題となり得る地域では，滑落崖と地すべり崩土の組み合わせを中心に判読して，地すべり地形分類図を作成する．

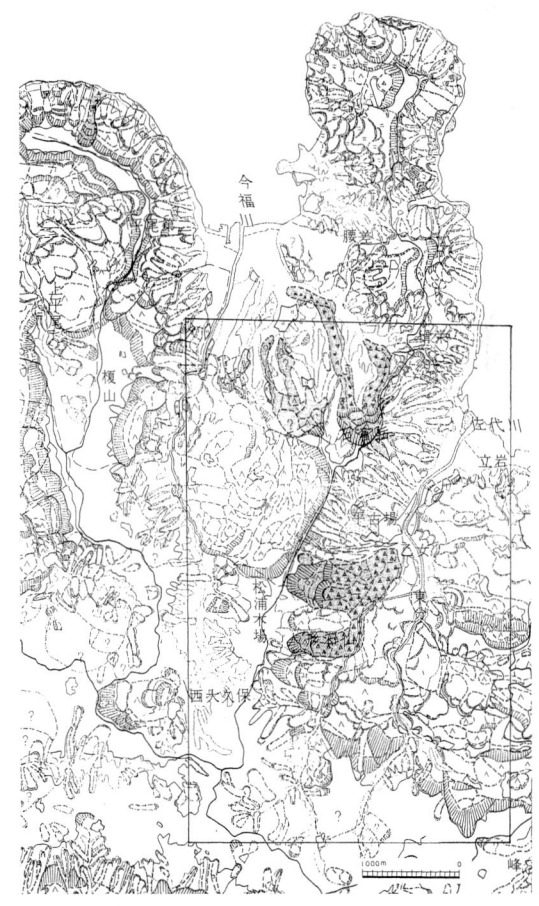

図 3.4 北松地域の地すべり地形分類図（1/50,000）の一部（国土地理院，1970）．
中央部の枠内に北から，石倉岳，乙女，人形石山，の当時滑落した 3 つの地すべりがある．原縮尺は 1/50000 で，多色刷り．

写真 3.5 北松地域の地すべり地形を示す空中写真.
中央をほぼ南北に走る稜線の西側には,安定化しているが大規模な地すべり地形が認められる.国土地理院 1/40000 空中写真,KU-71-6Y,C5-7・8(1971年度撮影).武居ほか(1980)にもとづく.図3.4の枠内に対応.

このようにして早い時期に作成された地すべり地形分類図の例として,長崎県北松浦郡の第三系の分布地域(北松地域)の例をあげることができる.この地域では,第二次大戦直後から地すべりが多発し,国土地理院が地すべり分類図を作成した.その一部を図3.4に示すが,対応する空中写真が写真3.5である.古い地すべり地は耕地化しているので,第三系からなる丘陵地ないし小起伏山地では,馬蹄形の輪郭をもった棚田の多くはかつて地すべり運動を起こした部分であると考えられる.北松地域の玄海灘に浮かぶ生月島では,耕地のすべてが地すべり地形の特徴を具えている(小出,1955).したがって,地すべり地すなわち危ないから避ける,というわけでは決してなく,人々はそれと共存しているわけだが,いつかは動き得ることを記憶するべきで,危険な動きあるいはその前兆に十分注意する必要がある.

東北地方も第三系(グリーンタフ)や火山岩の分布地域が広い.東北地方のグリーンタフ地域や火山地域では地すべり地が多く,各種の土木工事に関連して問題となることがある.したがって,地すべり地形分類図が作成されている.その一例を図3.5に,対応する部分の空中写真を写真3.6に,それぞれ示す.北海道についても地すべり地形分類図が作成されている.

これ以外でも第三系あるいは中生界(和泉層群など)の適度に傾斜した堆積岩では,地すべり地がしばしば認められるが,地すべり地と地形あるいは地質構造の間に一定の対応関係がみられる.例えば神戸層群の場合,基底礫岩に始まり泥岩・凝灰岩に終わる堆積サイクルが認められ,全体はケスタ地形をつくり,礫岩部分は急峻な山稜部分を構成しているが,泥岩・凝灰岩のつくる流れ盤(地表面の傾斜方向と地層面のそれがほぼ一致す

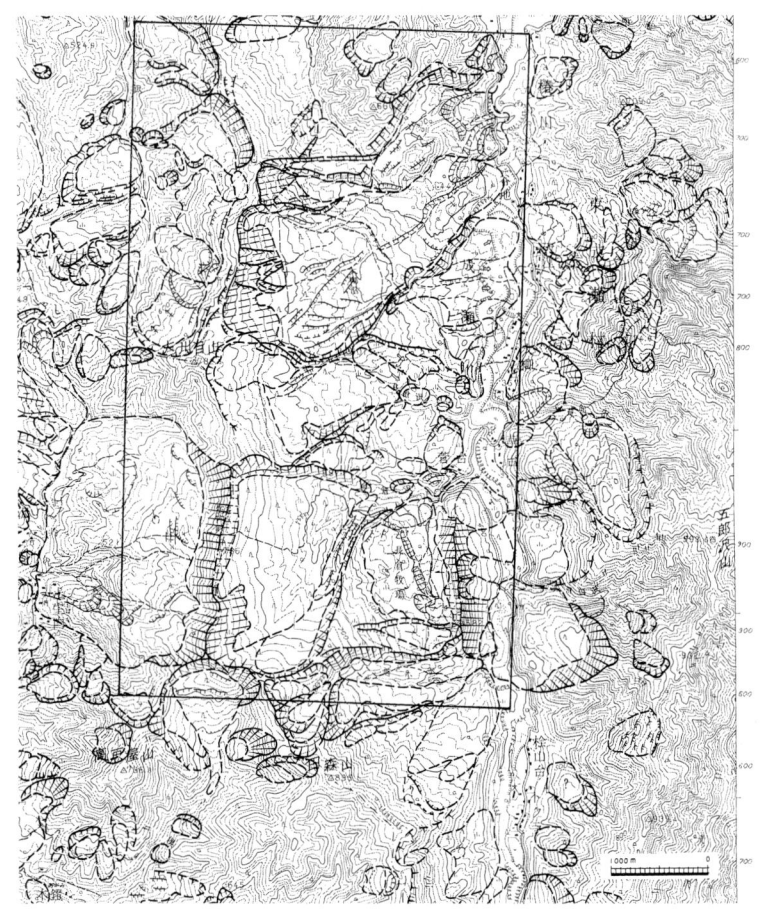

図 3.5　東北地方の 1/50000 地すべり地形分類図の例.
国立防災技術センター (1982) による 1/50000「稲庭」の一部.

る斜面) の平滑かつ緩やかな斜面で地すべりが多く耕地化している (図 3.6, 写真 3.7). したがってこの場合にも, 地形分類は地すべり地の検出に有効である.

3.2 地形と地すべり

地形は, 一定の気候条件下で作用する地形形成プロセスの総合的産物であるので, 地形特性にもとづいて該当地域における顕著な地形形成プロセスを知ることができる. それは地すべり運動についても同様である. このような地形形成プロセスは, 気候条件によって一般に異なる.

一定の気候条件のもとにある地域でも, 地形形成には複数のプロセスが関与する. それらプロセスの相対的なウエイト (あるいは主要なプロセス) によって, 生じる地形がちがう. 地すべり運動を代表とするマスムーブメント (mass movement, 重力による下方移動現象) にも, 地すべり以外に, 降雨を誘因として表層の風化物質が急激に落下する表層崩壊, 緩慢な下方移動であるソイルクリープ, 凍結による霜柱の形成と融解により土砂が下方に移動する現象であるソリフラクションがある.

一般に湿潤地域では流水による浸食が主体となるが, これには表面流が関与する. 表面流が生じるためには, 集水面積と降水量だけでなく浸透能が関与する. 浸透能は, 雨量と同様に, 単位時間

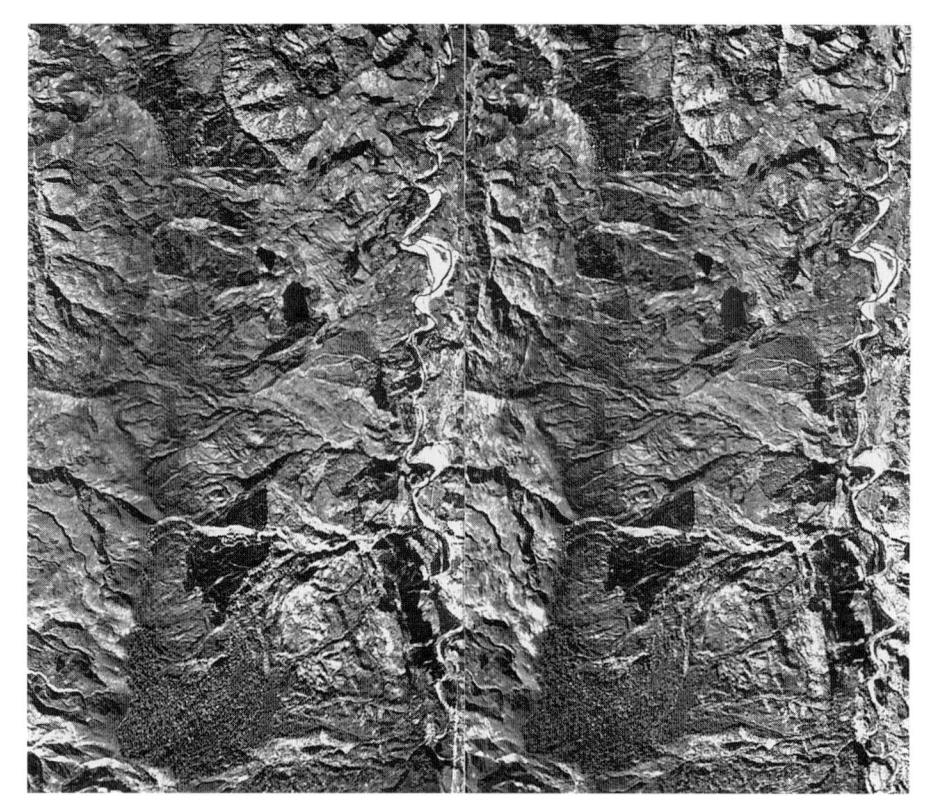

写真 3.6 東北地方の地すべりの例.
米軍撮影 1/40000 空中写真,M621-186・187(1947 年 11 月 1 日撮影)による.図 3.5 の枠内部分に相当.

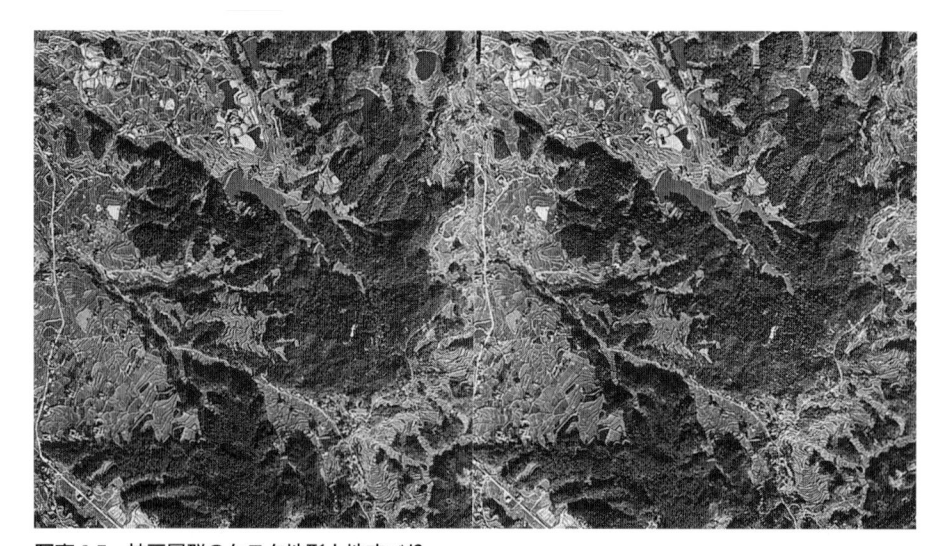

写真 3.7 神戸層群のケスタ地形と地すべり.
図 3.6 の枠内にほぼ対応.国土地理院 1/10000 カラー空中写真,C KK-74-14,C24A-15・16 をモノクロにしたもの.

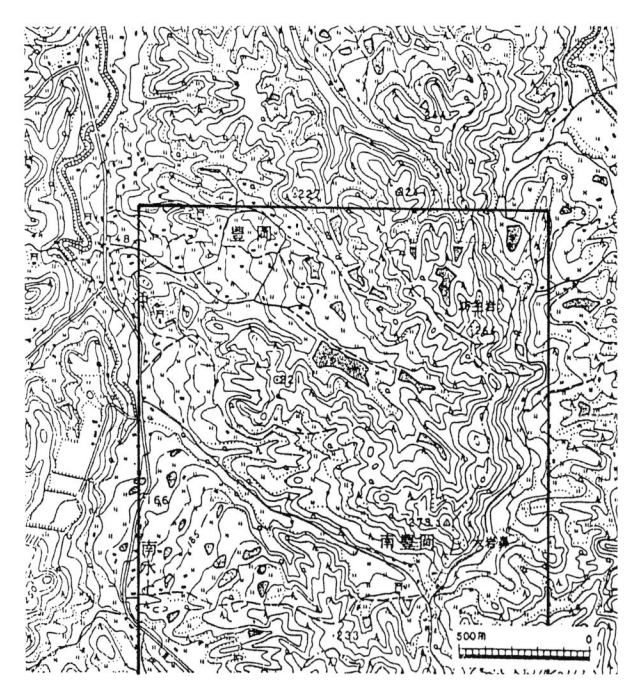

図 3.6 兵庫県吉川町の第三紀層（神戸層群）のケスタ地形と，流れ盤の地すべり．
「豊岡」「南水上」の水田化している部分が地すべり性斜面．国土地理院 1/25000 地形図「三田」図幅による．平野 (1988) に加筆．

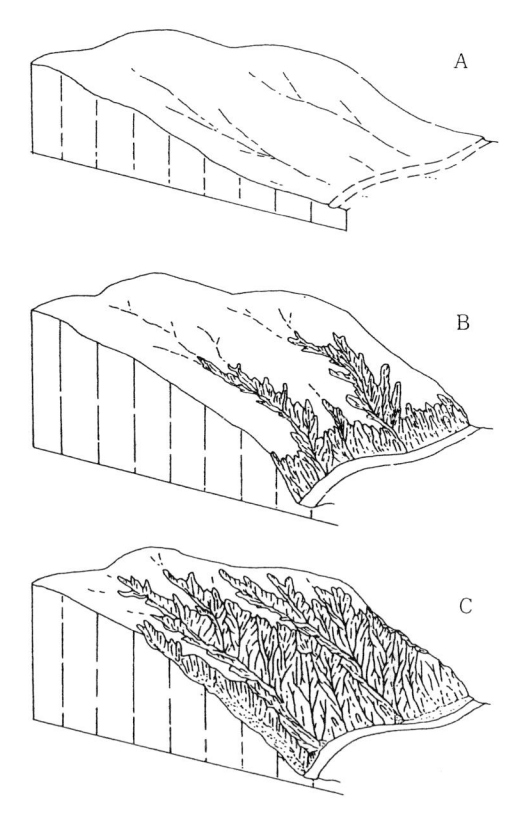

図 3.7 気候変化に伴う浸食前線の形成と地形変化（平野，1993a）．
寒冷もしくは周氷河気候における平滑な地形（A）が，水流による頭部浸食を受けて浸食前線（傾斜変換線）が形成され（B），浸食前線がさらに尾根付近まで進んで現在の地形的特徴（C）が生じる．

あたりに浸透した単位面積あたりの水位で表す．一定の岩石・地質系統は一定の物性（とくに空隙率）をもつので，浸透能についても固有の値をもち，それはとくに谷密度（一般に単位面積あたりの谷の総延長で示す）に反映され，岩石・地質系統に固有の地形ができることになる．

気候条件と浸食プロセスの対応について大雑把にいえば，日本では，ソリフラクションは東北の中部以北とくに北海道で，表面流に関連した崩壊は九州・表日本・瀬戸内気候区で，地すべりは裏日本気候区で，それぞれおおむね顕著である．固有の気候条件に対応して形成される特徴的な地形を気候地形と呼ぶことがある．その意味では，地すべり現象もまた気候地形としての一面を有する．

さらに氷期から間氷期への気候変動により，かつてソリフラクションなどの面的な浸食を受けていた部分が新たに水流による浸食を受けることになり，頭部浸食を行う谷の先端部分が新しい気候条件下での浸食前線となってそれを境に傾斜が変化し図 3.7 に示すような地形変化をたどったと考えられる．この場合，浸食前線は土砂移動の激しい部分であり，この部分における斜面の不安定化が地すべり現象の発生に関係する場合がある．

湿潤地域であっても表面流による浸食が顕著でない場合，谷の発達が悪い長大な従順斜面が生じる．また，降雨による表面流でなく地下水が物質移動に関与する場合に地すべりが発生しやすい．積雪地域では，表面流による浸食が積雪で妨げられる一方で，融雪による浸透水が関与して，地すべりがしばしば発生する．

以上のことから，気候条件に対応したプロセス

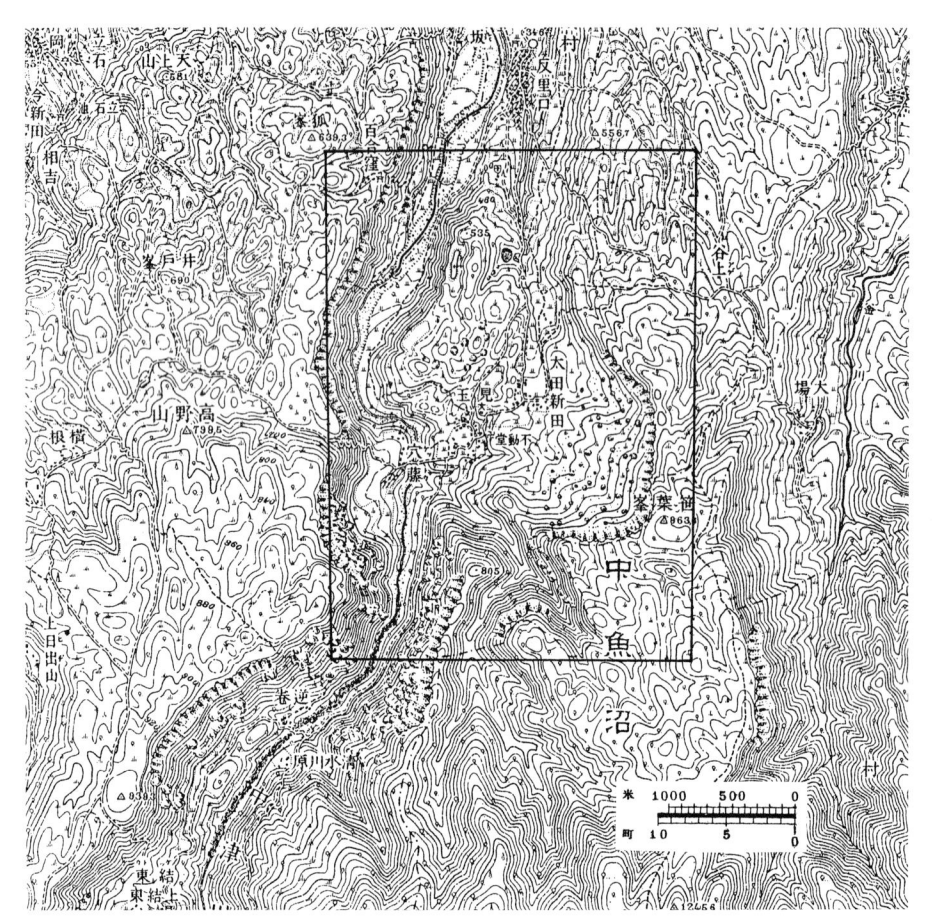

図 3.8 新潟県見玉の地すべり.
国土地理院 1/50000 地形図「苗場山」旧図幅による.

を念頭において特定の地形要素に注目することにより，とくに地すべりの発生しやすい地形状況が存在することがわかる．そのような地形の特徴が第1の問題であり，ついで，そのような部分をいかに抽出するかという第2の問題が生じる．第2の問題に対して，従来は空中写真判読を主とする地形分類が用いられてきたが，さらに現在では，地形標高データに対して電子計算機を用いてそれを広域にわたりある程度自動的に行うことにより，地すべり多発地域（地質系統）を検出できる場合がある．

（1） 火山斜面

火山地域には大規模な地すべり地が多い．図3.8 と写真 3.8 に示したのは，粘性の少ない溶岩がつくる盾状火山（アスピーテ）の例とされる苗場火山を開析する中津川の谷壁で発生した見玉地すべりで，多くの教科書に引用されている（例えば古くは，宮部，1935）．地すべりを起こした部分は，かつては蛇行した水流の洗掘を受ける急斜面であったと推定されるが，現在は滑落したブロックによって河川が反対側に押し出され，地すべり地の反対側の斜面の基部が浸食されている．地形図上でも円弧状の滑落崖とスランプ運動を行いつつ崩落して傾いたかつての平坦な火山原面（火山活動で形成され，まだ浸食を被っていない部分）の特徴がよくわかる．地すべりブロックの上には池も見られ，耕土化している．

写真 3.8 新潟県見玉の地すべり.
図 3.8 の中央枠内に相当.国土地理院カラー 1/10000 空中写真,C CB-76-8,3A-14・15 をモノクロにしたもの.

　火山地域にはこのような大規模な例が多く,それはしばしば岩盤の初生地すべりであるが,円弧状の滑落崖とスランプ運動を行った滑落部分の特徴が,火山原面との対比により良くわかる.とくに成層火山は,比較的急傾斜の火山原面をもちかつ全体が流れ盤斜面の集合であるので,斜面の基部が河川の浸食によって急峻化すると地すべりが発生しやすい.

　さらに火山体が,すでに存在していた一般の山地の上に形成された場合,火山体の下には谷地形が埋没していることもある.そのような場合には,埋没した山地をつくる岩盤が難透水性であったり,噴火の初期段階における火山噴出物が難透水性である場合など,谷を埋めた火山体の該当部分はとくに不安定となり,大規模な地すべりを起こしやすい.長野県西部地震によって発生した御岳崩れはまさにそのような部分で発生している.近年における人工的な地形改変も,尾根を削り谷を埋めることで平坦地をつくるので,このような埋没谷地形を生みだし,宮城県沖地震など地震時に地すべりが発生して住宅地に被害が出ている.

（2） 攻撃斜面

　山地内を蛇行して流れる河川では,屈曲した水路の外側（遠心力の働く側）で強い浸食が行われ,そのために生じる急峻かつ凹型の斜面が,しばしば地すべり発生の場となる.このような急斜面が攻撃斜面で,その対岸には流路の反対側への移動に伴う緩やかな斜面（滑走斜面）が生じている.隆起帯を横切って流れる先行性河谷の谷壁はとくに急峻で,攻撃斜面で大規模な地すべりが発生し,河川をせき止めた事例が多い.

　明治 22（1889）年の豪雨で崩壊性地すべり（群発性地すべりとも呼ばれる）が多発した奈良県南部の十津川流域の場合,その部分は主に長大で表面には水流による谷が刻まれていない従順斜面であり,かつ攻撃斜面である.地質構造からみてこのような長大な従順斜面は,砂岩からなる流

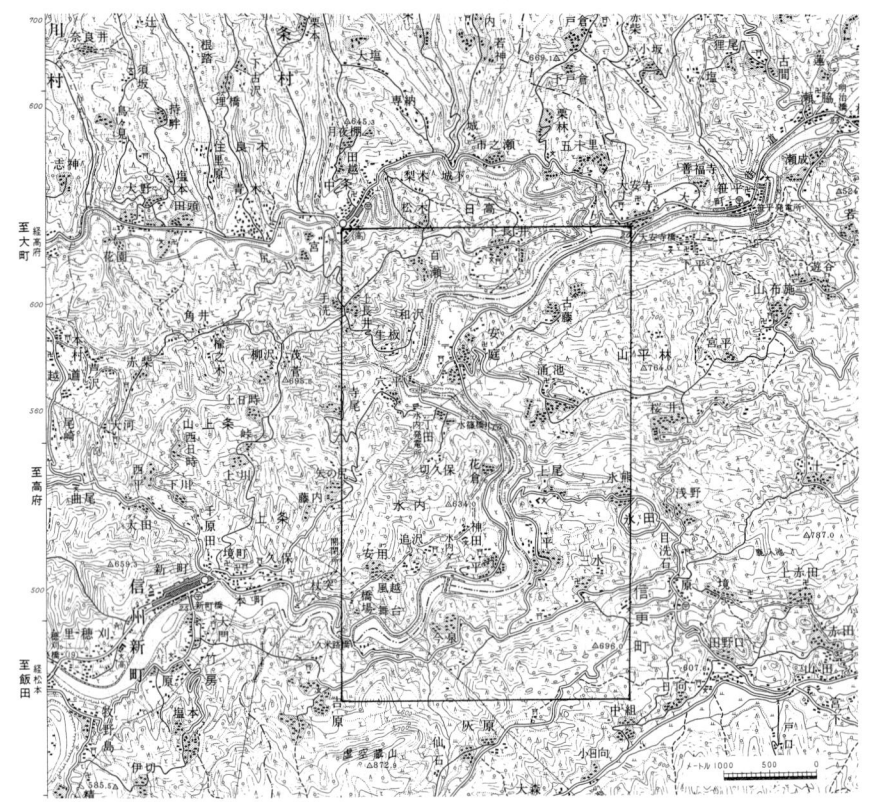

図 3.9　長野県善光寺地震による涌池の抜け.
中央枠右側境界線上の「山平林」の文字の下の三角点（764.0）の西方の「涌池」と
記された部分．国土地理院1/50000地形図「長野」図幅による．

れ盤で下位に泥岩があることが多い．崩落が谷壁の急斜面で発生した場合には，崩土は河道を横塞し，さらに対岸の斜面に乗り上げている例が多い．その際，崩土は天然ダムを形成し，後にそれが決壊して下流に洪水による被害をもたらしている（前出の図3.2参照）．

地震を誘因とするものは必ずしも一般的とはいえないが，善光寺地震（1847年）による涌池の抜けや日光地震（1683年）による葛老山の地すべりは，やはり攻撃斜面が崩れて天然ダムを形成した例としてともに著名である．とくに後者は約40年間にわたり鬼怒川をせきとめたことで知られている．図3.9と写真3.9には善光寺地震による涌池の抜けを示す．地すべりの発生した部分は犀川の水流の洗掘を受けていた攻撃斜面であり，現在も地すべり地の中に池がみられる．善光寺地震による地すべりについては，古谷（1996）が詳しく述べている．

（3）　海食崖

日本はまわりを海によって囲まれている．その海岸地形の特徴は，最終氷期（約2万年前のウルム最盛期，海面は現在より100m程度低かった）の浸食地形が約7000年前の縄文海進によって沈水し，それが波浪の浸食を受けることで形成された．現在の海岸地形の一般的特徴を一言でいうなら，波浪の浸食に対して強い岩石からなる部分はかつての山地地形をおおむね留めつつ屈曲に富むリアス式海岸となり，浸食に弱い岩石からなる部分は波浪の浸食を受けて後退しつつほぼ直線的で急峻な海食崖を形成した．とくに外洋に面して新第三系の分布する地域（とくにグリーンタフ地

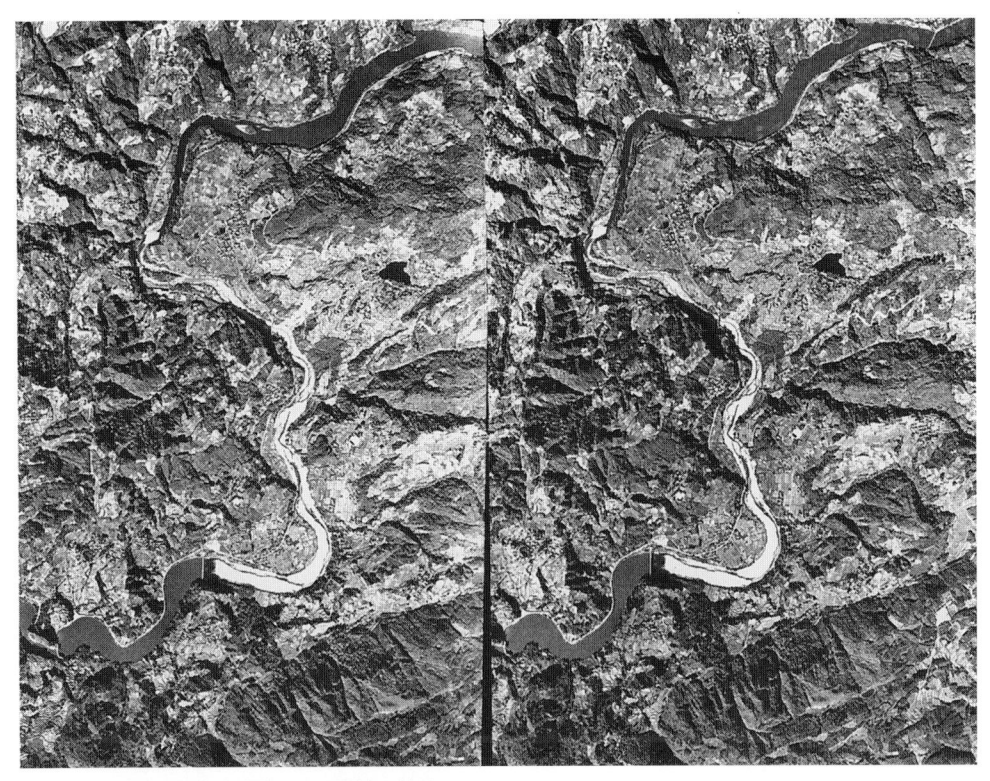

写真 3.9　長野県善光寺地震による涌池の抜け.
国土地理院 1/20000 空中写真，CB-65-6X, C-10 の 4・5（1965 年度撮影），平野（1987）にもとづく．図 3.9 の枠内部分に対応．

域）は顕著かつ比高の大きな海食崖をつくっている．

したがってそのような場所では，海食による斜面基部の不安定化により，しばしば地すべりを発生させる条件が満たされる．**図 3.10** と**写真 3.10** に示したのは北海道豊浜の地すべり（1962 年に発生）であるが，グリーンタフ地域の海食崖の上方につながる斜面部分が滑落した．このような海蝕崖においても，地質構造と岩相が関係し，落石事故の発生した福井県越前海岸もグリーンタフ地域であるが，落石が発生したのは地層面の傾斜と地表面の傾斜が逆方向となっている受け盤の西向き急斜面であり（平野ほか，1990），その北方の海岸線に連なる北西方向を向いた流れ盤斜面では，礫岩・砂岩部分が急峻な比高の大きい海食崖をつくっているものの，その間に挟まれた泥岩・凝灰岩部分は地すべりを多く伴っている．

富山県から新潟県にかけての日本海に面したグリーンタフの分布地域では海食崖が発達し，その中ほどには 1751（寛延 4）年の地震によって発生した有名な名立崩れ（中村，1964）がある．かつて北陸本線はこの海岸部分を通っていて，列車が地すべりにまきこまれた（1963 年の能生小泊の地すべり）ことがあり（Oyagi, 1977），この区間は現在では長いトンネルの連続する区間となっている．近年における海岸道路の新設や拡幅は，このような海食崖あるいは地すべり地形を対象とすることも多く，地形特性に十分な注意を払うことが必要である．

（4）断層崖と断層谷

断層運動によってつくられた直線的に延びる急峻な断層崖，あるいは断層に沿って形成された直線的で深い断層谷は，地すべり発生の素因を備え

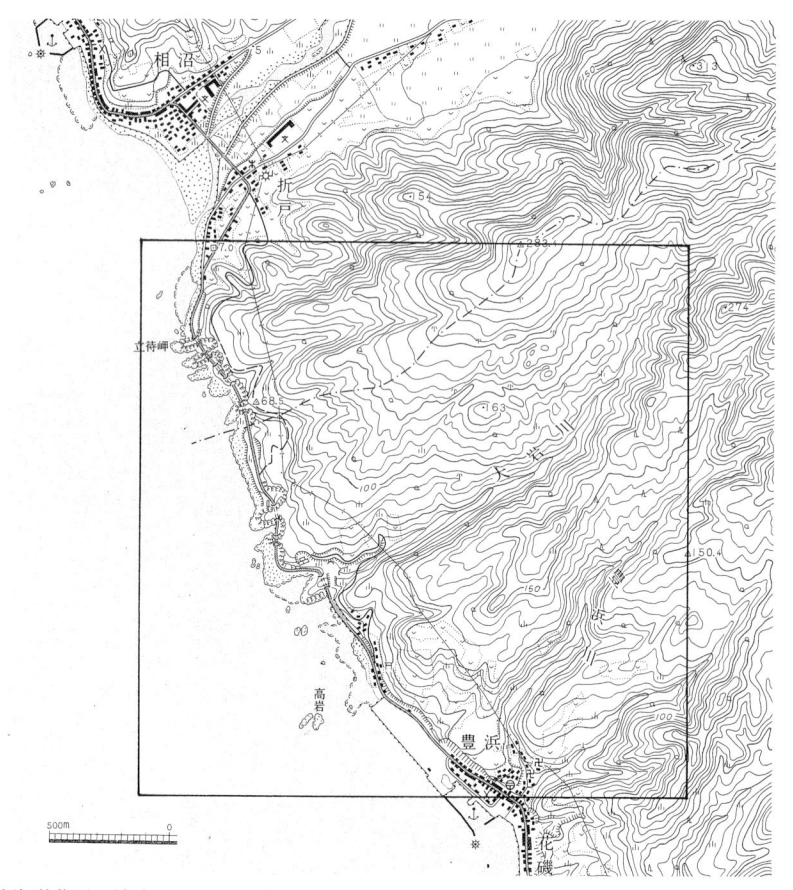

図 3.10　北海道豊浜の地すべり周辺の地形.
　枠内の大岩川の北西側（右岸）の閉曲線がいくつかみられる斜面および豊浜川の北西側（右岸）の斜面も地すべり地（写真 3.10 参照）．国土地理院 1/25000 地形図「相沼」より．

写真 3.10　北海道豊浜の地すべり.
　図 3.10 の中央枠内に対応．林野庁 1/20000 空中写真，山 426，C-12 の 2・3（1965 年 10 月 19 日撮影），武居ほか（1980）にもとづく．

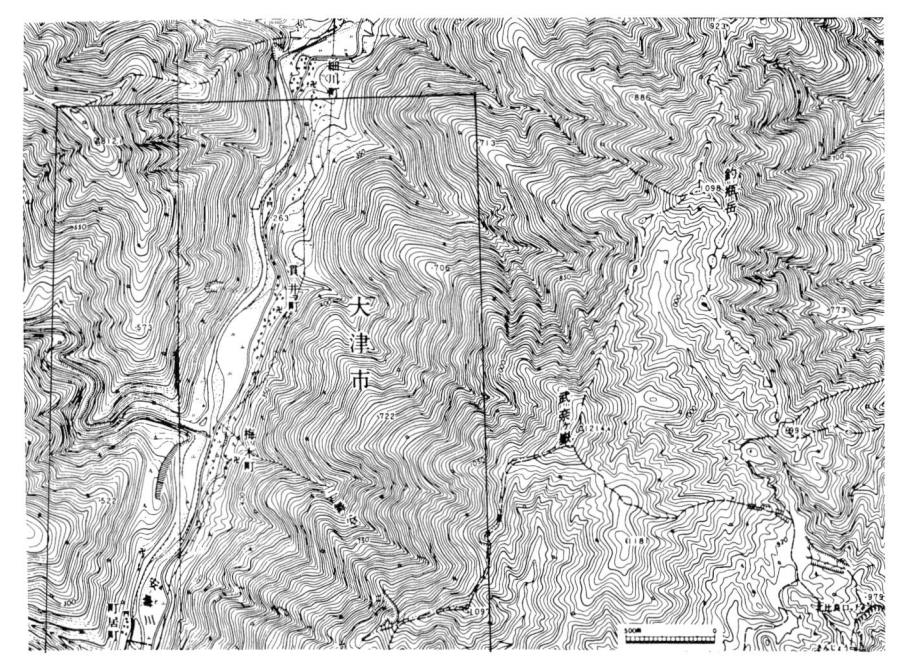

図 3.11　花折断層と安曇川町居.
　　ほぼ直線的な安曇川の谷は顕著な活断層である花折断層に沿っている．国土地理院1/25000「久多」「北小松」図幅による．図幅境界中央の梅ノ木町対岸（左岸）の崖記号の部分が崩土で，それに対応する右岸の谷頭の崖記号（標高900～1000 m付近）が崩壊源．平野（1981）に加筆．

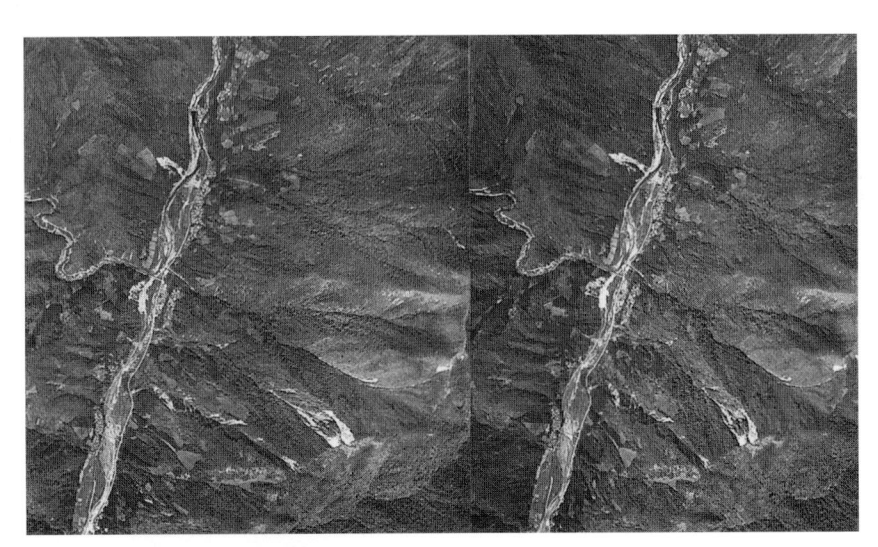

写真 3.11　花折断層と安曇川町居.
　　図 3.11の枠内部分に対応．国土地理院1/20000空中写真 KK-68-1X, C16-10・11（1968年度撮影），平野（1981）にもとづく．

ている．とくに，軟弱な断層破砕帯と断層粘土による遮水は山地側における地下水位の上昇と不安定化をもたらし，地すべりの発生しやすい状況を生みだしている．さらに直下型地震は，第四紀に活動し累進的に変位している活断層との対応関係をもつので，誘因としても地すべりに大いに関与

する．

地震時に変位する横ずれ活断層を境として地盤の変位の方向が反転することが，震災復旧測量にもとづく三角点の水平変位からわかる（Tsuboi, 1933）が，そのような断層部分では特定方向に強い水平加速度が生じるため，特定方向を向いた斜面で地すべりが発生しやすい．1995年の兵庫県南部地震において仁川右岸で発生した事例は，人工的盛土部分であったことに加えて，このような要素も関与したものと推定される．なお兵庫県南部地震においては，神戸海洋気象台で0.8gを超える最大水平加速度が記録されている．

安曇川町居の大規模崩壊（**図3.11**，**写真3.11**）は寛文2（1662）年の地震の際に，顕著な活断層である花折断層に沿う断層谷をつくる安曇川の右岸の急峻な谷壁斜面で発生し，崩土は安曇川を横塞し天然ダムが生じた．当時の土塊は安曇川の左岸に今も残っていて，金子（1972）によって言及されている．

西日本におけるとくに顕著な断層である中央構造線に沿っては，紀伊半島あるいは四国の和泉層群の巨大な地すべりブロックの存在が指摘されており（長谷川，1992），これも中央構造線の第四紀断層運動に関連したものと考えられている．

（5） 地形計測による分析

地形図上に設けた格子点における標高データがあると，それにもとづいて地形の数値解析が可能である．そのような標高データはDEM（Digital Elevation Modelの略）と呼ばれ，広義の数値地図である．これは地形計測のための基礎データであり，これによってブロックダイアグラムの作成が可能で（**図3.12**），地すべり地形についてもその立体表示ができる．

標高データ（DEM）があると，高度分布，起伏量，傾斜，谷密度，成長曲線などを地形計測によって求めることができる．それらにもとづいて，プロセスによる地形のちがいが抽出できる．経験的には主に傾斜と起伏量が地すべりに関係する．

とくに傾斜頻度分布にもとづけば**図3.13**に示すように地質系統（四国の三波川帯・秩父帯など）の識別が可能であることが指摘されている（藤田ほか，1976）．さらに計測結果からみると，四国三波川帯という地すべり多発地域の地形特性

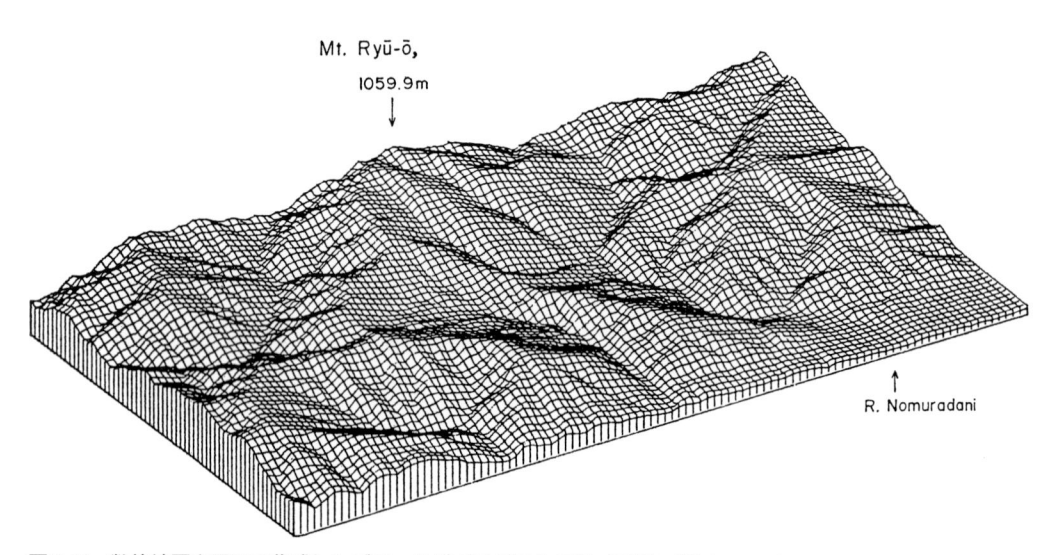

図3.12 数値地図を用いて作成したブロックダイアグラムの例（平野・横田，1976）．
四国中央構造線の北側の和泉層群からなる阿讃山地中央部の地形を示す．スプーン状の地形は和泉層群の向斜構造に対応．

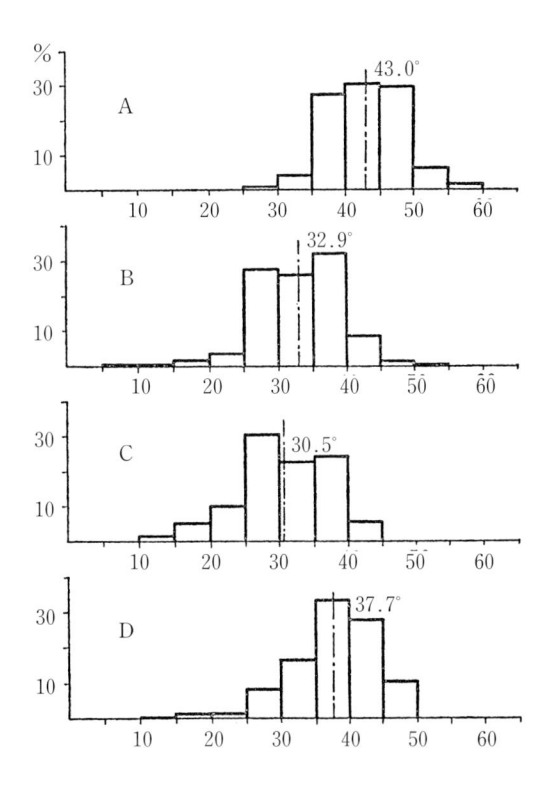

図 3.13 平均傾斜による地質系統の識別例.
四国山地の穴吹川中流部で, A は三波川帯の野々脇層（主に緑色片岩）, B は三波川帯樫平層（主に黒色片岩）, C はみかぶ緑色岩類, D は秩父帯剣山層群で, 傾斜の平均値が地質系統によって異なる. 藤田ほか（1976）にもとづき, 武居ほか（1980）による.

として, 傾斜が 25°前後である, という著しい特徴がある（図 3.14）. また新潟県の地すべり地については, 傾斜が 15°前後のものが多いことが指摘されている（山野井ほか, 1974）. ただし傾斜は, 測定法によって値の多少の変化が生じるので, 比較的正確だといわれているホートン法（中野・吉川, 1951）による傾斜の計測を考えると, 格子点の標高値だけでなく大縮尺地形図を用い方眼の辺を切るコンター数を求めておくのが望ましい.

地すべりは平滑で緩やかな斜面でも発生することが多いが, その理由として, 日本のような湿潤気候において一般的である水流による谷の発達による浸食を受けない部分において, 地すべりをその代表とするマスムーブメントによる浸食が卓越

しているということが考えられる. その意味では, 一般に結晶質岩石（花崗岩など）で高く透水性の岩石で低い谷密度が 1 つのパラメータになる. しかしそれを求めることは, 必ずしも DEM による分析にはなじまない.

地すべりは一般に流れ盤斜面で発生しやすい. 流れ盤は表面に透水性の大きい岩石が存在することが多く, ある程度の傾斜をもち, かつ平滑である. このような特性に注目すると, 検出には傾向面分析による傾向面の傾きと残差平方和の関係が使える（平野・横田, 1976）. 地表面の一部を一次傾向面で近似すると, 傾向面の傾きが小さい部分（尾根や谷の部分）では残差平方和は大きく, 傾きが大きい部分（斜面）では平方和が小さい, という一般傾向がでる. このとき流れ盤は, 勾配が大きいにもかかわらず平坦（平方和が小さい）となり, 通常の水流による浸食地形とは異なる 1 つの系列をつくる（図 3.15）. それは表面流の浸食による谷があまり発達していないことを意味し, 浸食には他のプロセスが深く関与していることを示すが, その 1 つは地すべりである. また, 堆積地形は浸食地形に較べてはるかに平坦であるので, 山間部における堆積面の分布を知る上でこの手法は有効である.

日本の山地地形全般については, 方眼内の格子点の平均高度 h と格子点高度の不変分散（標準偏差の推定値）で定義される高度分散量 D が比例関係にあり（Ohmori, 1981・1983）, D はほぼ正規分布を示す. この関係は, 勾配・斜面長が一定の単位斜面がランダムに結合して山地の地形が成り立っている, と考えることで説明できる（Ohmori and Hirano, 1984）. これは, 地殻変動と浸食作用が平衡している変動帯の地形の特徴といえよう.

このような標高データは, 現在では国土地理院により 1/25000 地形図（標準メッシュ）にもとづき経緯度座標を用いて 50 m 間隔（正確には南北 1.5"で約 46 m, 東西 2.25"で北緯 35°では約 57

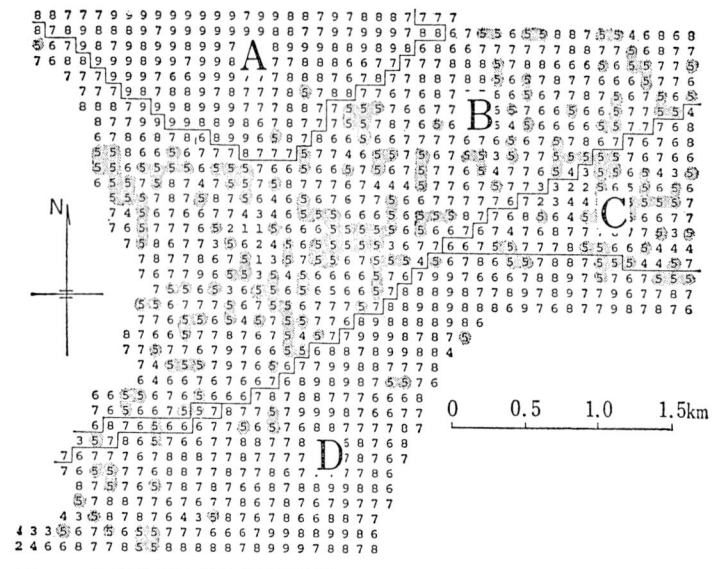

図3.14 平均傾斜の分布と地質系統.
四国山地穴吹川中流部で，A〜Dは図3.14に同じ．結晶片岩帯の地すべり地の平均傾斜に対応する傾斜20〜30°の部分を陰影をつけて示すが，BとCで地すべりが多い．藤田ほか（1976）にもとづき，武居ほか（1980）による．

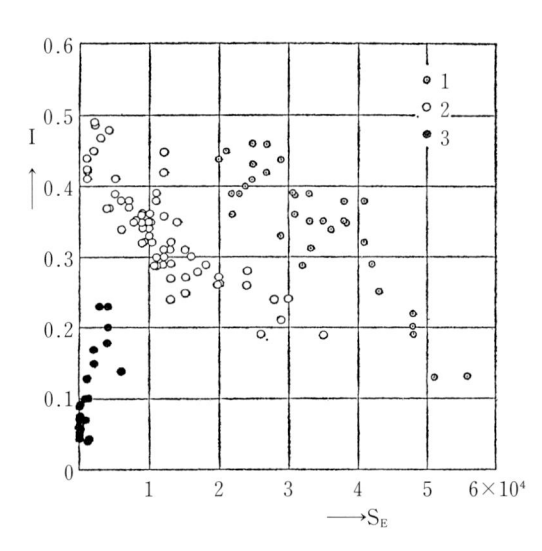

図3.15 一次傾向面を用いた分析による流れ盤の検出（平野・横田，1976）.
傾向面の勾配 I と残差平方和 S_E の関係にもとづく和泉層群の受け盤（記号1），流れ盤（記号2），第四系（記号3）の識別．それぞれが異なる系列をつくり，とくに和泉層群では I と S_E が負の相関を示し，流れ盤では平滑な地形をつくる（同じ勾配でも受け盤にくらべて残差平方和が小さい）．

mとなる）で作成されている．ただし，縮尺が1/2500〜1/5000程度の都市計画図や国土基本図あるいは森林基本図に対応した地域計画のためには，経緯度座標ではなく平面直角座標（ＸＹ座標）によるものが望ましい．

標高データは測地座標をポインターとした広義のリレーショナル・データベースで，測地座標にもとづいて地すべりや表層崩壊に関するデータの書き込みができる（小橋・平野，1985）．したがって，地すべり分布図あるいは地すべりデータベースを作成するための基盤となる．測地座標にもとづく図形に関する各種の演算機能をもち，各種属性ファイルの重ね合わせが可能な地理情報システム（GIS）は，DEMの発展したものであり，近年における入出力システムあるいは記憶媒体の著しい進歩とあいまって，地すべりの研究あるいはデータベース化においてもGISを用いた今後の発展が予想される．

3.3 地すべりに関連した補足的な問題

地すべり現象あるいは地すべり地形に関連して，以上に述べたことにさらに補足すべき点について以下に若干のべる．この中には，今後さらに検討すべきものも含まれている．とくに地すべりの安定解析にかかわる形状に関する議論は，今後の大きな問題となろう．

(1) 日本における空中写真撮影

空中写真判読は，地すべり地形の検出にはきわめて有効な手段である．空中写真は航空写真とも呼ばれるが，航空機などから特定の撮影用カメラを用いてほぼ鉛直下方を撮影したもので，重複部分をもつ隣接した2枚の写真を用いて立体視（実体視）を行うことで地形判読が可能である．さらに空中写真図化機を用いることで，座標値の計測ができる．最近では解析図化機あるいはディジタル図化機の利用により，任意角度で撮影した写真の図化も可能となった．

空中写真の戦前における利用は散発的であった．関東大震災の震災復旧目的での撮影がその始まりといえるが，多くは都市計画目的で一部の都市域で撮影され，当初はモザイク写真の作成に用いられ，阪神地域においてもそうであった（服部，1977）．第二次大戦前において地図測量あるいは修正用に撮影されたものは，いわゆる内地では北海道沿岸部など一部に留まるが，昭和新山の噴火に伴う1/50000地形図「虻田（あぶた）」図幅の応急修正に用いられている．

第二次大戦後，日本の戦災復旧の目的で，米軍空軍により全土の写真撮影が行われ（いわゆる「米軍写真」），それは1947・1948年に集中している（図3.16）．米軍写真は日本全土を対象とし縮尺約1/40000で，都市部や沿岸部は縮尺1/10000ないし1/20000でカバーしている．なかには福井地震直後の写真のように，災害復旧目的のものもある．米軍写真は日本全国を見ることのできるもっとも古い空中写真であり，第二次大戦直後に発生した地すべりの中には新潟県柵口（ませぐち）の地すべりのように米軍写真に記録されているものもある（写真3.12）．

1950年代からは，林野庁による空中写真の撮

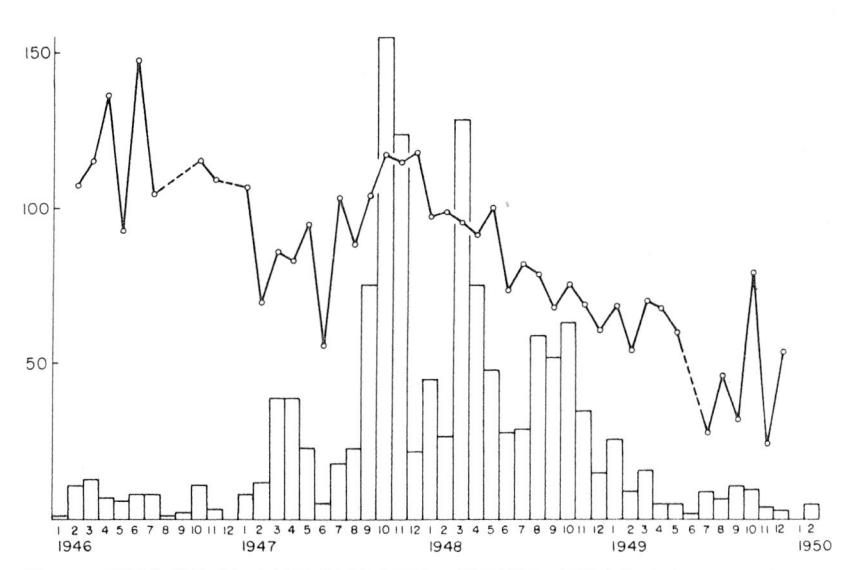

図3.16 1940年代後半における米軍空中写真の撮影状況の経時変化（平野，1993b）．
棒グラフは件数（ミッション数）を，折線は1件あたりの平均駒数を，それぞれ示す．撮影は1947年秋と1948年春にとくに多い．

写真 3.12 米軍写真に記録された地すべりの例（柵口地すべり）．
中央の三角形の陰影部の東側部分が地すべり地．山地（権現岳）の東側を走るほぼ南北方向のリニアメントと主滑落崖が一致する．米軍撮影 1/40,000，M627A-321・322（1947 年 11 月 27 日撮影）による．

影がはじまり，1953 年の有田川災害の写真はその嚆矢で，同年の 12 月に撮影されている．これには明治 22 年の十津川災害による崩壊地も鮮明に記録されているが，撮影季節の関係で陰影部が多い（前出の**写真 3.3** 参照）．林野庁はこのあと，全国の山地部分を縮尺 1/20000 で約 5～10 年ごとに撮影している．したがってタイミングがよければ，地すべり発生前と直後の写真が存在する場合がある．林野庁の写真は，林業技術協会に発注すれば入手することができる．

同じく 1950 年代には，民間航測会社が各種事業に関連して空中写真の撮影をはじめた．これを「民間写真」と呼ぶことにすれば，これは特定の事業目的での撮影であるので地域は限定的だが，なかには災害復旧のためのものがある．したがって，地すべりを含めた災害発生直後の生々しい写真がみられる場合がある．災害発生後の民間写真は，以後現在にいたるまで撮影されている．したがって，撮影担当の航測会社を経由して入手できるが，版権については注意を要する．とくに古い写真のネガについては，奈良文化財研究所が文化財として収集し，撮影内容をデータベース化しているが（伊東，1989），未収集で散逸の危機にあるものもあるという．なお，近年のものはほとんどがカラーである．

1960 年代に入ると，国土地理院により国土基本図あるいは地形図の整備や修正のために，広域的かつ計画的に空中写真が撮影されるようになる．その当初においては全国を 1/40000 で，平野部は 1/20000 で，都市部は 1/10000 で，それぞれモノクロ（白黒）で撮影した．1970 年代後半からは，カラー 1/10000 で全国が撮影されている．したがって，やはりタイミングがよければ災害発生直後とそれ以前の写真が入手できる．最近の 1/25000 地形図は，空中写真を用いて修正されている．国土地理院の空中写真ならびに米軍写真は，日本地図センター経由で入手できる．

大縮尺の空中写真からは地表面の変動を計測することができる．一般の写真測量では精度が 20～25 cm であるが，座標既知の基準点があれば精度は 8～10 cm 程度になる．長崎県平山地すべりや大阪府・奈良県境の亀の瀬地すべりなど，空中写真から変動量を求めた例がいくつかある．

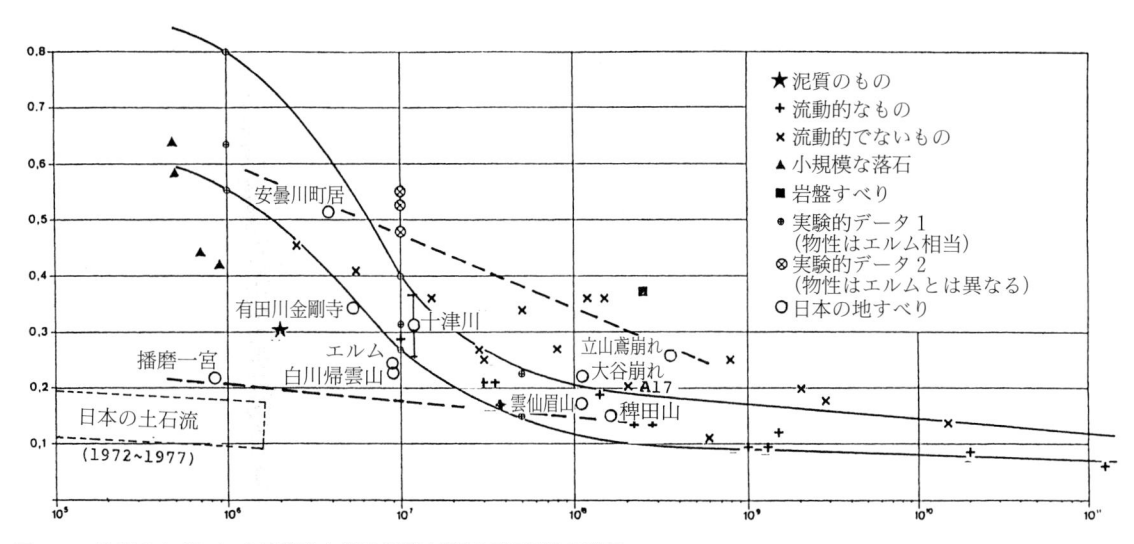

図 3.17　性質のちがいによる移動土塊の体積と等価摩擦係数の関係.
Hsü (1975) によるものに奥田 (1984) が日本の事例を加えてまとめたもの (記号は一部省略). 縦軸は等価摩擦係数, 横軸は体積 (m³). とくに巨大あるいは大規模な崩壊および地すべりについて破線で上限と下限を示すが, 日本における土石流 (左下隅) にくらべて等価摩擦係数は大きい. とくに大規模なものが土石流のほぼ延長線上にくるのは, 崩壊物質が末端部で土石流に転化することを示唆している.

（2）　等価摩擦係数

地すべりは一般に大規模であるが, 少し移動して停止するのが特徴の1つである. 質量が m である土塊の重力場における移動については, 移動によって失われた位置のエネルギー (重力×落下高度) と摩擦力に抗して行った仕事 (摩擦力×移動距離) が等しい, と考えて解析できる. すなわち, 傾斜角が θ である斜面上の比高が dh, 水平距離が dl である微小区間 ds の落下移動に対して,

$$mgdh = \mu mg\cos\theta ds$$

が成り立つ. ここで $dl = ds\cos\theta$ であるので (l は水平距離), μ を定数と考えて崩落区間の上端 (h_1, l_1) と下端 (h_2, l_2) に対して積分すれば,

$$\int_{h_1}^{h_2} mgdh = \int_{l_1}^{l_2} \mu mg dl$$

となり, μ を定数と考えて積分を実行することによって

$$(h_1 - h_2) = \mu (l_1 - l_2)$$

が得られる.

ここで $h_1 - h_2 = H$, $l_2 - l_1 = L$ とすれば, L は土塊の水平移動距離, H は土塊の落下高度である. これらを正確に求めるのは必ずしも容易ではない場合もあるが, 一般には滑落崖最上端から崩土最先端までの水平距離と高度差で表す. この時,

$$\mu_e = H/L$$

は, 崩土の有していた位置のエネルギーが摩擦に抗して行った仕事に等しいと考えた時の, 摩擦係数に相当する. 実際には崩落部分の破壊などエネルギー消費は摩擦だけではないことに留意して, μ_e は等価摩擦係数と呼ばれる.

等価摩擦係数 μ_e は移動土塊の体積 V (崩落土量 V は移動の前後で変化するが, 一般に滑落部分の前後の地形の比較で求められる) と一定の関係があることが知られていて (図3.17；奥田, 1984), V が大きいほど μ_e は小さくなる. しかしその関係は移動プロセスや移動物質によってことなり, 同一土量であっても土石流・泥流では μ_e は小さく, 地すべりでは大きい. μ_e が大きいことは, 水流が関与しない非破壊的土砂移動の特徴である. このようにして地すべりと他の土砂移

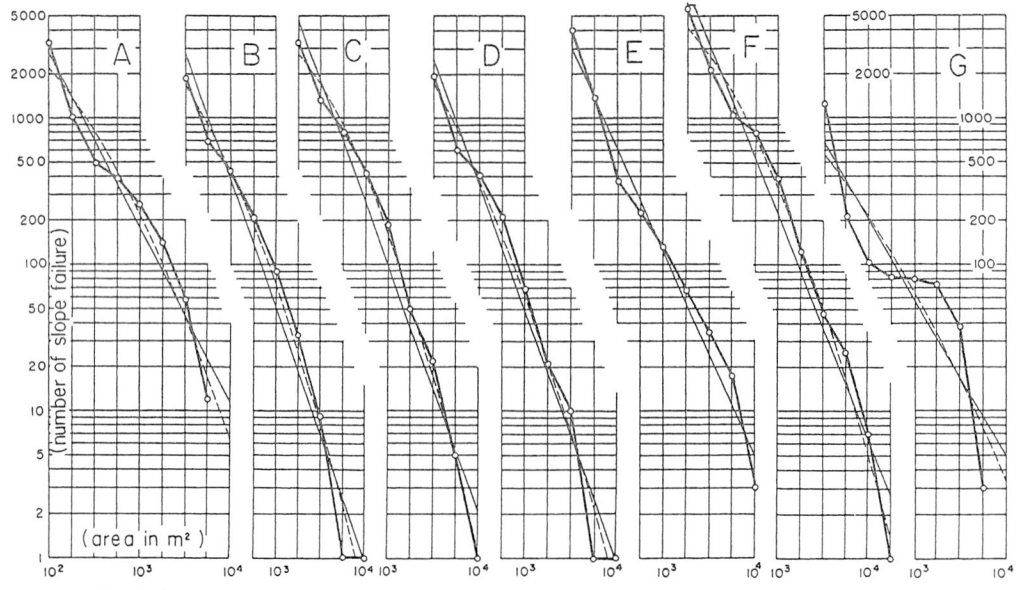

図 3.18　六甲山地における斜面崩壊の規模頻度分布（平野・小橋，1987）．
縦軸の崩壊地の数は面積 A と $\sqrt{10}\,A$ の間に含まれるもので，Aは1945-49年，Bは1961年（昭和36年災害前），Cは1961年（昭和36年災害後），Dは1964年，Eは1966年，Fは1967年（昭和42年災害後），Gは1979年で，安定期のものは植生の回復による崩壊地の消失により分布が乱れ，とくにGは災害発生後長期間たった安定期のもので小規模崩壊の回復によると思われる分布の乱れが大きいが，顕著な崩壊が発生した直後のものはほぼ直線的である．

動との区別ができる．これをもとに移動プロセスの種別と移動土量にもとづき，到達距離の予測がある程度可能となる．

(3) マスムーブメントの規模頻度分布

地すべりを含む広義の崩落現象は，破壊現象でもある．したがって，規模と発生頻度という観点から検討することができる．このとき，面積 A と，面積が A から $A+dA$ であるものの発生数 n の関係は，同じ破壊現象である地震における規模（マグニチュード）と発生数の間に成り立つグーテンベルグ・リヒターの式に類似の

$$\log n = a - b \log A$$

で一般に与えられる（平野・大森，1989）．パラメータ a は $A=1$ のときの発生数で，発生頻度を示す．パラメータ b は，規模による数の減少率を示し，一種のフラクタル次数である．

図 3.18 に示したのは，花崗岩からなる六甲山地の表層崩壊の場合で，豪雨を誘因とする崩壊の発生直後においては，b は1.5より大きく2に近い．ただし崩壊発生後に年月が経過すると小規模なものは消失する（平野，1991）などの理由で分布は乱れ，とくに災害発生後長期間を経た図 3.18 のGでは小規模なものの消失・回復による乱れが大きい．

それに対して図 3.19 に示したのは有田川災害の崩壊の例で，b は1.5より小さくて1に近い．十津川災害の場合も有田川災害と同様である．

したがって，崩壊土量が面積の1.5乗に比例する（奥田，1984）ことに留意して規模ごとに集計して土量を比較すると，表層崩壊では小規模なものが効果的で山地の面的低下が起こり，群発性地すべりと呼ばれるものではとくに大規模なものの発生による土量が大きく，それによる凹部の形成とそれの谷への発達が山地の浸食過程を規定すると考えられる．地すべりは地質構造等の規定を受けて，大規模なものが単発的に少数発生する．土量3400万 m^3（長岡，1984）におよぶ長野県西部

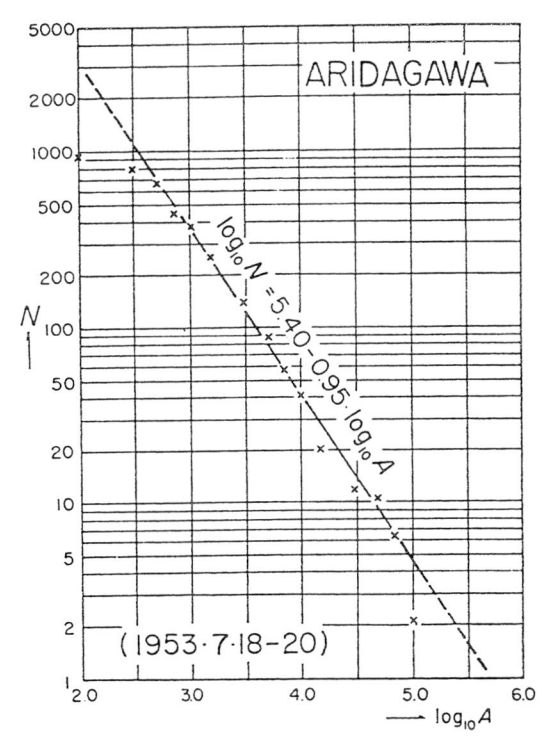

図 3.19 有田川災害における崩壊の規模頻度分布（平野・大森，1989）．横軸は面積（m²）の対数．

写真 3.13 栃木県の大谷石旧採掘現場の陥没（Hirano, 1994）．

地震による御岳崩れは，まさにこのような過程による放射谷の発達による火山体の浸食過程の一端を示すものである．

このような分布則について，その特性から対数正規分布なのではないかということも考えられるが，地震の場合に地震計の感度を上げることでマグニチュードのごく小さいものまで関係が成り立つことが知られていて，小規模なもの頻度がみかけ上減少するのは認識手段の問題と考えられる．また規模の大きいものについては，地震では岩石物性にもとづく制約があり，崩壊現象についても斜面長という制約により，無限に大きいものは存在し得ない（正規分布ならたとえ確率はわずかで規模無限大のものが生じ得る）から，フラクタル次数をもつ頻度分布と考えるのが妥当と判断される．

（4） 円弧すべりと安全率

地すべりは，一般に円弧すべりとされ，その特徴が地形判読の際の有力なヒントになる．安全率の計算にあたっても，円弧すべり面を想定し，それについて粘着力，摩擦係数，間隙水圧，地震による水平加速度，などを考慮している．したがって，すべり面が円弧であるという事実がしばしば前提条件となっている．その理由ないし根拠について，それを形の問題としてとらえ，変分法にもとづいて検討する．

変分法に関する簡単な例から始めるため，地すべりではないが栃木県の大谷石採掘場の陥没事例から検討する．この場合，地表にはみごとな円形の陥没地が現れた（**写真 3.13**）．ここで陥没土塊の境界の形が関数 $y=y(x)$ で与えられるものとする．このとき微小区間 dx に対応する辺長 ds と面積 dA に関して

$$ds=\sqrt{dx^2+dy^2}=\sqrt{1+y'^2}\,dx, \qquad dA=ydx$$

が成り立ち（$y'=dy/dx$），それぞれを積分して辺長 S と面積 A は

$$S=\int ds, \qquad A=\int dA$$

で与えられる．ここで崩落部分の厚さ z_0 は比較的小さく，周辺の接触部が鉛直で土圧はゼロとみ

なせるなら，抵抗力 f_1 は粘着力 C のみであり，それで重量 f_2 を支えねばならない．粘着力には周辺長が，重量には面積が，それぞれ関係するので，

$$f_1 = Cz_0 \int ds = Cz_0 \int \sqrt{1+y'^2}\, dx,$$

$$f_2 = \rho g z_0 \int dA = \rho g z_0 \int y\, dx$$

となる．

ここで土塊の安全率 F_s は

$$F_s = f_1/f_2$$

である．これは，f_2 が一定なら f_1 が最小，f_1 が一定なら f_2 が最大，である場合に最小（最も不安定）となる．すなわち最も不安定な形は，一方が一定のとき他方が極値をとるようなものである．積分 f_1 と f_2 の値はすべり面の断面形状 $y(x)$ によって異なるから，f_1 あるいは f_2 に極値を与えるような断面形状 $y(x)$ が問題となる．

この問題は，一定区間の積分で与えられる条件のもとで，同じ区間の積分に対して極値を与える関数（曲線）を求める，という変分法における等周問題の例である．したがって，2つの積分

$$I_1 = \int_{x_0}^{x_1} G(x,y,y')\, dx, \quad I_2 = \int_{x_1}^{x_2} H(x,y,y')\, dx$$

において，一方が一定で他方が極値をとる場合には，ラグランジの定数（任意定数）λ を含む被積分関数の和

$$F(x,y,y') = G + \lambda H$$

の積分もまた極値をとる．したがって，関数 F に関する積分，

$$I = \int_{x_0}^{x_1} F(x,y,y')\, dx$$

に極値を与えるようなすべり面 $y(x)$ を求めれば良い．

求める曲面はオイラーの微分方程式

$$\frac{\partial F}{\partial y} - \frac{d}{dx}\left(\frac{\partial F}{\partial y'}\right) = 0$$

の解である．上の問題では $F = y + \lambda\sqrt{1+y'^2}$ なので，F は独立変数 x を陽に含まない．したがって，求める関数は微分方程式

$$F - y'\left(\frac{\partial F}{\partial y'}\right) = C$$

の解（停留曲線）である．これより $C=b$ として，$y' = \sqrt{\lambda^2 - (y-b)^2}/(y-b)$ すなわち

$$dy = \frac{y-b}{\sqrt{\lambda^2 - (y-b)^2}}\, dx$$

が第1積分として得られる．さらに積分することにより第2積分として円

$$(x-a)^2 + (y-b)^2 = \lambda^2$$

が解（停留曲線）となる．したがって，もっとも不安定なのは，周辺部の長さが一定であるとき面積を最大にする図形ということで，崩落部分は円となったと判断される．

次に地すべりについて検討するため，二次元断面において地表面が $y = y_0$ である場合に，地下にすべり面 $y(x)$ を想定する．このとき幅 dx の土柱（厚さは 1）について，その重量 dm，すべり面の傾斜角 α，接触区間 ds，はそれぞれ

$$dm = dx(y_0 - y)\rho g, \quad \tan\alpha = dy/dx,$$
$$ds = \sqrt{1 + (dx/dy)^2}\, dx$$

である．地すべり土塊全体で考えると，斜面下方へ向かう力 f_2 は土塊の重量に関係し，粘着力のみを考えたときの抵抗力 f_1 は接触面積に比例する．それぞれは，

$$f_1 = C\int \sqrt{1 + (dy/dx)^2}\, dx,$$

$$f_2 = k\int \rho g(y_0 - y)\, dx$$

となる．これもまた先ほどと同様の等周問題の例で，接触部（すべり面）の長さが一定のとき最大面積を包むのは円であって，解は円弧となる．したがって $y(x)$ が円弧であるときもっとも不安定となる．

三次元の場合は，表面積が一定で最大体積を包む曲面ということで，球面となる．これが円弧すべりの根拠であり，地すべりを起こしやすい粘性土（強度特性として粘着力のみが問題となる）に

固有のすべり面は球面（二次元の場合は円筒面）である．

　地すべりの中には細長い平面形状を示す場合があるが，そのような事例において縦断形状は必ずしも明瞭な円弧状ではない．このような場合においても横断形状は明瞭な円弧となる場合が多い．乾燥岩屑流のプラグフロウでも同様のことが生じる．これも粘着力のみが働く場合にもっとも不安定な形であることが変分計算で導ける．逆に抵抗力として摩擦力だけが働く場合は，同様に考えて分析すると，すべり面は摩擦角に等しい傾斜をもつ平面となる（平野・石井，1989）．このように地すべり土塊の形状は，物性の反映であるといえる．

4 地すべりと構造地質学

4.1 地すべり研究への構造地質学の適用

（1） 構造地質学と構造解析の方法

　地質体に外力が作用すると地質体内部に応力状態の変化が生ずる．応力状態に応じて地質体では屈曲やせん断破壊，引張り破壊が発生する．その結果，地質体には褶曲構造や断層・節理など一定の幾何学的形態をもった地質構造（変形構造）がつくられる．このような地質構造の形成条件や機構，原動力を解明する学問分野が構造地質学である．

　構造地質学分野でいう構造解析とは，最終生成物である地質構造の形態記載から始めてその形成過程を再現するとともに，作用した外力の性格まで明らかにすることを目的とした解析である（地学団体研究会編，1996）．

　構造解析では，地質構造の幾何学的形態の解明を目的とした歪像解析からスタートする．これによって構造要素ごとにその配列の幾何学的関係を調べ，それらの調和あるいは非調和の内容から，変形作用の性格や重複を明らかにする．次に，歪像解析を基礎に変形時に地質体内で起こった運動のプロセスを復元するのが運動像解析である．最後は力学像解析と呼ばれるもので，地質体が変形を受けた時の応力状態を再現し，地質体に作用した外力の性格や変形時の地質体のレオロジカルな特性を解析することを目的とする．

（2） 地すべり研究における構造地質学の貢献

　地すべり地ではその周辺地域にはみられない特有の地質構造が現れることがある．そうした構造の多くは斜面の表層部が重力のもとで斜面下方に移動することに伴って生じたものであり，一般の構造運動による構造（テクトニックな構造）とは成因を異にしている．このような構造は，地すべり発生時のわずかな移動・変形によって現れる軽微な小構造から，移動のくりかえしによって形成される大規模な構造まで，規模においても内容においても多様である．

　大八木（1976）は地すべり地を周辺の地質構造からある種の独立性をもつ構造体として「地すべり構造」の概念を提唱してきた．地すべり構造は地すべり移動体を構成する種々の断片的な形態と物質の空間構成を体系的に把握することをとおして認識できるとしている．しかしながら，大八木（1976）が地すべり構造の概念の重要性を指摘してから20余年が経過するが，地すべりの研究面と調査・対策面のいずれをみても，道は遠しの感はまぬがれない．こうした実情をみると，地すべり構造の解明において，構造地質学の果たすべき役割は重大である．

　地すべり発生の根本的原因となった地形因子や地質因子を素因と呼んでいる．地すべり研究では，既存の地質構造を地すべり発生の地質素因（地質的素因）としてみることが古くからなされてきた（例えば，脇水，1912；中村，1934）．地質構造が地すべり発生を規制していれば，それは地質素因

の1つとみなせるが，現実には個々の地質構造が地すべりにかかわる程度は必ずしも一律ではなく，素因としての認定は容易ではない．しかし，個々の地すべり地において，地すべり移動体および周辺地域の地質構造を注意深く観察・計測することによって，それぞれの地すべり移動の経緯と特性が明確化してくる場合が少なくないし，その過程で蓄積された地質構造に関する情報はその斜面の将来における変動予測においても大いに役立つはずである．こうした立場から，構造地質学は地すべり発生の素因研究への貢献が期待される．

なお，地質素因｛層理面や断層，節理などの地質構造や，泥質軟岩や凝灰岩などの岩石（地層），キャップロック構造や活火山などの特異な地質構成とそれがつくる地形｝が斜面変動（地すべり，崩壊など）の運動様式との関係については『斜面地質学』（日本応用地質学会編，1999）に例示されている．

（3） クラック解析の意義と方法

地すべりは地表付近で発生するきわめて低い封圧条件下での現象であるから，地すべり移動は，断層や節理のような既存のクラックが開口・変位したり，層理面や劈開面のような弱面がクラックに進展したり，破断によって新たなクラックが発生したりすることによって進行する．その結果，例えば地すべり移動体では，その頭部には引張りクラックが，側部には移動センスと調和的なエシェロン状の側方クラック（例えば，横田・野崎，1997）が，末端部には縦断クラックや放射状クラックが現れやすい．しかし，クラックの現れ方には多様なケースがあって，個々のクラックについて地すべり移動との関連性を解明することは容易ではない．

それでも，こうしたクラックの形態を詳細に観察すれば，クラックの分布や変位センスから地すべりの存在と斜面の動きを読みとることができるようになる．日本の地すべりでクラック解析を難しくしているのは，少し時間が経つと表土に生じたクラックは降雨等によって消滅してしまうからである．また地すべり移動体には地すべり移動に関係のないクラック，例えば，断層や節理など地質時代のクラックのみならず，例えば，乾燥収縮や膨潤，凍結融解によるクラック，応力開放によるクラックが多数存在しているためである．日本がこのような環境にあるからこそ，地すべりが多発しているのであるが，地すべり移動体中に存在する無数のクラックの中から地すべり移動に関係したもののみを抽出して，地すべり構造を明らかにしていくのは現実には難しく，種々のクラックの識別・分類に関する基本的な知識の集積がなおも必要である．

クラック解析では，その成因や形成時期に関する情報，例えば，せん断破壊によるクラックか引張り破壊によるクラックかというようなことが重要である．せん断破壊か引張り破壊かの識別はクラックに沿った地層などのずれ方のほか，破断面の組織からもできる．複数のクラックが存在する場合，形成の前後関係は一般に「切った／切られた」の関係から推定可能である．断層のような明確なせん断クラックが現れる場合，既存クラックはそれに沿って変位するが，節理のような引張りクラックの場合，新しいクラックの成長は既存のクラック面に達したところで止まってしまい，一見切られているようにみえるクラックのほうが新しいということになる．「切った／切られた」による判定も慎重でなければいけない．

クラックの平滑度や湾曲度合いも形成時期の判定に利用できる場合がある．例えば，和泉層群の系統的節理群（横山，1995）では互いに直交する節理群のなかで相対的に初期のものはあまり湾曲せず，高い平滑度をもつ．さらにそれらよりも若いクラック群，例えば非系統的節理群や曲面割れ目（横山，1991）などは湾曲度合いが著しく，平滑度が低い．地すべり移動で生じたクラックも一般に湾曲していることが多い．限られた地域内で

は，こういったクラックの特徴も形成の前後関係を判定する材料になり得る．

詳細なクラック解析を行うにも，実際に観察できる範囲は限られており，決定的な判定指標が得られないことも少なくない．しかしながら，クラックの性質のちがいがその後の地すべり移動を支配することになるので，まず，クラック群を形成時期でいくつかにグループに分け，各グループについて地すべり移動とのかかわりを解明することが現実的である．その際，クラックの走向傾斜のほか，平滑度や湾曲度，充填物の有無と種類，分岐の有無や仕方，クラック間隔，連続性などにもとづいて総合的に判断することになる．

岩盤工学分野では，クラックや弱面を力学的不連続面とみなして観察・記載することが多く，例えば，国際岩盤力学委員会（ISRM）指針「岩盤不連続面の定量的記載」（岩の力学連合会，1985）が提案したクラックの記載パラメーターは，方向・間隔・連続性・粗さ・壁面強度・間隙幅・充填物・浸透水・セット数・ブロックサイズの10個である．しかしながら，これらのパラメーターはクラック系岩盤の力学性評価のためのものであり，変位センスや変位量，前後関係といったパラメーターは含まれていない．このため，クラックをいくら観察しても斜面の動きを読むことはできない．斜面の動きを読むにはクラックを診る構造地質学的な眼が必要である．

(4) 構造解析の方法の適用

斜面に発達するさまざまな地質構造の中から，地すべり移動によって生じた変動構造を認定し，その地質構造の内容から地すべり移動体の全体構造や運動様式を明らかにするにも，構造地質学分野の構造解析という方法は有効である．構造解析の方法に準拠すれば，地すべり構造の解析は次のようになる．

変動構造を認定するには，まず観察されるクラック群をクラックの前後関係や成因，変位センス，変位量などを手がかりにいくつかのグループに分類することからはじめる．もちろん，形成時期や成因が不明なクラック群もあるかもしれないが，それはそれとして分類しておく．次に，地すべり移動に関係しているらしいクラック群を抽出し，それらがつくる地質構造（クラックによる地層のずれなどがつくる構造も含む）の幾何学的形態を明らかにする．この段階が歪像解析である．地すべり移動では，断層や節理など地質時代にすでに形成されていたクラックが再活動することや，層理や片理，劈開などの地質時代の弱面がクラックに転化してそのクラック面に沿って動いていることが多いので，地質時代に形成されたクラックや弱面に沿って新しい動きが起こっているかどうかの判定が重要になる．その次は運動像解析の段階で，クラック群がつくる地質構造の形成プロセスを復元する．そして最後の力学的解析では復元された地質構造の形成プロセスが重力の作用で説明可能かどうかを演繹的に解析してみるのが現実的である．また，岩石の強度や地形との関係などにも目を向け，実際に地表付近で形成可能であるかも検討する．このようにして，問題の地質構造が地すべり移動に関係した変動構造であることを認定することとなる．

地すべりの構造解析では，後述するように地形面や人工構造物の変形も斜面の新しい動きをとらえる有効な指標となることから，これらの変形を見落とすことなく，その変形の意味するところを十分に解析する必要がある．また，地すべり独自の見方として，地すべりはすべり面を境にその上位の地質体のみが一方的に斜面下方に動く現象であることと，地すべり移動体の表面は地形面という自由面をもっているということを念頭に置いて観察することが構造解析に役立つ．

4.2 既存の地質構造と地すべりの発生

（1） 褶曲構造と地すべり

褶曲した地質体では，層理面や片理などの面構造が斜面と同じ方向を向く構造的関係－流れ盤－を形成するところがあり，そのような斜面で面構造をすべり面とする地すべりが発生しやすくなっていることはいうまでもない．これは褶曲作用によって面構造の傾斜が増加して面構造のすべり面への転化を促進するということである．紀伊半島の和泉層群のように，褶曲作用によって傾斜した砂岩泥岩互層地域では，非対称山稜（ケスタ地形やホグバック地形）がしばしば発達している．これは緩い斜面勾配をもつ流れ盤斜面では層理面をすべり面とする層面すべりが多発するのに対して，尾根を挟んで反対側の急な斜面勾配をもつ受け盤斜面では小規模な崩壊や崩落が発生するためである．非対称山稜は地すべりや崩壊の結果であると同時に，次の地すべりや崩壊発生の地形素因にもなっている（第2部の2.3(1)参照）．新潟県の新第三系の地すべりは，以前は流れ盤斜面での層理面に沿った地すべりが頻繁に発生していると思われてきたが，新潟の地すべり'98編集委員会編(1998)によると，必ずしも流れ盤斜面での発生頻度は高くなく，むしろ走向方向の地すべりが多いといわれている．それに対して第四系魚沼層群の分布地域では流れ盤斜面で地すべりの発生頻度が高いが，それはこの地域の地形が地質構造を強く反映しているからであると考えられている．

褶曲構造に伴って地すべりが発生していれば，その規模は褶曲の規模と比例して大きくなる．こうした例は海外にも多い．例えば歴史時代に発生した世界最大級といわれるイランのSeimareh landslideも巨大な背斜構造の翼部の流れ盤斜面で発生したものである（Shoaei and Ghayoumian, 1998）．

褶曲作用は単に面構造の傾斜を増加させるだけ

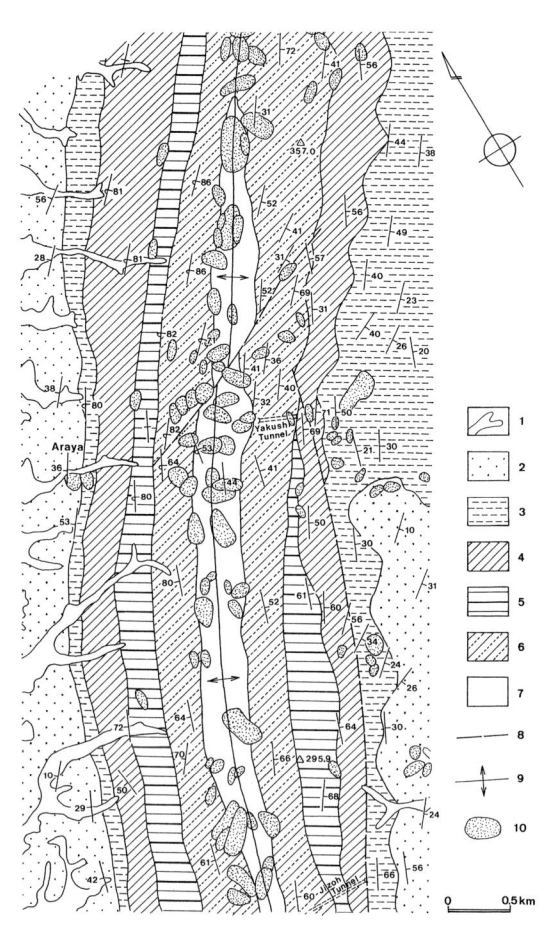

図4.1 新潟県寺泊層の小木の城背斜と地すべり分布との関係（野崎，1992）．
1：沖積層，2：魚沼層群，3：灰爪層，4：西山層，5：浜忠層，6：椎谷層，7：寺泊層，8：推定断層，9：背斜軸，10：地すべり地．小木の城背斜は冠部が平坦で両翼が急傾斜となる箱形褶曲で，背斜軸に沿って谷が発達する．谷の両側斜面は流れ盤構造をもたないが，地すべりが集中している．

ではなく，面境界の脆弱化や背斜部などのクラック形成の原因となり，それも面構造のすべり面への転化を促進するようである．さらにこういった褶曲形成に伴う岩盤の劣化は流れ盤斜面でなくとも地すべり発生の原因になっているようである．例えば，新潟県新第三系寺泊層に発達する小木の城背斜では背斜軸部が地溝状の凹地になっていて，流れ盤斜面ではないが地すべり密集地帯となっている（野崎，1992；図4.1）．

（2） 断層構造と地すべり

既存の断層構造が地質素因として地すべり発生をもたらすことについては古くから研究がなされている．なかでも，断層やリニアメントに沿って地すべりや崩壊が多発しているという研究は少なくない（中村，1955；高野，1960；吉田・木村，1975；水落ほか，1986）．中央構造線のような規模が大きく，長い活動史をもっている断層は，しばしば断層運動に伴って形成された破砕帯の規模が大きく，断層付近が力学的強度低下部であるとともに透水性・遮水性という面できわめて不均質なゾーンを構成している．このことが多かれ少なかれ影響して断層近傍での地すべり多発の原因になっているものと思われる．

典型的な地すべりではないが，断層破砕帯がもつこのような水文特性を反映した崩壊が花崗岩の幅の広い断層破砕帯内部をV字に掘削した現場で降雨時に多数発生した（横山ほか，2000a）．発生した崩壊はいずれも断層粘土層の遮水効果が大きく影響しているという点で共通していたが，断層岩の構造と岩質が異なると，そこで発生する崩壊の運動様式もちがったものになった．すなわち，軟質化の著しい網目状小断層帯では，パイプ流の水圧と地中浸食によって崩壊と流動化を同時に起こした破砕流動型崩壊が発生した．一方，比較的硬質の網目状あるいは平行な小断層帯では，小断層群に囲まれた多数の岩片の転倒で特徴づけられる群発転倒型崩壊が発生した．

近畿では山地と平地を境する活断層に沿って多くの地すべり・崩壊が発生している．そこでは断層運動そのものが重力性変形とカップリングして山地斜面において地すべり発生を促進する条件をつくりだしている．また，平地側では未固結堆積物中に発生した層面断層をすべり面とする地すべりも発生している．このような活断層と地すべりの関係は近畿地方の活断層だけでなく，平地側に未固結堆積物が堆積し，そこに山地側の基盤岩が活断層に沿って乗り上げている地域なら，どこでも起こっている可能性がある．これについては4.5(1)で詳しく記述する．

これらの事例の他にも，地すべり発生に及ぼす断層の影響についてはさまざまな場合が報告されている（横山，1999参照）．断層構造と地すべりとの関係解明においては，それぞれの地すべりの変動に際して断層のどのような性質が最も強く影響したかを具体的に示していくことが必要である．

（3） 非調和な構造関係に起因する地すべり

基盤をなす硬い岩盤上に新しい地層が不整合で覆っていたり，あるいは傾斜不整合関係が地表に現れていたりすると，それが地質素因となって地すべりが発生することがある．これは不整合面が力学的弱面となっていることに加えて，"水ミチ"として機能したりすることに起因すると考えられる．岩石・岩盤の力学性（強度，変形性など）のちがいや透水性のちがいが境界面をすべり面化させるのであろう．近畿地方では基盤の尾根上に新第三紀以降の地層が点在したり，山腹斜面には表土や崖錐堆積物が分布していたり，さらにはかつての地すべり堆積物が不整合に覆っている場合も少なくない．こうした場合に，不整合面から新たなすべりを生ずることもある．

火山の多い日本では，火山体から放出される大量の火山灰や軽石が斜面上に厚く堆積していることが多い．ルーズな堆積物が傾斜して堆積していることから，力学的には不安定であり，このため，不整合面を境にしてすべりを生じ，小規模な地すべりや斜面崩壊をもたらすこともよく知られている．例えば，1949年の今市地震では，花崗岩や中古生界を不整合に被うテフラ層の小規模崩壊が多数発生した（井口，1995）．

ルーズな火山性堆積物が不整合面を境に大規模に崩壊した例もある．1984年長野県西部地震時の御岳伝上川地すべり（崩壊）がその例である．崩壊跡にはスプーンでえぐったような楕円形の崩

壊跡地が生じた．この地形は埋積谷のかたちがそのまま現れたものである．崩壊源物質は埋積谷の谷底に堆積した強度の小さな千本松軽石層とその上に重なる埋積谷土塊で，それらの堆積物は不安定な状態で谷を埋めていたために地震動で容易に崩れたと考えられている（松本盆地団研木曽谷サブグループ，1985）．

構造運動が激しく，浸食・堆積の変化が激しい日本では，丘陵周辺に埋積谷が形成されていることが少なくない．こうした地形では，基盤の上にルーズな堆積物が不整合に被っていることから，境界面が傾斜している場合にはすべりにいたることがある．埋積された谷はかつての地表面であることから，不整合面直下やアバット面付近での風化は進んでいる上に，境界面が"水ミチ"になりやすい．地震時の盛土崩壊もこうしたものの1つとみなせる．1995年兵庫県南部地震によって発生した宝塚ゴルフ場地すべりでは，宝塚ゴルフ場の造成で生じた谷埋め盛土がそっくりそのまま崩壊し，崩壊跡には造成前の谷地形が現れ，谷底には湧水が認められた（横山ほか，1995；図4.2）．この盛土では，旧地形面付近の未固結堆積物や強風化部を取り除いて基盤と盛土層とを十分に密着させるための段切り施工や，盛土内に地下水が入らないようにするための暗渠排水工が実施されていなかった．

4.3 地すべり発生初期に生じる変動構造

十分に成熟した地すべりのさまざまな変動構造については4.4にて詳述するので，ここでは地すべり発生初期（大八木1992，の漸移期に相当）に現れやすい変動構造について述べる．この時期の変動を解読することは地すべり変動の前兆現象をとらえることであり，地すべり発生の予測において重要である（横山ほか，2000 b）．しかし，この時期の変動構造は変位量が小さく，地質時代のテクトニック構造との識別が難しい場合もあって，

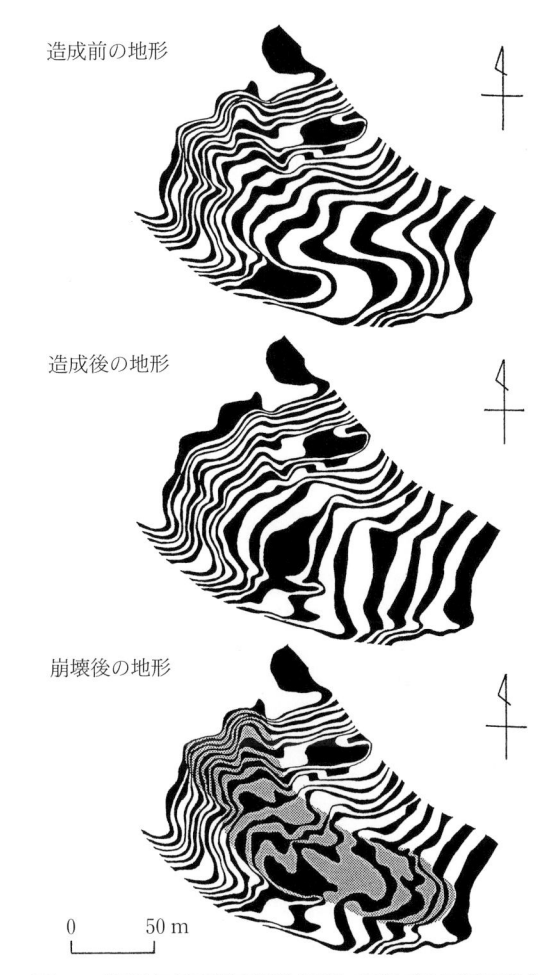

図4.2　1995年兵庫県南部地震時に宝塚ゴルフ場で発生した谷埋め盛土の崩壊現場の地形変化（横山ほか，1995）．
造成前，造成後，崩壊後の地形変化を標高1mごとの塗りつぶしによるゼブラマップで示した．崩壊後のマップには崩壊域と移動体の分布域を網掛けで示した．崩壊によって，造成前の二股の谷がほぼそっくり出現した．

テクトニック構造と誤認されることもある．

（1）岩盤クリープ性の褶曲構造

斜面を構成する岩盤斜面の表層が重力のもとで水平に移動することによって岩盤クリープ性の褶曲構造を生ずることがあるが，その現れ方は斜面が流れ盤か受け盤かによって大きく異なっている．流れ盤斜面では一種の座屈褶曲が現れやすい．これは，層理面などに沿って移動した地層が層に平

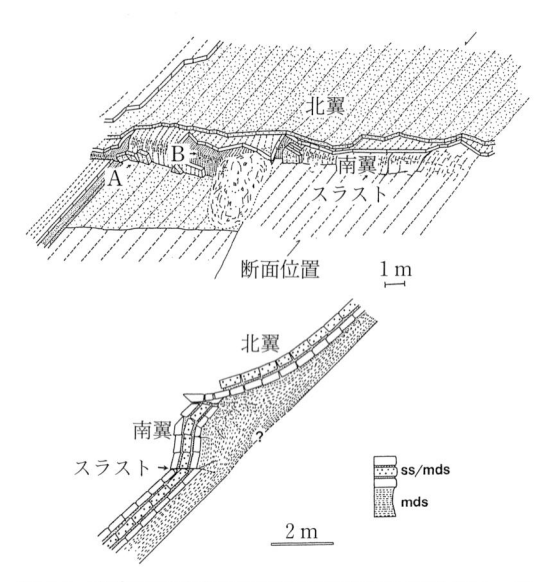

図 4.3 和泉層群砂岩泥岩互層に発達する岩盤クリープ性の非対称座屈褶曲（Yokoyama and Hada, 1989；横山, 1995）．
ss/mds：砂岩泥岩互層部, mds：厚い泥岩層．A地点では砂岩の板が斜面前方に傾動している．B地点では表面の砂岩泥岩互層部が崩れて厚い泥岩層が覗いている．

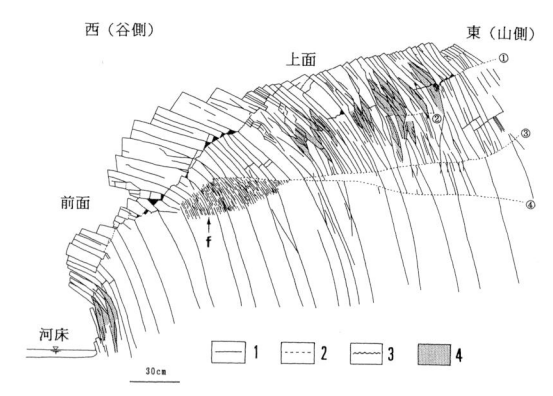

図 4.4 瀬戸川層群粘板岩に発達する谷側への曲げ褶曲（横山・柏木, 1996）．
1：劈開割れ目, 2：キンク・バンド（①：N10°E, 10°W, ②：N80°W～EW, 35～75°S, ③：N80°W～EW, 60～80°S, ④：N64°W, 44°N）, 3：引張り割れ目, 4：くさび帯, f：褶曲形態を示す劈開割れ目群．黒の塗りつぶし部は割れ目の開口部を示す．

行〜斜交する方向に圧縮されるためである．三波川帯結晶片岩（千木良, 1985）や和泉層群砂岩泥岩互層（Yokoyama and Hada, 1989；横山, 1995；図 4.3）の例がその典型である．図 4.3 に示した非対称座屈褶曲は，緩傾斜で長い北翼と急傾斜で短い南翼をもつ背斜型褶曲構造で，砂岩泥岩互層の直下に分布する厚い泥岩層が褶曲冠部に向かって機械的に流入することによって形成されている．北翼の砂岩泥岩層は南翼に乗り上げ，南翼は翼の基底部に生じたスラストに沿って正常な地層に乗り上げている．これに対して，受け盤斜面ではこうした構造は現れにくい反面，急傾斜した片状〜層状岩盤では谷側への曲げ褶曲が現れることがある．このタイプの例は，濃飛流紋岩（千木良, 1984）および四万十帯瀬戸川層群粘板岩（横山・柏木, 1996；図 4.4），九州四万十帯チャートラミナイト（岩松・下川, 1986），四国三波川帯のチャートラミナイト起源の泥質結晶片岩（池永・横山, 1996），北海道中新統木古内層硬質頁岩（田近・大津, 2000），岐阜県丹波帯砂岩泥岩互層（伊勢野ほか, 2000）福井県超丹波帯珪質粘板岩（柏木・横山, 2000）など，種々の地質体で次第に明らかになりつつある．図 4.4 にみられるように，谷側への曲げ褶曲の特徴はスレート劈開に沿ったクラック（劈開割れ目）の成長と共に岩盤の傾動が大きくなっている点である．したがって，劈開割れ目の本数や開口幅は褶曲軸部で最も大きくなり，河床付近に近づくと劈開割れ目は発達しなくなる．この点が割れ目に囲まれたブロックの転倒（トップル）とは異なる．

岩盤クリープ性の褶曲構造の認定に際しては，次のような特徴を根拠にして総合的に判定するのが現実的である（横山ほか, 2000c）．

①褶曲の発生条件や形態が地形の影響を強く受けている．

②地表部の地層のみが褶曲し，しかも変形量は地表面ほど大きく，褶曲形態（外形）が地表にそのまま現れている．

③座屈褶曲では，褶曲は地表に向かって成長し，地表面側が凸になる背斜型褶曲が形成されるが，

地中に向かって凸になる向斜型褶曲はほとんどみられない．

④岩石の強度低下や岩盤のゆるみの増大（クラックの増加）が褶曲形成の以前にすでに始まっているか，あるいは褶曲形成と同時に起こっている．

⑤褶曲の成長は層理面や片理面などの面境界に沿ったすべりが原因で，面境界はクラックに転化している．しかし，そのクラックを重力で変形し得ない河床などの岩盤まで追跡すると，クラックは消滅している．

⑥片状〜層状構造をつくっている面境界のほか，それらと斜交するキンクバンドや節理，断層など，より脆性条件下で形成された構造の規制も強く受けている．とくに硬質岩層の屈曲部はこういった既存の割れ目に支配されやすい．

⑦座屈褶曲は軸部で折れて翼部が平滑である．軸部に生じた破断面に沿って斜面上方の地層が下方の地層に乗り上げている．

⑧軸部では，面境界に沿うクラックの開口幅が広くなり，さらには面構造そのものが破壊されているものもある．

⑨褶曲の非対称形態から読みとれるセンスや，褶曲形成に関係したクラックなどの変位センスが重力の作用方向と調和的である．

⑩テクトニック褶曲とは形態や姿勢，面境界の状態，層厚の変化が異なる．

⑪褶曲の成長が連続的な計測あるいは不定期的な計測でもとらえられることがある．

（2）　二重山稜・小崖地形

地すべり発生初期の変動であっても，斜面が動けば地表にまず変動が現れるはずである．しかし，この時期の変動地形は空中写真判読では検出の困難なことも少なくない．例えば，図4.3や図4.4に示した岩盤クリープ性の褶曲構造がつくる地形は現地踏査でも条件が良くないと見過ごす規模である．

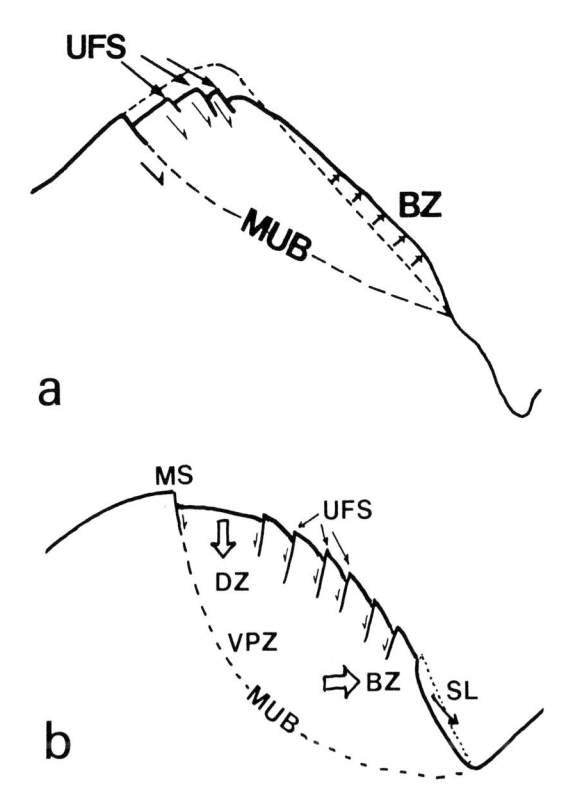

図4.5　地すべり発生初期の変動地形の概念図（大八木・横山，1996；a：清水 1992，に加筆；b：Oyagi *et al*. 1992，に加筆）．
MS：滑落崖，UFS：尾根向き小崖，DZ：沈降帯，VPZ：粘調性変形帯，BZ：膨出帯，SL：小滑落，MUB：変動/非変動領域の境界

地すべり発生初期の変動地形と考えられている地形には図4.5に示すような尾根向き小崖（up-hill-facing scarps，逆向き小崖ともいう）が知られている（大八木・横山，1996）．小崖地形は空中写真判読で検出することが可能なものから難しいものまである．山稜において，2つの稜線がほぼ平行に並ぶ二重山稜や3つ以上の稜線が並ぶ多重山稜，稜線と稜線の間に発達する直線状の窪地である線状凹地はしばしば空中写真判読で検出可能なほどの規模をもつ．この種の地形の中には組織地形や断層変位地形のようなテクトニックな変動地形が含まれているが，多くは重力による変動地形と考えられている．とくに最近は，地すべり発生初期の変動を反映した地形であると解釈さ

図4.6 地すべり末端部に出現したアスファルトの圧縮リッジ（P）と石積み擁壁に出現したスラスト（T）（枚方市杉地すべり 1996年10月19日発生，横山俊治撮影）．

この写真は地すべり末端部で，地すべりは写真右側から移動している．写真中央部のアスファルトの圧縮リッジ（P）は，押し出されたU字溝に押されて，地盤が盛り上がり，さらにアスファルトは捲れあがったものである．地すべりの尖端位置はこの構造によって決定された．写真右隅には，スラスト（T）で乗り上げる石積み擁壁が写っている．

れることが多く（八木，1996；桧垣，2000など），実際，静岡県の口坂本地すべりのように，谷側への曲げ褶曲の発達する斜面の頂部付近に二重山稜がみられることもある．しかし，二重山稜は滑動期の地すべりの頭部にも形成されていることがあり（上野，2000），現在の地すべりが漸移期にあるかどうかの判断には注意が必要である．

（3） 人工構造物に現れた変動構造

地すべり移動に伴って地表にある道路側溝や擁壁など人工構造物に変形を生ずることがあるが，これらは上記の変動構造や変動地形以上に地すべり移動の手がかりを与える場合がある（図4.6）．とくに地すべり発生初期には斜面の動きや変動範囲を検出に有効である．それはは構造物が一般的に以下のような特徴をもつことによる．
①変形前の形状が既知であるため，それを基準とすれば変位量や変位のセンスを正確にとらえることができる．
②設置年代が既知の場合も多いことから，変形の発生時期を特定することができる．
③構造物の多くは剛体ないし剛体の集合体であるため，変形が現れやすい．また一度現れた変形は雨水による浸食や植生による改変を受けにくいので，表土などの場合よりはるかに残存しやすい．

ただし，解釈にあたっては注意が必要である．例えば，地盤が単純に隆起または沈降しただけでもコンクリート構造物にはクラックの出現・開口や傾きとなって現れることがある．また，構造物の構造的不均一性，あるいは不良施工等に起因する強度不均質等があれば，構造物上の変位分布と地盤の変位分布とは必ずしも一致しないことがある．したがって，こうした既設構造物の変形と直下の地盤の変形は微妙に異なることがある．

4.4 成熟した地すべりの変動構造

大八木（1992）は，1章の表1.3に示すように地すべりの変形構造（本書の変動構造および変動地形に相当する）を，地表に現れた地表面変形構造と地質構造としての地中変形構造に大別した．さらにこれらの構造を，地すべり移動体の外側を画する輪郭構造と，地すべり移動体の内部に発達する内部構造に分けている．このような変形構造の分類にしたがって成熟した地すべりをみると，次に述べるように地すべり移動体では，頭部，側方部，末端部の各部位にそれぞれ独特の輪郭構造と内部構造が発達しているのがわかる．

（1） 地すべり頭部－展張帯の変動構造

地すべり頭部は地すべり移動体が斜面下方へ移動することによって不動域から離れていく場所にあたるので，展張帯を特徴づける変動構造が形成される．狭義の地すべりに典型的な運動様式は回転すべりと並進すべりであり，両者で地すべり頭部につくられる変動構造が異なる．回転すべりは

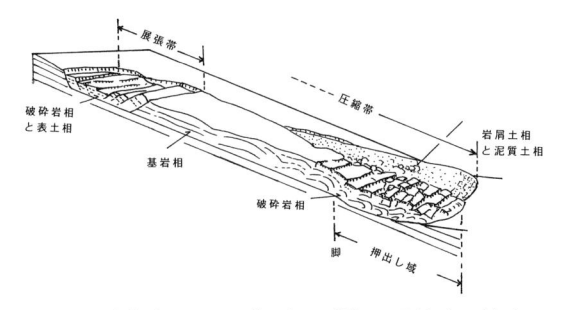

図 4.7 並進すべりの頭部（展張帯）に発達する地すべり構造の模式図 田近（1995）を一部修正．
地すべり頭部の展張帯では陥没帯が形成されている．

地すべり移動体の重心より上位に位置する（多くの場合は空中に想定される）軸の周りを回転する運動で，すべり面は上に凹の曲面を描く．並進すべりは平らな面あるいはゆるやかにうねる面をすべり面としてその上を地すべり移動体が移動する運動である．

回転すべりでは地すべり頭部に下に向かって凸の曲面を描く正断層性のクラックが形成され，回転によって地すべり移動体の地表面は山側に傾動し，クラックに沿ったずれが滑落崖を形成する（1章の図1.3）．クラック面上にはしばしば地すべり移動体の移動方向を示す条線（削痕）が形成されているので，条線を計測することによって地すべり移動体の移動方向を推定することができる．斜面下方に向かって階段状の滑落崖が複数ほぼ平行に配列する地すべりでは，規模の大きな滑落崖をつくるクラックは地中では地すべり底面をなす1つのすべり面に収斂している．

並進すべりでは引張りクラックに沿って地すべり移動体と非変動域とが分離し，両者の間に陥没帯が形成される（例えば，田近，1995；図4.7）．破断面には移動方向を示すマーカーは残りにくいが，クラックの開口部に抜け出た木根や引っ張られた蔓性植物の茎の方向から地すべり移動の方向が推定できることもある．

岩石は一般にせん断強度に比して引張り強度が著しく小さいことから，並進すべりでは断層や節理などの連続した割れ目がなくても容易に滑落崖が形成される．地すべり移動の開始が頭部のクラック発見によって明らかになることが多いのはそのためである．比較的連続性が良く分離しやすい断層や節理面が発達している場合にはそこが滑落崖になりやすい．そのため，断層などの構造規制を強く受けている場合には，下に向かって凸になったすべり面をもつ典型的な回転すべりにはなりにくい．

通常，地すべり頭部の変動構造は地形にも現れやすく，線状凹地内の湿地（池），分離丘などの明瞭な変動地形が形成されている．

（2） 地すべり側方部－せん断帯の変動構造

地すべり側方部は地すべり移動体と非変動域との間での横すべりが起こるところにあたり，そこではせん断帯を特徴づける変動構造が形成される．現実に地すべり移動体が移動する際には，地すべり頭部とちがって大きなせん断力を必要とする．したがって，地すべり移動体が厚くなるほど，側方を限る既存の地質構造がどのような性質のものであるかということが重要になってくる．側方崖を規制する地質構造が明確な事例をいくつか示す．

図4.8は紀伊半島和泉山地の和泉層群砂岩泥岩互層で発生した並進すべりで，砂岩層中の節理が側方崖および滑落崖を規制している．砂岩層には2方向の系統的節理群が発達していて，そのうちの1つが層理面の最大傾斜方向に発達し，しかも連続性が良くて平滑な節理面をもっているために，地すべり移動体の側方部を限る構造として有効に働いている．その結果，層理面をすべり面とする小規模な並進すべりが多発している．

長崎県の北松型地すべりを代表する鷲尾岳地すべりは複数の地質構造によって地すべり側方部が限られている（大八木ほか，1970；図4.9）．地すべり移動体の東側側方部はすべり面となるC37層（凝灰岩薄層を挟在する炭層）が地表に露出し，地形とC37層との関係で溝状構造・押し

図4.8 和泉層群砂岩泥岩互層で発生した並進すべり（層面すべり）にみられる節理に規制された輪郭構造（横山俊治撮影）．
滑落崖は系統的節理群（Set-J2）に規制され，側方崖は系統的節理群（Set-J1）に規制されている．

被せ構造・小崩壊が反復している．一方，西側側方部の斜面上方側は伏在している志戸氏断層の位置にほぼ一致し，明瞭な側方滑落崖が形成されている．ところが，西側側方部の斜面下方側には佐世保層群中の北西走向で北東に急傾斜の節理に規制されたクラック群が形成されているが，完全には連結していない．鷲尾岳地すべりはすべり面であるC 37層と地形との関係で西側側方部の地すべり深度が深くなるために，節理群では連続した側方崖を形成しにくいものと考えられる．このような状況から判断すると，鷲尾岳地すべりは西側側方部の下半部を除いて不動域から完全に分離し，現在は漸移期と滑動期の境目にある可能性がある（大八木・横山，1996）．

滑落崖と比較すると，一般に側方崖は地形に表れにくい．地すべり移動体と隣接する非変動域との落差が小さく，表層部の未固結堆積物は複雑に破壊されるだけで明瞭な破断面を形成しにくいことによるが，それが側方崖の確認を難しくしている．また，仮に地下では1枚の連続したせん断面を生じていても，地表部の未固結堆積物や道路のアスファルトには雁行状のクラック群が形成されることがある．これは1995年兵庫県南部地震時の野島断層の断層運動でみられた現象と同じである．

（3） 地すべり末端部－圧縮帯の変動構造

地すべり末端部ではすべり面は地表にでるためにその傾斜がしばしば緩くなったり，逆傾斜になることがある．また，すべり面が地表にでると地すべり移動体は摩擦抵抗力の大きな地表面上を滑動することになる．その結果，地すべり移動体の移動速度は急激に減速する．このようにして地すべり末端部で急激な減速が起こっていても，なお地すべり移動体の運動エネルギーが大きい場合には，地すべり移動体がなおも斜面下方に移動しようとするために，地すべり末端部には圧縮帯の変動構造が形成される．典型的な変動構造は地すべり底面のすべり面から分岐して地表に向かって切り上がるすべり面群の形成で，分岐すべり面に沿って上盤側の地層が褶曲することもある（田近，1995；**図4.10**）．

神戸層群の金会地すべりは上久米凝灰岩層の最下位に位置する軟質凝灰岩層を主すべり面とする並進すべりであるが，末端部の圧縮帯が地すべり移動体の前半分近くまで及んでいる．そこでは，軟質凝灰岩層にすべり面を有する上久米凝灰岩層が主すべり面の位置から分岐して斜面下方に向かって斜めに切り上がり，結果的にはすべり面に上下を挟まれた地すべり移動体のスラブが複数重なり合った覆瓦重複すべり構造が形成されている（加藤・横山，1992；第2部，1.3参照）．

（4） すべり面の構造

地すべり移動体の底面は非変動域の上を地すべり移動体が移動していく場所に当たるので，両者の境界ではせん断破壊が起こり，地すべり学の分野ですべり面あるいはすべり層と呼ばれている破断面（破砕層）が形成される．すべり面の形態によってその上を移動する地すべり移動体に生じる変動構造の種類や発達程度に差異を生じる．すべ

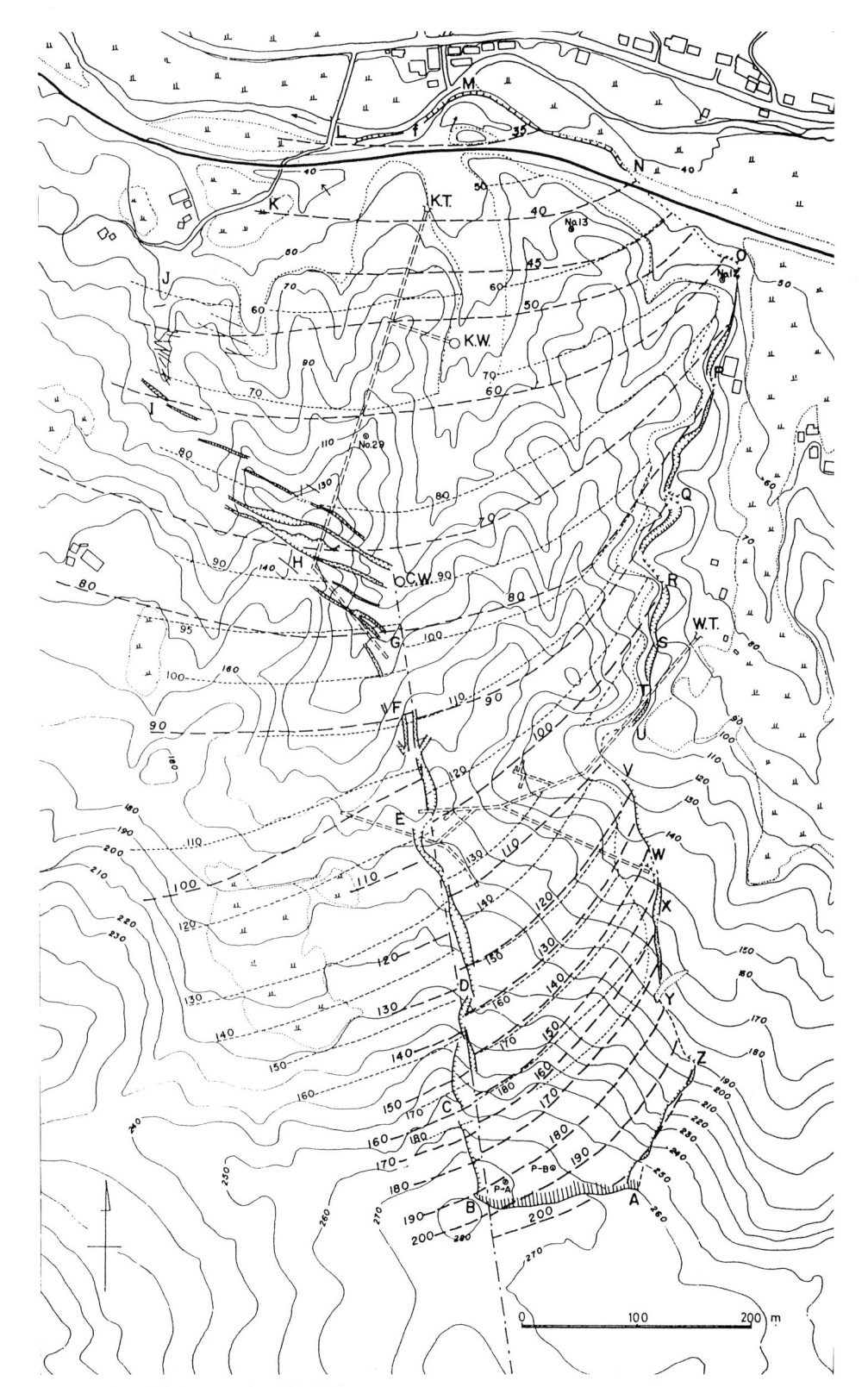

図 4.9 鷲尾岳地すべりの主な輪郭構造（大八木ほか，1970）．

A-B 区間：滑落崖，B-C 区間：左側側方崖，A-Z 区間：右側側方崖，G-I 区間：雁行亀裂，P-U 区間および V-Y 区間：溝状構造と押しかぶせ・小崩壊のくりかえし帯，M：三日月型隆起部，I-J 区間：地表面輪郭構造の不明瞭な部分，太破線：C37c 炭層上面に発達する主すべり面の等高線，細破線：粘土質破砕帯の上面の等高線，一点鎖線：志戸氏断層，◎：三角測量鉄柱の位置，WT：鷲尾隧道，KT：金ヶ坂隧道，CW：観測井，KW：集水井．

この地すべりは C37 炭層に挟在する軟質凝灰岩薄層をすべり面とする並進すべりである．主すべり面が地表と接する東側の地表面輪郭構造は明瞭である．一方，西側の地表面輪郭構造も志戸氏断層の走っている部分では明瞭であるが，志戸氏断層が不明瞭になる末端部では地表面輪郭構造も不連続かつ不明瞭になっている．

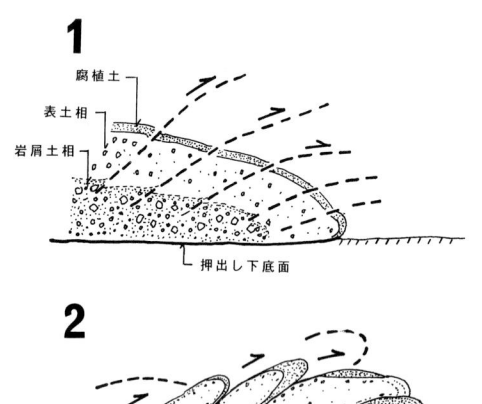

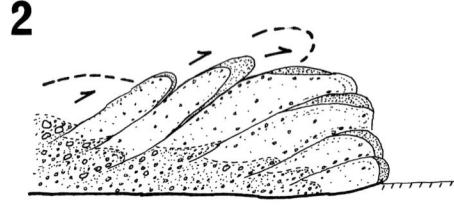

図 4.10 地すべり末端部圧縮帯における覆瓦構造の形成過程を示す模式図（苫田地すべり旧ユニットの例，田近，1995）．
地すべり移動体は図の左から右に動いている．現象は 1 から 2 に進行する．覆瓦構造の形成過程で，腐植土は地すべり移動体内部に巻き込まれている．

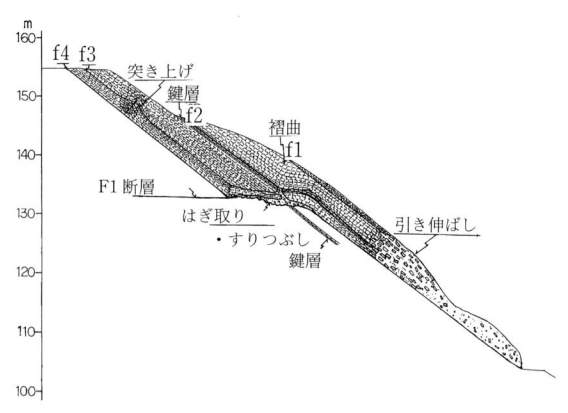

図 4.11 和泉層群の大規模岩盤すべり－f4 層面断層に沿う滑落－の変動構造（横山，1995）．
F1 断層：緩傾斜で山側に傾斜している断層，f1～f4：層面断層（重力で生じた断層），S1～S4：層面断層に沿って滑落しているスラブ．f4 層面断層に沿ってすべった移動体（S2～S4）は F1 断層に達したところで，移動体下底の S4 スラブは不動地盤の岩石をはぎ取りながら自らも破砕され，移動体下底より外部に排出された．それに対して移動体上部（S2）は大きく破壊されることなく褶曲したが，F1 断層を乗り越えた先では砂岩層は節理に沿って分離・引き伸ばされ，その開口部には分解した泥岩層が流入した．

り面が 1 枚の平滑な層理面に規制された鷲尾岳地すべり（図 4.9）では，地すべり移動体内部に位置する地層であっても輪郭構造から離れるとほとんど破壊されていない．しかし，すべり面が平面でない場合には地すべり移動体内部のどこかで破壊が起こる．

和泉層群はどの層準の層理面でも泥岩層がすべりやすいために図 4.8 のような岩盤すべりが容易に発生する．ところが図 4.11 に示した f4 層面断層（重力で生じた断層）をすべり面とする岩盤すべりでは，f4 層理断層に沿ってすべってきた地層が途中で F1 断層（低角度断層）に沿って移動し，F1 断層を乗り越えたところで再び層理面に沿ってすべっている．移動速度は F1 断層を乗り越えるときには抵抗が大きくなって減速し，乗り越えたところで再び速くなると考えられる．このような状況を反映したいくつかの変動構造が図4.11 には示されている．F1 断層よりも上流部では f4 層面断層（重力で生じた断層，一種のすべり面）の直上の地層が突き上げられている．斜面

上方からすべってきた地層は F1 断層を乗り越えるところで F1 断層に沿って折れ曲がり，さらには地層の著しい破砕が起こって，F1 断層より下流部では地すべり移動体の下半部が欠落している（すなわち，移動の過程で外部に排出されている）．しかし f2 層面断層の直上の地層は褶曲によって F1 断層を乗り越えている．そして F1 断層を乗り越えた後では，地すべり移動体の先端ほど速度が速くなり，地すべり移動体全体が斜面下方に引き延ばされた構造をつくっている．

玉田（1973）は竪坑内でのすべり層の詳細な観察から，すべり面を構成するせん断面群の形成過程に water film の面が大きな役割を担っていることを指摘した．これらのせん断面群はすべり面付近に不連続的に分布し，それらが連続することによってすべり面が形成されるとした．紀平（1989）は同様のすべり面観察によって，リーデルシア，P-シア（スラストシア），主変位せん断

面の3種類を識別し，数年以内に主変位せん断面が発達していくことを指摘した．

このようにすべり面が観察できるのは竪坑内などに限られ，地表では観察できることはまれである．このため，通常はボーリングコアの観察からすべり面を検出することになるが，コア採取技術に個人差もあって必ずしもすべり面の部分がきれいに採取できるとは限らない．このことがすべり面検出を難しくしている．ただし，すべり面を境に上部と下部で岩盤状態が大きく異なることがしばしば認められる．上部の岩盤は劣化と角礫化によって緩んでいるのに対し，下部は比較的新鮮なことが多い．こうした岩盤状態に関する非対称はテクトニックな断層との大きな相違点である．このことを利用してすべり面の位置を絞り込むことも実際の調査では必要である．

これまで多くの人によって指摘されてきたように，地すべり移動体は実に多様な変動構造によって構成されている．従来断片的に蓄積されてきたこういった変動構造を体系化する必要がある．その際，地すべり発生時に素因として働く既存の地質構造と地すべり移動の結果新たに生じた変動構造とが混同されていることもあり，両者の構造的関係を整理しておく必要がある．

4.5 テクトニックとノンテクトニックの識別に関する最近の重要な問題

（1） 山地－平地の境界断層と地すべり

日本では山地と平地（丘陵，盆地，平野を含む）との境界に大きな断層の存在することが多く，第四紀を通じて断層に沿った変位がそのような地形的コントラストをもたらしたことが，例えば，近畿地方における山地と平地の地形・地質構造発達史をみることによって理解できる．山地と平地の境界に発達する断層は，断層面が山地側に傾斜した逆断層をなしていることが多く，その結果，傾斜した断層面を境に基盤岩が軟質な堆積物上に

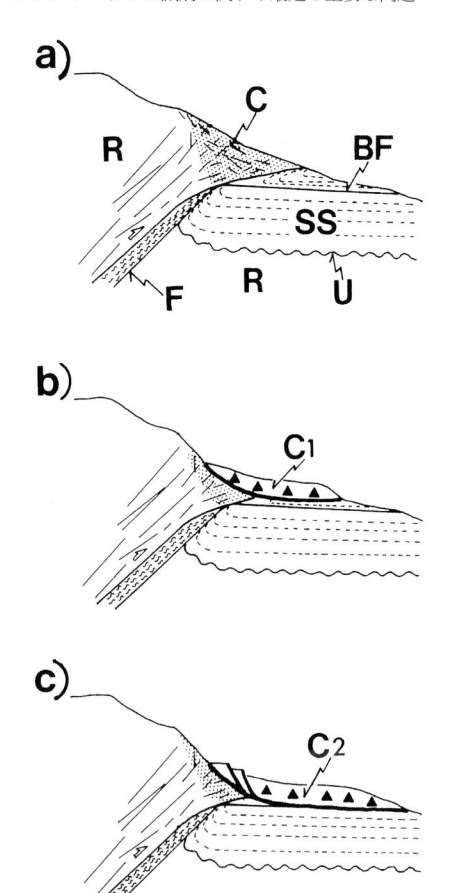

図 4.12 山地－平地の境界断層とそれに伴う地すべりの形成モデル（横山，1999）．
a) 平地側未固結堆積物の塑性変形（ドラッグ褶曲の形成）による境界断層の緩傾斜化と山地側基盤岩の垂れ下がり（クリープ帯の形成）．未固結堆積物中に層面断層の形成，b) クリープ帯の地すべり，c) 層面断層に沿う未固結堆積物の地すべり．R＝基盤岩，SS＝未固結堆積物，U＝不整合面，F＝境界断層，BF＝層面断層，C＝クリープ帯，C1＝クリープ帯起源の地すべり移動体，C2＝層面断層に沿う地すべり移動体．

衝上していることがある．当然力学的に不安定であるから，重力下では特有の構造が形成されるし，さらにこれに起因する地すべりも発生する．このような山地－平地の境界断層の形成プロセスとそれに伴う地すべり発生のモデルを図4.12に示す．

基盤岩と未固結堆積物との境界断層では，未固結堆積物に変形が集中し，未固結堆積物の地層が断層に沿って引きずられ，引き延ばされている．この過程で引きずられた地層は平地側に向かって

折りたたまれ，ドラッグ褶曲が形成されている．未固結堆積物の伸張度（引き延ばされ具合）は礫層より砂層，さらにシルト層や粘土層の方が大きいため，たとえ同一断層沿いであっても，礫層が優勢なところでは断層面は急傾斜になり，シルト層・粘土層・砂層が優勢なところでは断層面は低角度になる傾向がある．このことはドラッグ褶曲の成長に伴う未固結堆積物の短縮と断層面の緩傾斜化とが同時に進行したことを示している．

層面断層と呼ばれている層理面に沿った断層が平地側の未固結堆積物中に形成されていることがある．近畿地方では，層面断層は第四紀の大阪層群や新第三紀の二上層群原川累層のほか，古第三紀の神戸層群でも確認されている．とくに大阪層群の海成粘土層（Ma0～Ma2）中に多発する層面断層は層状破砕帯と呼ばれ，層厚が40～60 cmに達することもまれではない（西垣，1977など）．露頭では層状破砕帯が境界逆断層から分岐して延びる断層で，その変位センスは境界逆断層と同じであることが確認されている．層状破砕帯の特徴については第2部の2.3を参照されたい．

他方，境界断層付近では基盤岩も幅広く破砕され，軟質化しているが，未固結堆積物に衝上する過程で生じた断層変位による破砕は境界面に限られる．断層破砕帯の大部分は未固結堆積物堆積以前に長い地質時代をとおして形成されたものであると思われる．ただし，山地側の基盤岩は断層面の低角度化に対応して平地側に倒れ込むことになるから，断層の緩傾斜部では基盤岩は重力の作用が働いて著しく緩むことになる．この緩み領域をクリープ帯と呼んでいる．クリープ帯には断層運動による破砕に重力作用が重なっている部分と，断層運動による破砕をほとんど受けず，重力による緩みのみで破砕した部分とがある．

このような山地－平地の境界付近では未固結堆積物中の層面断層をすべり面として地すべりが発生したり，大きな地形的起伏を反映して，基盤岩の緩み領域（クリープ帯）で地すべりや崩壊が発生したりすることがある．

層面断層をすべり面とする地すべりは大阪層群中の層状破砕帯に伴うものがよく知られている（中世古，1973など）が，古琵琶湖層群中の層状破砕帯でも報告されている（藤崎・山根，1993）．層状破砕帯と非変形粘土との境界が平滑で，そこが連続性の良いすべり面に成長する．地すべりは造成工事が引き金になって発生した例が多いが，それには応力開放によって重力変形を開始して生じたもの（横山，1994）と，雨水が浸透し，層状破砕帯の強度低下と間隙水圧の上昇によって発生したもの（西垣，1977，1991；中世古・橋本，1988）とがある．横山（1994）は前者の一例として層状破砕帯とその上部の粘土中に発達する層理面に鉛直な小断層群とが滑落のみならず転倒も起こしている例を記載している．降雨による地すべりは過去に一度応力開放による緩みを生じていた可能性が高い．

クリープ帯は本質的に重力の影響を受けて変形している部分で，降雨時や地震時には容易に崩壊を起こすことが予想される．山麓部に発達する岩屑性堆積物はクリープ帯に由来する崩壊堆積物である可能性が高い（第2部の2.3の事例参照）．しかし，岩屑性堆積物の中には境界断層上盤の基盤岩に移化するものがあり，それはクリープ帯の岩盤が崩壊を起こさずに平地側の地表部を這うように移動したものと考えられる．また，緩傾斜化した境界断層の断層変位を引き金に境界断層の一部をすべり面とする地すべりがクリープ帯を含む山地側斜面で発生する可能性がある（横山・池尻，1994参照）．

（2）　地震時に発生するさまざまな変動構造

地震時の地面や構造物の変形は，狭義の地すべりによるもの，地表地震断層による地面の破断に伴うもの，断層運動による地面の急激な移動によるもの，地震動によるものがあり，それらの識別は容易ではない．地表地震断層や地震動によって

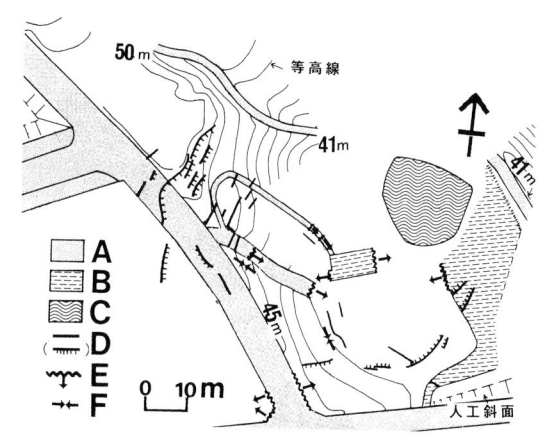

4.5 テクトニックとノンテクトニックの識別に関する最近の重要な問題　75

図 4.13 1995 年兵庫県南部地震によって西宮市高塚公園で発生した地面や構造物の変形（横山・菊山，1998）．
A：アスファルトおよびコンクリート舗装，B：開口クラック（段差をもつ場合），E：乗り上げや押しかぶせ，転倒など圧縮を示す構造と移動方向，F：プレッシャーリッジ，数字：標高（m）．

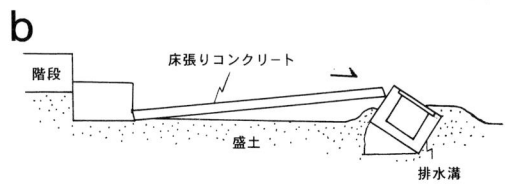

図 4.14 地震動による階段踊り場の床張りコンクリートの押し被せ構造（a）と断面図（b）（1995 年兵庫県南部地震による西宮市高塚公園の被害例）（横山ほか，1997）．

生じたクラックが地すべりに発展する場合も考えられ，必ずしも現象は単純ではない．コンクリート擁壁の傾動や石積み擁壁の破壊も，擁壁そのものの破壊形態やその背後地盤の崩壊やクラックの有無などを手がかりにその原因を類推しなければならない（横山ほか，1997）．

1995 年兵庫県南部地震時に西宮市高塚公園では，クラックが多数発生し，多数の構造物が変形しているが，それらの変動方向が一様に斜面下方への移動を示すものではない（図 4.13）ことから，地震動によるものと解釈された（横山ほか，1997）．地震動による破壊は斜面勾配が緩から急，あるいは急から緩に変化する位置に発生しやすく，剛な構造物に現れやすい（図 4.14）．また，同地震時にはグランドなど土地盤からなる盛土造成地に連続したクラックが発生し，地表地震断層か否かで議論になった．図 4.15 は西宮市立上ヶ原南小学校のグランドで発生したクラックを掘削したものである（横田・仲津，1996）．クラックは下に凸の弧状形態をもち，地中のゴミの層に達したところで消滅している．クラックに沿って上部層

がすべっているが，連続したすべり面をもつ地すべりには発展していない．

兵庫県南部地震では，4.2(3) で紹介した宝塚ゴルフ場の地すべりの他にも，仁川百合野町の浄水場造成地直下の斜面，西岡本の宅地造成地直下の斜面などで，急傾斜の谷を埋めた盛土が破壊され，大きな土砂移動を伴う地すべり（崩壊に近い）が発生した．いずれの場合も，崩壊斜面およびその法肩の盛土中に生じた多数のクラック群が斜面の不安定化を引き起こし，一気に崩壊して高速地すべりに発展したものである．宝塚ゴルフ場では，クラックの方向が墓石の転倒方向にほぼ直交していることから，クラック群は地震動に起因したもので，谷埋め盛土の不安定な分布形態に加え，盛土直下に地下水が存在したことが地すべりに発展した原因であると考えられた（横山・菊山，1998）．

（3） 活断層と紛らわしい重力性変動構造

近年，活断層の確認ないし活動性評価のための

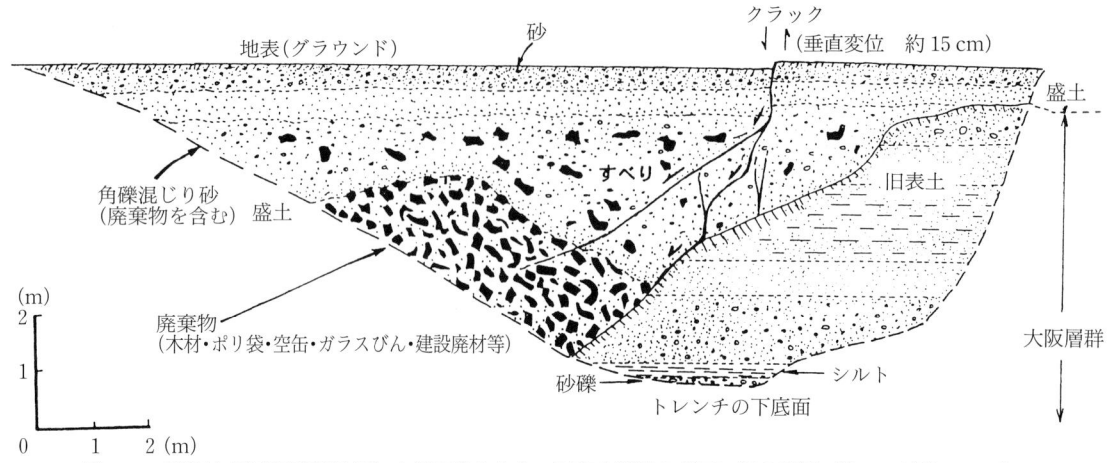

図4.15 1995年兵庫県南部地震による西宮市立上ヶ原南小学校のグランドの変形（横田・仲津，1996）．

トレンチ調査が各地で実施されるようになってきた．しかしながら，壁面に現れた断層面が活断層の断層面か地すべりのすべり面かの識別の困難な場合が少なくない．「第四紀または第四紀後半にくりかえし活動し，かつ今後も活動し得る断層」という活断層の定義にしたがうと，個々の断層が第四紀の地層をくりかえし変位させているかどうかが活断層判定の基準となる．このため，トレンチによってこれを調べる場合の対象は地表近くの堆積物中にみられる断層となる．堆積物中の断層では概して変位が小さく断層の幅もきわめて小さいため，こうした断層面の中には地すべり移動体としてのすべり面，あるいは地すべり移動に伴って地表近くに形成されるさまざまなクラック面であることもある．

前述したように，山地と平地を画する規模の大きな断層付近では基盤の岩盤といえども幅広く劣化ゾーンの形成されていることが多く，また地形的に起伏が大きいことから重力による局所的な地すべりが発生することも十分考えられる．最近ではこうした断層については慎重に調査・解釈がなされているようになり，かつて活断層とされた断層露頭が地すべりのすべり面露頭と解釈された例もある（長谷川，1992，1997）．このように構造運動ではなく，重力のみの作用で形成される断層を一般の構造運動によるテクトニックな断層と区別してノンテクトニックな（あるいは非テクトニックな）断層（non tectonic fault）と総称されることがある（Stewart and Hancock, 1991）．

こうした活断層と，すべり面あるいは地すべり移動によるさまざまな構造との識別は難しく，とくに断片的な露頭だけでは判断が不可能なことがある．例えば，兵庫県南部地震に際して野島地震断層の近傍では，地震断層の形成とほぼ同時に，地震によって引き起こされた何らかの斜面変動で，斜めずれ変位を示すクラックが形成された（伏島，1997）．また，1999の有珠火山噴火では，火口群の形成された隆起の中心部には展張を示す大規模な正断層群（図4.16のA）が発生し，同時に周辺の山麓部には圧縮を示す座屈や圧縮リッジ（図4.16のB）が発生した（廣瀬・田近，2000）．このような地盤変動はマグマの上昇による隆起に起因した現象と考えられ，頂部の正断層群と末端の圧縮リッジや座屈の形成は地すべり構造と類似している．このようなことが現実にあることを考えれば，テクトニックか非テクトニックかの定義も厳密には曖昧さが残る．地震時に現れた地表のズレが地表地震断層とされることが多いが，そのなかのかなりの部分は地下からつづく断層とは別に振動などによって現れる断層であることもある

図 4.16 有珠山 2000 年噴火時の山体隆起に伴う地盤変動（横山俊治撮影）．
A：金比羅山西火口群の西方山腹に発達する重力性断層群．正断層型の断層群で 50 cm から 3 m 程度の垂直変位を示す．一般に断層は道路内ほど変位量が大きく明瞭である．B：重力性断層群からさらに下方の山麓に発達する圧縮リッジ．圧縮リッジはアスファルト面に生じている．盛り上がりの高さは数cmから 50 cm 程度である．この写真では，圧縮リッジ全体をとおしてみると，高さ 30〜50 cm のリッジを形成し，写真下半部では，高さで厚さ 8 cm のアスファルトが写真の右方向（火口側）から乗り上げている．このような重力性断層群や圧縮リッジは噴火の直後には発生が確認されていた（田近 淳氏 私言）．

このような地表近くに形成される構造を 1 つ 1 つ成因的な面から識別することは必ずしも容易ではない．しかし，周辺も含めた地質構造，岩盤の劣化構造などを総合すれば，成因的な識別もある程度は可能であろうと思われるが，そのためには前述のような地すべり固有の構造に関する十分な知識が必要である．

(Lettis and Kelson, 1998)．すでに述べたように阪神大震災時においても軟質な堆積物中に振動等に起因したさまざまなクラックや地盤の移動が現れ，それぞれ詳しく調べられた．地震によって形成されたクラックは seismogenic fault の non tectonic fault といえるが，地震をもたらした地下の断層運動との関係というとまだまだ明確ではない．

5
地すべり移動体の運動と堆積

5.1 地すべり移動体の運動像とその特性

　地すべりや巨大崩壊による崩落物質の流動・堆積状況については、直後における詳細な記録にもとづいて分析する必要がある．それが可能であった事例は決して多くない．そのような貴重な例として近年においては、1980年のセントヘレンズ火山の噴火によるものと、1984年の長野県西部地震によるいわゆる「御岳崩れ」の場合をあげることができる．ここでは筆者が直接調査に従事した「御岳崩れ」をとりあげてその実態を述べ、さらに、巨大崩壊に伴う岩屑なだれの一般特性や関連した問題について議論する．これは、やがて地質体として保存される可能性のある岩屑なだれ堆積物の形成過程の問題でもある．

（1） 御岳崩れの流動・堆積過程

　伝上川源頭部では長野県西部地震で、御岳火山体の一部である長大斜面が大きく崩壊した．体積3400万 m³（長岡，1984）の崩土は、伝上川をはさみ崩壊斜面の対岸にあたる小三笠山の鞍部に向かって、すなわち南南東に向かってなだれ落ちた（図5.1）．崩土の大部分は鞍部手前に位置する伝上川の巨大な浸食谷に沿って流れ下り始めたが、一部は浸食谷に納まりきらず、鞍部を溢流して鈴ケ沢の東股と中股へ流れ下った．崩土の本体は伝上川の谷筋に沿って、すなわち向きを南西に変えて流下した．さらに、伝上川が反時計回りに屈曲するところでは、流れの一部は攻撃斜面側の、谷底との比高が100 m以上もある台地状の尾根に向かってそのまま直進し、台地上を溢流して濁沢に入った．一方、本体は伝上川の谷筋に沿って流下しつづけた．これら2つの流れは伝上川と濁沢の下端で合流し、濁川を下って王滝川へ出た．本体は、王滝川との合流点の柳ケ瀬で王滝川を大量の崩土でせき止めた．本体はさらに、王滝川を下

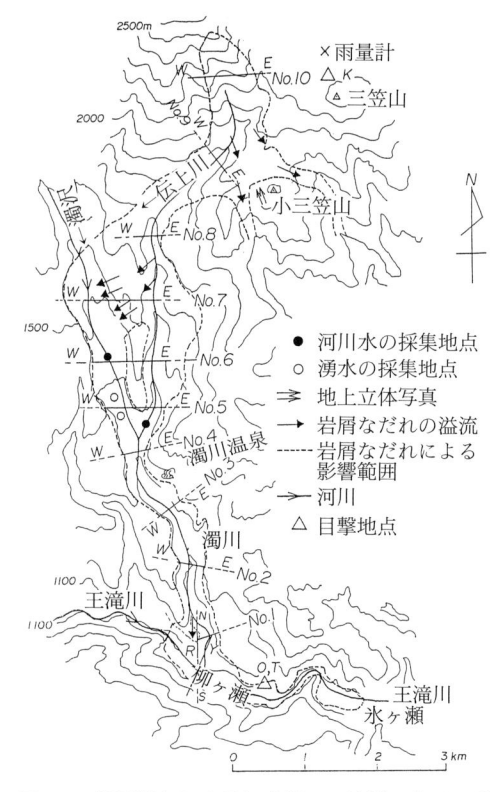

図5.1 御岳崩れによる伝上川・王滝川における崩落物質の流下経路の概要．
奥田ほか（1985）にもとづく．ただし，番号をつけたのはスーパーエレベーションの計測対象とした断面とその方位．

5.1 地すべり移動体の運動像とその特性　79

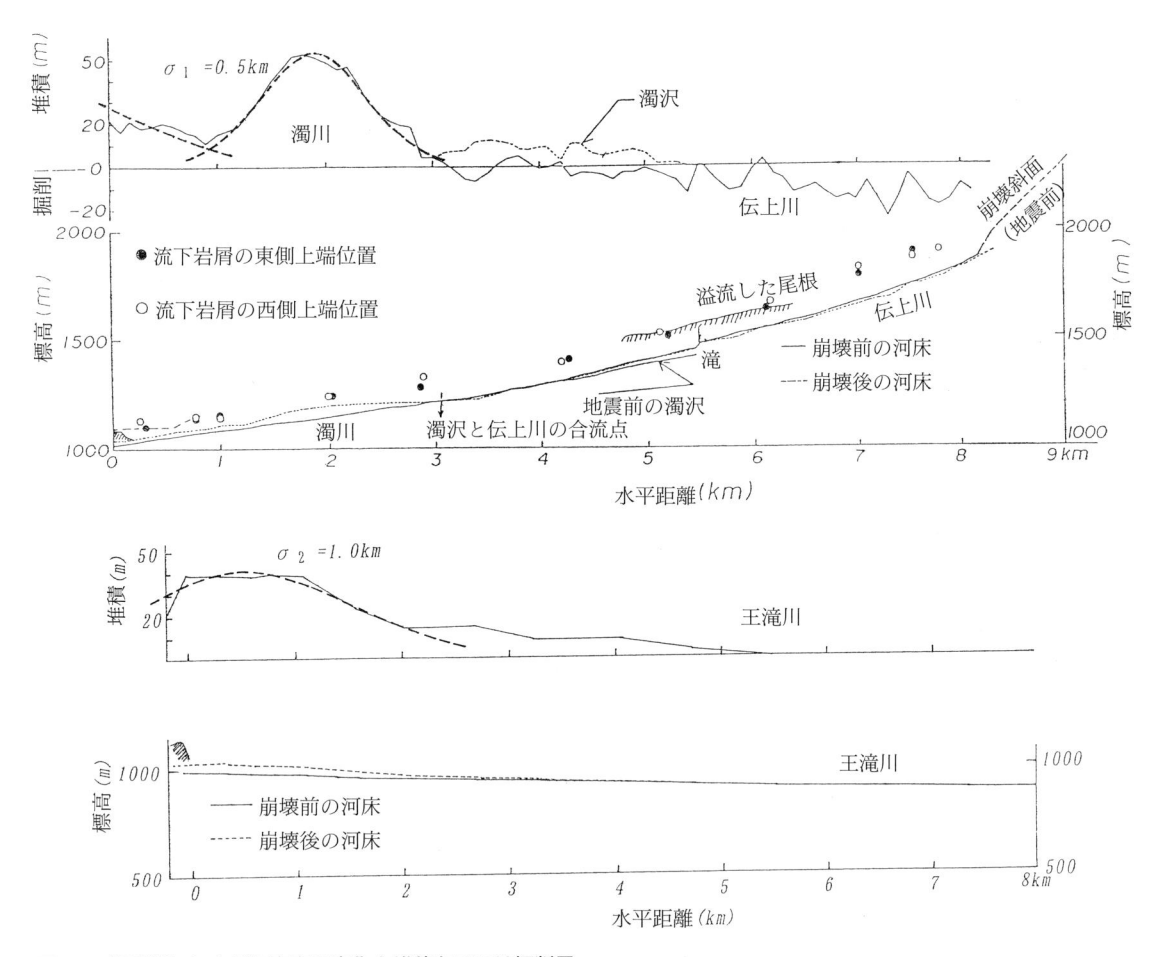

図 5.2　御岳崩れによる河床高の変化と堆積あるいは掘削量.
上段（上流部）は奥田ほか（1985）にもとづき，下段（下流部）は崩壊前後の 1/25000 地形図から作成したもの．それぞれについて上に堆積あるいは掘削量を下に河床高の変化を示す．崩落物質の主要な堆積部は 2 つの正規分布（破線で示す）で近似できる．とくに上段において○印および●印で示すスーパーエレヴェイションは，図 5.1 の河道を横切る線分位置で確認したもの．

り，餓鬼ケ咽を経て氷瀬の狭窄部にまで達した．流走距離の総延長は崩壊斜面下端から 12 km である．この間の所要時間はおよそ 11 分余りであった（建設省土木研究所，1985）．本体先端の全区間での平均流速はおよそ 18 m/s である．崩土が流下した経路の概要を図 5.1 と図 6.1.1 に，浸食・堆積による河床の変動状況を図 5.2 に，それぞれ示す．

a)　流動過程

地震と間髪を入れずにすべり始めた御岳崩れの崩土の一部は小三笠山の鞍部を溢流して鈴ケ沢に流れ込んだが，本体は伝上川に沿って流れ下った．

伝上川は溶岩流を刻む深い浸食谷であり，崩壊斜面の直下から，濁沢との合流点までの距離は 5.5 km，平均傾斜角は 7.5 度である．この区間を崩土はかなりの高速で流れた．このため，湾曲流路の攻撃斜面側の谷壁ではスーパーエレヴェイション（屈曲部で作用する遠心力の効果で外湾側の表面が上昇する現象）が生じ，著しく浸食が進むとともに，一面に擦痕が残された．伝上川が東へ（反時計回りに）急に湾曲する部分では，崩土の一部は比高 100 m 以上の台地状の尾根を溢流し，濁沢へ流れ込んだ．伝上川に沿って向きを変えた本体であるが，その一部は左岸側の台地上へ溢れ

図 5.3 王滝川柳ケ瀬で認められた流れ山.
背後に岩屑なだれがその上を溢流した尾根（伝上川と王滝川の合流点）が見える．1984年9月30日撮影．

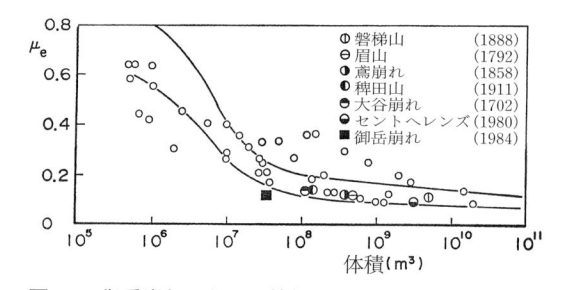

図 5.4 御岳崩れにおける等価摩擦係数と他の例との比較.
縦軸は等価摩擦係数，横軸は体積．御岳崩れは他の事例とくらべて等価摩擦係数が小さい．芦田・江頭（1985）による．

た．この本体の流れは，伝上川と濁沢が合流して濁川になる地点で合体した．この合流点から，濁川が柳ケ瀬で王滝川へ合流する地点まではおよそ3.5 km，傾斜角は3〜4度である．濁川は濁川温泉のあたりから狭窄部になるため，崩土の流れは狭窄部の上流側に大小多数の流れ山を残留させながら濁川を流下した（図5.1）．崩土は柳ケ瀬で王滝川へ流れ出るとき，濁川の出口の断面だけでは足りず，王滝川左岸上流側の斜面から伸びる比高70 m余りの尾根をも溢流して王滝川へ流入し，王滝川本川を閉塞した．崩土の流れは柳ケ瀬からさらに3 km，傾斜角が1度の緩傾斜な区間を流下し，氷ケ瀬の狭窄部にまで達した．この区間にも小規模な流れ山が認められる（図5.3，図6.1.1）．

餓鬼ケ咽付近を車で走行中に地震に遭い，命辛々で難を逃れ，崩土の流れを目撃した大目義弘氏と田中亮治氏の証言や，彼らがカーラジオで聴いた地震情報の放送時刻のデータから，崩土は崩壊地点から柳ケ瀬までのおよそ8.5 kmを平均20〜26 m/sという速さで流れ下ったことが判明した（奥田ほか，1985）．流走経路の上流から下流にかけての地形条件および浸食や堆積の状況を考慮すると，崩壊斜面直下や伝上川ではこの値よりずっと大きな流速で，また下流の濁川の区間ではこの値より小さな流速で流れ下ったものと思われる．なお，御岳崩れの崩土を質点として扱い，流走経路に沿う流速の変化を検討したものとして，芦田・江頭（1985）とMoriwaki et al.（1985）の研究がある．これらの力学計算によると，崩土の最大流速は50〜60 m/sであったと推定されている．

斜面崩壊による崩土の到達距離は，崩土の体積が大きいほどおおむね長くなることが知られている．滑落崖の上端と崩土の堆積末端との間の比高をH，水平距離をLとしてH/Lで表される量を等価摩擦係数と称し，これをμ_eで表す．既往の崩壊事例について，この等価摩擦係数と崩土の体積の関係を示すと図5.4のようになる．この図から，崩土の体積が大きいほど等価摩擦係数がおおむね小さくなることがわかる．しかし，御岳崩れの事例では$\mu_e = 0.12$（標高差約1650 m，水平距離約14 km）であり，体積の大きさの割に等価摩擦係数がかなり小さめであることがわかる．これは崩落物質の一部が水で飽和した状態で移動したことを示唆する．

b）堆積状況

崩落物質の流れが残した堆積物の様子は，当日，中日本航空が撮影した斜め空中写真や，中部日本放送が空中取材したビデオ記録，後日撮影された空中写真による広域的観察，さらに地上踏査や堆積物の採取分析によって詳細を知ることができる

（諏訪ほか，1985）．堆積物表面の調査結果は，平野ほか（1985），奥田ほか（1985），松田・有山（1985），守屋（1985），建設省土木研究所（1985）に詳しい．それらをまとめると，堆積状況はおおむね次のようである．

崩壊斜面直下の小三笠山の鞍部には，溢流時の崩土の流動痕跡や微地形が数多く残されていた（口絵写真4参照）．鞍部の樹林はことごとく薙ぎ倒され，主に熔岩塊やその破片が残された．したがって，この部分では岩屑なだれとしての特性が明瞭である．堆積物が水で飽和したような形跡はみられなかった．また，倒木の大半は流れとともに下流へ運び去られたが，掃き溜まりのように残留した一部の倒木の群は，崩土の流れの向きをとどめており，流れの激しさを彷彿とさせるものであった．樹林の中には，ある高さから上部だけが揃えて摘みとられたように断ち切られたものが目についた．それらは，崩土の高速運動層が地表からその高さだけ剥離していたことを物語るものであった．

崩壊斜面直下から伝上川が濁沢と合流するまでの区間では，溢流が起こった3つの台地を含め，流れによる剪断のためにいったんは表土が剥がれたが，この削剥裸地の上に崩土が比較的薄く付着ないし堆積した．ところが濁川温泉付近から堆積物の厚さは急に増大し，その状態は氷ケ瀬の堆積末端までつづく．堆積の厚さは餓鬼ケ咽付近で最大となり，40m以上に達した．濁沢と伝上川の合流点から氷ケ瀬にいたる区間に大小さまざまな流れ山が多数分布した（分布位置の概要は，前出6.1節の図6.1.1 に示されている）．流れ山（flow mound あるいは hummock と呼ばれる）は，もともと崩壊源にあった基岩が，崩落・流動の過程で完全には破砕せず，すなわち数mないし数十mの大きさのブロックのまま停止し，堆積面の上に顔を出したものである．流れ山は岩屑なだれの堆積物でごく普通にみられる．一方，柳ケ瀬から氷ケ瀬の区間では，堆積物のボーリング調査が行われた．その結果，厚さ20〜45mの堆積物の中に流れ山と同じ構造の大小さまざまなブロックがこの区間全域で多数埋まっていることが明らかになった（建設省土木研究所，1985）．ブロックの間を埋めるものは，宇井（1985）がマトリックス（基質）と呼びブロック（岩塊）と区別している細粒物質からなる．

堆積物表面の肌理（きめ）と，色縞模様やしわ状の起伏，樹木片や流木，流れ山などの有無から，それぞれの堆積物の水分状態，堆積物の起源，崩土の流れの状態などが推定できる（諏訪ほか，1985）．例えば，3つの溢流台地上には一面に色とりどりの縞模様が残されたが，これは流れの中の安山岩ブロックが破砕しながら，台地の上を高速で運動したことと，堆積物の含水率が低かったことを示す．肌理の状態が壁土のようなものは水分状態は大きかったものの飽和には達していなかったことを示す．しわ状の起伏は，そこでは崩土の流動の最終段階で収縮運動が生じた名残りといえる．さらに堆積直後にすでにそれら"しわ"の凹所に水がたまり，一面に小さな池が形成されたところでは，堆積物が水で飽和あるいはそれ以上の高含水状態であったことを示す．崩土の流れの縁辺部には樹木片や倒木あるいは流木が混じり合った堆積ユニットが多くみられた．それらは崩土の流れが発揮した剪断力によってはぎとられた表土を多く含む堆積物である．

一方，地震から2時間余り経過した時点に撮影された空中斜め写真やビデオ記録から次のようなことが明らかになった（例えば奥田ほか，1985）．すなわち，王滝川はもちろん，伝上川から濁沢にかけての谷壁には壁土状の泥土のコーティングが残り，それら谷壁の下位の部分では表面に水膜が認められる泥土がごく低速で谷壁斜面を流れる状態が確認できる．このことから崩土の流れの底面付近は水で十分に飽和していたものと思われる．濁川と王滝川の堆積物の表面には随所にしわが認められ，ことごとく湛水していた．これは，崩土

図 5.5 岩屑なだれ堆積物（右寄り部分）．
色調が異なる左寄り部分には土石流堆積物があって，その上にさらにその後に河川流に洗われた堆積物が重なっている．1984 年 9 月 30 日に柳ケ瀬の尾根から王滝川の堆積物を撮影，堆積幅は 400 m を超える．

がこの辺りを走ったときには，マトリックスのかなり多くの部分がすでに水で飽和していたことを示す．一方，崩壊源の直下から濁川の谷底のおおむね中央部には普通の泥流型土石流が通過した跡に残される水膜のある堆積物が写っていた．これは崩土の流れの後 3 時間以上にわたってつづいた泥流型土石流の堆積物だと思われる．濁川と王滝川の合流点付近におけるこのような堆積物の状態を図 5.5 に示す．

（2） 粉体流説と土石流説

以上の事実から，御岳崩れによる移動崩土の水分状態は以下のように推定できる．地震とほぼ同時に斜面は崩壊し，崩壊ブロックは破砕しながら斜面下方へ向けてなだれ落ちるように高速で流下した．崩土の最下部は水で飽和していたが，そのほかは飽和していなかった．3 つの溢流台地の上を流れて堆積物を残したのは崩土上部の物質であった．伝上川を流れ下り始めた崩土は，宇井・荒巻 (1985) がいうような大小多数のブロックの間をマトリックスが埋める構造を呈しており，崩土の下部は水分量の大きな状態であったと思われる．とくに谷底や谷壁との境界近くのマトリックスは水で飽和していたと思われる．伝上川・濁沢合流点より上流区間では岩屑なだれは大きな流速で流れ下り，それほど多くの堆積物を残さなかったが，合流点から下流では流れ山やブロックを含め，大量の土石を堆積させた．崩土は谷底付近の水分量の多い表土を巻き込みながら流れ下ったため，下層のマトリックスは下流へ向かうにつれて水分量を徐々に増大した．王滝川では柳ケ瀬から氷ケ瀬の区間において，下層を中心にマトリックスの含水状態は飽和ないし飽和状態を越えていた．

御岳崩れの等価摩擦係数が崩土の体積のわりにかなり小さめであったが，その原因の 1 つは崩土の底層が水で充分に飽和していて流動化していたことに求められると思われる．もう 1 つの原因は，崩土が流れ下った斜面は幅の狭い谷であったため，流れは広がることを許されず，したがって大きな流動深を持続したため流速が大きめで流走距離を伸ばすことになったということではないか．佐々 (1986) は流れ底面付近の剪断層での過剰間隙水圧の発生が流走距離を伸ばした原因であるとしている．一方，もともとはひとつながりの崩壊斜面のブロックは移動を始めた瞬間から砕け始め，谷筋を流れ下りながら砕けつづけたと思われる．とくに流走経路の上流区間では大流速であったためブロックに働く衝撃力は大きく，また岩質が火山噴出物を主体とする比較的軟らかなタイプであったため，破砕が著しく進行した．それでも濁川温泉付近には長径が 50 m を超えるような大きなブロックがいくつも残留することになったのは注目される．これは，そこより下流区間の流路幅が急に狭くなるため，流れが渋滞して堰上げが起こるほどであったためである．この結果，崩土の一部は濁沢へ逆流した (諏訪ほか，1985)．濁沢に残された流れ山はこの逆流によって運ばれたものである．

このような崩土の流下が果たして 1 波で終わったのか，あるいは複数波あったのかは正確にはわからない．餓鬼ケ咽で崩土の流れに遭遇した田中

亮治氏は，余震のつづく斜面を駆け上がりながら別の段波が流れるのを目撃した．その流れは柳ケ瀬の尾根を乗り越えたと証言している．その尾根には最終的に色縞の帯が残されていた．田中氏の証言に従えば，この段波も第1波と基本的には同じタイプの崩土の流れであったことになる．このことはさらに以下の2つの事実によっても支持される（建設省土木研究所，1985）．1つは餓鬼ケ咽の導水管の地点での堆積状況の目撃証言である．それは，第1波の岩屑なだれの堆積面は最終堆積面より10 m以上低かったというものである．その場合，第2波以降のためさらに10 m以上も堆積面が上昇したことになる．もう1つは，王滝川の堆積物が，ボーリング調査の結果，大きくみてブロックを含む下層とブロックを含まない上層の2層からなると解釈されている点である．しかし複数の崩土の段波が柳ケ瀬の尾根を通過したという上述の目撃証言と，王滝川の最終的な堆積面に流れ山がいくつも顔を覗かせていたという事実を考えると，2層に区分できるとすることに矛盾が生じないでもない．

崩土の流れが複数回に及んだとすると，崩壊も複数回にわたって進行したと考えるのが自然であろう．斜面崩壊の規模が大きいと，崩壊のクライマックスの後，小崩壊が数分あるいは数十分にわたってくりかえすこともある（諏訪ほか，1991；諏訪ほか，1997）．したがって，本震によって起こった大崩壊につづいていくつかの崩壊があったと想定するのはごく自然である．本震の直後，強い余震がくりかえしたが，それらも引き金になり得る．

崩土の流れの後，水で飽和した土石流が王滝川本川をくりかえし流下したことがビデオ記録や目撃証言で明らかになっている．また，このような土石流は鈴ケ沢にも流下した．御岳崩れの崩土の一部は小三笠山の鞍部を溢流して鈴ケ沢上流の東股と中股に流れ込んだからである（図6.1.1）．東股に流れ込んだ崩土は伝上川本川におけるより，より容易に土石流となって鈴ケ沢を流下し，王滝川にまで達したようである．目撃証言や中部日本放送が当日取材したビデオ記録を総合すると，土石流は3時間以上にわたりくりかえし流下したことがわかる．最初の土石流は鞍部から5 km下流の地点で8時55分頃目撃されており，比較的含水量が小さい流れであったようである（建設省土木研究所，1985）．しかし，その後くりかえした土石流は，泥流型土石流ないし粘性土石流（Takahashi，2000）であったことがビデオ記録からわかる．一般に，土石流は1波で終わることは少なく，このように複数の段波が次々と流れ下るのが普通である（Suwa，1999）．

御岳くずれで発生した大規模な崩土の流れは，一部の研究者がこれを粉体流と呼び，それをマスコミがとりあげたため，一種の混乱が生じる場面もあった．粉体流は，例えば，火砕流のように乾燥した固体粒子が空気中に懸濁して一種の密度流となって流動するものを指す．また，米国カルフォルニアのBlackhawk Slideに関して，崩土が圧縮空気の上に載るようにして流動したとするモデルが提唱されたことがある（Shreve，1968）．このような現象を空気連行ということもある．これに対し，実際の流れの厚さや流速を用いると，流れの荷重を支えつづけることのできるような圧縮空気の存在を想定することは難しいことが証明されて，後者のモデルによる解釈は困難であることが指摘されている（奥田ほか，1985）．また，もしも空気連行のようなことがあったとすると，流走経路沿いに火砕流が流れるときに出現するような土ぼこりの雲すなわち灰かぐらが大々的に立ち昇るはずであるが，目撃者たちはそのような土ぼこりの雲はなかったと証言している．また当日撮影された空中写真やビデオ記録にそのような土ぼこりの痕は写っていない．流走経路近傍の樹林帯は緑のままであり，最上流の一部区間を除き，土ぼこりの痕はみられなかった．崩土は，流動に伴って土ぼこりの雲を発生させるほどの乾燥状態

ではなかったと思われる．しかし普通の土石流，つまり飽和より大きな含水状態で，かつ水と岩屑がおおむね一様によく混合している状態であったかというと，そうではなかったと言わざるを得ない．したがって御岳くずれの主部の土砂移動は普通の意味での粉体流でも，土石流でもなく，「岩屑なだれ」（debris avalanche）と呼ぶのが適切である．

（3）岩屑なだれのメカニズム

巨大崩壊が発生すると，しばしば岩屑なだれが生じる．ここでいう巨大崩壊とは，体積が $V \geqq 5 \times 10^6 \mathrm{m}^3$ であるようなものであり，例えば千木良（1998）によってまとめられているが，地質としては堆積岩類（日本では白亜紀・新第三紀の砂岩・泥岩が，外国では石灰岩など，が多い），火山岩（火山体），変成岩などがある．巨大崩壊の素因としては地形が大きく関係し，変動帯の山地，起伏が大きい山地，岩石強度の低い山地（例えば火山）で発生しやすい．誘因については町田（1984）が整理していて，1984年（御岳崩れ発生前）まででは，地震6，火山噴火3，降雨4，人為的作用（採石あるいは鉱山）1（2）となっているが，とくに明確な誘因がみつからないものも7例ある．短期間に巨大崩壊をくりかえす事例としては，南米ペルーの Huascaran 山（1962年と1970年），台湾の草嶺（1941年，42年，79年と1999年）などをあげることができる．巨大崩壊による岩屑なだれの事例と特徴は，例えば，町田（1984）によって述べられている．また，地球上だけでなく，月面あるいは火星においても，明らかに岩屑なだれによって生じたとみられる類似の地形が認められたことから，その存在が知られている．

御岳崩れの例に限らず，岩屑なだれ堆積物あるいはそれがつくる地形の多くには共通する特徴がいくつか認められる．Davies（1982）を参考にそれらを列記すると以下のようになる．

① 移動後の堆積物にみられる hammock あるいは flow mound（流れ山），mega block（メガブロック）に，もとの岩体の地質構造が保持されている．
② バラバラになって細分化した堆積物の相互位置関係は，元の岩体における位置関係とおおむね対応する．Shreve (1968) はこれを "Three-dimensional jigsaw effect" と呼んでいる．
③ 崩壊の体積が大きいほど，崩土移動の比高と移動水平距離の比すなわち等価摩擦係数が小さくなる傾向が明瞭である．これは "Size effect" と呼ばれる．
④ 周辺部には堤防状の地形（lateral ridges in the distal regions）が残され，運動域と非運動域が明確に分かれる（motion ceases suddenly）．
⑤ 同じような岩屑なだれによる堆積地形が火星（大気密度が著しく小さい）や月（大気が無く重力が小さい）にも認められる．

とくに最後の点は，空気・水あるいは重力に関する条件が著しく異なる場で発生するものであり，メカニズムが同じなのか，あるいは異なるメカニズムでも結果は同じなのかはわかっていない．その解明は今後の課題である．

a）等価摩擦係数と超過移動距離

岩屑なだれが発生すると，大災害につながる．その場合に問題となるのは，到達距離である．到達距離の問題は等価摩擦係数（equivalent coefficient of friction）の評価（Hsü, 1975）に帰着するということもできる．崩壊源の頂点と岩屑なだれの到達点の間の水平距離を L，崩壊源の頂点と岩屑なだれの到達点の間の比高を H とすると，等価摩擦係数 μ_e は

$$\mu_e = H/L \qquad (5\text{-}1)$$

で与えられる．ここで α を崩壊源の頂点と岩屑なだれの到達点を結ぶ線が水平と為す角（到達点から頂点を見るときの仰角）とすると，

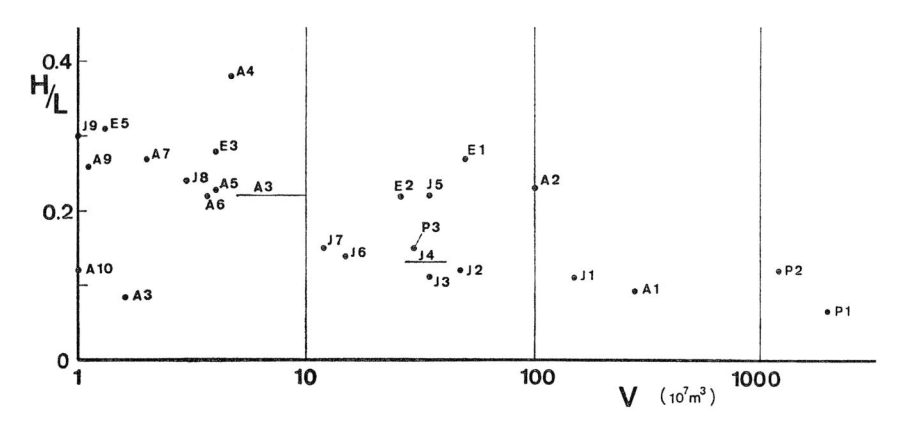

図 5.6 大規模ランドスライドにおける崩落物質の体積 V と等価摩擦係数（H/L）の関係．
ただし，J は日本，A は南北アメリカ，E はヨーロッパ，P は先史時代，の例であることを示す．町田（1984）による．

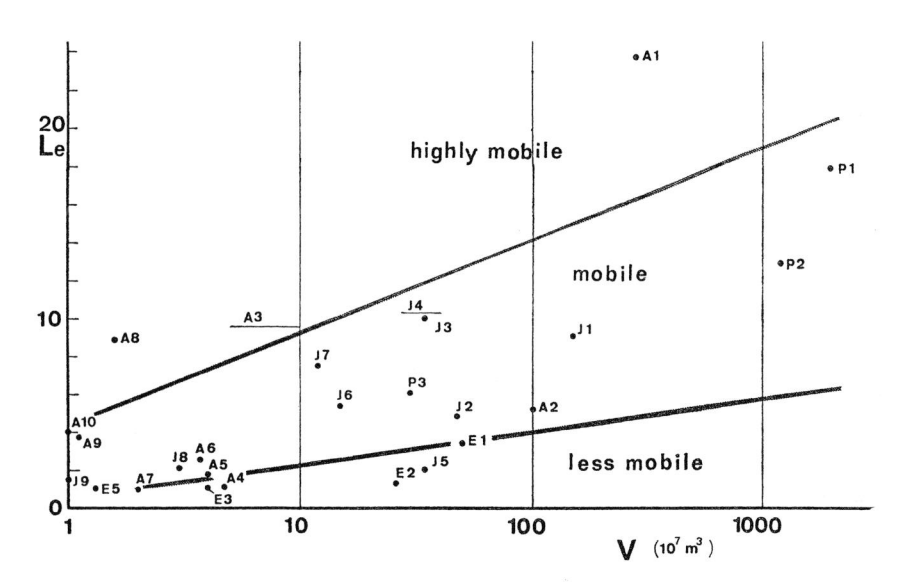

図 5.7 超過移動距離 L_e と崩落物質の体積 V の関係にもとづく岩屑なだれのタイプわけ．
超過移動距離の定義は Hsü（1975）による．記号は図5.6と同じ．町田（1984）による．

$$\mu_e = \tan\alpha \quad (5\text{-}2)$$

である．岩屑なだれにおける等価摩擦係数の値については町田（1984）がまとめていて，日本における主な例では，磐梯山 0.11（1888 年，$H=1.2$ km，$L=11$ km），眉山 0.12（1792 年，$H=0.7$ km，$L=6$ km），稗田山 0.14（1911 年，$H=1.0$ km，$L=7$ km），などである．

ここで等価摩擦係数と崩壊土砂の体積 V は，図 5.6 に示すように（前出の図 5.4 も参照）関係

が深い．この点を説明するために，超過移動距離（excessive travel distance）を考えることができる．超過移動距離 L_e は

$$L_e = L - H/0.62 = L - H/\tan 32° \quad (5\text{-}3)$$

で与えられる．ここで $H/\tan 32°$ は，質点が崩壊源の頂点から動摩擦（一定の動摩擦係数 $\mu=\tan 32°=0.62$ を想定）に逆らって滑動する場合に到達することが期待される水平距離である．超過移動距離は，崩土が実際にはこの期待される水

平距離をどれだけ上回ったかを示す．図5.7は超過移動距離と崩壊土砂の体積 V の関係を整理して示している．

この図から，町田(1984)は，岩屑なだれはその流動性によって，おおむね次の3つに分けることができるとしている．すなわち，

① 超過移動距離が長い，すなわち，きわめて流動的なタイプで，1970年 Huascaran や，1980年 St. Helens の崩壊を例としてあげている．特徴として，水分量が多い，崩壊地の比高が大きい（それぞれ，3850 m と 2600 m）などの条件を伴う．とくにセントヘレンズ火山の場合には山頂付近が雪および氷河で覆われていたため，熱によるそれらの融解によって大量の水が供給された．

② 超過移動距離が中間的，すなわち，ある程度流動的なタイプである．

③ 超過移動距離が短い，すなわちそれほど流動的でないタイプで，これは崩壊地の比高が小さい，移動場が狭くて地形的束縛条件が強い，あるいは，山体が石灰岩や massive な岩石からなっていて崩壊岩体が細かく破砕しにくい，などの場合が多い．

b) 剛体質点モデル

等価摩擦係数や超過移動距離に関する考え方の基本は，例えば，奥田(1984)，奥西(1984)によって示されている．単純化されたモデル（いわゆる剛体質点モデル）を考えると，傾斜角 θ の斜面をすべり下る剛体に働く摩擦力（剪断応力）τ_b は，

$$\tau_b = \mu \sigma_b \tag{5-4}$$

である．ここで μ は動摩擦係数，σ_b は法線応力（垂直応力）である．剛体が斜面に沿って $ds(=dL/\cos\theta)$ の距離移動したときに消費されるエネルギー dE は

$$dE = \tau_b ds = \mu Mg dL \tag{5-5}$$

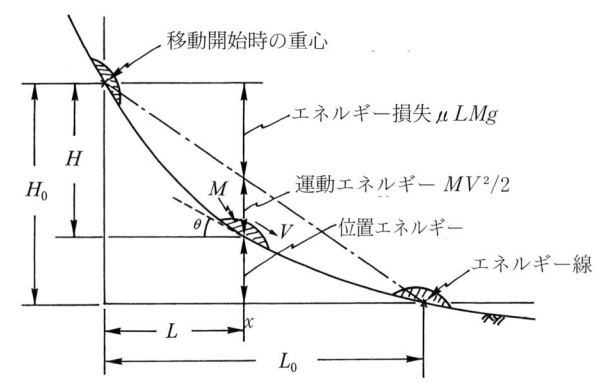

図5.8 崩土の運動を剛体質点モデルと仮定した場合の位置エネルギー，運動エネルギー，エネルギー損失の関係．

である．ここで M は剛体の質量，L は水平距離である（図5.8参照）．

剛体が水平距離 L_0，落差 H_0 を移動して停止する場合，経路に依存することなく，

$$\mu MgL_0 = MgH_0 \tag{5-6}$$

である．すなわち，

$$H_0 = \mu L_0 \tag{5-7}$$

である．また，水平距離 L，落差 H の地点では，図5.8に示すように

$$MgH = \mu LMg + \frac{1}{2}MV^2 \tag{5-8}$$

となる．したがってそこでの移動速度は，

$$V = \sqrt{2g(H - \mu L)} \tag{5-9}$$

と記述できる．しかし，実際の岩屑なだれでは，移動速度はこの式で推定される値からある程度隔たることが多い．それは，流走経路沿いで浸食や堆積が生じ，質量一定の仮定が厳密には成り立たないなど，現象の複雑さが影響するためである．

c) 伸張モデル

岩屑なだれは崩落に伴って移動方向に伸張する(spreading of avalanche debris)ので，それが等価摩擦係数に反映する，という考え方が

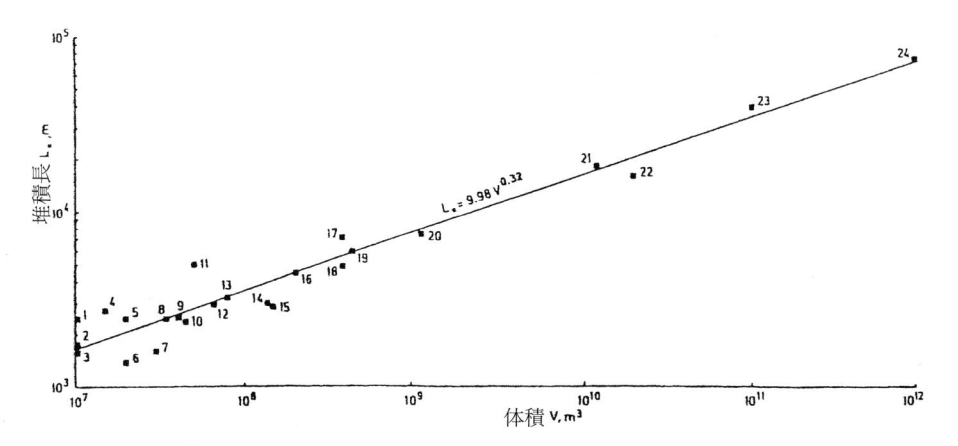

図5.9 堆積長 L∗（縦軸，単位は m）と崩落物質の体積 V（横軸，単位は m³）の関係 (Davies, 1982).

Davies (1982) によって提案されている．岩屑なだれにおいては，堆積長 L_* と体積 V は高い相関関係を示す．回帰式は，

$$L_* = 9.98\,V^{0.32}, \quad r^2 = 0.92 \quad (5\text{-}10)$$

である（図5.9）．このような相関関係を説明するため，岩屑なだれに対して図5.10のように変数を定義すると，水平距離 L_T は

$$L_T = H/\tan\phi' + \frac{1}{2}(9.98\,V^{0.32}) \quad (5\text{-}11)$$

となる．図5.9では $\phi' = 31°(\tan\phi' = 0.6)$ としてあるが，$\phi' = \tan^{-1}0.7 = 35°$ とする場合の V と L_T の対応は，図5.11のようになる．図において，体積（横軸）が大きくなると H/L_T が小さくなる，すなわち等価摩擦係数が小さくなる，ことがわかる．このように崩落物質の伸張を考慮すると，等価摩擦係数の体積依存性を説明することができるとしている．

d) 流動のメカニズムに関する仮説

岩屑なだれにおいて，長距離移動および高速運動を可能にするような，摩擦を小さくするメカニズムとはどのようなものであろうか．この点についてはまだ仮説の段階で，必ずしも確定的な結論は得られていない．しかし，例えば Voight (1978) あるいは Davies (1982) によってそれに

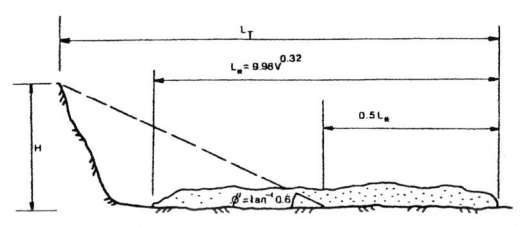

図5.10 体積効果を説明するための，堆積物の移動距離 L_T，堆積長 L_*，堆積物中心からの仰角 ϕ' の関係 (Davies, 1982).

関する諸点が包括的に議論されている．それらを年代順に概説すると以下のようになる．

Heim (1932) は，流動過程における粒子のエネルギー交換がメカニズムとして重要だと述べている．すなわち，岩屑なだれにおいては，内部の粒子が相互に衝突をくりかえしてエネルギーの交換を行うため，エネルギー損失が低く押さえられて，いつまでも運動エネルギーを保持するため，遠くまで到達することができると考えた．これは後の粒子流の考えの出発点ともいえる．

Kent (1965) は，流下過程において崩落物質内に空気がとりこまれ，それが圧縮されて強い上昇気流が生じるとし，これによって全体が膨らむとともに空気による潤滑作用によって摩擦が低下して遠方まで到達すると考えた．Shreve (1968) も，崩土底面下にとりこまれた空気によるエアークッション効果によって浮揚するとした．ただし，

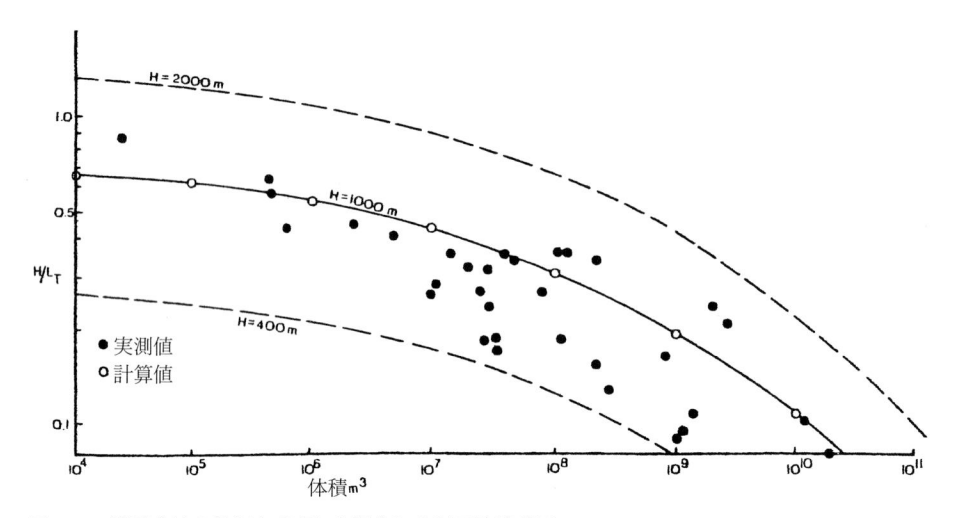

図 5.11 崩落土塊の伸張を考慮した場合に生じる体積効果.
ただし，縦軸は等価摩擦係数（H/L_T），横軸は体積．Scheidegger (1973) のデータにもとづく計算結果．Davies (1982) による．

Kent と Shreve の仮説は，Guest (1971) や Howard (1973) によって，月面の岩屑なだれ堆積物が認識される以前のことであった．月には空気がないのでこのような効果は期待できない．

Goguel (1978) は，すべり面付近の摩擦熱によって崩落物質中の水分が加熱され，高圧水蒸気が発生して，それによりすべり面における摩擦の低下が生じると考えた．高圧水蒸気による浮力効果である．同様に摩擦熱に関連した考えとして，すべり面付近の摩擦と高圧条件で岩石が溶け，摩擦が低下するためであると推定する Erismann (1978) の報告がある．しかし，その可能性を支持する事例は，一例を除き他にはみいだされていない．

Hsü (1978) は，岩屑なだれに対して Bagnold (1954) の粒子流理論を援用し，かつ，摩擦を小さくするために間隙流体の必要性を容認している．そして月における流動を説明する場合には，真空中では細粒粒子の dust が間隙流体の役目を果たす，と想定している．これに対して McSaveney (1978) は，Bagnold (1954) の粒子流理論の援用に間隙流体は不要であるとしている．

McSaveney (1978) は，Shreve (1966) が報告したアラスカの Sherman Glacier の岩屑なだれ堆積物の調査を行った結果，この場合には数分間つづいた地震の振動で堆積土塊にメカニカルな流動化 (mechanical fluidization) が生じ，このために岩屑なだれが大きく広がって堆積したと推定している．Melosh (1979) は，巨大崩壊が発生すると，すべり面付近で高周波の振動が維持され，そのため法線応力が減少するところで破壊が起こり摩擦が低下するが (acoustic fluidization)，このような条件がいたるところで生じ，低摩擦の状態が維持しつづけるとしている．

Davies (1982) は，Bagnold (1954) の粒子流理論の再検討を行い，流動が粘性領域にある場合には，流れの内部摩擦係数 T/P が 0.75 程度の値をとるが，速度勾配が増大して慣性領域に突入するところで内部摩擦係数が 0.32 となり，さらに速度勾配が増大すると，ついには 0.1 程度となって内部摩擦が著しく小さくなることに着目した（**図 5.12**）．そして，岩屑なだれの底面近傍ではこのような低摩擦の状態が出現しているのだとしている．その後，Davies (2001) は，岩質が硬い山体斜面の崩壊が引き起こす岩屑なだれにおいては，間隙水圧が介在しなくても，粒子破砕過程

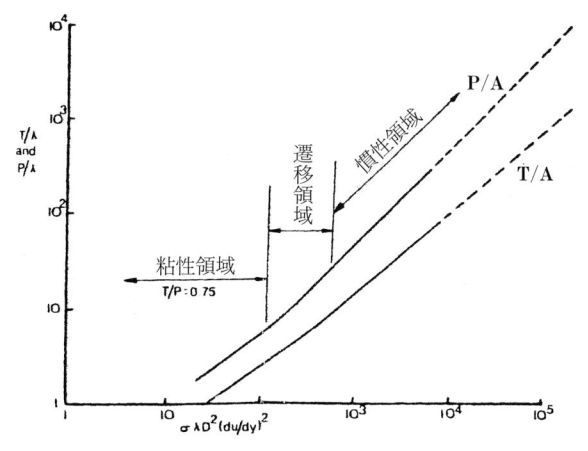

図5.12 粒子流中の速度勾配と応力の関係.
Bagnold (1954) の実験結果の再検討により，流動の速度勾配 du/dy の増大とともに，垂直応力 P と剪断応力 T が増大する様子を示す．摩擦係数 T/P は慣性領域において速度勾配が増大してゆくと，ついには 0.1 という小さな値をとるようになることがこの図から導かれる．λ は粒子径と粒子間隙平均長の比で定義されるもので，粒子線濃度と呼ばれる．σ は粒子の密度である．Davies (1982) による．

で生じる破砕圧力の効果で内部摩擦の低下がもたらされ，到達距離が伸びることになるとの考えを強めている．

佐々 (1986)，Sassa (1996) は，とくに長野県西部地震による岩屑なだれの発生に関連し，火山堆積物中の剪断層において過剰間隙水圧の発生による液状化が生じるとした．すなわち，すべり面付近において粒子破砕に伴う液状化が生じ，その結果として摩擦の著しい低下が起こるとしている．

結論として，高流速の原因と長到達距離の原因は未だに決着のついていない課題であるといえよう．その理由として，岩屑なだれはきわめて多様であり，単一の仮説による明快な説明は一般に不可能で，個別的に主要なメカニズムが存在するとしても，複数のメカニズムが関与している可能性が高い．

（4） 崩壊時刻の直前予知

長野県西部地震の例を引くまでもなく，地震による崩壊は前触れなしに突如起こる．しかし，斜面が地震によらないで崩壊する場合には，何らかの前兆現象がみられる．例えば，斜面に亀裂がはいる，斜面から砂がパラパラ落ちてくる，あるいは落石が起こる，などがそれである．このような前兆現象は崩壊の規模が大きいほど，より早くから，またより明瞭に現れる．斜面にこのような現象が認められると崩壊の可能性が疑われ，斜面の監視が必要になる．亀裂が徐々に大きくなる，あるいは落石が次第に激しさを増すというような状態にすすめば，崩壊の可能性がどの程度高まり，その時刻がどのように近づきつつあるかが問題となる．現象の推移を漠然と眺めるだけでは，崩壊が確実に発生するか，あるいは，その場合の崩壊発生時刻を予測することは難しい．しかし，崩落現象が河川あるいは道路・交通機関などに関係する場合には，発生時刻の正確な予知が重要になる．そしてそれを試みた例がいくつかある．

a) 斎藤の方法

岩石や土の試料に，試験機を用いて試料の破壊強度に近い圧縮力をかけると，試料の歪みは徐々に増大し，ついには破壊にいたる．斎藤・上沢 (1966) は土のクリープ破壊試験を行って，土の試料が次のようなクリープ特性を示すことに着目した．すなわち，圧縮力をかけると試料は歪むが，その後，歪み速度が徐々に減少し，ある歪み速度になるとしばらくは歪み速度一定の状態がつづく．ところがある時点で歪み速度は増大に転じ，しばらくして破壊に至る．彼らは初めの，歪み速度が減少する段階を一次クリープ，歪み速度一定の段階を二次クリープ，歪み速度が増大する段階を三次クリープ領域と呼んだ．そして二次クリープ領域における歪み速度 $\dot{\varepsilon}=d\varepsilon/dt$ (10^{-4}/分) と破壊にいたるまでの時間 t_R (分) の関係があらゆる事例で

$$\log t_R = 1.74 \sim 2.92 - 0.916 \log (\dot{\varepsilon} \times 10^4) \tag{5-12}$$

で表される2本の直線にはさまれる範囲に分布す

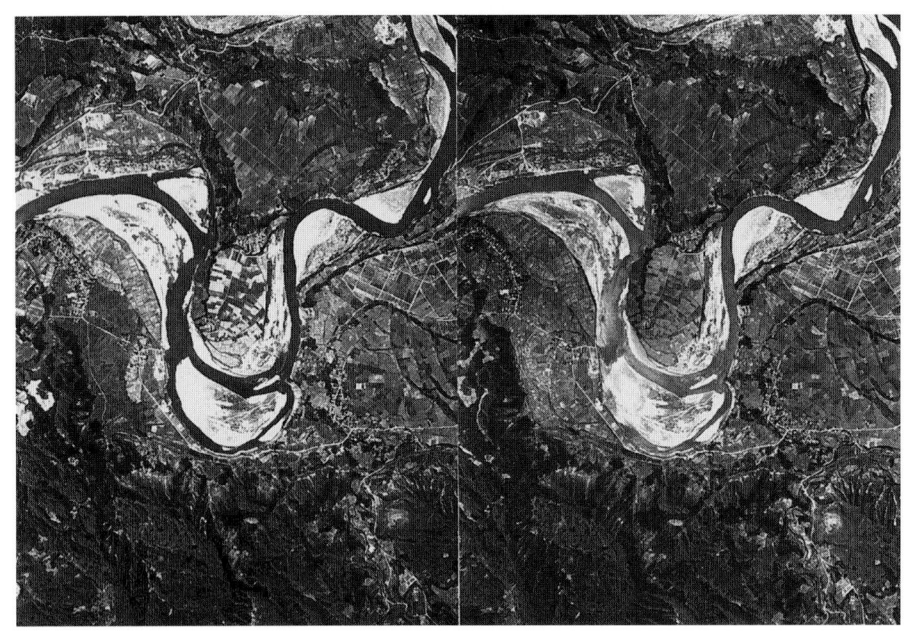

図 5.13 高場山トンネルの崩壊直前の状況.
南へ大きく屈曲した信濃川の流路の南端部の攻撃斜面に高場山トンネルが位置する. 国土地理院 1/20,000 空中写真, CB-69-5X, C3-18・19 による.

ることをみいだした. すなわち, 二次クリープ領域における歪み速度 $\dot{\varepsilon}$ がわかれば, 破壊にいたるまでの時間 t_R がおおよそ推定できることを示す. この t_R は「崩壊余裕時間」と呼ばれることがある. そして, 現実の斜面においても二次クリープの定常歪み速度から崩壊の発生時刻が大まかに予測可能であるが, 時間分解能は必ずしも高くないとしている. なお式 (5-12) において 2 本の直線の幅から

$$\log t_{R1} - \log t_{R2} = 1.18$$

であり, 誤差は最大で 1 桁程度で, $t_{R1}/t_{R2}=15$ である.

式 (5-12) で, 右辺第 2 項の係数 0.916 が 1 に近いので, この係数を 1 とみなすと, 二次クリープ領域においては定常歪み速度とクリープ破壊時間が反比例することになる. 斎藤 (1968) は三次クリープ領域においても同様の反比例関係が成立するとして

$$\varepsilon = A \cdot \ln \frac{t_R - t_0}{t_R - t} \qquad (5\text{-}13)$$

を得た. ここに, ε：時刻 t における歪み, t_0：歪みが零の時刻, t_R：クリープ破壊の発生時刻, A：定数, である. 式 (5-13) で未知数は A と, t_0, t_R の 3 つである. したがって近接した 3 つの時刻における歪みのデータがあれば, これら未知数の一組が決まるので, 破壊が起こる時刻もわかることになる. 斎藤 (1968) は, 変位と時間の関係を示すクリープ時間曲線上の 3 点を用いて, クリープ破壊の起こる時刻を図上で求める方法（3 次クリープ時間曲線解析法）を考案した. 現在ではパーソナルコンピュータによる計算で容易にその時刻を求めて行くことができる.

b) 高場山トンネルの事例

斎藤の三次クリープ時間曲線解析法を用いて崩壊の直前予知が行われた例として, 国鉄飯山線高場山トンネルの例がよく知られている（斎藤, 1981）. 信濃川の攻撃斜面に位置する高場山トンネル（**図 5.13**）は, 1970 年 1 月 22 日に地すべり

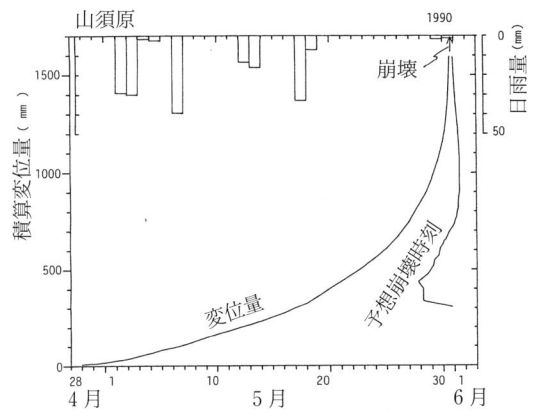

図 5.14 山須原における岩盤崩壊にいたるまでの斜面の変位，予想崩壊時刻および日雨量の推移．

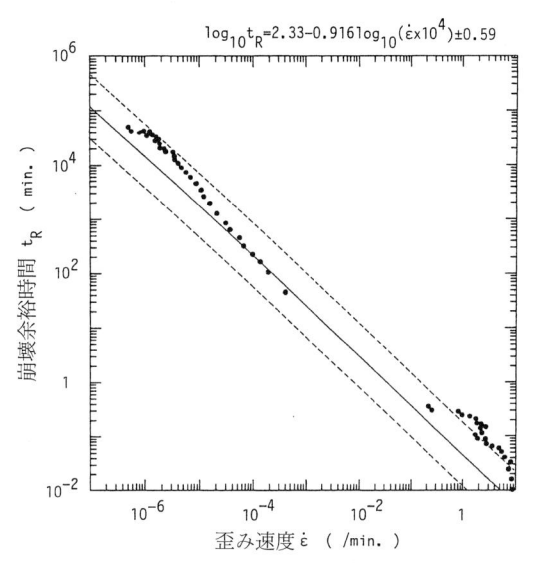

図 5.15 山須原岩盤崩壊における斜面の歪み速度（横軸）と崩壊にいたるまでの時間（縦軸）の関係．

でその半分が崩壊した．その1ヵ月あまり前から伸縮計を用いて斜面の変位がモニターされていた．崩壊前日である1月21日の17時には崩壊の危険が迫りつつあることが現地および国鉄本社で公表され，それ以降1時間ごとに崩壊時刻の予測が行われた．最終の予測は22日0時に行われたが，そのときの崩壊予測時刻は22日1時30分であった．実際の崩壊時刻は1時24分であったので，予測精度の驚異的な高さが話題になった．このように予測精度が著しく高い場合もあるが，多くの事例を考慮すると，この手法では崩壊予想が，1週間前であれば2～3日の誤差範囲で，1日程度前であれば数時間の範囲で崩壊時刻の予測が可能なようである（斎藤，1981）．ただし三次クリープ領域の動きが観測されていても，最終的には崩壊しなかったというケースもある．

c) 山須原岩盤崩壊の事例

宮崎県西郷村山須原近くの国道脇切取り斜面が1990年5月31日に崩壊した．崩壊土量は5万m^3余りであった．崩壊にいたる斜面の変位は伸縮計を用いて宮崎県によってモニターされていた（諏訪ほか，1991）．変位の推移を図 5.14に示す．この図の表す期間はすべて三次クリープの領域にあることがわかる．歪みとして，本来はこの変位を変形に関与している斜面の深さで除した値をと

るべきである．しかし，その深さは必ずしも明らかではない．そこで，伸縮計の基線長10 mで変位を除した値を歪みとし，歪み速度を求めて，歪み速度と崩壊までに残された時間の関係を示すと図 5.15のようになる．図はこの場合，斎藤の三次クリープ説，すなわち崩壊時刻が近づくにつれ，式（5-12）の表す曲線に沿って歪み速度が増大して崩壊にいたったことを示す．

一方，この崩壊の一部始終はビデオカメラでもモニターされていた．崩壊寸前の20秒間はビデオの画像解析からその変位の推移を判読することができる．変位量を同様に10 mで除した値を歪みとみなし，歪み速度を求めて，これと崩壊に至るまでの時間の関係を示すと，図 5.15中で，右下寄りのプロットのようになる．すなわち，この20秒間においても，歪み速度は破壊までに残された時間t_Rの減少とともにt_Rに反比例して増大してゆくという関係がほぼ成立していることがわかる．しかし，実際には式（5-13）から予測される歪み速度よりやや大きめの値で推移している．これは変形のプロセスに変化が生じていることを伺わせる．すなわち，この20秒間には応力一定

表 5.1 山須原岩盤崩壊における予測崩壊時刻の比較

予測実施時刻は崩壊時刻より	崩壊時刻は予測時刻から	
	斎藤（1968）の方法による	福囿（1985）の方法による
75 分前	9 時間 15 分後	110 分後
3 時間前	17 時間後	3 時間 25 分後
12 時間前	29 時間後	16 時間 40 分後
24 時間前	43 時間後	26 時間 10 分後
7 日前	7 日 35 時間後	7 日 38 時間後

の条件から外れ，崩壊ブロックが自由落下の状態に移行しつつあるものと考えられる．

ところで，福囿（1985）は斜面崩壊の実験に基づいて，クリープによる斜面の変位速度 v と破壊にいたるまでの時間 t_R との間に

$$1/v = a(\alpha-1)^{1/(\alpha-1)} t_R^{1/(\alpha-1)} \qquad (5\text{-}14)$$

なる関係が成立することを利用して崩壊時刻を予測する手法を提案している．ここに a と α は定数である．斎藤と福囿の方法によって予測される崩壊までの時間を比較すると表 5.1 のようになる．山須原の崩壊事例では，福囿の方法によるほうが予測の成績がおおむね良いことがわかる．

5.2 堆積学における地すべり研究

ここでは堆積学分野における地すべり現象や地すべり堆積物の研究の現状をとりあげるが，本書の構成からも明らかなようにこれまでの地すべりに関する研究は地形学や構造地質学あるいは防災学的な観点に立脚したものが主体をなしてきた．これに対し堆積学の分野で堆積作用としての地すべりを論じた例や，地すべり体そのものを堆積学的な手法を用いて検討した例は少ない．地すべりはマスムーブメント（mass movement）の一構成要素であるが，例えば，土石流といった他のマスムーブメントやその堆積物が，堆積学の分野で広く研究対象とされている事実と比較しても，その扱いは極端に少ないといわざるを得ない．この

ことは地すべりが，浸食→運搬→堆積→続成と進行する一連の堆積作用のスペクトラムの中で，どちらかといえば主に浸食の場で進行する現象であり，地層の堆積のように物質がかたちづくられていく過程というよりはむしろ物質が崩壊し失われていく過程を表しているとみなされてきたことに起因するのであろう（例えば，藤田，1990）．したがって地すべりの結果生じた地すべり移動体も，主に浸食の卓越する場の一時的な堆積物とみなされ，地質学的時間の中で地層としては保存されにくいと考えられてきた．しかしながら近年地層中に地すべり移動体が保存されている例も報告されており，その地層構成要素としての重要性が指摘されつつある（例えば，高浜・野崎，1981；高浜，1993）．

このような現状のもと，堆積学的な手法を用いて地すべり堆積物を研究した例として田近（1995）がある．田近（1995）は北海道の第三紀白亜紀堆積岩に由来する現在の地すべり堆積物を，「地すべり堆積相」（depositional facies of sliding material）という概念を用いて詳しく記載・解釈している．堆積相（sedimentary facies）あるいは堆積相解析（facies analysis）は，従来より堆積学の分野で広く用いられている概念・手法である．堆積相とは，地層が示す堆積構造，粒度，含有化石，分布形態などの種々の特徴から識別・認定されるもので，地層を形成した特定の堆積プロセスを反映している．堆積相解析では地層中にこの堆積相を識別し，その集合状態あるいは積み重なり・側方変化といった堆積相の時間的空間的分布から，堆積環境やその変遷などを解析していく．田近（1995）はこの堆積相に相当するものとして，地すべり堆積物中に特定の形成環境や形成営力を反映した「地すべり堆積相」を認定し（表5.2)，地すべり堆積物の内部構造と地表面の微地形との空間的な関係を明らかにするとともに，地すべりの滑動および地形発達に伴う堆積物の変化の過程を詳しく論じている．興味深いのは「地す

表 5.2 北海道夕張市の沼の沢地すべりの地すべり堆積相の分類表 (田近, 1995をもとに作成)

地すべり堆積相	記号	構成物と内部構造		E.C.R.
岩盤相	−	やや強い塊状から弱く成層した泥岩		−
破砕岩相	Mm	やや強い泥岩，軟岩	成層構造の連続性は保たれているが正断層によって切られる．すべり面は地層面に沿う．	CM
	Ml	やや弱い泥岩		CL
	Md	もっとも弱い泥岩，超軟岩		D
岩屑土相	Ru	巨礫−細礫サイズの泥岩クラスト（砂，シルト，粘土の基質を伴う）．成層構造の連続性は断たれているが，時には数m程度連続することがある．		D
粘質土相	Cl	粘土，シルト，砂の混合物からなり，少量のクラストを伴う．		D
表土相	So	表層腐植土と風化土相		−

E.C.R.：電研式岩盤分類

べり堆積相」が，堆積物の定置過程を反映しているのと同時に，地すべり移動体が移動の過程で変形したり分解されていく過程，すなわち風化や運搬作用をも反映している点にある．次章で述べるようにこのような観点から地すべり堆積物を捉えることは，地すべりから誘導される土石流など他のマスムーブメントの発生機構を考える上でも大きな意義をもつものと考えられる．

5.3 地すべり研究から堆積学へ

現在の地すべり堆積物を解析する田近（1995）のような試みは，今後少なくとも2つの面で堆積学にとって重要となるであろう．1つは地すべり堆積物そのものが地層構成要素として地質時代の地層中にも残されている可能性があるため，地質時代の地すべり起源の地層の比較材料として，現世の地すべり移動体の堆積相の解明が不可欠となろう．

一方，田近（1995）に代表される陸上の地すべり体の詳細な解析は，水中における地すべりやそれに関連する堆積作用の研究にとっても貴重な比較材料となる．従来より水中斜面上にはさまざまな規模の地すべり跡とみなされる地形が普遍的に認められ，海底地すべりは水中斜面での代表的な物質移動プロセスの1つと考えられている（例えば，Postma, 1984；Prior et al., 1984；Nemec, 1990）．地質時代の地層中には，スランプやスライドといった水中地すべり堆積物がしばしば挟在され，斜面環境を示唆する指標として用いられたり，古斜面の復元など堆積盆解析に古くから利用されてきた（Potter and Pettijohn, 1963）．しかしながら現在の水中斜面で進行している地すべり現象の解析は，調査・観察が容易でない水中に調査対象があるため研究例も限られている（例えばPrior and Borrnhold, 1990）．また地質時代の地層中にみられるスランプやスライド堆積物の研究では，地すべり地形の三次元的な解明などの点で制約が多い．この意味で比較的詳細な地形解析が可能な現世の陸上での地すべり移動体の内部構造や堆積物の観察は，水中斜面の地すべりや，地質時代のスランプやスライド堆積物の研究にとっても貴重な比較材料となろう．

さらに陸上の地すべり移動体の研究は，地層中に残された地質時代の地すべり堆積物の研究にとって重要であると同時に，水中斜面上での代表的な堆積作用である「堆積物重力流」の理解にとっても大きな意義をもつであろう．水中の地すべり移動体は，未固結な含水率の高い堆積物から構成され，とくに砂礫などの非粘着性粒子を含む場合，地すべり滑動のあとマスのまま定置せずにしばしば流動化し，一群の土砂が水と混合して斜面を流

図 5.16 ニュージーランドの三畳―ジュラ系中にみられる重力流堆積物中に含まれるスランプ性の泥岩偽礫（前島ほか，1992）．スランプ崩壊によって破断された泥質物が円礫―亜円礫状のマッドクラスト（泥岩偽礫）として重力流堆積物中に残されている（a, b, c）．スランプ崩壊以前の堆積構造としてラミネーションを示すマッドクラストも認められる（d）．

れ下る堆積物重力流（sediment gravity flows; Middleton and Hampton, 1973, 1976）へと移化することが知られている．乱泥流（turbidity current）や水中土石流（submarine debris flow）などに代表される堆積物重力流の堆積物は，一連の厚い地層群として地質時代の地層中に頻繁に認められ，堆積学の分野でも大きな研究対象となっている．一般に堆積物重力流の発生時の様子は直接観察がきわめて困難なため，1つは現在の海底地すべり地形やその斜面下流側に分布する堆積物の解析から求めるか，あるいは地層として残された過去の重力流堆積物が示す特徴から読みとることが多い．前者に関してはそもそも現世の水中の地すべり堆積物そのものが，水中環境に存在するため内部構造や堆積物の詳細な観測には困難が伴う．

一方，重力流堆積物の諸特徴から，その発生初期の地すべり現象を議論した例として前島ほか（1992）や田中ほか（1992）がある．前島ほか（1992）はニュージーランド南島の三畳―ジュラ系にみられる重力流からの堆積物中に，水中斜面の崩壊物質（スランプ崩壊物質）が泥質のマッドクラスト（泥岩偽礫）として残されていることを報告している（図5.16）．さらに田中（1992）は，これらマッドクラストの産状から水中の地すべり移動体（スランプ崩壊体）が破断され水と混合しながら水中土石流へと移化し堆積するまでの過程を議論している（図5.17）．これらの例は，堆積物が示す特徴から水中での地すべり体が重力流に移化する過程を求めた例ではあるが，基本的には堆積物からその形成時の様子を演繹的に求めざるを得ないといった点に今後に課題を残している．

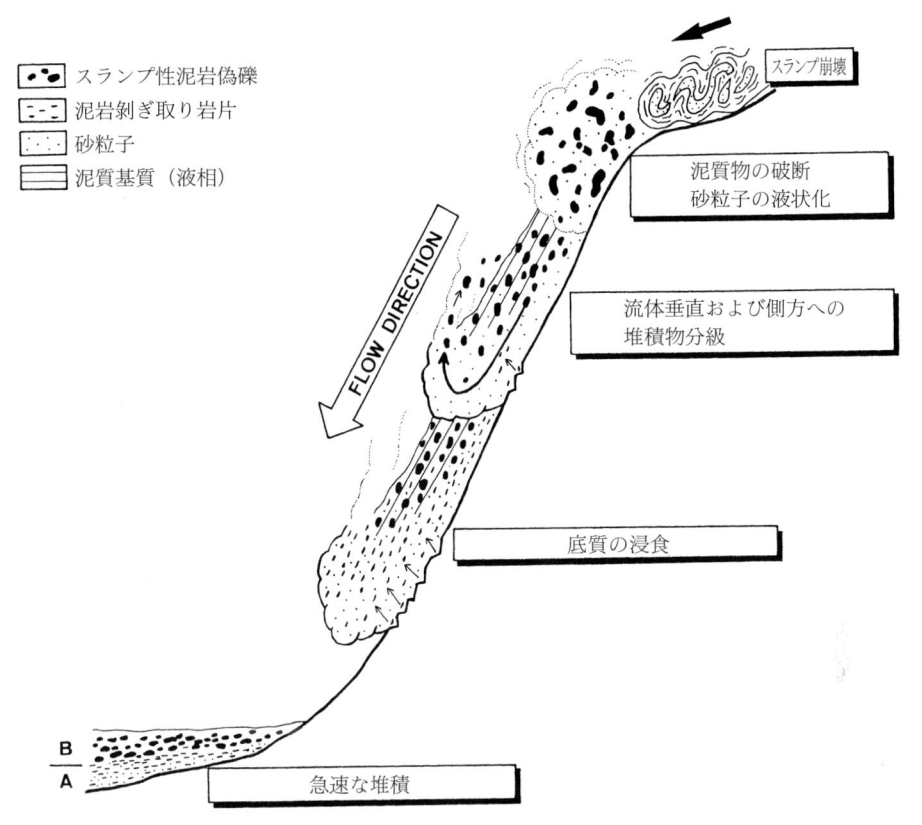

図 5.17 ニュージーランドの三畳ジュラ系中にみられる重力流堆積物の運搬・堆積モデル（田中ほか，1992）．図 5.16 に示したスランプ崩壊起源のマッドクラストが，スランプ崩壊の中で形成され堆積物重力流として流下したのち堆積するまでの過程を表している．

この意味で田近（1995）による「地すべり堆積相」を用いた陸上地すべり移動体の観察例は，地すべり移動体が分解されかつ変形していく過程をも反映していることから，水中の地すべり移動体が堆積物重力流に移化していく過程を理解する上でも貴重な比較材料となろう．

以上のように陸上の地すべり堆積物の詳細な検討は，地層中に残された地質時代の地すべり移動体を認定したり考察する上で重要であると同時に，水中地すべりやそこから派生した堆積物重力流など堆積学の大命題の理解に関しても多くの知見を与え得るものであり，今後両分野にまたがった研究が期待される．

6 地すべりの記載手法

6.1 地すべり機構を解明する上での記載項目

地すべり現象にはさまざまな様式がある．したがって地すべり機構を解明する上で必要な記載事項・方法を「マニュアル化」するということは，「現状ではかなり困難といわざるを得ない」が，明確に記載していかなければならない項目は以下の通りである．
①地すべりの素因・誘因の解明
②地すべり運動形式の解明
③地すべり面形状の解明
④地下水状況の解明，地下水と地すべり運動の関係の解明
⑤地すべりブロックの危険度分級

地すべりを研究的に解析する場合は機構解析そのものが目的となり得るが，土木コンサルタント技術者が地すべりを取り扱う場合，「防止対策」が最終の目的となる．この場合には，理学的（定性的）な事象を理解した上で工学的（定量的）な検討を行わなければいくら詳細な検討を行っても意味のないものになる．

以下には，研究的な意味だけでなく，「防止対策」を検討する上で重要となる記載項目に関して記述する．

（1）　地すべりの素因・誘因

地すべりの要因は，素因と誘因に分けることができる．素因とは，地すべり地に本来から備わった要因であって，地形地質的要素ということもできる．

誘因とは，素因に作用し，地すべりを起こさせたり，地すべりの運動を活発にする要因であって，主として気象的な要素と人為的な要素（切土・盛土など）がある．

素因と誘因について，**表6.1**に一例を示す．

（2）　地すべりの運動様式

地すべり運動様式とは，さまざまな要因によって発生する地すべりをその運動状況をもとにして分類・整理したものであり，個々の地すべりの運動様式を把握することは，すべり面形状の決定や将来の災害予測に不可欠である．地質調査の結果から，地すべり運動形式（岩盤地すべり型，風化岩地すべり型，崩積土地すべり型，粘質土地すべり型，渡（1992）など）について十分検討し，記

表6.1　地すべりの素因と誘因

素因	α．岩質的素因 　a）未固結堆積物（崩積土，崖錐堆積物など） 　b）粘土化の進んだ岩盤（凝灰岩，泥岩など） 　c）割れ目の発達した岩石（断層による破砕帯など） 　d）有機物の挟在（亜炭層など）
	β．構造的要因 　a）流れ盤構造（流れ盤地すべりの発生要因） 　b）受け盤構造（崩壊及び崩壊型地すべりの発生要因） 　c）断層構造
誘因	ア）降雨・降雪，地下水による水の作用 イ）浸食，人為的な掘削などによる斜面の改変 ウ）火山活動・地震等による震動の作用

載しておく必要がある．

　また，地すべりは単独で発生するものではなく，隣接するブロックとの関係が重要な場合も多い．とくに対象ブロックの上方斜面の地すべりブロックについては注意する必要がある．

（3）　地すべり面の形状

　すべり面形状は，災害発生形態の予測や変状箇所の拡大，さらに，対策する場合の安定解析結果に大きく影響を及ぼす．とくに，頭部のすべり面形状および末端部のすべり面形状については重要である．

　また，地すべり頭部については，冠頭部開口亀裂の存在の有無から，頭部の急傾斜なすべり面を安定解析対象に含めるべきかどうかの判断を行うことも必要である．

（4）　地下水賦存形態と地すべり運動との関係

　地すべり活動の誘因として，地下水の賦存形態がきわめて重要であることはよく知られている．地すべり地に存在する地下水としては，

a）地すべり土塊内の自由水（不圧水），被圧水，宙水
b）すべり面より下位の基盤岩内のレッカ水
c）頭部クラック付近からすべり面沿いに薄い層状に分布する被圧水

などの形態が考えられる．

　どの地下水賦存形態が地すべりの安定に影響を及ぼしているのか，またどの地下水を排除すると安定化するのかなどを十分検討し，明確に記載する必要がある．この検討が十分なされていない場合，地すべり土塊内のすべり面に影響を与えていない地下水を排除し，その排水量が多ければ効果があったと考えるようなまちがいを犯す可能性がある．すべり面に作用していない地すべり土塊内の地下水は，場合によっては地すべりの荷重として作用し，その排除が地すべり土塊自体の安定性を低下させる場合があることも認識しておかなければならない（高野，1983）．

　また，すべり面に悪影響を与える地下水位の変化と降雨との関係を十分に解明しておかなければ，施工後の効果判定が不能となるので，降雨－地下水位－地すべり変動の相関関係を十分に把握しておく必要がある．

（5）　地すべりブロックの危険度分類

　地すべり活動は一般にいくつかのブロックに分かれて行われる．各々のブロックは，固有のすべり面と運動様式をもっており，安定度もそれぞれ異なる．地すべりブロック区分を行った後，各ブロックの運動状況，地すべりの履歴，地形，地質，地下水等の要因を手がかりにして，地すべりブロックを危険度に応じて分類することができる．

　地すべりブロックの危険度分類は，防止対策の施設計画を立てる上でも，防止工事の優先順位を決め，地すべりの予測や予防を行う上でも重要である．

　地すべり地域で開発等の土地の改変を行う場合は，事前に地すべりブロックを含む斜面の危険度分類を行って，事業への影響の評価や，対策工法検討のための基礎資料とすることができる．

6.2　安定解析を検討する上で必要な記載

　地すべりの安定度を定量的に扱う場合，安定解析を行い，「安全率＝抵抗力／滑動力」という指標を用いることが一般的である．安定解析とは地すべり土塊のバランス計算を行うことであるが，その前提となる地質的背景の把握なくしては，単なる数字の遊びになってしまう．

　近年地すべり対策を，アンカー工などの「抑止工」主体で行うことが多くなり，その際の安定解析が単なるつじつま合わせになっている場合をよくみかけるようになった．いくら，地すべり対策施設をつくっても，それはいずれ老朽化し機能を低下させるが，地すべり地はそのタイムスケール

とは桁ちがいに長く存在しつづけることを念頭におかなければ，将来の世代がその代償を払わされることになる．

地すべりは，自然現象であるから，人と地すべり地とが永続的に共存していくためには，長期的な視野に立った検討が求められる．以下では，このような視野を背景にして，地すべり安定解析に必要な記載事項について解説する．

（1）すべり面形状の記載

すべり面の設定の仕方により，すべり面強度c'，ϕ'値（逆算の場合）や対策工の規模が決定されると言っても過言ではない．このため，すべり面の設定は地形・地質的な背景を勘案して決定することが重要である．

すべり面は，踏査やボーリング調査，動態観測によっていくつかの固定点が決定される．頭部位置及び末端部位置は，地表踏査による変状箇所や地形形状から推定するのが一般的である．地中内の通過位置は，ボーリングコアにより地質的に推定される箇所と，動態観測により決定される箇所である．

解析断面内で地中内の固定点がいくつあるかは，すべり面の決定精度に大きな影響を与える．一般論でいえば，3ヵ所以上の固定点があることが望ましい（すなわち，地すべりブロック内の解析断面上に3ヵ所以上のボーリングが必要）．地中内固定点が2ヵ所と3ヵ所ですべり面設定精度が変わる理由を次に示す．

地すべりのすべり面は，一般にスムーズな形状と考えてよいが，ボーリング位置の地盤に存在するすべり面が「必ず1ヵ所」となる保証はない．浅層すべり面が別に存在する場合は多々ある．

地すべりブロック内のボーリング調査が2ヵ所の場合，検出されるすべり面が，1ヵ所が浅層すべり面，2ヵ所目が深層すべり面（浅層すべりは上部にしかない場合など）のように別々のものとなる場合があり得る．このとき，その2ヵ所の固定点を結んだ線は，実際のすべり面形状とは異なったものになる．

表 6.2 地すべり形態とすべり面形状（二次元断面形状）の特徴（日本道路協会，1999）

形態	すべり面の形状（二次元断面形状）
岩盤地すべり	平面すべり（椅子型）
風化岩地すべり	平面すべり（頭部と末端部が円弧状）
崩積土地すべり	円弧と直線状，末端が流動化
粘質土地すべり	頭部が円弧状だが大部分は流動状

一方，地中内固定点が3ヵ所以上あるとき，それがスムーズな線上に分布している場合には，その線と本来あるべきすべり面とが一致する確率が非常に高くなる．

このように，重要な地すべりで，実際のものに近い形状ですべり面を推定するには，ボーリング調査3ヵ所以上の点ですべり面を確認することが望ましい．

次に，地すべり頭部のすべり面形状設定の注意事項を示す．地すべり頭部のすべり面形状は，その地すべりの推力の計算に大きな影響を与え，そのためすべり面強度（逆算法の場合）や圧縮部・引張部の判定にも影響を与える．

地形形状を変更しない対策工を行う場合，その影響は比較的小さくてすむが，排土工や押え盛土工など地形形状を変更する対策工を行う場合，地形改変後の安全率の算定に大きな影響があるので注意が必要である．このため，地すべり頭部のすべり面形状は，**表 6.2** のように地すべり形態とすべり面形状の一般的な相関を参考にして決定する．

なお，地すべり自体は三次元的な形状であるため，原則として三次元形状を念頭にすべり面形状を決定する必要がある．具体的には，すべり面等高線図を作成した後に主断面の二次元断面を作成し，相互の形状を修正するという試行錯誤的な手順で行う方法が正しいと考えられる．

参考として，地すべり形態とすべり面の形状の特徴を**表 6.2**に示す．

表 6.3 すべり面強度の推定方法とその特徴

強度の種類	逆解析によるすべり面強度	土質試験によるすべり面強度
長所	すべり面の起伏による抵抗力や側部の拘束効果など三次元的な種々の要素まで組み込まれた強度となっているため，相対的な安定度評価に適している．	ピーク強度，完全軟化強度，残留強度など材料自体の精度の高い値が得られる．
短所	すべり面の材料がもつ強度とは本質的に異なる．	すべり面の起伏等の影響がモデル化の際評価できないので，現状を説明できない場合が多い（特に2次元断面解析の場合顕著）．
その他	二次元断面解析の場合，間隙水圧の影響を最大限に評価してしまうため，三次元解析と比べて内部摩擦角が大きな値となる．	運動停止中の地すべり（完全軟化強度に近い）が，再活動した場合にすべり面強度が低下する（残留強度に近づく）影響を相対的に推定できる． 三次元的な安定解析やすべり面の破壊条件を考慮したすべり面強度の場所的な変化を考慮に入れるとより現実的な解析ができる．

（2） すべり面強度の記載

一般に地すべりのすべり面強度を推定する方法としては，逆算法により求められる $c'-\tan\phi'$ 関係式から c' の値を仮定し，$\tan\phi'$ を計算する方法が用いられている（『建設省河川砂防技術基準（案）』など）．しかし，この方法は仲野（2000）が指摘している完全軟化状態のすべり面以外は，理論的な背景をもたず，経験的に用いられている方法であり，場合によっては不都合なことがある．とくに，地形改変を伴う対策工（排土工・押さえ盛土工），地下水低下工法などは c'，ϕ' の値の取り方により対策工の規模が大きく変わる場合があるので注意が必要である．

一方，土質試験からすべり面強度を求めた場合，2次元断面で解析すると現状の安定度をうまく説明できない場合が多い．どちらが正しく，どちらかが誤っているということではなく，それぞれ目的に応じて使い分け，その理由を理解することが重要である．表 6.3 に，それぞれの強度を記載（採用）する場合の長所・短所を簡単に示す．

すべり面のせん断強度に関する補足説明

すべり面のせん断強度は，地すべりの活動度によって，同じすべり面であっても異なる強度をもつことが知られている．

すべり面における粘土の長期的（排水条件下）

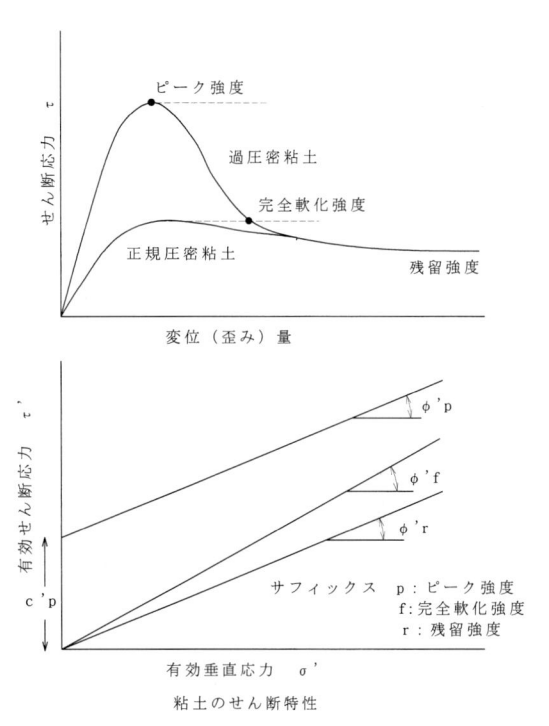

図 6.1 すべり面粘土のせん断強度特性．

な強度特性は，一般的に図 6.1 のようになる．これは，代表的な正規圧密粘土と過圧密粘土を排水条件下において，同一の方法により試験した応力−歪み曲線である．過圧密粘土はピーク強度に達した後も，歪みを増大させると歪み軟化特性がみられ，完全軟化強度の点を通ってさらに強度は低下し，ある一定値に限りなく近づく．この下限値を残留強度と呼んでいる．また，正規圧密粘土

表6.4 すべり面粘土のせん断強度のもつ意味（土木研究所，1988に加筆）

残留強度 c_r, ϕ_r	個々の粘土固有の最低剪断強度．強度値は，粘土鉱物の種類によりほぼ一定の値をもつことが知られている．また，粘土のコンシステンシー特性との相関があることも知られている．大変位の地すべり活動が生じたときのすべり面強度としてとらえることができ，状態としては粘土の粒子がせん断される方向に沿って配列し，鏡肌（スリッケンサイド）が生じたときのせん断強度といえる．粘着力成分は0である．活発に活動中の地すべりのすべり面強度は，この値に近いものと考えられる．
完全軟化強度 c_{sf}, ϕ_{sf}	正規圧密粘土の剪断強度に相当する．過圧密粘土の歪み軟化曲線の変曲点に相当する．再活動地すべりや変位量が少ない地すべりの初期すべり面強度は，完全軟化強度に近い値をもつものと考えられる．
ピーク強度 c', ϕ'	歪みの増大に伴ってせん断応力が最大となるときの強度である．初生地すべりのすべり面強度がこの値をもつものと考えられている．

強度記号とサフィックスは筆者が加筆

表6.5 鉱物組成ごとの残留強度摩擦角 ϕ'_r

モンモリロナイト（スメクタイト）	5°	カオリン	12～15°
		雲母	17～24°
石墨	3～5°	長石	30°
滑石	6°	石英	35°
イライト	10°	非晶質粘土	>25°

もピーク強度を越えた後わずかに強度低下し，残留強度に近づく．

以上の3種類の強度が粘土のもつ代表的な強度であり，地すべりの解析においては表6.4のような意味をもつ．

以上のことから，現実のすべり面強度はピーク強度と残留強度の間の値をもっているといえる．したがって，すべり面強度の設定時には，粘土鉱物組成による残留強度値が1つの目安となる．Skempton（1985）は，鉱物組成ごとの残留強度を表6.5のようにまとめた．

また，物理特性と残留強度との間には相関があることが知られており，表6.6のような関係式が導かれている．ボーリングコアですべり面付近の粘土がサンプリングされた場合，物理試験を実施することにより，ある程度残留強度を推定することができる．

なお，宜保（1996）は，Skemptonの残留係数の概念を導入し，土質試験の値（c_r, ϕ_r～c_{sf}, ϕ_{sf}～c', ϕ'）を逆算法安定解析に有効に用いる方法を提案しているので参考にされたい．

その他の注意事項として，安全率の数字の意味について解析ごとに十分把握しておく必要がある．その例を表6.7に示す．

(3) 間隙水圧（地下水位）の記載

地すべりにおいて記載すべき地下水の中でもっとも重要なものは，「すべり面のせん断抵抗力を

表6.6 物理特性と残留強度の推定式

土木研究所資料（昭和63年）pp 27：残留強度 ϕ_r と 0.002 mm以下の粘土含有率 CF $$\phi_r = 68.2 - 30.2 \log CF$$
丸山，吉田（1994）：残留強度 ϕ_r と液性限界 w_L，塑性限界 w_p "再滑動型地すべりの移動機構" 丸山，吉田（1994） $$\phi_r = 15.29420 - 0.15313 w_L + 0.81527 w_p$$
宜保ほか（1992）：残留強度 ϕ_r と超音波反復法によって求められた 0.002 mm以下の粘土含有率 CF に相関がある 残留強度 ϕ_r と塑性指数 Ip（泥岩由来の場合） $$\phi_r = 18.8 \, Ip^{-0.440}$$ 残留強度 ϕ_r とスメクタイト含有量 S_m（<420 μm ふるい通過分） $$\phi_r = 10.2 - 0.045 \cdot S_m$$

表 6.7 解析方法による安全率の意味

順算法による安全率	この安全率は，土質試験等から地盤強度・すべり面強度等が正確に定められているときに，斜面の"絶対的な"安全度を示すものである（一般的には地盤構成が単純で等土均質な斜面に於いてのみ成立する）．従って，現存する斜面において常時安全率 Fs ＜1.0 となることはない．対策工の施工を前提とした地すべりの解析には，この順算法は一般的には用いないが，逆算法で設定した地盤強度・すべり面強度の妥当性をチェックする場合や，切土法面の地盤定数の妥当性を検証する場合に，現況斜面の安定解析を順算法で行い最小安全率が1.0以下となったり，過大な値となるかどうかでチェックすることがある． また，最近では複数のすべり面強度を設定して3次元安定解析を用い，より現実的な解析が可能になってきている（太田ほか，2001）．
逆算法による安全率	この安全率は，現況の地すべり土塊の安全率を想定することにより，対策工の規模を見積もる際に用いる．したがって"相対的な"安全率とみることができる．対策工の規模は，計画安全率 PFs と現況安全率 Fs との差で決定されることになり，現況安全率は，地すべりの規模・危険性・影響範囲等により，重みをつけて決定される． このように逆算法による安全率は斜面の安定度を直接反映したものではないので，すべり面強度の設定や，間隙水圧の設定などが，対策工の検討上，危険側・安全側のどちらに影響として現れるかを十分意識して検討することが必要である． 例1）地下水排除工 　　内部摩擦角 ϕ' を大きく設定するほど地下水位低下の効果が大きくなる． 例2）アンカー工法 　　内部摩擦角 ϕ' を大きく設定するほどアンカーの締め付け効果が大きくなる． 例3）押え盛土工 　　内部摩擦角 ϕ' を大きく設定するほど，押さえ効果が大きくなる． 例4）抑止杭工 　　地下水位・地形条件を変更しなければ，c'，ϕ' の採用値によるちがいは発生しない．

低下させる間隙水圧の指標としての地下水位」である．

しかし，地すべりが滑動する瞬間のすべり面に作用する間隙水圧を自然条件で計測し報告された例はほとんどない．（モデル実験で得られたデータはあるが，複雑な地盤条件にある自然の地すべりへの適用がそのままできるとは言い難い．）

このため，間隙水圧がすべり面にどのように作用しているのかが十分解明されていない現状では，すべり面のせん断強度にかかわる不確定な要素（すべり面の三次元構造，すべり面の起伏，地盤の複雑さ，および間隙水圧など）が多すぎて，強度を正確に記載するという理想からはほど遠い状況にある．FEM などの数値解析が地すべり分野で十分適用できていないことは，モデルの不確定さが大きな原因となっている．

したがって，今後すべり面に作用する間隙水圧を狙って計測されたデータが積み重ねられ解析される必要がある．

一方，理想的な計測状態にはほど遠い，全孔ストレーナー加工された地下水位観測孔で計測されたデータであっても，地下水位が高いときには地すべりの移動速度が大きく，低いときには小さいということがしばしば計測される．このことは，計測されている地下水位がすべり面に作用する間隙水圧であるかどうかは不明でも，地すべり活動の有力な指標となり得ることを示している．

以上のように，地下水位と地すべり移動状況からモデルを設定し，地下水位をパラメータとして地すべりの安定度を評価することは十分可能である．ただし，その際のすべり面強度等の諸定数は，不確定要因をすべて含んだ上での定数であって，「真の強度定数とは異なる」ということを常に意識する必要がある．

間隙水圧設定の基本原理

安定解析において，地すべり土塊の安定度があ

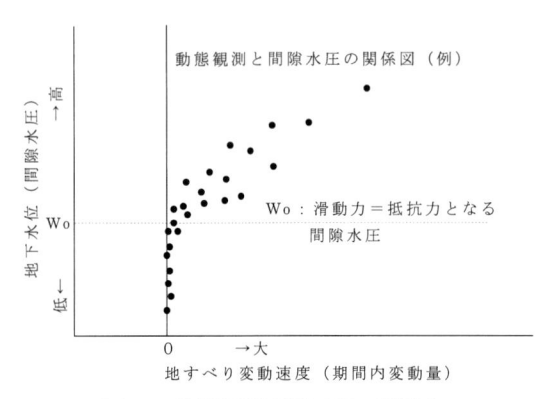

図6.2 動態観測と間隙水圧の関係図.

る程度正確に見積もれるのは，抵抗力と滑動力が均衡する条件（安全率 $F_s=1.00$）のみである．したがって，地すべり動態観測（孔内傾斜計観測など）のデータが，変動〜停止に変わる位置での間隙水圧（地下水位）をもって，地すべりの安全率 $F_s=1.00$ 時の間隙水圧（W_o；限界水位，図6.2）とすることが適切であり，その条件下ですべり面強度を求める必要がある（このような限界水位の観測及び整理方法については次節で詳述する）．

また，その際の間隙水圧は，すべり面に作用する圧力である必要があり，地すべり土塊内の宙水や，岩盤内の被圧水頭ではない．また，問題となるのは圧力であり，水量とは直接の関係がないことも十分理解しておく必要がある（これは，地下水排除工において排水量自体が対策工の効果と直接的な関係をもたないことを意味している）．

現況解析時の間隙水圧の設定方法と考え方

対策工の規模を決定する際に用いる間隙水圧としては，次の3種類が考えられる．

①観測期間中の最高水位をもって間隙水圧とする．
②観測期間中のデータから降雨－地下水位関係のモデル解析を行い，地すべり発生時の降雨パターンを用いて地下水位を推定し，その最高水位を間隙水圧とする．
③観測期間中のデータからモデル解析し，確率降雨（例えば，30年確率）あるいは過去における豪雨時の降雨パターンを用いてシミュレーションし，その最高水位を間隙水圧とする（図6.3）．

①の方法は，現在最も普及している方法であるが，理論的な妥当性はない．通常，地すべり動態

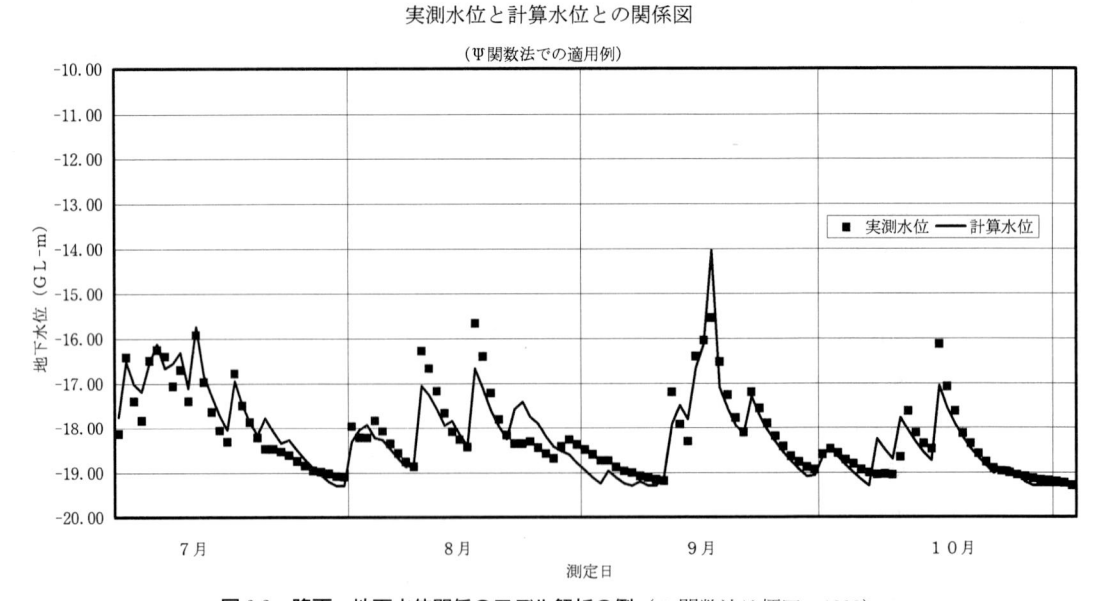

図6.3 降雨－地下水位関係のモデル解析の例（Ψ関数法は榎田，1992）．

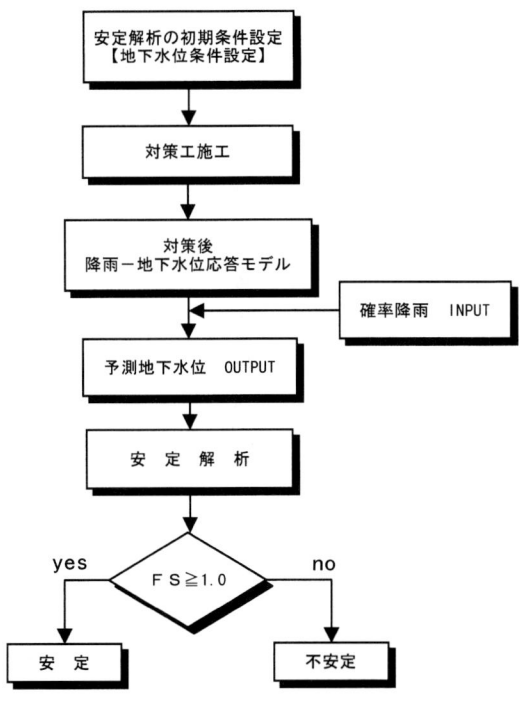

図 6.4 確率降雨による地すべり対策事業効果評価手法
（建設省，1996）．

観測によって，地すべり変動が観測されない場合に用いる．この場合，活動が発生していないので，最高水位時においても"絶対的な"地すべり土塊の安全率 $F_s≧1.0$ であるが，それを現況安全率 $F_s=0.9〜1.0$ に仮定して解析を行うため，全体として安全側の解析となる．

②の方法は，有効な方法と考えられる．しかし，地すべり移動によってさらにすべり面の強度が低下している場合もあるので，地すべりのタイプによっては危険側の解析になる可能性がある．このような場合，動態観測により W_o（限界水位）が設定できれば，現況の安全率が把握できるので，すべり面強度の把握がより正確になる．

③の方法は，観測期間中のデータから，過去の豪雨時において発生したと推定される最高水位を間隙水圧として仮定する方法である．その地下水位条件時に地すべりの"絶対的な"安全率が $F_s≧1.0$ となっている保証がないため，解析時の安全率を $F_s=0.9〜1.0$ と仮定することは危険側の解析となる可能性がある．この方法を採用する場合には，②と同様に W_o が設定でき，その条件下で解析を行った後，豪雨時にどの程度まで安定性が低下するかを評価することで解析精度を上げることができる．

水位観測孔以外の地点における水位の設定には，湧水点や湧水池あるいは，豪雨時の異常湧水点などを地元の聞き取り調査等で確認し，それらを参考にして地下水位線を想定する．

参考のために，最近の対策工効果評価手法の動向を紹介する．図 6.4 がその流れ図である．これは地下水位観測孔の降雨－地下水位応答関係に，確率降雨パターンを入力し，シミュレーションした場合にも安全率が 1.0 以上となるように管理する手法である．

（4） 地すべり動態観測データの整理と記載

地すべりの動態観測は，表 6.8 のような計器で計測されることが多い．

観測報告書の中には，単にデータを表やグラフ

表 6.8 一般的に用いられる地すべり動態観測

観測対象	計器名	一般的な観測ピッチ	指標
すべり面変動	孔内傾斜計 パイプ歪計	1週間に1回程度の観測	すべり面周辺の絶対移動量（長さまたは歪），移動速度
地表面の移動	伸縮計	連続観測	クラックの両側の絶対移動量，移動速度
地盤の傾動	地盤傾斜計	回／1週間	絶対変動量，変動速度
地下水位	触針式水位計 自記水位計 間隙水圧計	回／1週間または連続的な記録	降雨に対する応答関係

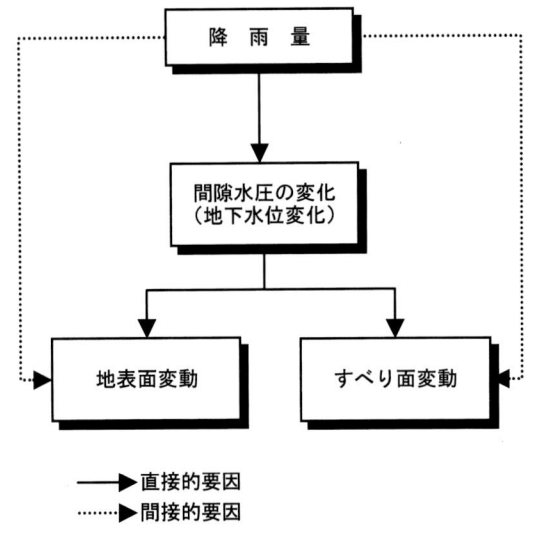

図 6.5 降雨量と地すべり変動の関係．

にまとめただけのものが多いが，地すべりの変動パターンを記載するためには，それではまったく不十分である．

地すべりの変動は，大きな浸食や人為的な地形改変などがない場合には，間隙水圧の変化が「変動速度」に対応する．間隙水圧の変化は降雨量と応答関係をもつので，地すべり変動速度は降雨量と応答関係をもつことになる．

このことを定量的に記載することが「地すべり動態の記載」に当たる（図 6.5 参照）．

すなわち，降雨量と間隙水圧変化の応答関係を明らかにし，間隙水圧の変化と変動量（変動速度）の応答関係を明らかにすれば，間接的に［降雨量と地すべり変動］との応答関係を導くことができる．

過去の地すべり履歴によって地すべりの変遷過程を推定することは重要であるが，その際に得られる情報は，①いつごろその変動が発生したか，ということと，②そのときの降雨量はどの程度であったか，ということが精一杯である．したがって，地すべり変動と降雨量との応答関係を導いてはじめて地すべりの動態についての記載が可能となるわけである．

観測データの整理と記載例

・すべり面変動の記載例 1（孔内傾斜計，次ページ図 6.6）
1) すべり面付近の変動量のみを抽出し，降雨量とともに記載する．
　降雨と明瞭な応答関係があるか，降雨に関係なく滑動しているかが判定できる．
2) 同一ブロックの変動グラフを重ねる
　全体が同程度の速度で変動しているか，変動速度にちがいがあるかにより，地すべりブロックが一体で滑動しているか，さらに小ブロック単位で滑動しているかを判定する．
・すべり面変動の記載例 2（孔内傾斜計，図 6.7）
1) 観測結果から移動方向と移動速度（期間移動量）を表示する．
2) すべり面等高線図と併せて表示するとブロックの変動形態がわかるようになる．
・限界水位（図 6.8）
・地下水排除工施工前後の降雨－変動速度応答関係の変化（図 6.9）

6.3　ボーリング情報の記載

地すべり調査ではボーリングから得られる情報が非常に貴重である．なぜならば，地すべり地の一般的な傾斜は 10～20 度前後であり，地表面に露出している地質情報は非常に限定されることが多いためであり，また，残念なことであるが，地表地質踏査から地質図を作成し，地すべりの性状を把握できる技術者は現時点では非常に少ないと考えざるを得ないからである．

このため現在の一般的な地すべり調査では，空中写真判読・地表踏査からの亀裂位置やブロック区分，大まかな地質構成，既存資料からの付近の地質構造を参考にして，地すべりの概要を把握し，ボーリング調査によってその詳細を明らかにする方法をとることが多い．

もちろんボーリング調査の際も，地質学的なも

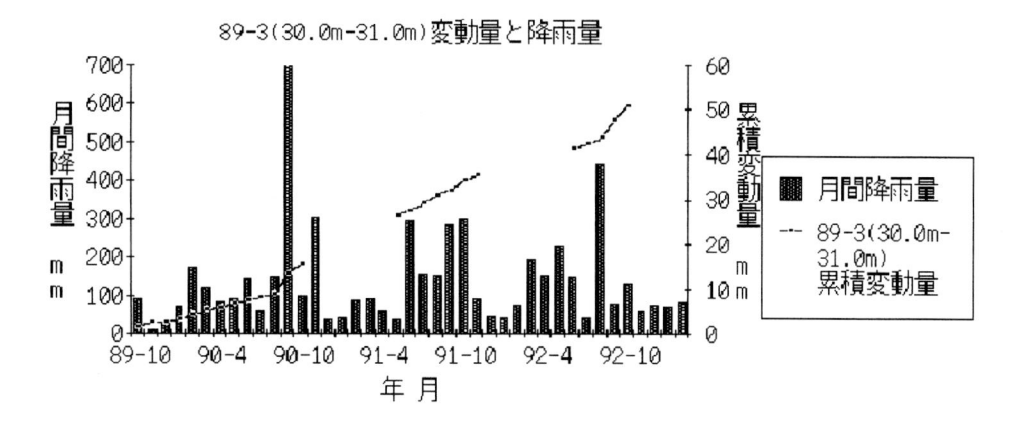

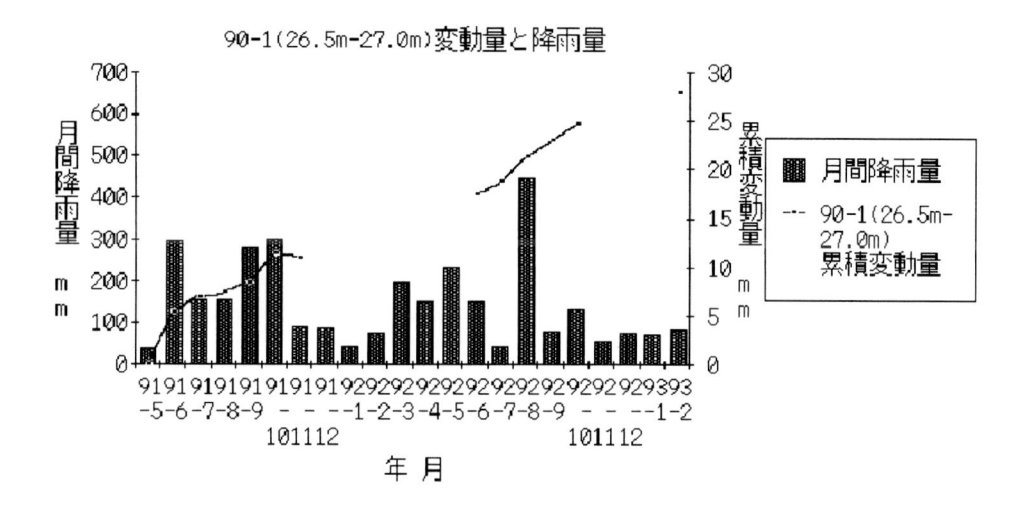

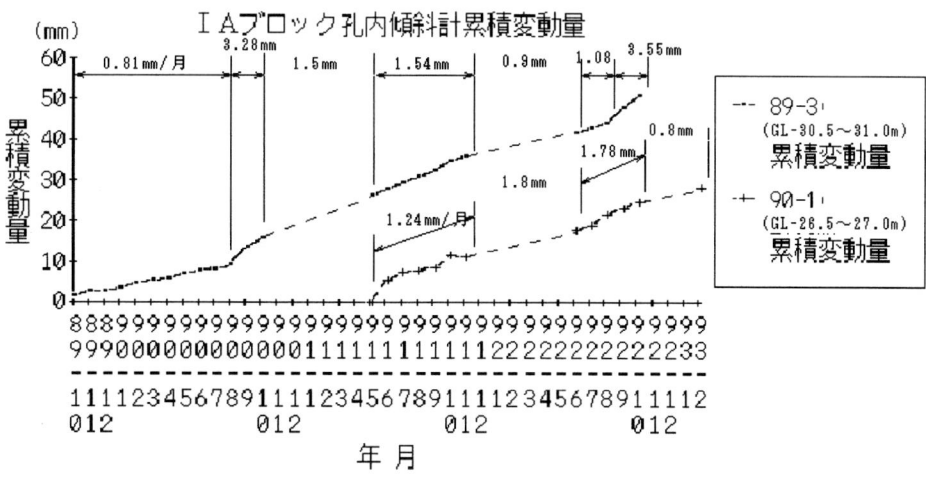

図 6.6 すべり面変動記載例 1.

すべり面等高線と孔内傾斜計変動量・変動方向

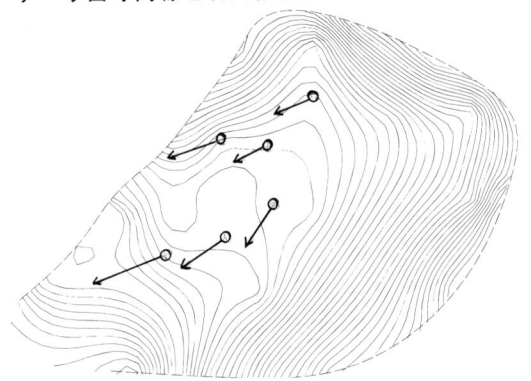

図6.7　すべり面変動記載例2（すべり面等高線図とブロックの変動形態）．

のの見方・考え方は地表踏査の場合と同じであるが，工学的な判断でこれを補い，不足情報をカバーすることが可能であり，より高い精度での地すべりの性状把握も可能となる．

　ボーリングによる地すべり調査は，一言で言えば，「木を見て森を見る」ということであり，その背景には，多くの木を見て，森が想像できるだけの経験や，木を見る〝見方（方法）〟が必要になってくる．本章では，多くの先陣たちが蓄積した経験をもとに，「森を見るための木の見方」とでもいうべきボーリング調査の方法について，と

地下水位とすべり変動との相関図
No.A孔

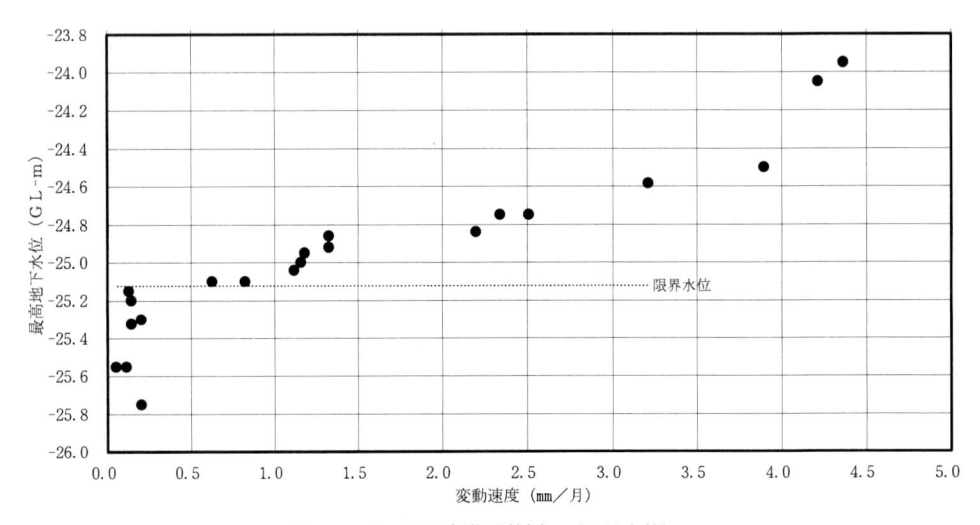

図6.8　すべり面変動記載例2（限界水位）．

月降雨量と月変動量との関係図
No.A孔(GL-25.0～26.0m)すべり面変動

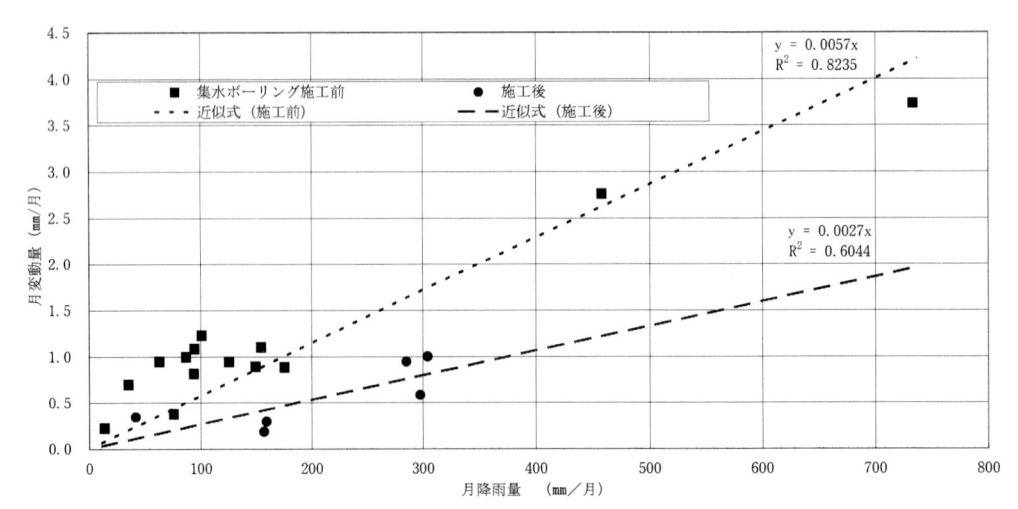

図6.9　すべり面変動記載例2（降雨－変動速度応答関係）．

くにボーリング柱状図の記載についてとりまとめることとする．

（1） ボーリング調査の目的

地すべりのすべり面位置および地質構成・地下水賦存状況を把握することが主たる目的であり，ボーリング孔を利用して原位置試験や各種観測を行うことも多い．また，採取されたコアを用いて土質試験（残留強度測定など）を行うこともできる．

（2） ボーリング調査の内容と数量

ボーリング調査は，①地すべり解析のための調査②対策工設計や施工（主に杭工など）のための確認調査に区分されるが，地すべりの規模などによって両者は併用される場合もある．

なお，地すべりにおけるボーリング掘削では，土層確認のみならず掘削中の異常や地下水の状況が重要な資料となったり，現場試験・掘削終了深度の判断（いわゆるの判断）も適宜地質状況を判断しながら行わなければならない．したがって，現場オペレータには掘削技術のみならず地質や地下水の基本的な知識を応用し，現場に適した調査および現場データの提供を行うことができる技能が要求される．

（3） 基盤岩の標準ボーリングの必要性

地すべりブロック周辺では，地質構造を示す露岩や不動岩盤の露出がない場合が多い．このような時は，当該地すべり地周辺の既存ボーリング資料を有効に活用する必要がある．また，適当な既存資料がない場合は，最低1本，地すべりの基盤岩の地質構成と性状（亀裂や風化度等）・分布状況を把握するため，ボーリング調査を行うことが望ましい．なお，基盤岩確認のボーリングは滑落崖より上方の斜面で行い，地すべり土塊と地すべりを起こしていない部分の地質構成との対比ができるようにする．

ボーリング掘削方法

ボーリングの掘削は，標準貫入試験深度を除きオールコア採取とする．なお掘削は清水堀り，コア採取においては，土砂～軟岩部ではコアパックチューブを用い，原則として無水堀は行わない．また，採取した試料（コア）は，コア観察者（解析担当地質技術者）が観察を行うまでビニールは開封しないほうがよい．地すべり地のコアは通常，軟岩～強風化岩であり，コアが乾燥するとすべり面や弱層の判断が極端に難しくなることに注意する必要がある．

なお，掘削孔径は $\phi 66\,mm$ を原則とし，緩速くりかえし一面剪断試験に用いる不攪乱試料の採取など特殊な目的をもった場合は孔径を変更する．

目的別掘削孔径（コアを採取する最終孔径のことでケーシングなどの孔径ではない）

- $\phi 66\,mm$：調査ボーリングの標準掘削孔径である．長尺でなければ，パイプ歪計や孔内傾斜計計測用ケーシング設置（孔内傾斜計のケーシングは $\phi 47\,mm$ を標準とする）も可能
- $\phi 86\,mm$：緩速くりかえし一面剪断試験用不攪乱コア採取．長尺のパイプ歪計や孔内傾斜計計測用ケーシング設置（一部の施主では $\phi 86\,mm$ が標準となっている）に用いる．

岩盤地すべりや風化岩地すべりのすべり面位置の決定では，とくにコア観察と試錐時の情報（掘削速度，送水時の圧力変化）が重要であり，コア採取には細心の注意を払い，コア採取率の向上に努めることが必要である．

（4） コア観察の要点と記載内容

①岩盤および風化岩地すべりでは，すべり面となりやすい地層を把握することが重要であり，以下の点にとくに注意する．
・凝灰岩や泥岩・亜炭層などのコアは丹念に観察

し，鏡肌がないかどうか，また，その傾斜角度・鏡肌についた条線などを記載し，周囲の地質資料と照らし合わせて地すべり発生に関係するような平面的な連続性を示すかどうか確認する．

- 細粒岩（泥岩・凝灰岩）と上位の粗粒岩の境界がすべり面となることが多いので地層境界の観察は丹念に行う．
- 一般に行われているRQDやコア長の調査は，岩盤の新鮮度の尺度として用いているが，第三紀層地すべりを起こすような地層は軟岩であり，コア長がそのまま岩盤の新鮮度の尺度にはならない．したがって，岩種ごとにRQDや最大コア長の値を評価する程度にとどめ，RQDや最大コア長をそのまま岩盤評価に用いないほうがよい．

② 崩積土および粘質土地すべりでは，地すべり土塊は土砂および岩盤の強風化部に相当する．コア観察ではこの部分の含水状況や色調，土質とN値の関係，風化岩では亀裂や鏡肌の有無傾斜等に注意を払い記載する．なお，当該地すべりが過去の岩盤すべりをおこして現在安定している土塊の表層部に発生している可能性もあるので不動層としている部分の記載についても後の対策工の基礎資料となるよう注意する必要がある．

このほか，奥園（1993）は，ボーリングのコア状況・色調とすべり面の関係をまとめているので参考になるものと考えられる．

最近，地すべり調査の場合，標準貫入試験を行わないような指導がなされることがある．これは，岩盤地すべりや風化岩地すべりに当てはまるもので，元々コア採取が難しい未固結地盤については，かえって情報不足をもたらす結果となることが多い．

未固結地盤をオールコアで採取しようとすると，無水堀となりやすい．無水堀のコアは乱されてしまい，すべり面の判定が難しい．しかも地層の硬軟はコアが乾燥するとほとんどわからないため，掘削後遅くても1～2日のうちに観察する必要がある（あとは試錐日報やオペレータの記憶に頼ることとなる）．無水堀のコアが乾燥してしまった後ではすべり面位置の正確な判定は非常に難しくなることに注意する必要がある．

以上のように地すべりのタイプを勘案したうえで調査ボーリングの方法を決定することが必要である．

試錐日報の記載内容

試錐日報は，地すべり調査では掘削上の異常箇所（空洞や木片・異物）と地下水位の推定のために活用する．

① ボーリングオペレータは，掘削速度，送水圧，送水量，排水量とともに掘削中の異常（異常な脆弱部や空洞・異物等，逸水・湧水状況）についてもらさず記載する必要がある．

② 作業前（朝）と作業後（夕）は必ずボーリング孔内水位を測定し，その時点での掘削深度・ケーシング孔径と挿入深度を記載する．とくに掘削深度とケーシング深度は地下水帯の位置を把握するために重要であるので，必ず測水記録に併記する．

(5) 調査結果のまとめ方と利用方法

a) ボーリング柱状図の記載内容

ボーリング柱状図では，地すべり土塊と不動岩盤の区分を行うとともに，地質・土質工学的性質・地下水状況が把握できるような記載をする必要がある．

① 地すべり土塊と不動層の区分：他の調査結果とあわせ総合的に判断したものを最後に記入する．これは地質断面図作成後に決定される．

② 地質：岩種・粒土構成・亀裂状況・破砕変質状況・脆弱部の存在．とくに鏡肌の状況（深度・角度・条線の方向）・風化の度合い．すべり面となりそうな粘土層・亜炭層・凝灰岩は薄層で

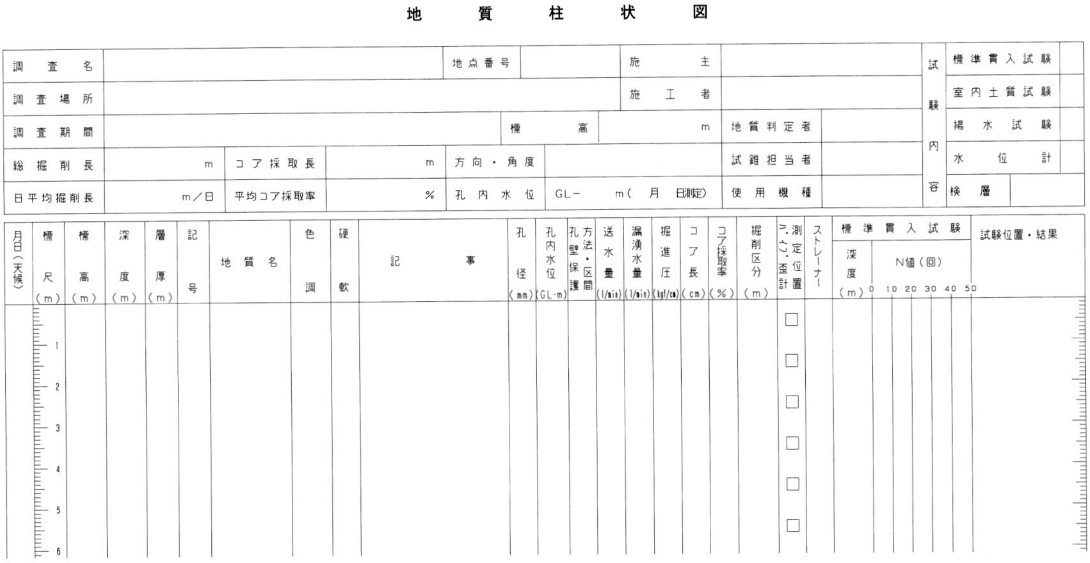

地 質 柱 状 図

調査名		地点番号		施主		試験内容	標準貫入試験
調査場所				施工者			室内土質試験
調査期間		標高	m	地質判定者			揚水試験
総掘削長	m	コア採取長	m	方向・角度		試錐担当者			水位計
日平均掘削長	m／日	平均コア採取率	%	孔内水位	GL− m（ 月 日測）	使用機種			検層

月日（天候）	標尺(m)	標高(m)	深度(m)	層厚(m)	記号	地質名	色調	硬軟	記事	孔径(mm)	孔内水位(GL−m)	孔壁保護	方法・区間	送水量(l/sit)	漏湧水量(l/sit)	掘進圧(kgf/cm)	コア長(cm)	コア採取率(%)	掘削区分	ストレーナー	測定位置	標準貫入試験 深度(m)	N値(回) 0 10 20 30 40 50	試験位置・結果

図 6.10 （社）地すべり対策技術協会の柱状図．

も深度・層厚を柱状図に明示する．

③土質工学的性質：コアの硬軟・コンシステンシー特性（粘着性が強い・弱いなど）・含水状況

④地下水状況：掘進と孔内水位の変化，逸水・湧水箇所とその量，最終水位（保孔管設置後の安定水位），地層の被圧状況など

⑤各種原位置試験および土質試験深度：標準貫入試験・孔内水平載荷試験による変形係数はすべて記載する．地下水検層・温度検層等は孔内の状況が表現できるデータを示す．

⑥掘削に関すること：掘削速度，送水圧，送水量，排水量，掘削中の異常（異常な脆弱部や空洞・異物等，逸水・湧水状況），ビット種類，ケーシング挿入状況等

b） コア写真の撮り方

コア写真は，地すべり地では数少ない地質状況把握の手段であり，とくに電子化された写真は，コアの保存期間に比べて格段に長い期間保存が可能な重要な情報である．

①一眼レフカメラまたは高解像度のデジタルカメラを用い，画角内のコア箱の位置をそろえ，カラーインデックスおよび標尺を入れ，鮮明な写真を撮影する（このため1枚のネガ・ファイルに 撮影できるコア箱は1箱とする）．

②やむを得ず無水堀になったコアは半分にカットするなどして，ビットの回転による焼き付け部分を極力排除し，地山の状態を観察できるようにする．

③鏡肌や脆弱部ですべり面と関係するようなものは別途拡大写真を撮ったほうがよい．

c） 試錐日報解析

試錐日報から，当日作業後孔内水位・掘削深度・ケーシング深度，及び翌日作業前孔内水位，を掘削日毎に図に示してとりまとめ，簡易柱状図とともに示し，地下水の滞水層区分及び滞水層毎の地下水位推定の基礎資料とする．

d） 柱状図の形式

ボーリング柱状図はJASIC形式が多く使われるようになってきている（図6.10に地すべり対策技術協会の書式，図6.11にJASIC形式を示す）．この方式で柱状図を作成してもかまわないが，この方式はダムなどの岩盤評価を定量的に行うのを意識して作成されているように見受けられる．ダムなどでは，大量のボーリングデータを均質にしかも統計的な処理ができるようにする必要があり，コアの硬軟や風化度・変質・亀裂状態を

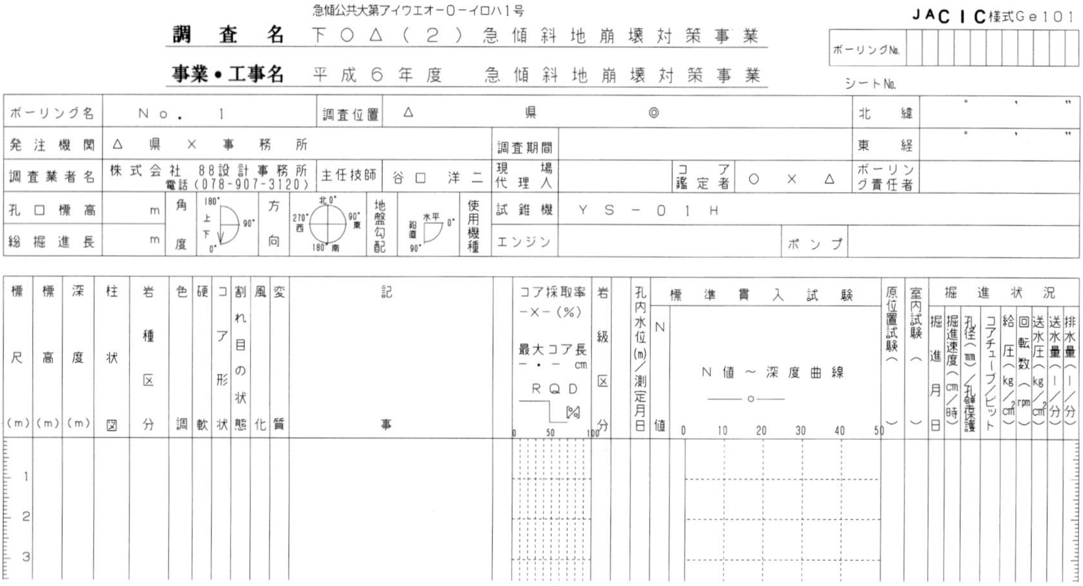

図6.11 JASIC形式の柱状図.

記号で示すようになっている（図6.12）．この方法であるとコア鑑定者の記載漏れがなくなるなど，柱状図の質の向上に対しては有効な方法であると考えられる．また，この柱状図の目的は岩盤や地盤の良好度を調査者でない第三者（地質の解析者や設計者）が評価するのが目的であり，地すべりのように不良地盤の中から，さらにすべり面を探し出すというような目的でつくられたものではないと考えられる（地すべり調査の場合は調査者と対策設計者が同一であることも多い）．

地すべり調査では，一般に数本（3本が最も多い）で地すべり全体の状況を把握することが多く，上記のような地盤情報を記号化するよりも視覚的・直感的に内容を把握できる柱状図の方が便利なことがある．例えば第三紀層すべりの場合，コアの硬軟はJASICの記載ではほとんどがDとEになり，これだけではすべり面判定の根拠にはならず，さらに詳しい分類を現場ごとにつくる必要がある．また，風化・変質についても，ほとんどの地すべり地では，風化しているところと変質しているところは重なっており，両者を厳密に区別することの難しさもある．これを考えると

JASIC様式をすべての項目について記載することの努力が直接地すべり面の判定に役立つとは考えにくい．このような場合無理にJASIC形式にこだわると柱状図の項目を満たすことが柱状図作成の目的となってしまい「木から森を見る」記載ができないことになってしまうと思われる．

一例として，地すべり対策技術協会が発行している地質柱状図がある（図6.10，図6.13）．これは，JASIC様式と比べると記号化されている部分が少なく，一見現在のデジタル化，電子化の方向とは逆に見えるが，大量でない情報を扱う場合はこの方が直感的・合理的であることもあるので，今後の参考にすべきと考えられる．また，参考として断面図上への柱状図の掲載例を図6.14に示す．

6.4 すべり面の記載

地すべりの記載といっても，平面図に亀裂分布図を作成する，ボーリング柱状図を記載する，露岩のスケッチをする，立坑や集水井の壁面をスケッチするなど，多岐にわたっている．

コア形状区分判定表

記号	模式図	コア形状
I	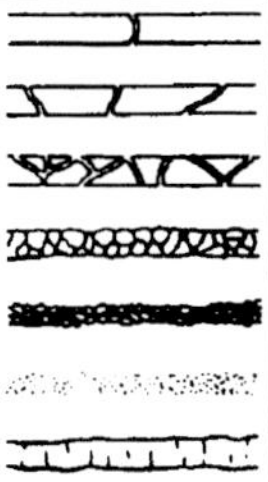	長さ 50 cm 以上の棒状コア．
II		長さが 50〜15 cm の棒状コア．
III		長さが 15〜5 cm の棒状〜片状コア．
IV		長さ 5 cm 以下の棒状〜片状コアでかつコアの外周の一部が認められるもの．
V		主として角礫状のもの．
VI		主として砂状のもの．
VII		主として粘土状のもの．
VIII		コアの採取ができないもの．スライムも含む．（記事欄に理由を書く）

コア硬軟区分判定表

記号	硬軟区分
A	極硬，ハンマーで容易に割れない．
B	硬，ハンマーで金属音．
C	中硬，ハンマーで容易に割れる．
D	軟，ハンマーでボロボロに砕ける．
E	極軟，マサ状，粘土状．

コア割れ目状態判定表

記号	割れ目状態区分
a	密着している．あるいは分離しているが割れ目沿いの風化・変質は認められない．
b	割れ目沿いの風化・変質は認められるが，岩片はほとんど風化・変質していない．
c	割れ目沿いの岩片に風化・変質が認められ軟質となっている．
d	割れ目として認識できない角礫状，砂状，粘土状コア．

火山岩の風化区分

記号	
α	非常に新鮮である．造岩鉱物の変質はまったくない．
β	新鮮である．長石の変質はないが，有色鉱物の周辺に赤褐色化がある．
γ	弱風化している．有色鉱物の周辺が濁っており，やや黄色を帯びている．長石は一部白濁している．鉱物の一部が溶脱している．
δ	風化している．長石は変質し白色となっている．有色鉱物が褐色粘土化している．黄褐色化が著しい．
ε	強風化している．原岩組織が失われている．

泥質岩の風化区分

記号	
α	非常に新鮮である．
β	新鮮である．層理面，片理面にそってわずかに変色があり割れやすい．
γ	弱風化している．層理面，片理面にそって風化している．
δ	風化している．岩芯まで風化している．ハンマーで簡単に崩せる．
ε	強風化している．黄褐色化し，指先で簡単に壊すことができる．

変質区分表の例

記号	変質区分	変質状況
1	非変質	肉眼的に変質鉱物の存在が認められないもの．
2	弱変質	原岩組織を完全に残し，変質程度（脱色）が低いもの．あるいは非変質部の割合が高いもの（肉眼で 50 % 以上）
3	中変質	肉眼で変質がすすんでいると判定できるが，原岩組織を明らかに残し，原岩判定が容易なもの．または非変質部を残すものおよび網状変質部．
4	強変質	構成鉱物，岩片等が変質鉱物で完全置換され，原岩組織をまったく〜ほとんど残さないもの．

図 6.12 JASIC 形式のコア分類の記号に用いる凡例．

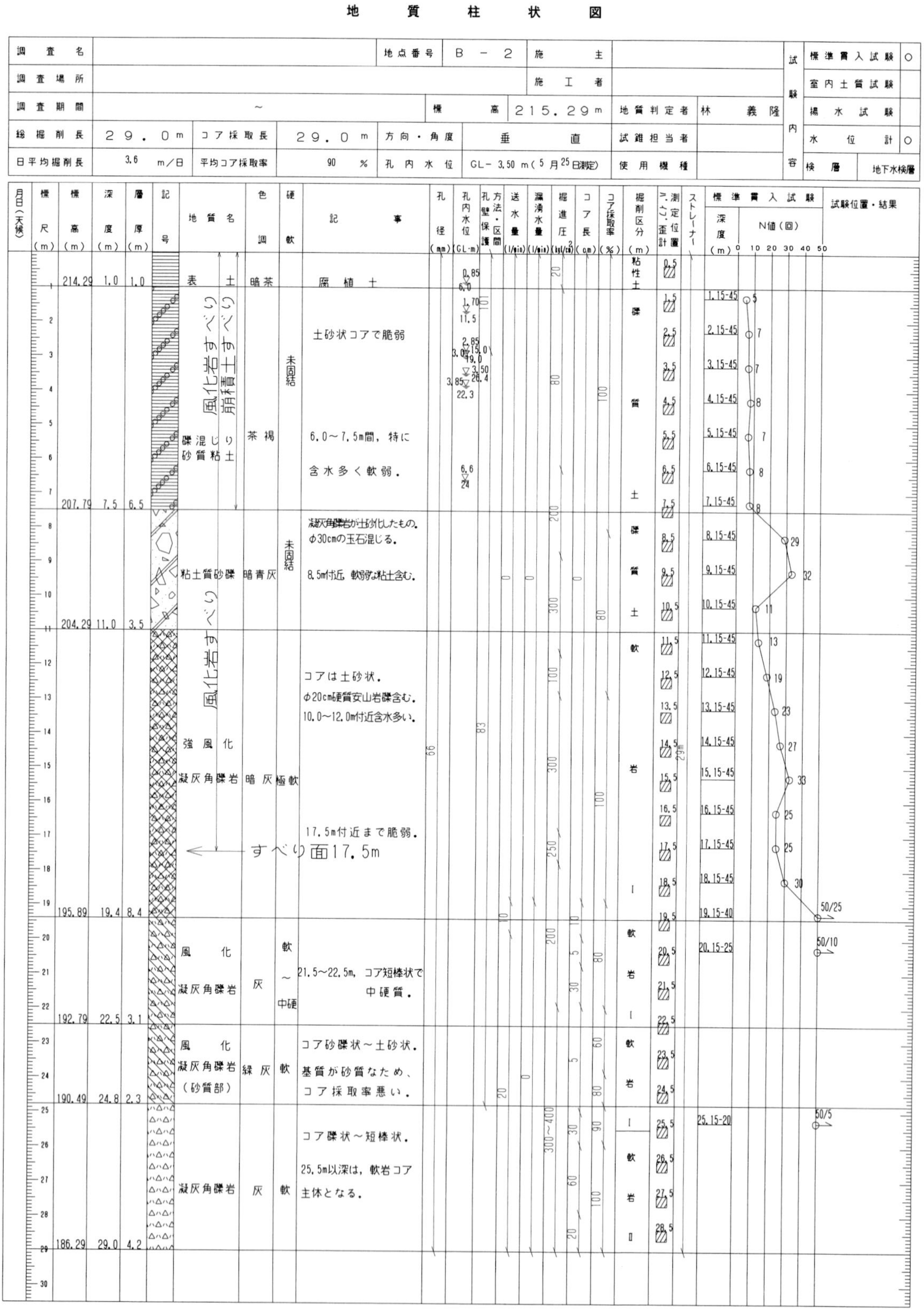

112   6 地すべりの記載手法

図 6.13 地すべり対策技術協会の柱状図で書かかれた調査ボーリングの記載例.

図 6.14 断面図の例．

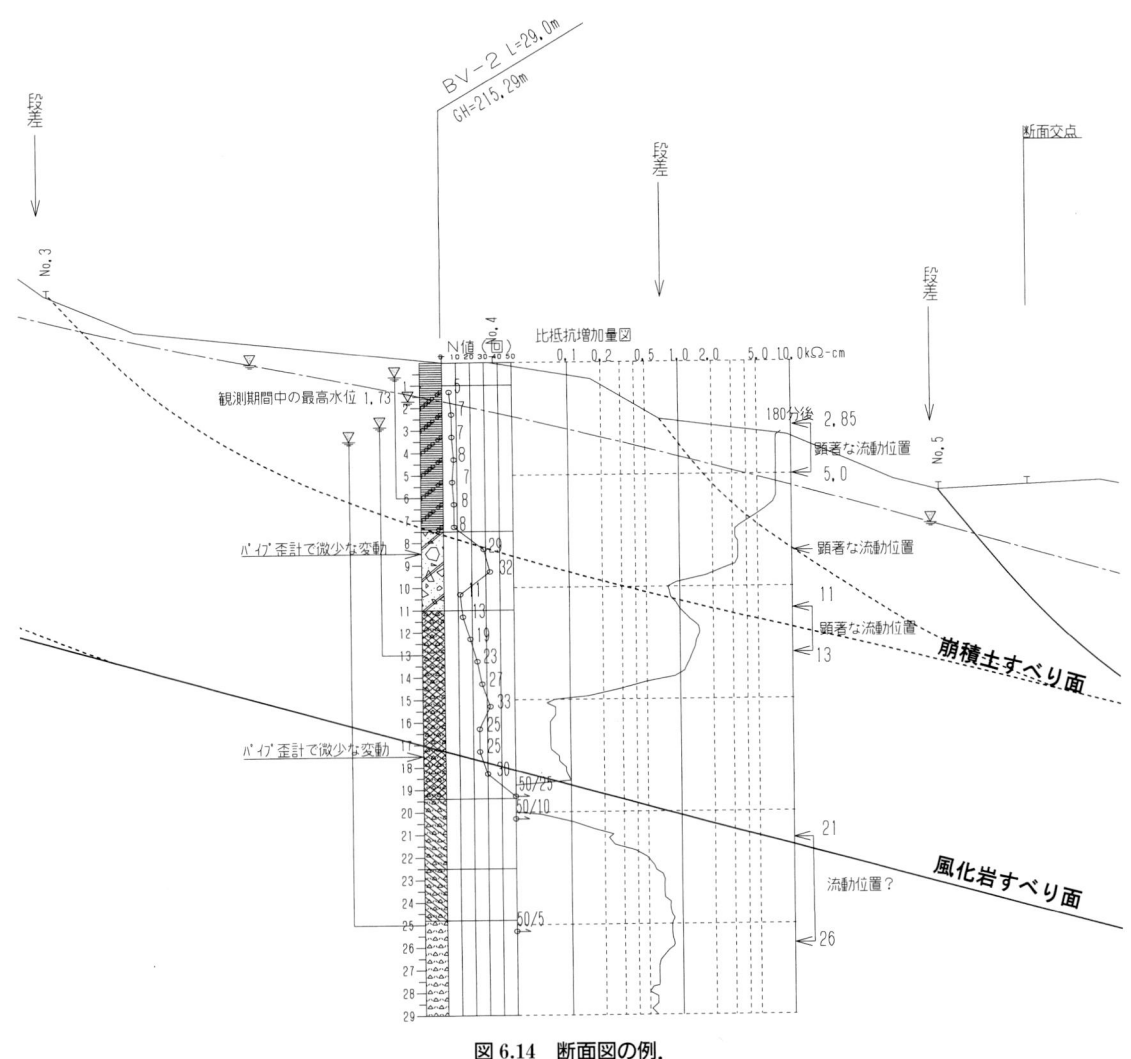

　これらの記載方法の基本は，土木地質学における記載と何ら変わりない．例えば地質図を作成するばあい，地域の地質構造発達史を明らかにする目的の記載と，ダムを建設する場合の記載では，自ずとその方法や内容が異なることが想像できるであろう．

　しかも，ダムなどの場合は地質図だけでは補えない工学的情報を岩盤区分図として別に作成する場合が多い．

　また，これらの目的に応じた記載は，ただ単に記載項目や内容が異なるだけでなく，記載内容を用いて解析する理論に裏打ちされたものであることが重要である．例えば，断層の記載でも，力学的知識があれば，記載がより正確にしかもモデル化が容易なものとなる可能性が大きい．

　すなわち，われわれプロフェッショナルの記載とは，ただ単に現場状況を書きとめる（スケッチする）というのではなく，地質学や工学の理論にもとづいた現場状況のモデル化を行うということと考えたい．

　本章に示す記載についての内容は主に地すべりのすべり面に関するものである．これらの記載には，すべり面の生成発展や，力学的背景をある程度理解した上で行ったほうが後々の解析や地すべり防止対策の立案により有効に利用できるものになると考えられる．

本項では，これらいちいちの理論にふれる紙数もなく，また，本項の執筆担当者にもその十分な説明能力がない．したがって，下記の参考図書を掲げ，読者の勉強の一助としていただければ幸いである．

①地すべりのすべり面に関するもの
　申（1989），日本応用地質学会（1999），渡（1992），守随（1999），玉田ほか（1991）など．

②地すべり粘土の土質工学的性質
　宜保清一（1996，1987），地すべり学会関西支部（1988），山崎（2000）など．

③粘土鉱物
　倉林三郎（1980），下田右（1985）など．

④地質構造解析
　垣見俊弘（1978），吉中ほか訳（1979 など．

（1） すべり面の記載方法

すべり面の記載は，ブロックサンプルなどを採集して，研究室に持ち帰り記載する場合もあるが，立坑や集水井の掘削中に行うことが多い．最近はデジタル映像などを用い記載が非常にやりやすくなってきたが，ここでは，立坑などの現場での記載について解説する．

記載の目的は，地すべりのすべり面の決定およびその後の解析・対策に役立つものでなければならない．このために必要な項目は下記の通りである．

①展開図の縮尺
②標高・深度・方位を展開図に明示する．
③地質区分
④岩盤区分
⑤不連続面等の状態
⑥現位置試験・試料採取状況
⑦湧水状況

①展開図の縮尺

立坑や集水井の直径は3.5～4.0m程度のことが多い．これらを図面に表現する場合通常1/100程度の展開図として表現し，すべり面付近については1/50またはそれ以上の拡大図として示すことが望ましい．

なお，現場のスケッチでは，A3判以上のマイラー方眼用紙に1/50かそれ以上で記載する．マイラーを用いるのは，現場で湧水や上部からの落水でスケッチが濡れる場合がほとんどであるためである．

②標高・深度・方位を展開図に明示する．

立坑の記載はボーリング柱状図に準じて行えばよいが，方位については必ず明示する必要がある．さらに，地すべりの頭部と末端部の方向や観測による移動方向などもわかる範囲で示しておく．

なお，現場では支保工が鉄のため，コンパスが使えない場合がある．あらかじめ坑口で方位を確認し，坑内では支保工などに方位を記入することが必要である．

③地質区分

地質区分では，通常の地質名の他に，地すべりの区分を明示する．すなわち，

・移動土塊
・すべり面
・不動土塊

などの区分が必要で，さらに，すべり面付近の撹乱帯を地すべり層準として別に区分する場合がある．

また，地質区分では〝崩積土・崖錐〟などの構成物質とその起源が曖昧な記載はさけ，もし，このような表現を用いた場合は，土質工学用語に準じた，〝礫混り粘土〟，〝砂質シルト〟などの構成物質がわかるような表現を追加することが絶対に必要である．区分は地質学的な区分と土質工学的な区分に分類できるが，基準を明記すればいずれでもよい．

①地質的な区分が示されている文献例
湊ほか（1954）の付録参照（地質的な分類の一般），または日本応用地質学会（1999）の地質記号などが参考となる．

②土質工学的な分類が示されている文献例
（社）地盤工学会（2000）の第4編地盤材料の工学的分類

さらに，岩相の記載では，色調・固結度・含水状態・含有物質・粘土化や風化変質の状態・堆積や撹乱の状況等，地すべり滑動や地層の生成に関する記述を行う．

とくに地すべりでは基岩が地すべり移動によって破砕変形している場合が多いので，原岩の推定や破砕の程度，粘土化の進行度合いなどに注意して記載する必要がある．

また，崩積土など二次堆積と考えられる場合はその根拠などがわかるような記載が必要である（挟在物や基質の締まり具合，含まれる礫の状態など）．

地すべり土塊内や，すべり面付近の礫と基質の境界面は鏡肌状になっている場合などがある．また，すべり面付近の礫は角礫よりもむしろ亜角礫状の小礫〜細礫になり，礫表面や基質との境界は鏡肌が形成され，地すべり移動による変形やすべり面付近のせん断の影響を非常に強く受けていることを示す場合があるので，とくに注意する（図6.15）．

さらに大規模な地すべりでは，すべり面付近の撹乱が進み，すべり面付近の塑性化を示すものもある．このような特殊な岩相は，断層付近にみられる圧砕岩の形成仮定と類似している可能性がある（図6.16）．

④岩盤区分

岩盤区分は，地すべり土塊やすべり面の工学的性質を現場の記載結果によって表現する手段である．分類はダムの岩盤分類，土木学会（1986）がもっとも一般的である．これは，岩盤分類と岩盤の諸定数の関係が経験的に関係づけられており，後の解析や対策に用いるのに有効となる．しかし，地すべり地は，一般に岩盤分類のDクラスが多く，DクラスをDL・DM・DHに細分し，粘土化部をEとすることもある．これらの区分と土質工学

図6.15 すべり面付近の鏡肌状の基質と亜角礫状の細礫．

図6.16 すべり面付近の撹乱し，塑性化した地層．

的な定数と対応させることは多くの試験などが必要となるため，必ずしも厳密な基準は必要なく，現場にあわせて細分の基準を明確にしておけばよいものと考えられる．

例えば下記のような区分も可能である．

DH；強風化岩であるが，原岩構造は残っており土丹程度の固結度を示す．亀裂は多いが粘土化はしていない．

DM；土砂状に風化し，ハンマーの先端が突き刺さる．粘土分は少ない．

DL；粘土混り砂礫状を示し，原岩構造はほとんど残していない．固結しているがハンマーの先端は簡単に突き刺さる．

E；礫混り粘土または，粘土状の破砕物質

⑤不連続面等の状態

不連続面の情報は，地すべり調査にとって非常に重要である．すべり面付近はもとより，縦亀裂の状況（地すべり側部やトップリング）なども後

の解析に重要な情報与えるものと考えられる．

不連続面の記載は，面の方向と面上の線構造をとらえるのが基本である．さらに下記の項目について記載する．

・不連続面の連続性と密度　立坑全体を切るものかどうか，複数ある時はその間隔や存在する範囲と地質の関係
・不連続面の状態　鏡肌などの形成状況，条線の有無，粘土化の有無と固結度や発達程度，含水状態，地下水の浸出の有無
・不連続面の起源　節理由来か層理面由来か断層か，すべり面か，それに伴う剪断面か等の現場での判断．現場で判断しないと後で決めることは難しい．現場にある材料がもっとも詳細な情報を与えていることを忘れてはならない．

なお，不連続面の表現方法は，一般にはシュミットネット下半球への投影で行う．この場合，不連続面のみの場合は極で示し，不連続面とその上の条線などを同時に表現する場合は不連続面は大円として，条線は大円上の線として表現する（図6.17）．

⑥現位置試験・試料採取状況

立坑では，現場剪断試験や載荷試験，含水量測定，単位体積重量測定の他，土質試験用の試料やブロックサンプリングが行われる．また，観測機器が設置される場合もある．

これらの情報はすべて立坑の展開図に記載される必要がある．記載内容は位置だけではなく，重要な試験結果は表示することが望ましい（別表にして同じ図面に載せてもよい）．

⑦湧水状況

立坑に湧出する湧水の位置とおよその量を展開図に記載する．また，湧水量が多い場合は掘削深度と湧水量の関係図を作成する．

すべり面直近の粘土化した部分では以外に湧水はないが，放置しているとすべり面付近の粘土が液性限界以上になって流動化することがある．これは掘削による応力解放によるものと考えられ，

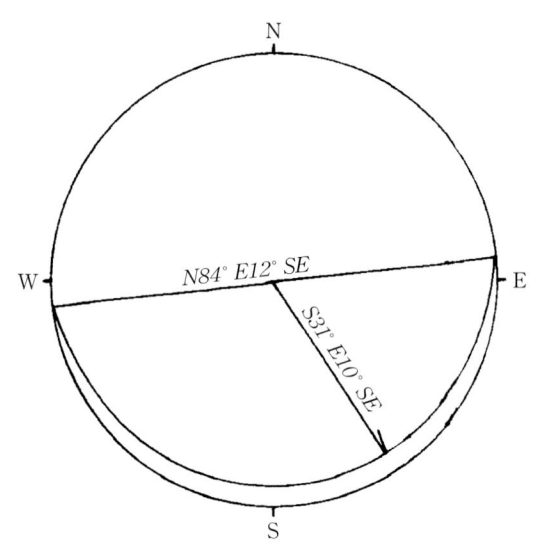

図6.17　不連続面のシュミットネットへの投影．

このような情報も記載する必要がある．

なお，すべり面に影響する地下水を立坑の観察からだけで判断したり，水頭を求めるのは難しく，ボーリング孔を利用した地下水汲み上げ検層や間隙水圧の測定など，他の方法と総合的に検討する．

（2）すべり面の記載例

地表地質踏査中に露頭として地すべりのすべり面をみつけることは，一般に容易ではないが，個々の地すべりの成因や発達過程，規模などを勘案しながら，すべり面が出現する場を予想することは可能である．すべり面の存在が予想される場所がわかれば，そこにトレンチを掘削したり，表土剝ぎを行って，すべり面を出現させ，記載を行うことができる．しかし，これらの作業は山間地で行うことが多く，たとえすべり面の出現が予想できたとしても，その場所まで，ショベルなどの掘削機械を搬入しなければならず，経済的でない場合が多い．このため，すべり面の観察の多くは，地すべり対策工の工事に合わせて（便乗して）実施されることがほとんどである．

山崎ほか（1994）は，この手法をさらに積極的に推し進め，大規模地すべりなどでは，詳細調査

の手段として試験井（実施後は集水井として利用する）を掘削し，直接地すべり土塊やすべり面の構造・性状を観察することを提案している．
以下に地すべりの調査立坑や集水井掘削時に観察を行ったすべり面の記載例を示す．
① 亀の瀬地すべり調査立坑
② 亀の瀬地すべりブロックサンプル

これらの記載は，亀の瀬地すべり（第2部3.3参照）の調査立坑の記載例である．図6.18は立坑内でスケッチした地層全体の状況を示したものである．図6.19はすべり面を含むブロックサンプルを採取して室内で詳細にスケッチしたものである．

図のすべり面は，厚さ35 mの安山岩塊の下位に分布する凝灰質な堆積岩の上面付近に形成されている．すべり面付近の厚さ3 m〜4 mは，地すべりによると考えられる塑性変形が著しく，礫は圧砕変形され，すべり面と調和的に伸張しているのが観察され，「地すべり層準」として記載命名した．口絵にあるすべり面のカラー写真は深礎工掘削時に現れたものであり，赤・黒・黄の三色縞模様は前記と同様の成因と考えられる．また，この地すべり層準の最下面は，調査立坑全円周を切り，鏡肌を有するせん断面が確認され，「主すべり面」として記載した．主すべり面には明瞭な条線が認められ，その方向は地すべりの移動方向と一致しているため，地すべり移動の際に発生し，その面で最大変位が生じたものと考えられる．

図6.19の詳細図にみられるように，主すべり面を含む地すべり粘土の幅はわずか数mmであるが，鏡肌と条線が全面に発達して完全に分離できる状態であり，当時のすべり面強度は残留強度付近まで低下したものと予想された．また，すべり面よりも上位はせん断破壊などの脆性的な挙動よりもむしろ延性的（ductile）に変形しており，地すべりによって生じる圧縮方向とほぼ直行した方向に地層が変形し，伸張しているものと推定された．

図6.20は，深礎施工時に撮影されたすべり面の鏡肌とその上についた条線の写真である．鏡肌は，地すべり活動によって剪断面付近の粒子が細粒化したり，粘土鉱物が再配列することにより平滑な面が形成され生じる．ただし，室内土質試験（リングせん断試験）では，ある程度の上載荷重（$2.5\,\mathrm{kgf/cm^2}$以上）がないときれいな鏡肌は形成されないことがわかっている（宜保，2000）．さらに，光沢のある表面は，非常に薄い水膜であるという見解があり，玉田ほか（1991）のwater film面または摩擦II型すべり面に相当する．また，条線はすべり面付近の微細な凹凸や砂状粒子による削痕である．物理的な形成過程は断層運動によって形成された地上付近の鏡肌と非常に似かよっていると思われる．

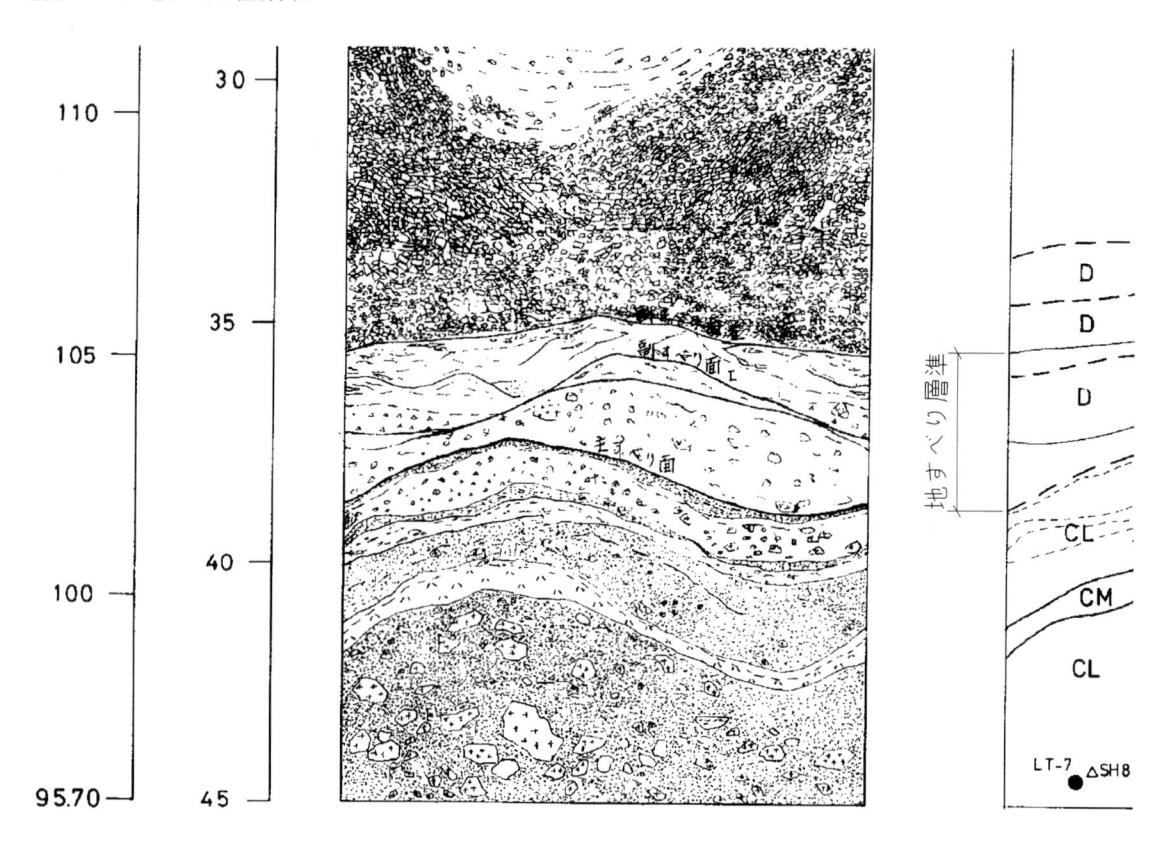

図6.18 亀の瀬地すべりのすべり面付近の記載例 （国土交通省大和川工事事務所資料による）．
調査立坑を切る顕著なせん断面は3枚認められ，その間は，地層の変形破砕が著しいため．

6.4 すべり面の記載　119

```
          移動土塊
  w8
  ○
                      □  CM級岩盤
        w9   w10
  LT-4  Sd2 Su-1 Su-2   □  CL級岩盤
    w11 w16  w14         □  D級岩盤
    w15 LT-5   副すべり面Ⅱ
         w17            □  D級岩盤（破砕変形が著しい部分）
    w18 w19 Su-3
    w22 SH1 Su-4 主すべり面
    w23 w24              ○  自然含水比測定点
    w25 SH2 LT-6 w26        （W8，W28はX線分析試料採取）
    SH3 SH4
    SH5                 ◎  攪乱試料採取地点
    SH6
         w28            □  不撹乱試料採取地点
         △SH7
         w29            ●  平板載荷試験位置

                        △  シュミットハンマー反発度測定位置

                        ⚲  湧水位置
```

岩片の状態			原位置試験等		
			自然含水比	横方向平板載荷試験	地山弾性波速度測定
安山岩 SW	黄灰 赤褐 灰	亜角レキ主体 拳大以下主体	黄褐色，赤褐色のものは粘土化したもの多く一部はすべり面に沿いレンズ状に定方向配列する 灰色のものは，比較的堅硬だが，一部粘土化する．	W11=48.9% （灰色粘土） W12=47.9% （黄灰色粘土） W13=49.9% （黄灰色粘土 鏡肌） W14=51.3% （黄灰色粘土 鏡肌近く） W15=45.8% （灰色粘土） W16=33.2% （緑色粘土） Sd2=31.6〜34.0%		VP=700m/sec
花崗片麻岩 花崗岩	黒灰 灰白	角〜亜角 max φ50cm 不淘汰	縞状構造が顕著 砂状のもの多い 一部粘土化し， すべり面に沿い レンズ状に配列 する． 粘土化しすべり面 に沿いレンズ状に 配列する． φ30cm以上のもの は砂状となる．	W17=17.3% （緑色花崗岩レキ混り粘土） W17=21.2% （緑色粘土鏡肌近く） W17=18.8% （砂質粘土） W17=19.2% （不動層との境界粘土）	LT-5 D=1160kgf/cm²	

「地すべり層準」として区分し，再下位のものを主すべり面と認定した．

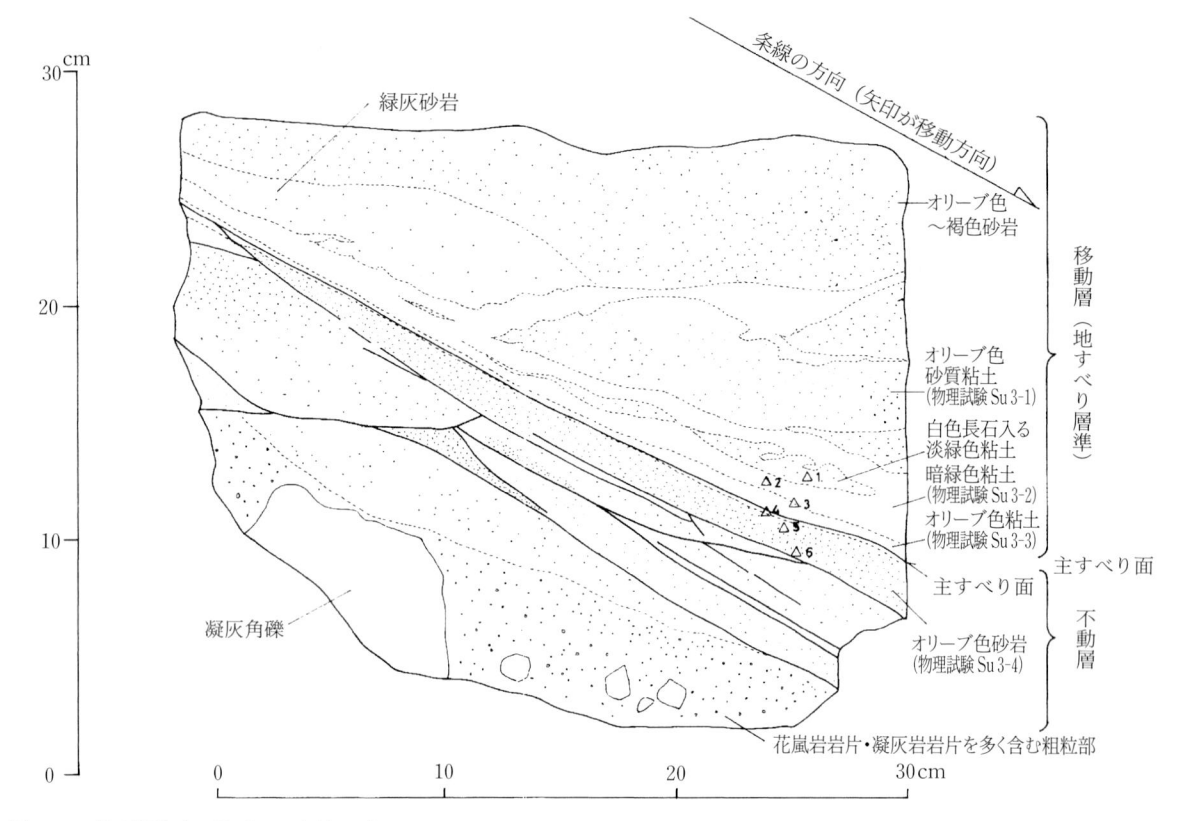

図 6.19　亀の瀬地すべりブロックサンプル（Hayashi *et al.*, 1992）図 6.18 の主すべり面の不攪乱試料のスケッチである．すべり面から上位はダクタイル（延性的）な変形を示し，下位はブリットル（脆性的）な破壊を起こしている．変形や破壊のモードはすべり方向とそれのもたらす応力配置に整合していると考えられる．

図 6.20　鏡肌が発達したすべり面についた条線　写真右下の標尺は約 70 cm（深礎工施工時）

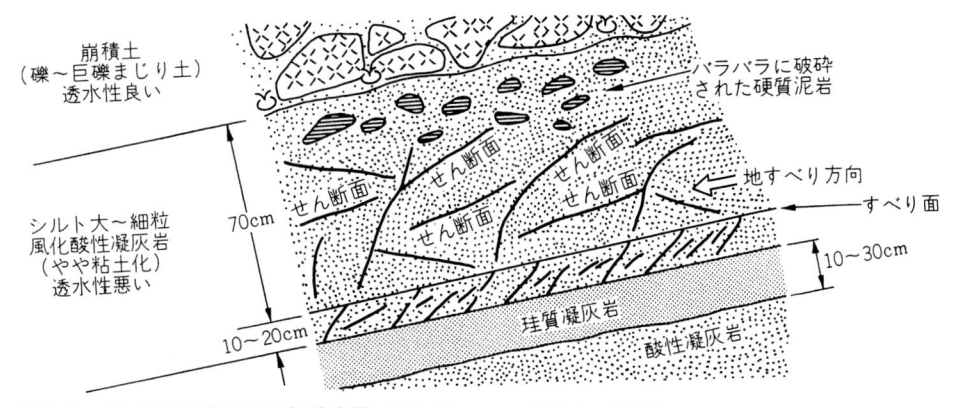

図 6.21 すべり面を挟む上下部破砕帯（厚さ80cm，山崎ほか，1994）．
　　平板状の鏡肌を有したすべり面は傾斜角11度を示し，すべり面の最大傾斜方向と25度斜交した地すべり移動方向に擦痕がついていた．すべり面を挟む幅80cmのせん断帯には鏡肌を有し擦痕の不明瞭なせん断面が多数見られ，その傾斜は14～70度とバラツキがあり，滑らかなカーヴを描いている．擦痕のない鏡肌の多くは地すべり移動方向に傾斜しているが，逆方向に傾斜しているものもあった．
　　すべり面から地下水の沁みだしはないが，すべり面を境に上盤と下盤が簡単に分離することからして，すべり面にはせん断帯（すべり面の上70cm）の亀裂をとおして地下水圧が伝達されていることが推定される．

　図6.21～図6.26に示すスケッチは，集水井の掘削中に観察されたすべり面を，山崎が中心になって取りまとめたものであり，すべり面をスケッチすることのメリットについて次のように述べている（山崎，2000）．

1. すべり面の走向・傾斜が測定可能（3次元的なすべり面の構造がわかる）．
2. すべり面上に形成されている削痕（リニエーション）から，地すべりの移動方向がわかる（削痕は筆者の"条線"と同義である）．
3. （スケッチと同時に）リングせん断試験や繰り返し一面せん断試験用のサンプルが採取できる．
4. すべり面に作用する地下水の存在が確認できる．

③　抜戸地すべりのすべり面

　図6.21は福島県，新第三紀中新統の酸性凝灰岩をすべり面とした地すべりのすべり面付近のスケッチである．すべり面は鏡肌を呈し，明瞭な削痕が滑り方向に確認された．

④成沢地すべりのすべり面
　図6.22　6.23は，福島県，古第三系堆積岩分

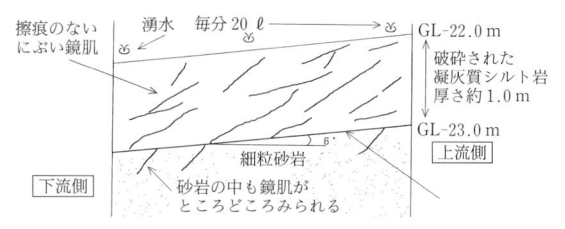

図 6.22　成沢地すべりのすべり面を含む縦方向のせん断帯模式図（山崎ほか，1994）．
　　平板状の鏡肌を有したすべり面は傾斜角6度を示し，すべり面の最大傾斜方向とわずかに（6度）斜交した地すべり擦痕がみられた．

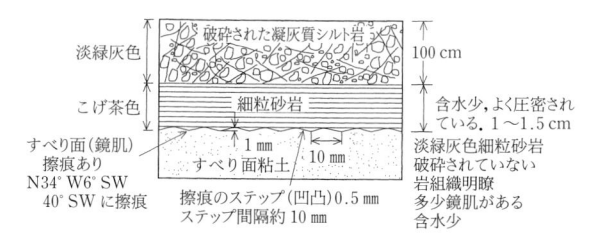

図 6.23　成沢地すべりのすべり面を含む横方向のせん断帯模式図（山崎ほか，1994）．
　　擦痕のついたすべり面から上部1～1.5cmの区間は粘土化（すべり面粘土）しているが，グリース状のねっとりした粘土ではなく，粘土細工に使うような粘土（含水比が高くないと推定される）で構成されていた．

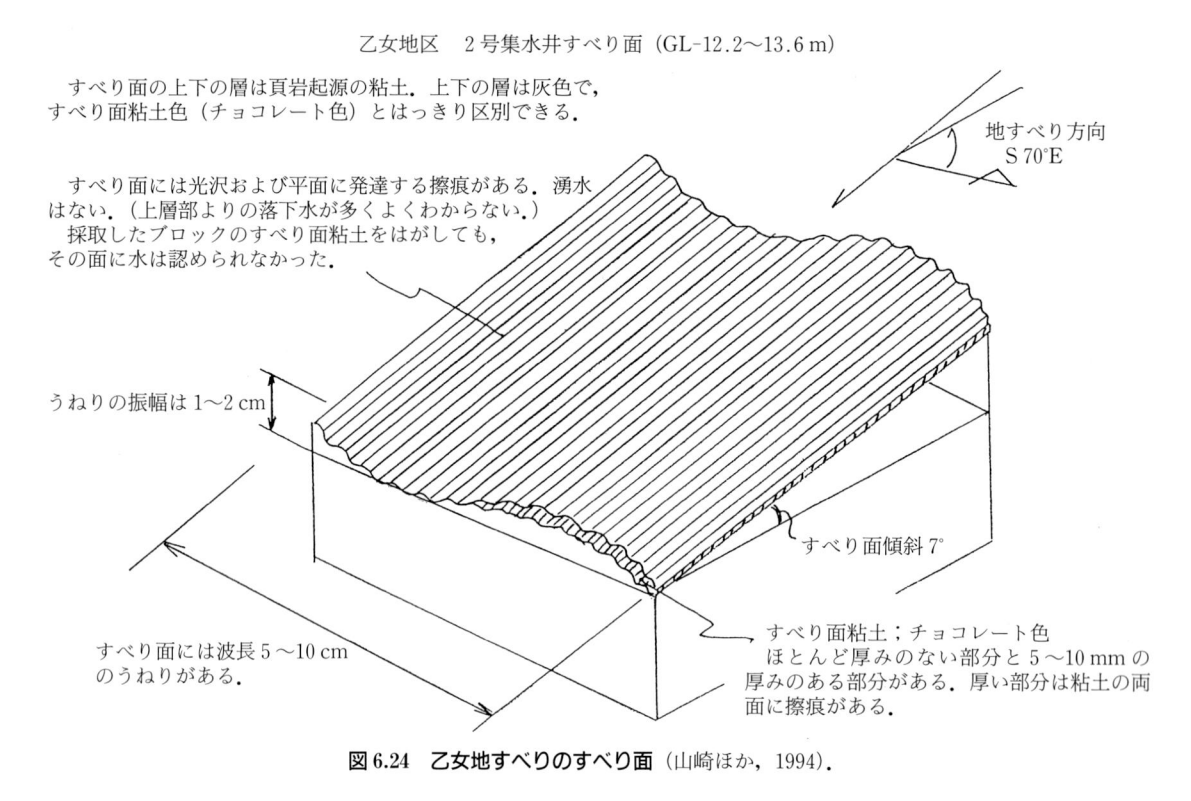

乙女地区　2号集水井すべり面（GL-12.2～13.6 m）

すべり面の上下の層は頁岩起源の粘土．上下の層は灰色で，すべり面粘土色（チョコレート色）とはっきり区別できる．

すべり面には光沢および平面に発達する擦痕がある．湧水はない．（上層部よりの落下水が多くよくわからない．）採取したブロックのすべり面粘土をはがしても，その面に水は認められなかった．

地すべり方向　S 70°E

うねりの振幅は1～2 cm

すべり面傾斜 7°

すべり面粘土：チョコレート色
ほとんど厚みのない部分と 5～10 mm の厚みのある部分がある．厚い部分は粘土の両面に擦痕がある．

すべり面には波長 5～10 cm のうねりがある．

図6.24　乙女地すべりのすべり面（山崎ほか，1994）．

布地帯にある地すべりのすべり面付近のスケッチである．すべり面は凝灰質細粒砂岩上面に形成され，上位は破砕され粘土化した凝灰質シルト岩が約1 m確認されている．

⑤　乙女地すべりのすべり面

図6.24は，佐賀県，新第三系中新統分布地帯にある地すべりのすべり面付近のスケッチである．すべり面は崩積土の中に形成されているが，すべり面付近のみチョコレート色で，上下は灰色であり，明瞭に区分できる．

⑥　水のなる地すべりのすべり面

この地すべりは，徳島県の三波川帯にあり，すべり面は泥質片岩の風化・未風化の境界付近に形成されているが，明瞭ではなく，部分的にやや鈍い鏡肌を呈するのみである．すべり面付近は塩基性片岩（緑色片岩）を源岩とする淡緑色粘土と泥質片岩（黒色片岩）の粘土化した破砕岩が形成されており，塩基性片岩起源の粘土の存在は，地すべりによる地層の攪乱を示唆する．また，図6.25の集水井展開図では，すべり面の上下で片理面の構造がちがっているのが読みとれ，地すべりによってすべり面よりも上位の地層が移動してきたことを示唆している．

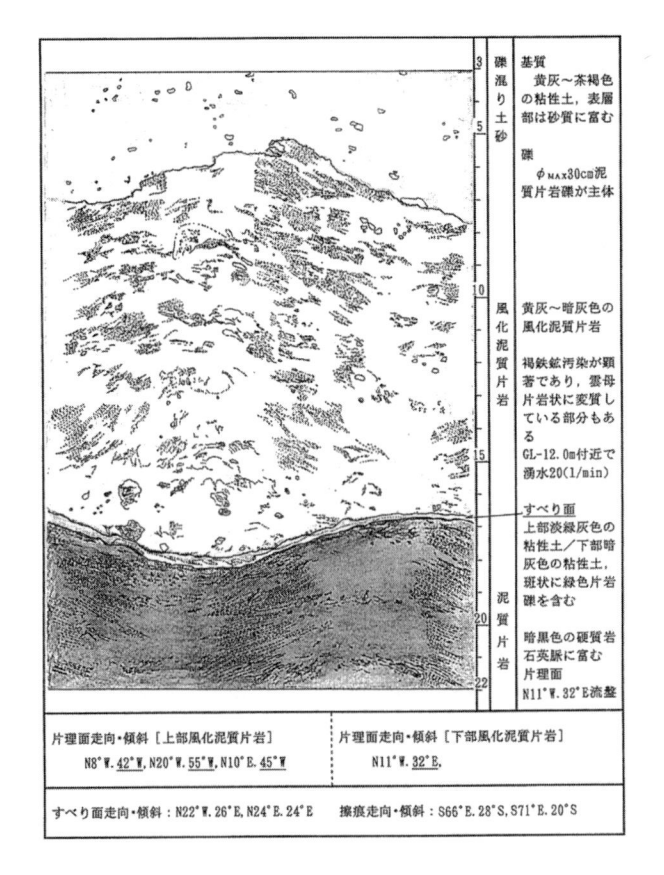

図 6.25　水のなる地すべりの地すべり粘土を含む集水井地質展開図（山崎ほか，1994）．

すべり粘土は GL-17〜18 m の区間において，基岩である泥質片岩とボーリングコアでは巨レキ混り土砂状に採取される風化泥質片岩の境界に形成されている．すべり面は地すべり粘土の下面すなわち泥質片岩上面に形成されていた．

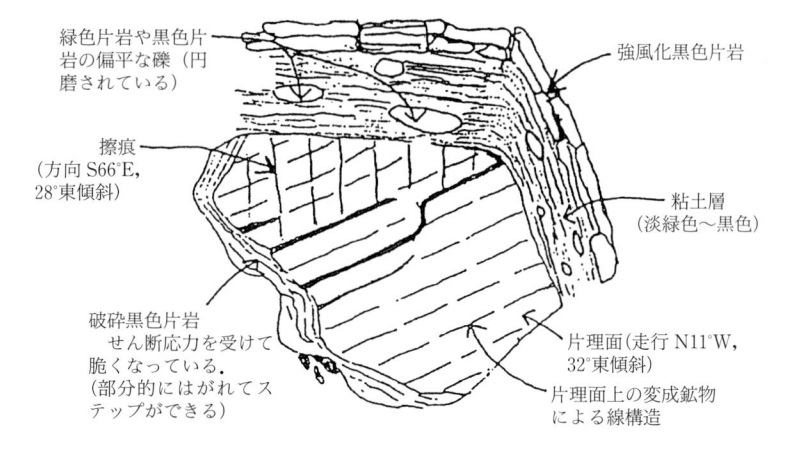

図 6.26　水のなる地すべりのすべり面のスケッチ（山崎ほか，1994）．

地すべり粘土は 20〜50 cm の層厚を有しているが，第三期層地すべりのような明瞭な平板上の鏡肌はみられない．しかしながら，地すべり粘土は地すべりに平行な方向に無数に薄く葉片状にはがれる性質があり，地すべりによるせん断帯に位置する粘土であることは明らかである．地すべりによる擦痕は泥質片岩上面についており，地すべりの方向にほぼ一致している．地すべり粘土からは顕著な湧水は認められなかったが，地下水検層では，地すべり粘土（せん断帯）下底からの顕著な流動がとらえられている．

7 地すべりの情報化

　地すべりおよび地すべりに関連する事象の情報化は，情報機器の高速化・大容量化・ネットワーク化，および空間情報の取り扱いを容易にするGIS（Geographical Information System；地理情報システム）の進歩・普及により急速にすすみつつある．これにより，地すべり地域の位置情報，素因・誘因などの各種情報やハザードマップ（hazard map；災害予測地図）作成のための社会的な基盤情報などが，全国規模で整備されはじめた．また，地すべりの大きな素因である地質・地質構造の情報化も三次元地質モデリングにより実現されつつある．さらに，リモートセンシングをはじめとする新たな情報収集技術が実用的な段階をむかえている．

7.1 地すべりとGIS

（1） GISの基本的な処理

　GISは位置を伴う空間情報をあつかうさまざまな分野に有効であり，地図等に表現される情報の整理・管理・解析においては必要不可欠なシステムとなってきた．また，地形のDEM（Digital Elevation Model；デジタル標高モデル）や地図画像およびベクトル地図などのDM（Digital Mapping）データをはじめとする基盤情報が整備されることにより，地すべり分野へのGISの導入・利用がスムーズに行えるようになりつつある．

　一般的にGISは，地理的な情報の入力・管理・分析・解析・可視化など多様な機能がある（図7.1）．GISの基本的な機能は主に次の4つにまとめられる．

①入力機能：地図等に表現された各種空間情報を数値化して入力する機能．各情報はベクトル型データやラスター型データ等の形式で，レイヤー（layer；層）に分けて保存される．

②データベース機能：入力あるいは処理された各種情報を管理し，検索，更新等を可能にする機能．データベースの検索は地図からも属性等からも可能である．

③解析機能：目的に応じて多様な情報を単独あるいは複合して，処理・解析を行うための機能．空間解析・統計処理などがある．

④出力機能：入力データや処理結果等を二次元・三次元（最近では四次元も可）に可視化して出力する機能．動画やアニメーションの作成およびCAD等への変換出力が可能なものもある．

　GISでの最も基本的な処理は，複数のレイヤーを重ね合わせて目的の情報を作成することである．例えば，①第三系の泥岩層の分布する地域，

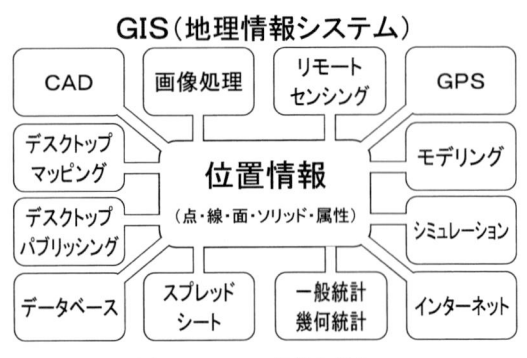

図7.1　GISの多様な機能．

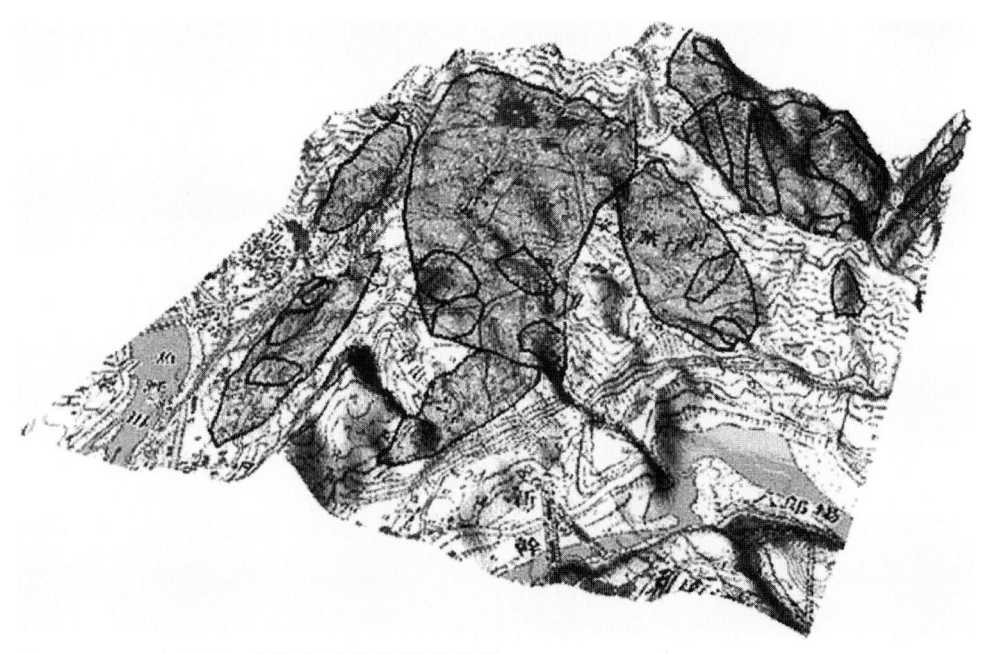

図7.2 GISによる地すべり地域の三次元的可視化例.
DEMを用いて地図画像を三次元表示し，地すべり分布図を重ねて表示した．回転・拡大縮小等が動的に行える．

②起伏が大きい地域，③植物の活性度の変化している地域の3つの条件が一致する地域の抽出は，次の3つのステップで行う．(1)それぞれの条件を含む次の3つのレイヤーを作成する．①地質図，②地形起伏量図（DEMから作成）および③植物活性度の変化図のレイヤー（人工衛星画像等から作成）．(2)各レイヤーで条件を満足する地域をそれぞれ抽出する．(3)これら3つの論理積を求め，その結果を表示することにより目的の地域が得られる．

GISは高精度の空間情報管理機能をもつ．これにより，日本全国を対象とする地すべり分布図などの広域な情報から，1つの地すべり地を対象とした地域の情報までを同精度で取り扱うことが可能である．また，自然環境から社会的な情報まで，多様な空間情報を同一のデータベース上で管理し，解析を行えるため，地すべり分布図の作成から，地すべりハザードマップ作成までを1つのシステム上で実現可能である．さらに，三次元や動画などの表現，およびインターネット利用などの最新の情報化技術の導入により，地すべりに関する情報の高度な可視化（図7.2に例を示す）とその発信が可能である．

(2) 地すべりに関連するGISの基礎情報

地すべりに関連するGISの基礎情報は多様である．現在活動している，あるいは過去に発生した地すべり地等の分布・記載的情報をはじめ，地すべりの自然的素因となる地形・地質・地質構造・土壌・植生分布などの情報，誘因となる気象条件・水文地質・地震などの情報がある．また，地すべりの人的素因となり得る開発（例，道路（切土）・ダム）の情報などもある．さらに，防災面からは地すべり災害の被害予測をするための情報（例えば，土地利用・住宅・道路・構造物など）も必要である．

地すべり情報

地すべりの現在の実体と過去の発生状況や運動像を情報化する．とくに，今後の運動予測を考える場合は，時間軸をもつ情報としてとらえる必要

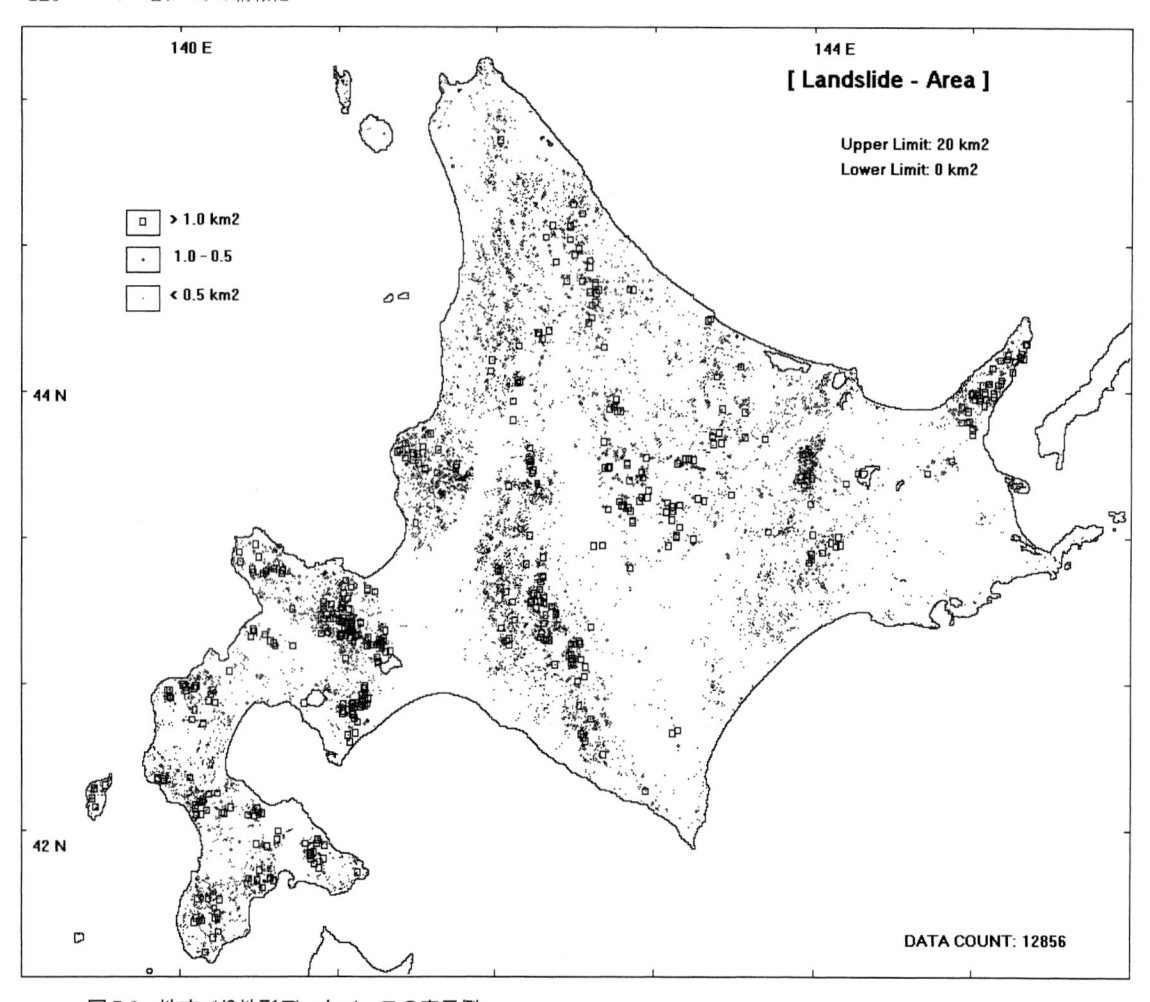

図7.3 地すべり地形データベースの表示例.
山岸ほか（1997）を用いて作成した地すべり分布図（面積による区分）に海岸線を重ねて表示した．

があり，四次元情報としての取り扱いが必要である．地すべり情報は，記載の全項目（第1部6章参照）が対象となるが，地すべり分布，滑落崖，移動体などの位置情報，内部構造，移動方向などの情報が基本となる．また，機構を解明するための運動形式や発生時期・運動履歴の情報も必要となる．なお，情報化の際には各項目の定義を明確にしておく必要がある．これらの例として，山岸ほか（1997）は，北海道地域における地すべりの位置，規模，滑動方向，滑落崖地質，基盤地質等をデータベース化し，公表している（図7.3）．

地形情報

地形を格子上の点の標高で表したDEMが一般的である．地形情報はこのDEMを基本とし，傾斜の方位・大きさ，起伏量などの基本的なものや，地形の連続性，谷密度，傾斜変換線および地形区分などがある．これらはDEMを解析することにより作成できる．なお，解析の対象の大きさなどからDEMの分解能を十分検討しておくことが必要である．日本全国を対象に作成されている国土地理院（1997）の数値地図50mメッシュ（標高）は，経緯度分割（経度2.25秒，緯度1.5秒）によるDEMであり（村上，1995），一般に良く利用されている．しかし，小規模な地すべり地の解析などには不充分であり，独自で分解能の高いDEMを作成し利用しなければならないことも多

い．既存する大縮尺の地形図を用いた高分解能の DEM の作成には，格子点の標高を人間が読みとる方法や，等高線をデジタル入力し，補間して作成する手法がある．後者の方法には等高線間の空白情報を用いる新しい方法もある（能美ほか，1999）．また，一般的な航空写真や後述する新しい技術による測量からも DEM が作成できる．

地質情報

既存の地質図にもとづき作成された地表での地質体分布を表す二次元の情報（DEM と合わせて，2.5 次元の地質情報という表現もある）が一般的である．地質情報の例としては，地質調査所の 1/100 万分地質図や 1/20 万分地質図幅集（画像）（地質調査所，1995，1999 および村上，1999）および，「日本の活断層（活断層研究会，1991）」をデジタル化したもの（ジオデータサプライ，1991）などがある．これらは分解能の点から広域での利用に限定される．地すべりに関連しては，層序区分で表現されている従来の地質図の情報に加えて，岩相区分の情報，地層の走向傾斜などを含む構造関係の情報，および詳細な節理や断層などの断裂等の情報が重要となる．岩石の変質・風化や土壌の深度などの情報も必要である．現時点では，これらの情報は一般的ではなく，目的に応じて作成する必要がある．情報化の際には，DEM と同様に分解能の十分な検討（例えば，凝灰岩層などの薄い地層が表現されるかなど）が必要である．『受け盤』や『流れ盤』などの構造的要素を扱うためには，地質図を三次元で取り扱う必要があり，後述する三次元地質モデル構築の研究・開発が行われている．なお，地質情報の基礎となるボーリングデータベースの構築が，都市域を中心に行われている．また，地質調査のデータをそのまま保存・活用するための露頭データベース（岩崎・松山，1992；横田，1996 など）や電子野帳（全国地質調査業協会連合会，1999；岩松，1999 など）システムも議論・検討されている．これらの基礎情報も含めた地質情報を GIS に構築・活用するための原理・システムの整備が今後必要である．

気象情報・水文学的情報

水に関する情報は斜面の安定性にとって重要である．また，これらの急激な変化が地すべりの誘因となり得るため，時間軸を入れた情報が必要である．基本的に降雨・降雪・積雪量・融雪量などの地表水と地下水・土壌水分などの情報に分けられる．降雨量等は気象庁のアメダスのような定点観測の情報に加え，レーダー雨量計などのように電波を用いた広域で面的な雨量が定量的に情報化されはじめた．リモートセンシングにより，積雪量をモニタリングする手法も研究されている（斉藤ほか，1999 など）．地下水の水位および水質等計測データの情報化は小領域では実現され，防災面で利用されている．これらの直接的な計測に加えて，リモートセンシングによる広域での土壌含水比の定量や土壌水分推定の研究が行われている（宇都宮，1981；大久保ほか，1999 など）．また，植生情報の変化から，間接的に水環境の変化を推定する場合もある．

他の情報

土地利用の情報は国土地理院などで精力的にデータベースされ始めた．とくに都市域では数年ごとの 10 m メッシュの分解能をもつ情報がすでに公開されている（国土地理院，1999）．ダムや切土情報なども，局部的ではあるが三次元的に情報化が行われている（福原・谷，1999 など）．人的な被害を予測するための住宅・道路・構造物などの情報は，情報整備基盤事業として国・地方自治体において着々と準備がされつつある．また，国勢調査のメッシュ情報なども GIS 上で利用可能になってきた．

GIS の基盤データとなる各種情報源はクリアリングハウス（Clearinghose）から入手できるようになりつつある．クリアリングハウスとは，情報の所在地，形式，入手方法などのメタデータの情報センターである．現在，日本の各省庁で作成

図7.4 インターネットGISによる地すべり分布図（防災科学技術研究所，2000から）．

された各種地理情報は国土交通省や国土地理院等により運営されるクリアリングハウスで検索可能となりつつある．また，データも公開の方向に向いつつあり，その試行が行われている（国土交通省：GIS整備普及支援モデル事業など）．

（3） GISの活用

構築されたGISを活用する主な目的は，(1)地すべり情報の蓄積・管理，(2)地すべり地の抽出，(3)地すべりの素因・誘因の解明，(4)地すべりの発生・運動の予測と対策，(5)地すべり被害のシミュレーションやハザードマッピング，および(6)地すべり情報の情報公開などである．

GISの活用例としては，DEMから傾斜区分図，傾斜指標図，傾斜変換点図，緩傾斜分布図等を作成し，地すべり地の自動抽出を試みた高山ほか(1998)の研究から，地すべり活動の予測モデルの構築（Chung and Fabbri, 1999），さらには地震による地すべりのハザードマップ作成（Jibson et al., 1998）などまであり，幅広い目的で利用されている．防災科学技術研究所は，インターネットGISを用いて地すべり地形分布図をホームページで参照するシステムを開発し，滑落崖や地すべりの範囲などを詳細に分類した地すべり地形分布を1/50000地図画像上に重ね合せて表示できる（図7.4）とともに，ベクトルとして情報化したデータをダウンロードして利用できるようにした（井口，2001および防災科学技術研究所，

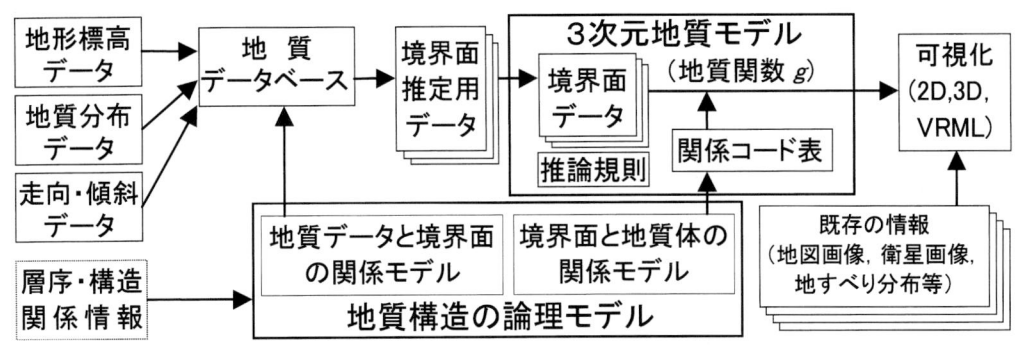

図7.5 GISによる三次元地質モデルの構築手順の例．

2000)．さらに，現場写真までも含めた詳細な記載情報をそのまま記入できるシステムも開発されてはじめている．綱木（1999）は建設省の斜面カルテ（建設省傾斜地保全課，1998）に対応したGISによる地すべり危険箇所データベースの事例を紹介している．Raghavan et al. (2001) はインターネットからこれらの情報を入力・更新・公開できる試験的なシステムを開発している．

地すべりの各種解析に必要な情報は，さまざまな単位・次元で表される定量的なものと定性的なものがある．例えば，斜面の傾斜は角度で表され，地質体は属性（性質あるいは形成した時代・環境などに関連した情報）で表されている．このような多様な種類のデータの解析は，「数量化理論」などを用いた種々のアプローチが行われている．

今後，地すべり分野へのGISの活用は，一般行政でのGIS利用が普及するとともに，ますます発展することが予想される．

7.2 地すべりと三次元地質モデル

(1) 三次元地質モデルとは

従来の地質情報は地質平面図や地質断面図のような二次元とそれらをつなぎ合わせた表現で示されていた．しかし，地質情報は本来三次元の情報であり，地すべりと地質の関係を考える場合，地下の分布・構造を三次元的に情報化する必要がある．このような情報を提供するために，三次元で地質解析を行い，三次元地質モデルを構築する方法が開発され始めた．従来，地質分野で扱われてきた情報は，数値情報（標高など）・定性的情報（岩相など），および関係情報（累重関係など）である．地質解析にはこれら多様な情報を有機的に組合せ利用されてきたという特殊性があり，情報化がすすまない要因であった．近年の情報化技術を用いて地質解析を行い，その結果である地質図をモデル化したものが三次元地質モデルである．

三次元地質モデルの構築手順は①データの収集，②層序・構造の確立，③論理的モデルの構築，④データの再評価，⑤幾何学的モデル（三次元地質モデル）の構築である．ただし，現時点では①と②の作業では豊富な知識と経験をもつ専門家の総合判断が必要であり，データベース化などの補助的な作業を除いて計算機利用は難しい．したがって，現在普及している三次元地質モデリングのソフトウェアは基本的に③以降の作業を行っている．これらの三次元地質解析のソフトウェアは，ボーリングデータベースを含む地質情報の管理機能，地下水浸透解析や応力変形解析などへのモデル作成機能，各種CADやGISへのデータ変換提供機能，および各種表示機能などを備えている（例えば，Vulcan (Maptek, 2001)，GEORAMA (CRCソリューションズ，1999)，GeoCALS（国際航業，1998）など．また，一般的な二次元のGISで三次元モデルを構築する方法も開発されている（升本ほか，1997）．なお，これらは地

図7.6 三次元地質モデルと地すべり分布の表示例（新潟県小千谷地域）.

すべり面を境界面として三次元的に取り扱うことも可能で，地すべり形態の三次元モデル化にもそのまま利用できる（梶山ほか，2001 など）．

図7.5 に GIS 上で三次元地質モデルを構築する手順の例を示す．基本的には地質体を境界面の関係から表す論理モデルの構築作業と実データからその境界面を推定する作業を行い，幾何学モデルを構成することにより三次元地質モデルが構築される．これにより地下の地質体分布および地質構造の情報化が実現される．新潟県小千谷地域で作成した三次元地質モデルに地すべり分布図を重ねて表示した例を図7.6 に示す．このモデルの地形データには国土地理院の 50 m メッシュを用いた．また，地質データは野外調査の結果からではなく，地質調査所発行の地質図幅「小千谷」（柳沢ほか，1986）を基礎情報として利用した．

（2） 三次元地質構造情報の応用

三次元地質モデルを導入することにより，地すべり解析を対象とする三次元空間内の地質分布，地層の走向傾斜等の情報を容易に抽出でき，より高密度な解析が可能となる．また，地質情報を有効に反映した三次元の斜面解析や地下水浸透解析などが可能となる．ここでは，その例として地形面と地層の走向傾斜との関係を表現する方法を示す（根本ほか，2001）．これにより，斜面が流れ盤か受け盤かという定性的な情報ではなく，各種の数値・統計解析に有効に利用できる定量化した情報を得ることが可能となる．

地形面と地層面の関係を，地形面の傾斜方位を除いた3つのスカラー量（地形面の傾斜角 θ，相対傾斜方位 μ，相対傾斜角 ϕ）によって表現する．これらの関係は，図7.7 に示す地形面と地層面の各ベクトル成分の関係で求められる．地形面の傾斜角 θ を一定にとった時の相対傾斜方位 μ と相対傾斜角 ϕ の関係を図7.8 に示す．

この原理を実際に応用した例を示す．対象とした地域は三次元地質モデルの例として示した新潟県小千谷地域の北部地域（南北 14.4 km×東西 15.6 km）である．図7.9 に対象地域の三次元地質モデル，地形面の傾斜角 θ，相対傾斜方位 μ，相対傾斜角 ϕ を求めた結果をそれぞれ示す．なお，段丘層・沖積層の地域は対象外とした．このように，地層面と地形面の関係をスカラー量で表すことにより，受け盤・流れ盤の概念が数値として解析や統計的手法で利用可能となる（根本ほか，

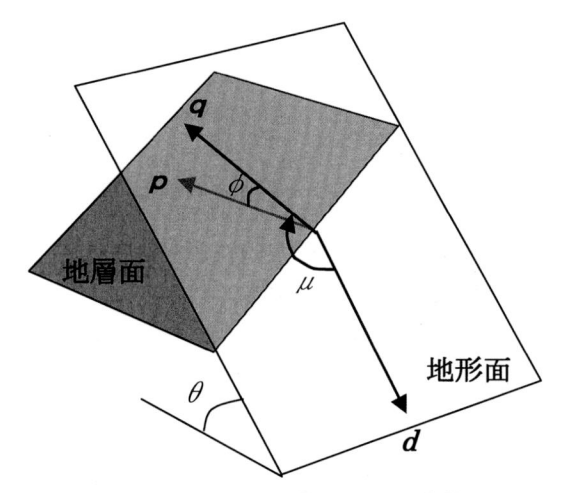

図7.7　地形面と地層面の法線ベクトルの定義（根本ほか，2001）．
　d：地形面の傾斜ベクトル，p：地形面に対する地層面の傾斜ベクトル，q：ベクトル p を地形面に投影したベクトル，θ：地形面の傾斜角，μ：相対傾斜方位，ϕ：相対傾斜角．

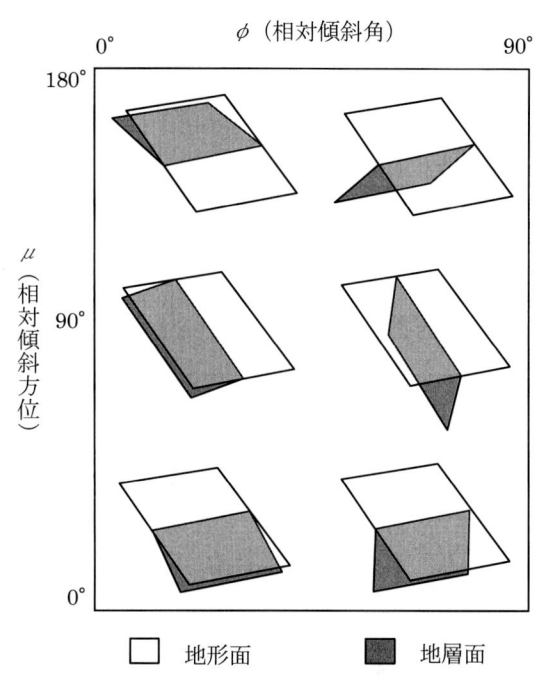

図7.8　地形面の傾斜角 θ を一定とした地形面と地層面の関係（根本ほか，2001）．

7.3　地すべりとリモートセンシング

（1）　リモートセンシングとは

　リモートセンシングとは，一般に「直接的に対象物にふれることなく，受動的，能動的を問わず，何らかの方法で対象物からの電磁波の反射・放射・散乱等を観測することにより，対象物に関する情報を収集すること」（資源・環境観測解析センター，1996）である．広範囲に幅広い目的の観測を対象とした人工衛星や局所的な限られた事象の観測を対象とした航空機などを，センサーを搭載するプラットホームとする．情報（データ）の取得には，一般的な可視光から熱赤外域までの光学・赤外センサーなどの受動方式とマイクロ波の送受信を行う SAR（Synthetic Aperture Radar：合成開口レーダ）を代表とする能動方式がある．なお，地すべりの地形解析に多用される空中写真判読もリモートセンシングといえる．

　電磁波とセンサーの特性により，得られる情報の性質と空間分解能が異なる．受動的なセンサーとしては，可視・近赤外および赤外領域が一般的であり，個々の画像や複数のバンドの画像を用いた多様な解析が行われている．地すべり地の判読・抽出，発生箇所の把握・予測などの研究がある（後藤ほか，1985；島，1982；上林・石森，1990など）．また，広範囲な植生分布や土地利用の情報を得ることができ，地すべりの素因やハザードマップ作成のために利用できる．地すべりの影響による植物へストレスや植生の活性度などの変化の情報が得られる場合もある．

　立体視可能な画像を取得するステレオセンサー（JERS-1やSPOTなどに搭載）を用いて地形情報を得ることもできる．これらは，航空写真測量と同様の原理で行われるが，現時点では人工衛星画像から得られる標高は分解能が悪く実用的ではない．ただし，陸域観測技術衛星ALOS（Advanced Land Observing Satellite；2003年に打ち上げ予定）では，地上分解能2.5mの3式（直下視・前方視・後方視）の画像から，1/25000程度の高精度DEMを作成する予定であり，航空

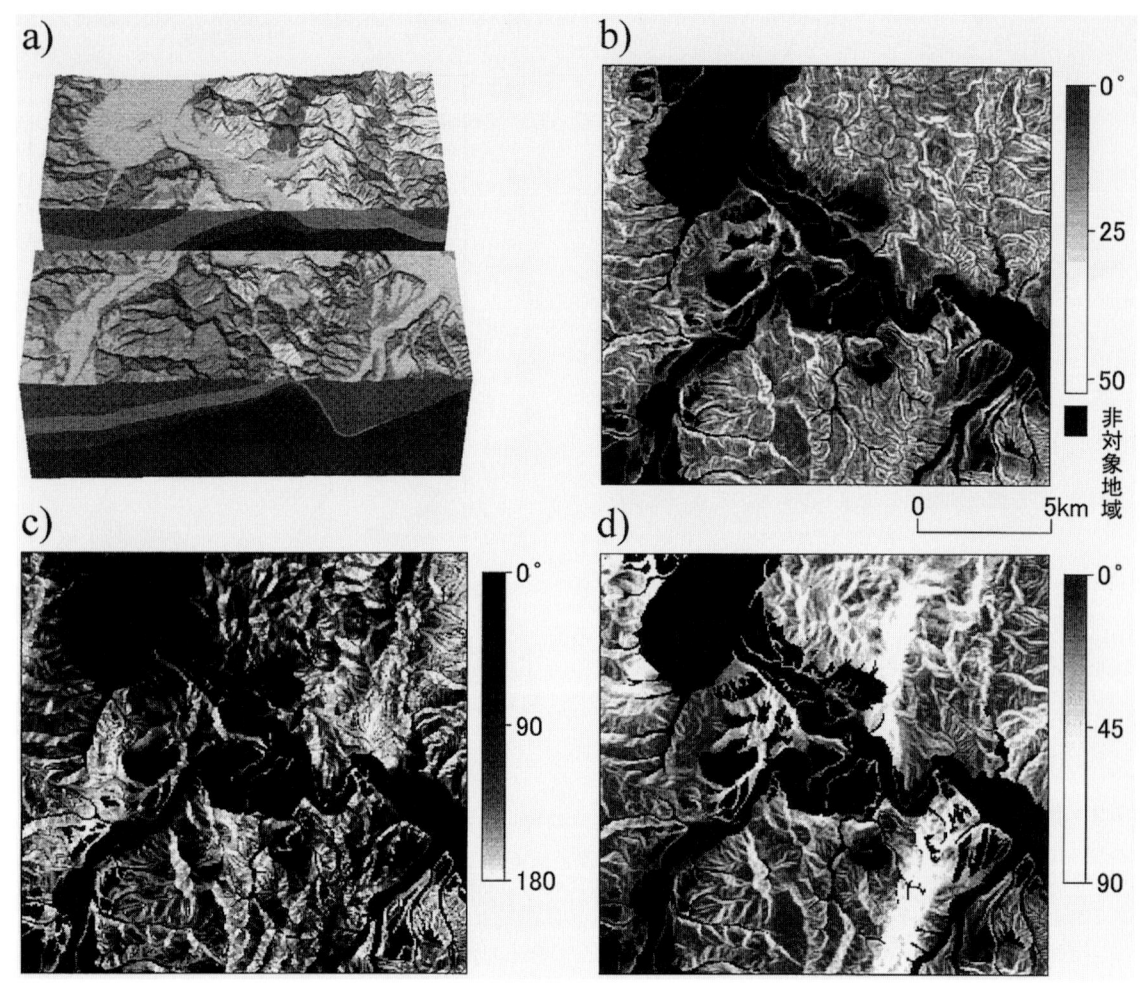

図7.9 地形面と地層面の関係の具体例（新潟県小千谷地域北部）．
a）三次元地質モデル，b）地形面の傾斜 θ，c）相対傾斜方位角 μ，d）相対傾斜角 ϕ（根本ほか，2001）．

機による空中写真とは異なるより連続した情報の入手が可能となる．なお，現在稼動している商用の人工衛星（IKONOS等）の画像は，地上分解能1mと非常に高分解能であり，地すべりを含む災害地域の把握・確認等には有効である．

（2） 運動を捉える新しい目

近年，SARをはじめとするセンサー技術の発達により，地すべりに関連する情報（地形，変動（運動）など）の新しい入手方法が開発されつつある．

SARはマイクロ波を対象に斜めに送信し，反射波を受信する能動方式のセンサーである．人工衛星（例えば，JERS-1, RADARSATなど）や航空機に搭載され利用されている．SARの特徴としては，①マイクロ波は大気中での影響（大気・雲（波長によっては雨）による減衰）が少ない，②能動方式であるため夜間でも情報が入手できる．③対象から反射されたパルスの振幅と位相の情報をもとに，画像作成だけでなく，2つのデータ間の位相差から干渉処理が行える（InSAR；インターフェロメトリックSAR）などがある．これにより，地すべり研究に関連しては，面的な三次元計測による地形のDEMの作成や変動量の検出を行うことが可能である（図7.10，国土地理院，国土地理院航空機SAR）．とく

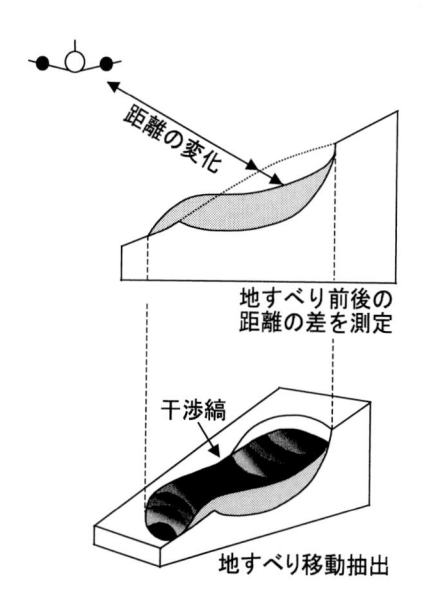

図7.10 SARによる地すべり地形変動量抽出の概念図（国土地理院のホームページより引用）.

に異なる時期に同期観測を行い変動量を求める方法では非常に高精度の変化量（波長によるが，cmオーダーも可）を求めることもできる．SARを用いた地すべり地抽出例には，清水・大八木（1989）による航空機SAR画像を用いた判読や，Kimura and Yamaguchi (2000) によるJERS-1のSARを用いたInSARによる解析などがある．

この他に，広義のリモートセンシングとして3Dレーザースキャナやレーザープロファイラーなどの新しい測量方法が開発されている．これらは対象地域からはなれて，あるいは航空機からリアルタイムに地すべり地の地形の三次元モデル等を作成することが可能である．また，連続観測が行えるために，変動量も簡易に得ることが可能であり，SARなどに比べて小領域ではあるが，より高精度で短い時間間隔の情報を得ることができ，詳細な地すべり活動の監視に有効である．また，GPS (Global Positioning System) による地すべり等のモニタリングシステムも実用化されている．従来，変位計等により行われてきたモニタリングを，GPS衛星からの電波の位相差用いて行うシステムで，精度的にはmm～cmオーダーでの変位の連続計測が可能である．

第2部
地すべり研究の事例

1　近畿地方の地形・地質特性

2　内帯北部・内帯中部

3　内帯南部

4　外帯北部

5　外帯南部

6　火山体・火山岩および人工地盤

1 近畿地方の地形・地質特性

　本書で示す地すべりの事例は近畿地方を主体とし，一部四国あるいは中部地方の地すべりの事例をとりあげた．それは，近畿地方および周辺地域は日本海と太平洋の2つの海洋に接しており，次節で示すような日本列島の主要な地質帯が中央構造線を境にして内帯と外帯に二分されて分布する．すなわち，日本列島の骨格をなす中・古生代の付加体である堆積岩類・変成岩類，白亜紀～古第三紀の酸性火成活動による深成～噴出岩類，外帯の白亜紀～新第三紀の付加体岩類を基盤岩類とし，これらを覆う被覆岩類には新第三系（一部は古第三系），第四紀堆積岩類と火山岩類が分布し，基盤岩類に関しては西南日本のすべての地質帯が近畿に分布している．いわば，日本列島の縮図といってよい．

　このため，日本の代表的な硬質岩・軟質岩の両タイプの地すべりが多発しており，他の地域ではみられない特徴となっている．それに，本書の執筆者は近畿地方在住者を主体としたため，日頃から取り扱っている近畿地方の地すべりを主対象とした．このような理由で地すべりの事例が近畿地方を主としたが，前述の理由により，紹介する事例は日本を代表する地すべりとみなしてさしつかえない．

1.1　地形・地質の概要

　近畿周辺地域の基盤岩類は，内帯では北から飛騨帯・飛騨外縁帯・秋吉帯・三郡帯・舞鶴帯・超丹波帯・美濃～丹波帯・領家帯に，外帯では三波川帯・秩父累帯（黒瀬川構造帯を含む），四万十帯に区分される．これらは西南日本島弧の方向に並走して分布し（図1.1.1），ことに外帯では顕著である．これらは古生代から中生代・新第三紀にいたる間に形成された付加体が主体となっている．

　これに加えて，近畿地方中部から北部，さらに中国地方にかけて，また，中部地方にかけて，白亜紀後期～古第三紀の酸性火成活動による花崗岩類と流紋岩～安山岩質の溶岩・火砕岩類が広く分布している．これらの酸性岩類の分布は，前述の先白亜系の構造と必ずしも一致していない（図1.1.2）．

　基盤岩類を覆う被覆岩類の主体は，2つの異な

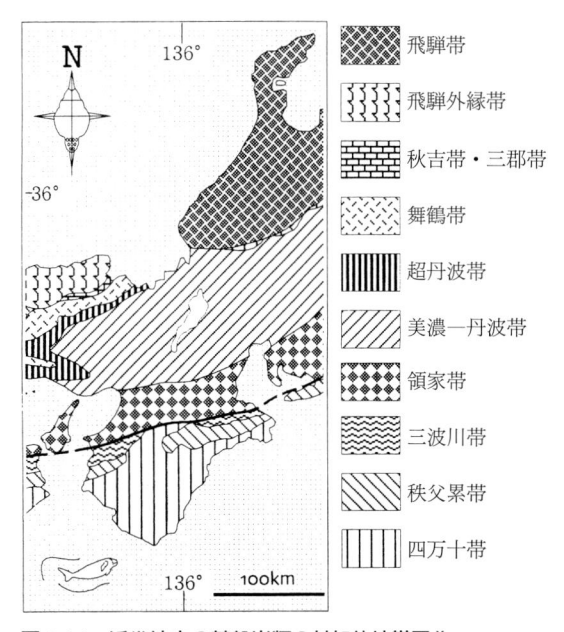

図1.1.1　近畿地方の基盤岩類の付加体地帯区分
（横山・柏木，2001）．

138   1 近畿地方の地形・地質特性

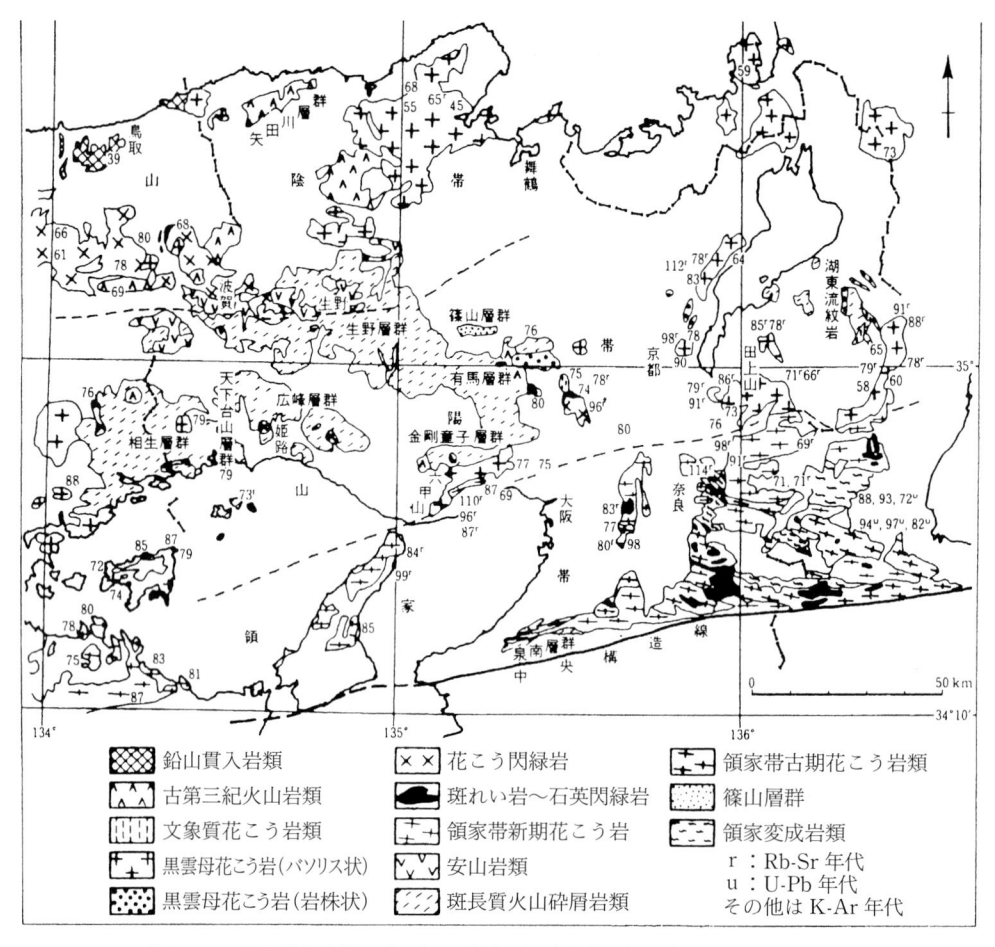

図1.1.2 近畿地方内帯の白亜紀～古第三紀の火成岩類分布図とその放射年代
(中沢ほか編，1987).

る新第三系である．その1つは日本海側に分布するいわゆるグリーンタフ新第三系で，北陸地方へと北東へ連続し，北陸区と一括されている．なお，西方は山陰地域（山陰区）に，北東方には北海道西部渡島半島にいたるまで分布を広げている．他の1つは，近畿中央部にほぼ東西に並ぶ比較的小規模の新第三紀堆積盆地であり，ここには室生・二上火山の噴出岩類もみられる．これらは，瀬戸内区と呼ばれる地層群に属する．

近畿地方中央部では，大阪平野・京都盆地・琵琶湖地域に広く分布する大阪層群・古琵琶湖層群は日本を代表する第四系である．さらに，近畿地方北部には，現在は火山活動をしていないが，神鍋・鉢伏・氷ノ山等の火山があり，神鍋・城崎の玄武洞はアルカリ玄武岩として有名である．

近畿地方の地形は，大局的に但馬・越前山地，丹波高原（中国山地東部）・近畿トライアングル（三角地帯）・紀伊山地に区分される（図1.1.3）．近畿トライアングル（Huzita, 1962）には，大阪平野，京都・奈良盆地，琵琶湖地域，和泉山地・鈴鹿山地などが含まれる．現在の地形は，基本的に基盤の地質とネオテクトニクスに支配されて形成されたものである．ネオテクトニクスをどの時代からのものとするかにはいろいろの見解があるが，近畿地方では鮮新世以降の六甲変動（Ikebe, 1966）からとされている．とくに，その最盛期とされる中期更新世以降の運動によって，近畿地方を含めた西南日本の地形が形成された

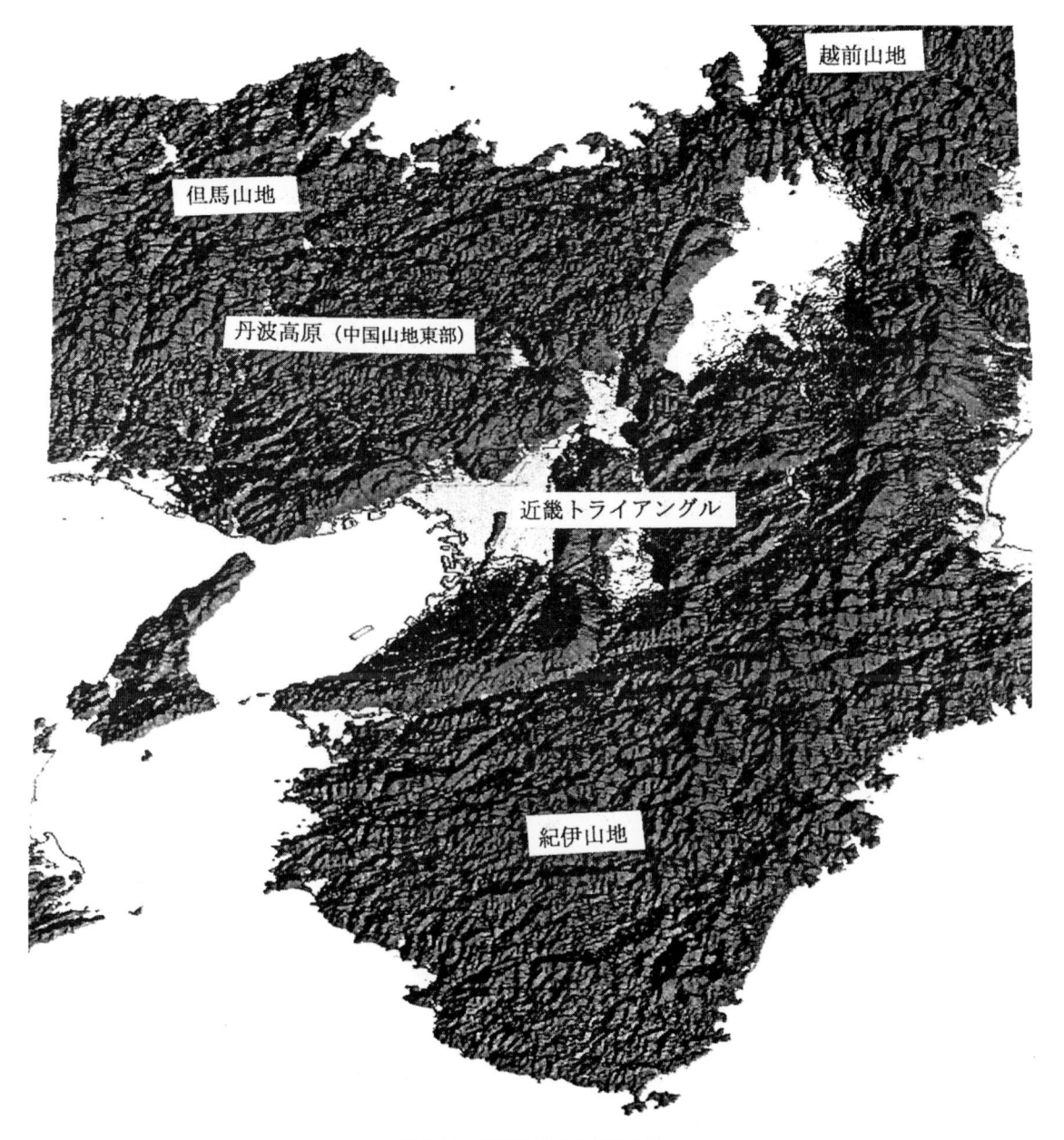

図 1.1.3　近畿地域の大地形分布
国土地理院数値地図 50 m メッシュ（標高）にもとづき作成.

（近畿地方土木地質図編纂委員会，1981）.

1.2　近畿地方の地質特性

　日本列島の基盤岩体は，西南日本に広く分布しており，前述の区分で設けた地帯はすべて近畿に分布している．それらを時代別に分けると，次のようである（中沢ほか，1987；兵庫県土木地質図編纂委員会，1996 など）．これらは，現在の地質学によれば，大部分が付加体であり，泥質岩を主体として海洋プレートや海山の断片が混在するメランジュ相と，タービダイトと呼ばれる整然とした砂岩泥岩互層が主体の粗粒砕屑物整然相の 2 つがあげられる．西南日本の付加体の主な地質柱状

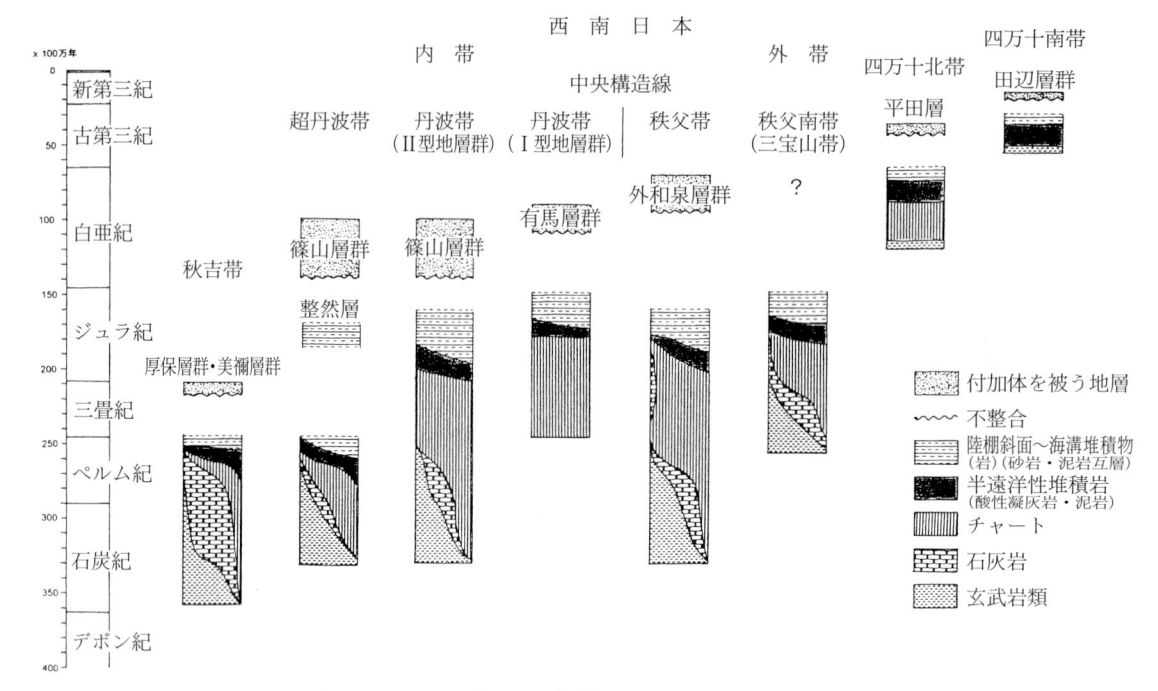

図 1.2.1 西南日本の主な付加体の模式地質柱状図 (兵庫県土木地質図編纂委員会, 1996).

図を図 1.2.1 に示す．このような付加体については次節で説明する．
(a) 東アジア大陸とその縁辺部堆積物，および海洋地殻の残骸
　飛騨帯：中朝大陸地塊の先カンブリア時代〜古生代の変成岩類（日本最古の地質体を含む），ジュラ紀花崗岩類ならびに陸成堆積岩類
　飛騨外縁帯・黒瀬川帯：大陸や海洋地殻断片・前弧海盆堆積物・付加体が混在する蛇紋岩メランジュ帯
(b) ペルム紀〜トリアス紀付加体とその変成相
　秋吉帯：主としてペルム紀付加体とジュラ紀浅海〜汽水・陸成堆積物
　三郡帯：ペルム紀〜ジュラ紀付加体が高圧変成作用を受けた地帯
　舞鶴帯：ペルム紀の海洋地殻および島弧緑色岩類と陸棚堆積物
　超丹波帯：ペルム紀付加体とこれを覆うトリアス紀〜ジュラ紀の堆積岩類
(c) ジュラ紀付加体と変成作用
　美濃〜丹波帯：ジュラ紀のメランジュ相とチャート卓越相から成る付加体
　領家帯：丹波帯などのジュラ紀付加体が高温変成作用を受けた地帯
　三波川帯：秩父帯などのジュラ紀付加体が高圧変成作用を受けた地帯
　秩父帯・三宝山帯（秩父累帯北帯・南帯）：主としてトリアス紀〜ジュラ紀付加体
(d) 白亜紀海成堆積岩類
　和泉層群・物部川層群・外和泉層群・砂岩泥岩互層（タービダイト）が主体，横ずれ堆積盆の堆積物
(e) 白亜紀〜古第三紀の酸性火成活動
　花崗岩類・流紋岩質噴出岩類：大陸地域における火成活動の産物
(f) 白亜紀〜古第三紀付加体
　四万十帯：付加体や前弧海盆の堆積物および海洋地殻が混在するメランジュ
(g) 古第三紀湖成（〜河成）堆積岩類
　神戸層群：大陸内部に形成された湖沼・河川に

おける堆積物

　付加体の形成時期は，北側の秋吉帯から，超丹波帯・美濃〜丹波帯・秩父帯・三宝山帯・四万十帯と南側になるほど新しくなる．秩父累帯としてしばしば一括されている地帯は，その中に黒瀬川帯という付加体と異なる大陸起源の地質体が含まれる．近畿地域に限らず西南日本に共通する基盤岩類の特徴は，次の諸点である．
①中央構造線で内帯と外帯に二分される．
②基盤岩類は当時の南方にあった海洋プレートに伴って運ばれた物質が東アジア大陸縁辺部の海溝・前弧に形成された付加体および前弧堆積物が主体である．
③東西方向の帯状配列が明瞭である（とくに外帯）．
④内帯における白亜紀〜古第三紀の酸性火成活動による花崗岩類・流紋岩類は，東アジアにみられる特徴的な火成活動であり，中国大陸から朝鮮半島へ，さらに時代を経るにしたがって日本列島へと活動の場が変遷した．
⑤これらの火成岩体は，内帯の基盤岩類の帯状配列を不明瞭にさせていること．
⑥古第三紀に，火山性の物質を多量に含む淡水成の地層が形成されたが，工学的には新第三系と同等の場合もある．
⑦中部から近畿地方にいたる基盤岩類には，第四紀の断層，いわゆる活断層が顕著に発達しており，これらの断層群によって近畿中央部で近畿トライアングル地帯が形成されている．

　一方，被覆岩類は，新第三系と第四系ならびに火山噴出物から成り，次のような特性が指摘できる．
①東北日本と同様に，中新世のグリーンタフ層が日本海側に沿って分布している．
②火山活動は東北日本ほど激しくはなく，日本海側に分布するのみである．また，外帯には火山はみられない．
③近畿中央部を東西に横断する形で，瀬戸内区に属する新第三紀中新世の地層，ならびに火山噴出物が分布している．
④紀伊半島の外帯の一部に，付加体とは異なる新第三紀の地層が分布しているほか，酸性の貫入岩体が形成されている．
⑤近畿内陸部に河成〜湖成の堆積層が形成され（古琵琶湖層群），現在の琵琶湖の形成に関与している．
⑥平野・盆地に第四紀堆積物（大阪層群など）が形成され，上部では気候変動の影響で海水面変化が顕著になり，海成層と非海成層が交互に現れるようになった．
⑦活断層の発達する地形は，平野・盆地部と山地との対立を生み，その境界部は断層を介して落差 2000 m を超える．また，山地にはリニアメントといわれる線状地形が発達している．
⑧大阪湾岸に沿って，大規模な埋め立て地が分布している．

　カラー図版(I)に，西日本の地すべりの分布と地質図を示す．原図は地質体が細分されており，それぞれ異なる色調で表現されている．この地質図で，白色に近い淡泊な色で示される地域は，平野や丘陵を構成する第四系や沖積層で占められ，濃色の地域は通常基盤岩類である．また，赤色系は花崗岩や流紋岩質噴出物など酸性の火成岩体を表している．

1.3　付加体の地質学

　西南日本外帯，とくに，四国は見事な東西帯状の地帯配列によって特徴づけられる．その内，非〜弱変成堆積体が分布するのは，秩父累帯と四万十帯である．長らく，そこに分布する地層はそれぞれ「秩父古生層」および「未詳中生界」と総称され，それらは，古生代の「秩父地向斜」および

中生代の「四万十地向斜」呼ばれていた，現在の場所に位置していた仮想的な堆積盆において形成されたとみなされてきた．また，その層序や年代は，秩父古生層の場合はもっぱら石灰岩に含まれる紡錘虫化石によって，また，四万十帯の場合にはごく稀に産するアンモナイトや貝化石等の大型化石によって決定されてきた．ところが「プレートテクトニクス」という「新しい地球観」の登場によって，1970年代にはそれまでの学問体系が根底から覆されて地球科学は一変した．その結果，例えば，地層の形成過程に関する問題も真に現在の地球上で進行しつつある物理・化学的過程の枠組みの中で議論できるようになった．一方時期を同じくして，それまで示準化石としてあまり有効とはみなされていなかったコノドント化石や放散虫化石といった微化石の層序学が急速に進展し，また，そのような化石が大型化石が含まれないような種々の岩相から抽出されるようになった結果，地層の年代論も一変することとなった．

地球科学における新しい展開によって，日本列島の形成・発展に関する議論も著しく進展した．大陸と大洋の境界に位置するという現在の日本列島の造構的な枠組みは，実は過去から基本的には変わっていなくて，したがって，大陸の下に沈み込む海洋プレートの運動によって，次々と衝突・付加して寄せ木細工のように集積した「付加体」が，段階的に日本列島を成長させていることが次第に明かとなってきた．そのようにして集積した地質体は「テレーン」を形成する．テレーンとは，周囲が断層で境され，地質学的にまとまりをもった地層や岩体の集合体をいい，隣り合うテレーンは相互に異なった地史をもつ（水谷，1988）．国土が狭く基本的な地質情報が蓄積している日本では，それまですすめられてきた地帯区分と新しい概念にもとづくテレーン解析の結果とが大きく異なることはないので，以下でも基本的には伝統的な地帯区分にもとづく名称を使用する．

「付加体」とは，海洋プレートが大陸プレートの下に沈み込む際に，海洋プレートの一部が剝ぎ取られて陸側プレートに付け加わる（付加する）ことにより形成される地質体をいう．したがって付加体には，海洋プレートや海山を構成する緑色岩類（その主体は枕状溶岩），海洋プレートにのって運ばれてきた遠洋ないし半遠洋の堆積層（石灰岩，チャート，遠洋性粘土岩，多色頁岩），あるいは，砂岩/泥岩互層や厚層砂岩が含まれる．付加体を構成する地層は，岩相の上から大きく，粗粒砕屑岩相とメランジュ相の2つに分けられる．粗粒砕屑岩相からなる付加体は，西南日本外帯でいえばとくに四万十帯に特徴的に分布する．さまざまな量比で互層する砂岩と泥岩（タービダイト）からなり，それは大陸斜面で発生する乱泥流によって海溝底で形成された深海堆積層とみなされる．一般によく成層しているが（整然層と呼ばれる），海底地すべりなどによって形成されたオリストストロームを含む．一方，メランジュ（混在岩とも呼ばれる）は泥質岩を主体とし，その基質中に種々の年代を有する多様な種類の岩層が，顕微鏡サイズ（数mm）から地質図に表現可能な数kmの大きさにわたる大小のクラストあるいはブロックとして含まれる地質体をいう．ブロックは，砂岩・砂岩／泥岩互層・緑色岩類・チャート・多色頁岩・石灰岩などである．それは，四万十帯などでは広く分布する粗粒砕屑岩相の地層と断層関係でサンドウィッチ状に挟み込まれるように，幅の狭い帯状の分布をする．

このような付加体がどのようにして形成されたかは，付加体の層序・岩相・構造上の特徴，とくに，放散虫微化石年代や古地磁気のデータに加えて，付加過程が現在進行中の南海トラフなどにおける造構過程が解明されたことによって，次のように考えられている．

海嶺で誕生し，海溝に向かって移動してきた海洋プレートの最上位に最後に堆積するのは，海溝を充填する陸源粗粒砕屑物からなるタービダイト（砂岩／泥岩互層）である．そのような海洋プレ

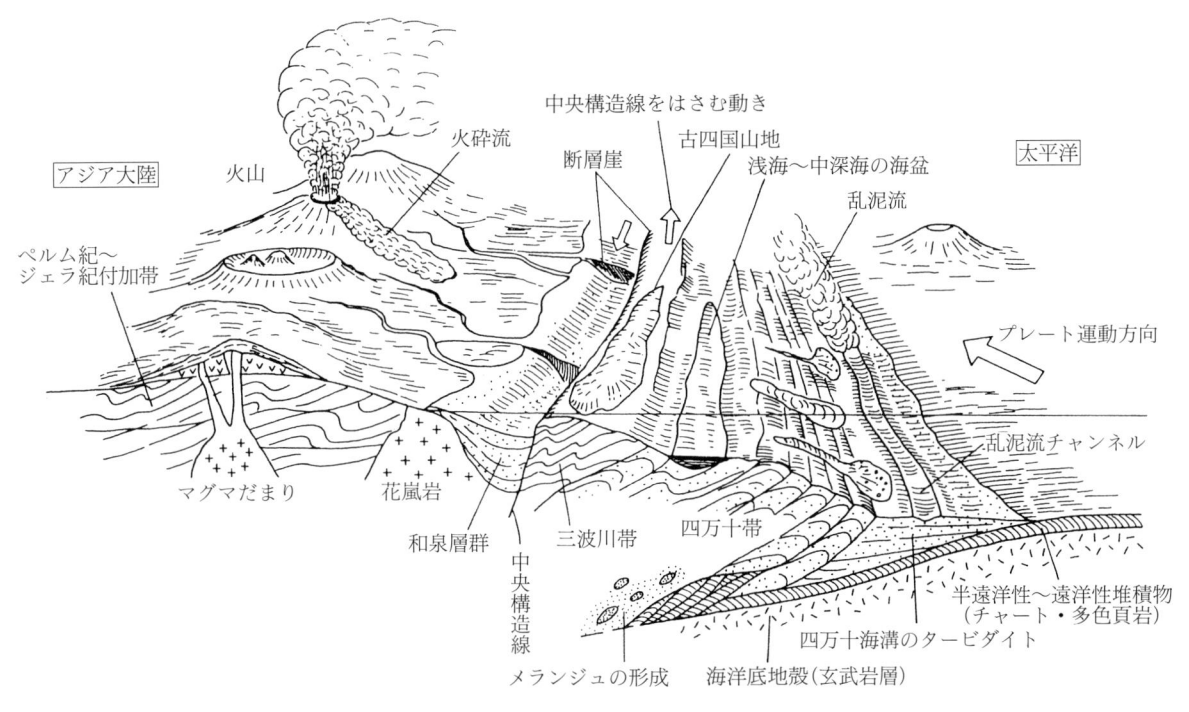

図 1.3.1 中生代白亜紀後期における四万十帯付加体の形成を示す模式図（平, 1990）．
当時の西南日本内帯における珪長質火山活動など，造構環境が合わせて示されている．

ートは最終的に海溝で沈み込むが，その海洋プレートに水平方向の圧縮力が作用することによって，タービダイトの中に陸側に傾く衝上断層が段階的に発達して，タービダイトは沈み込む海洋プレートから順次はぎ取られる（はぎ取り作用；off-scraping）．結果として，タービダイトは覆瓦スラスト構造（覆瓦ファンが一般的で，デュープレックスも含まれる）を形成しながら，海溝内側斜面基部に順次付加することになる．これが粗粒砕屑岩相の付加体である．その結果，衝上断層で断たれたタービダイト層より下位の半遠洋〜遠洋性堆積物（泥岩・多色頁岩・チャート・石灰岩など）は海洋プレートそのものとともに沈み込み帯のより深い部分に沈み込むことになる．その過程で進行するさらなる断層運動によって，ついには，沈み込む海洋プレート自体も破壊されるようになり，海洋プレートから枕状溶岩（緑色岩類）より上位の海洋プレート物質が分離し，「底付け作用（underplating）」と呼ばれる過程によって沈み込み帯深部で陸側プレートに付加することになる．

このようにして形成されたのがメランジュ相の付加体（テクトニック・メランジュ）である（加賀美ほか，1983；Hada, 1988）．なお，メランジュには，現在日本海溝に沈み込もうとしている第一鹿島海山でみられるように，海山が海溝域に到達して崩壊するような堆積的な過程によって形成されるオリストストローム起源のメランジュ（堆積性メランジュ）も含まれる．

さらに，これらの付加体が形成されることによって発達していく海溝内側斜面内部では，短縮運動に伴ってその後も逆断層運動が進行し，海溝内側斜面には凹凸に富んだ海底地形が形成される．そのようにして形成される付加体基盤上の斜面海盆あるいは海段と呼ばれる部分に，陸側から乱泥流などによってもたらされる砕屑物が堆積する．このようにして形成されたのが，整然層である前弧海盆堆積層である．ただし，そのような堆積場は造構的に不安定であることから，前弧海盆堆積

層にはしばしば海底地すべり堆積層が伴われる．

以上のような付加体形成の造構過程を四万十帯を例に模式的に示したのが**図 1.3.1**（平，1990）である．秩父累帯や四万十帯を主に構成するのは，このような過程を経て形成された付加体である．

1.4 近畿地方の地すべり地帯

口絵1の地質図に「地すべり指定地」と「地すべり危険地」を示した．地すべり指定地は，地すべり等防止法により地すべり地と指定された地域であり，この指定により，地すべりの各種の調査を行って安定度を評価し，防止対策を講ずることができる．地すべり危険地は，地すべりとして指定は受けていないが，地すべりが発生する可能性のある地域であることを認定した地域である．

この図に示されるように，地すべりを示す黒点が集中している主な地域は，以下の通りである．
A．新潟から能登半島・北陸・北但，島根半島など山陰へつづく日本海側の黄色部の地域
B．新潟県南部から長野県北部につづくフォッサマグナ地域（黄色部）
C．静岡県周辺地域（黄色部）
D．神戸北方の黄色部
E．淡路島北部（黄色～赤色部）
F．四国北東部，阿讃山地南部周辺地域（明緑色部）
G．四国中央部を東西にのびる地域（濃緑色部）
H．和歌山県北西部周辺地域（濃緑色部）
I．長野県南部の伊那谷周辺地域（緑色部）

このうち，A・Bの地域は，グリーンタフ新第三系に発生した地すべりであり，日本にみられる典型的な軟質岩タイプの地すべり地帯である．また，Cの地域は，掛川層群など太平洋側の新第三系にみられる地すべり地帯である．これに対して，G・H・Iの地域は，三波川帯が主体となっているところであり，硬質岩タイプの地すべりの多発地帯であり，地質的には前者と対照的である．ことに，四国の地すべりを特徴づけている．また，四国では，Fの和泉層群地域も地すべりが多発する．これは比較的標高の高い山地が形成されていることに加えて，中央構造線の活動との関係も大きな要因となっている．その点では特色のある地すべり地帯である．Dは，古第三系神戸層群の分布域であり，近畿のみならず，西南日本を代表する特徴的な地すべり地帯である．Eの淡路島は，大阪層群，花崗岩風化部，和泉層群のそれぞれに地すべりが発達する．標高が比較的低い山地であるため，水田の開発など以前から開発がすすみ，これも1つの要因となって地すべりが比較的集中して発生している．

このように，近畿地域にはタイプの異なる特色ある地すべりが多発していることがわかる．それで，近畿地域の地すべり・崩壊多発地帯を，地形・地質特性と地域性にもとづいて，9つの地すべり・崩壊地帯として分類した．各地帯における特徴ある地すべり・崩壊が発生しており，その特徴は**表 1.4.1** のようにまとめられる．

この表のうち，六甲山域はいわゆる崩壊が主体であるが，他の地域は地すべり地帯である．これらは同時に近畿地方の主な地すべり地帯となっている．とくに，第三系の発達する神戸市北方の三田盆地の神戸層群分布域や但馬地域の北但層群・照来層群分布域は近畿有数の地すべり地帯である．なかでも但馬地域の丹土地すべりは日本有数の大きな規模を有している．三田盆地は神戸市北部周辺の盆地であるが，その主体となる古第三系神戸層群には粘土化しやすい凝灰岩・凝灰質泥岩が発達し，小規模ながら地すべりの密集地帯である．

外帯の地すべりは，いわば硬質岩タイプの典型的な地すべりが多発している．三波川変成帯の地すべりがその代表であり，とくに四国のそれは日本を代表する硬質岩型の地すべりが発生していることで知られている．ついで，近畿から四国中部にのびる和泉・阿讃山地は，和泉層群に属するフ

表 1.4.1 近畿地方における地すべり・崩壊地帯

地帯名	地質体	地すべり地の基盤の岩質	規模（土量m³）	主な運動様式*	例
1 但馬山地	北但 G 照来 G	泥　岩 凝灰岩	10^5-10^7	SLOW SLIDE	高坂・神場 丹土
2 丹波高原	丹波帯 舞鶴	泥質岩 緑色岩	10^4-10^6	RAPID SLIDE	三日月
3 三田盆地	神戸 G	凝灰岩 泥　岩	10^4-10^6	SLOW SLIDE	北僧尾・ 北畑・氷上
4 六甲山	六甲 Gr	花崗岩	10^3-10^5	RAPID SLIDE FLOW (FALL)	阪神大水害
5 大阪平野周辺丘陵地	大阪 G	粘土・砂層 層状破砕帯	10^3-10^5	SLOW SLIDE	長岡天神
6 淡路島 　（北） 　（南）	大阪 G 和泉 G	粘土・砂層 泥質岩	10^4-10^5	SLOW & RAPID SLIDE	小山田 灘
7 和泉山地	和泉 G	砂岩 泥岩 互層	10^4-10^5	CREEP RAPID SLIDE	葛谷 名手
8 紀伊山地 西北部	三波川帯 御荷鉾帯	泥質片岩 緑色岩	10^5-10^7	SLOW & RAPID SLIDE	大月 小畑-小原
9 紀伊山地 主部	四万十帯	泥質岩	10^5-10^7	RAPID SLIDE	十津川災害 有田川水害

兵庫県土木地質図編纂委員会（1996）にもとづき，一部改変
* 運動様式は，FALL（落石），RAPID SLIDE（急性滑動），SLOW SLIDE（慢性滑動），FLOW（流動），CREEP（クリープ）の5種に分類してある．
通常の崩壊現象は，RAPID SLIDE 型，または FALL 型であり，地すべりは SLOW SLIDE 型，あるいは CREEP 型に属する．

リッシュタイプの砂岩・泥岩互層をなして比較的急傾斜をなす．規模はそれほど大きくはないが，流れ盤型の地すべりが多い．一部には，中央構造線の影響を受けて特異な大規模な地すべりが発生している．また，紀伊半島の主部を構成する四万十帯は，地層が20〜30°の傾斜をなして長大な斜面を形成している．豪雨に伴う崩壊性の地すべりはしばしば大きな被害をもたらした．

単独に存在する大規模なものとして，大阪・奈良県境の大和川北岸に分布する二上層群で発生している亀の瀬地すべりがあげられる．この地すべりは国際的に有名であり，1936〜1937（昭和6〜7）年，1967（昭和42）年に滑動して社会問題を起こしたのは未だ記憶に残るところである．現在でも，JR関西線の車窓から対策工事用のクレーンを見ることができる．

国宝室生寺の対岸の室生地すべりは，地すべり指定地の面積からいえば本邦有数の地すべりである．地表面下約50 mに存在する花崗岩類と室生火山岩の不整合面直上に，厚さ10 m程度の湖成泥岩が発達している．この泥岩の上位を覆う溶結凝灰岩内に発達した柱状節理を通過した水が泥岩上面で，地下水層を形成し，すべり面となった可能性が高い．この深部のすべり面上の溶結凝灰岩が分裂して滑動した．そのなごりが本域上部に凹地形となっており，現在は湿地となっている．

このほか，白亜紀後期の酸性火山岩類に発生した福知地すべりなどがあげられ，これらの活動が与えた災害はいずれも大きな社会問題となった．

2 内帯北部・内帯中部

2.1 新第三系北但層群・照来層群

近畿北部の日本海側，丹後半島から但馬山地一帯は，中生代後期の花崗岩と流紋岩類（矢田川層群）を不整合に覆って，新第三紀グリーンタフ層が広く分布し，この地層群は北但層群（中新統）および照来層群（主として鮮新統）と呼ばれている．これらの地層群には他のグリーンタフ層と同様に，多数の地すべりが発生しており，その規模・発生頻度など他のグリーンタフ地域と変わらない（兵庫県土木地質図編纂委員会，1996；日本応用地質学会関西支部，1986；藤田，1989など）．本域の地質図（主として松本・弘原海，1958にもとづく）と地すべり指定地を図2.1.1に示す．

（1）地質の概要

a) 北但層群

本層群は，但馬山地から丹後半島に延びる一帯に分布しており，さらに東は福井県から石川・富山県域に，西は鳥取県東部地域に連続している．日本海側に広く分布するいわゆるグリーンタフ層の1つであり，新第三系北陸区の西部に位置する．本層群は下位から高柳累層，八鹿累層，豊岡累層，村岡累層に区分される．図2.1.1に地質図の概略を示す．

①高柳累層は，基盤を直接覆って点々と分布している．基盤岩の亜円～角礫を有する礫岩が下位に，砂岩礫岩層が上位にみられる．本層は積成盆地形成初期の変動時に，周辺の上昇に伴なう基盤山地よりもたらされた砕屑物から成り，本層群の基底層の性格をもつ．最大層厚は約300mである．

②八鹿累層は，塩基性安山岩ないし玄武岩の塊状溶岩，ならびに各種火砕岩類で特色づけられ，その層厚は350～600mに達する．火山岩類はしばしば緑色変質をし，典型的なグリーンタフである．

③豊岡累層は，但馬山地でもっとも広く分布している．堆積初期は粗粒砕屑岩が優勢で，扇状地性礫岩層が各地域で認められ，上位になるに従って次第に細粒となり，礫岩砂岩層，砂岩泥岩層へと発達する．積成盆地の発達する段階の地層である．これら砕屑岩類の上位を安山岩質の溶岩・凝灰岩を主体とする部分，および流紋岩質の溶岩・凝灰角礫岩・凝灰岩からなる部分がある．

④村岡累層は積成盆地南縁部に沿って東西方向に分布する．最下部に鹿田凝灰層があり，豊岡累層と区分される．岩質的には下位では砂岩層が優勢であるが，主体は黒色泥岩で代表される細粒砕屑岩層であり，村岡町付近では地層は西に緩く傾斜する．積成盆地の全般的な沈降期の地層である．

b) 照来層群

本層群は但馬山地の西部，温泉町南東部一帯にかけて広く分布し，この地域の村岡累層を著しい削剥をもって不整合に覆う．本層群は，下位より高山累層・春来累層・小代累層に三分される．照

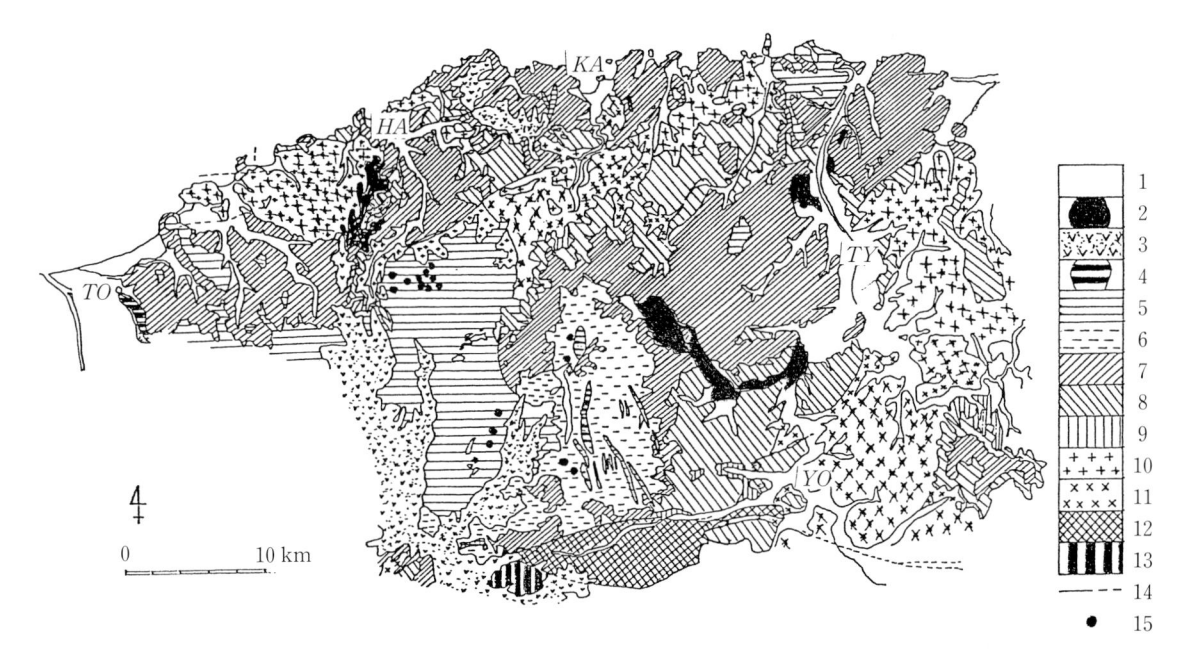

図 2.1.1　北但層群地質図と地すべり指定地（弘原海・松本，1958 にもとづき，地すべり指定地を記入）．
1．沖積層　2．第四紀玄武岩類　3．第四紀安山岩類　4．岩脈類　5．照来層群　6．村岡累層　7．豊岡累層　8．八鹿累層　9．高柳累層　10．花崗岩類　11．矢田川層群　12．蛇紋岩　13．古生層・三郡変成岩類　14．断層　15．地すべり指定地
TO．鳥取　HA．浜坂　KA．香住　TY．豊岡　YO．八鹿

表 2.1.1　照来層群の層序（Furuyama，1989 にもとづく）

| 寺田火山岩類　Ⅰ・Ⅱ・Ⅲ　Stage |
| 春来泥岩層 |
| 湯谷礫岩層 |
| 歌長流紋岩類 |
| 基底礫岩層 |
| 基盤岩類（花崗岩・北但層群など） |

来層群の層序を**表 2.1.1**，周辺の地質図を**図 2.1.2**に示す（Furuyama，1989 など）．

最下位は，流紋岩質溶岩を主体とする高山累層，その上位を成層の良い泥岩・凝灰質泥岩の縞互層の発達で特色づけられる春来累層が占め，層内褶曲の発達，角礫無淘汰の礫層に急速に移り変わるなど，湖成砕屑岩相を呈する．これらの砕屑岩層の上位を，小代累層に属する安山岩を主とする火山岩類が覆っている．

照来層群は，成層の良い泥岩・凝灰質泥岩が発達する春来累層に，丹土地すべりを始め多くの地すべりが発生している．

（2）地すべりの特性概要

a）北但層群の地すべり

地すべりは，黒色泥岩の発達で特色づけられる村岡累層に多発しており，地すべり地形分布図の例を**図 2.1.3**に示す．この地層は新潟地域の寺泊・椎谷層に相当し，グリーンタフ地域で地すべりがもっとも発生しやすい地層である．その規模は，長さ 200～2000 m，幅 100～1000 m，面積 2～200 ha，すべり面の深度 10～30 m，移動土量 10^5～10^7 m^3 と多様である．クリープ性の緩慢な滑動を呈する典型的な地すべりが多数を占め，ことに大規模な地すべりはそうである．しかし，なかには崩壊性の急速な運動を示すものがある．一般に，すべり面はしばしば泥岩中に形成されやすく，全体として流れ盤構造を示す．

現在の地すべりの大部分は，旧期の大規模地す

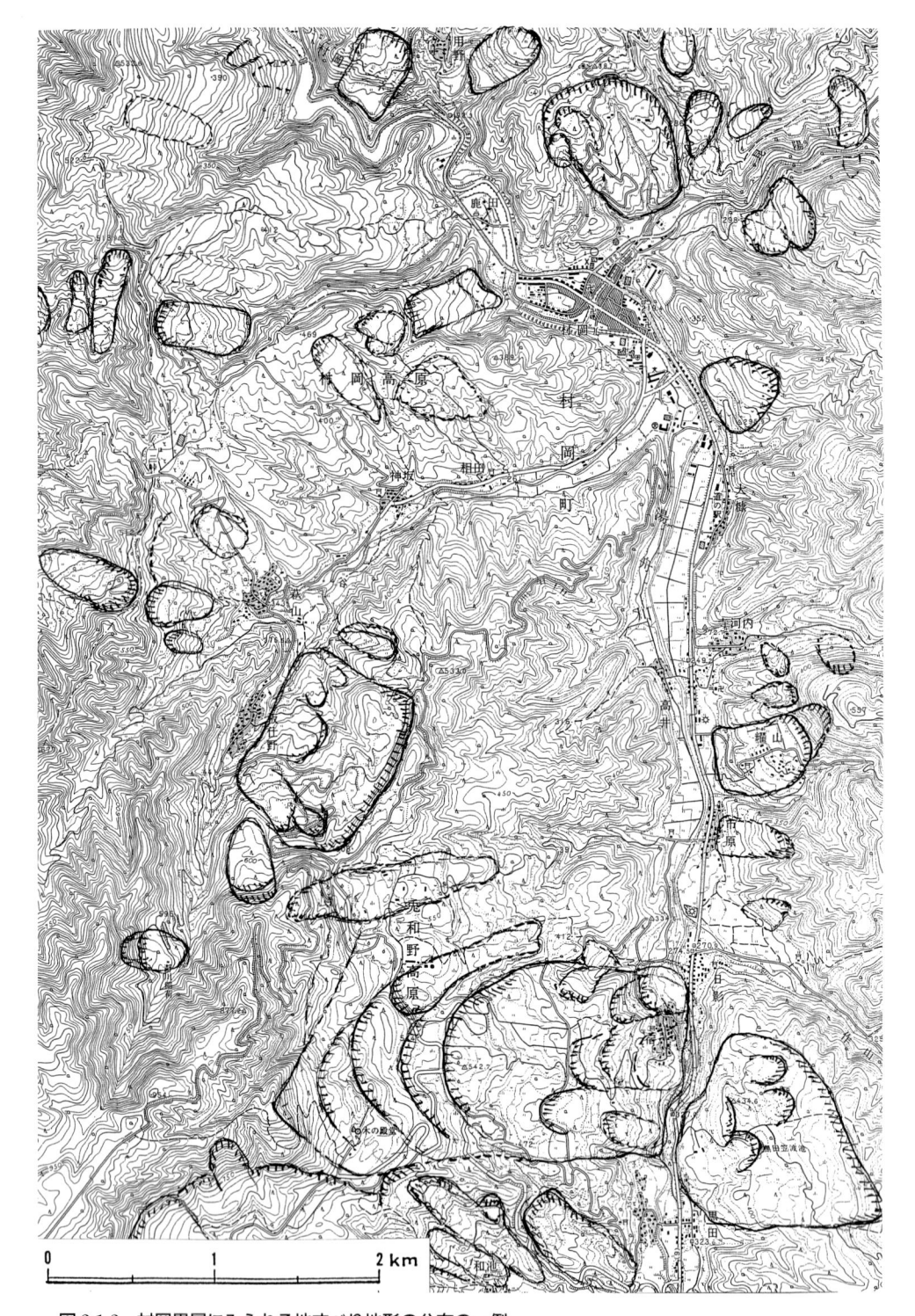

図 2.1.2 村岡累層にみられる地すべり地形の分布の一例
　日本応用地質学会関西支部（1986）にもとづき作成．地形図は 1/25000「村岡」図幅を使用．
　実線は，明瞭な滑落崖（櫛形模様）を示す地すべり領域．
　点線は，不明瞭な滑落崖（櫛形模様）を示す地すべり領域．

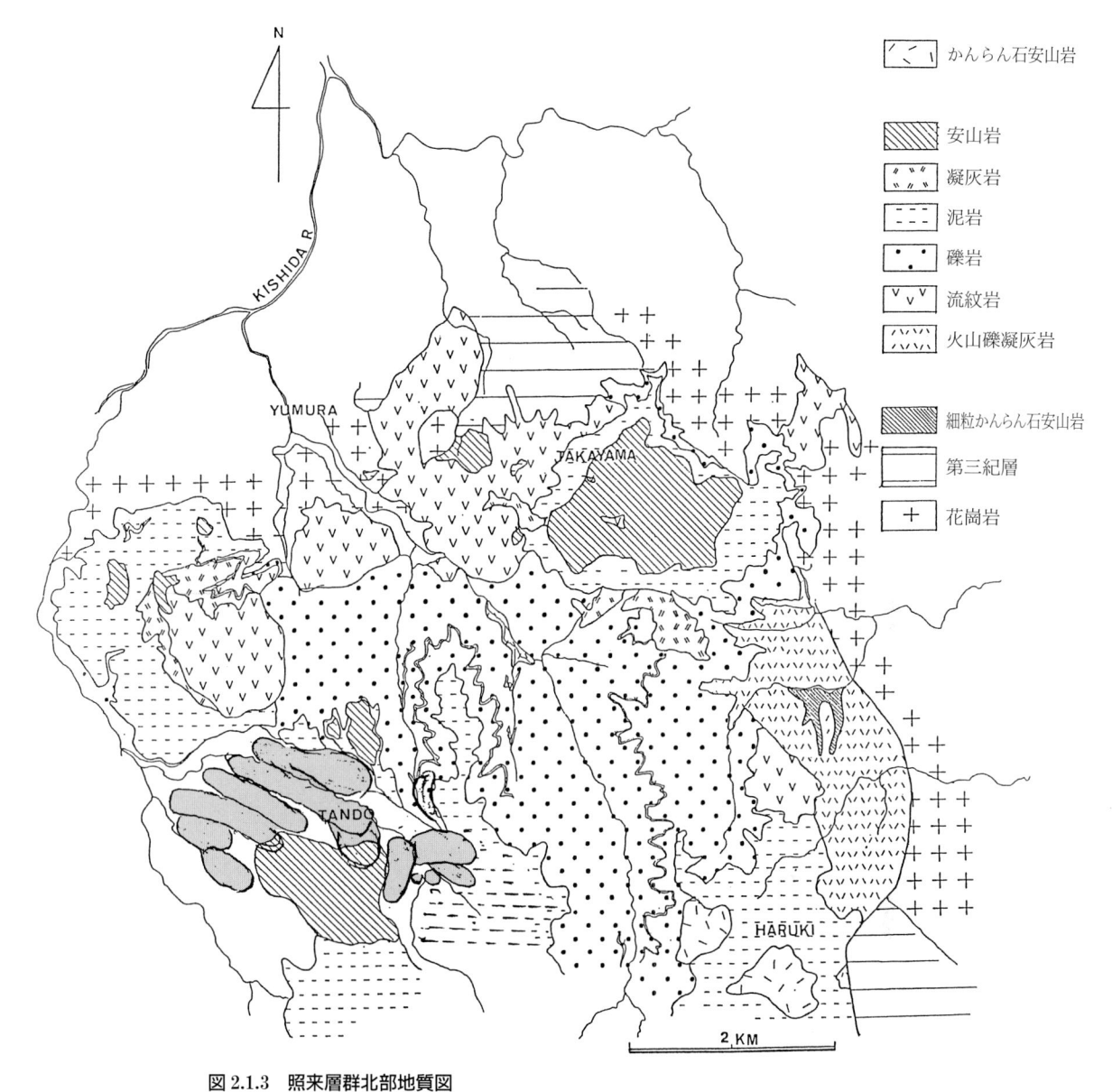

図 2.1.3 照来層群北部地質図
Furuyama, 1989 にもとづき，丹土地すべりのブロック区分を記入．

べりの内部がいくつかのブロックに分化して再滑動しているもので，規模は小さくなっているが，滑動は相当に継続的である．本域の地すべりは，日本海側に位置しているため，梅雨期あるいは台風期と同様に融雪期にも多発する傾向がみられる．ことに豪雪のあった年の融雪期（2月〜4月）および梅雨期や台風襲来時の多量の降雨時に発生している．

北但地区の地すべり地形は多様であるが，矢田川およびその支流地域が地すべり地の末端になっているものが多い．末端部ではしばしば20°以上の急傾斜を示すが，地すべり地主部は8〜16°程度で，グリーンタフ地域の地すべり地とほぼ同様の傾向を示す．

この地方の地すべりは豪雪のあった年の融雪期（2月〜4月）および梅雨期や台風襲来時の多量

の降雨時に発生している．最近変動の著しい地すべり滑動は，1954（昭和47）年7月10日から数日間つづいた梅雨期末期の集中豪雨により発生した．後述の丹土・宮神地すべりの例をみれば，活動の歴史は古く，60年～100年程度の周期で活動をくりかえしていたようである．

北但馬地域の多くの地すべり変動体の表層部は礫を多く含む粘性土であること，基盤岩がしばしば深部まで風化・変質が進むとともに，比較的亀裂が発達している．地盤の透水係数も比較的大きいから，降雨や降雪が地下水になりやすく，地下水は亀裂に沿って脈条に流下していることが多い．

b) 照来層群の地すべり

照来層群は，成層の良い泥岩・凝灰質泥岩が発達するために，地すべりの多発地帯となっており，北但馬地域の地すべり防止指定地は，照来層群の春来累層・高山累層がもっとも多い．これらの火山岩類がキャップロックとなって地すべりが発生している可能性が大きい．

照来地区の大部分の地すべり地の末端は照来川に面しているが，一部，春来川の支流に面している．これらの河川に面する地すべり地末端部は15～20°内外であるが，中には30°以上の急傾斜の部分もみられる．主体となる地すべり中央部は，長年の地すべり滑動によって形成された凹地や凸地が複雑に組み合わさっているが，全体として4～5°前後の緩やかな地形を形成している．北但層群の地すべり地と比べて対照的であるが，形成時代の差異とともに，その形成環境，つまり海成層と湖成層とのちがいが反映されたものと考えられる．

本層群中では，温泉町の丹土地すべりがきわめて大規模な地すべりである（藤田，1992）．図2.1.4に示すように，大別して8つのブロックから成る一大地すべり地を形成している．

狭義の丹土地すべりは，丹土～多子～桐岡の諸集落に囲まれたIブロックに相当し（図2.1.4のIIIブロック），幅700～1000m，長さ最大2800m，面積約$2.2×10^2$ha，すべり面の平均の深さを10mとして，体積（土量）は$2.2×10^7m^3$という日本でも有数の地すべり地である．本地すべり地帯は，その北縁部が山地と明瞭な境界をなしているが，一般に隣接の地すべりブロックとしばしば連続的であり，一見明瞭な境界が認め難い．丹土地すべり頭部の安山岩から成る愛宕山麓には明瞭なスランプ地形が認められる．地すべり地の基岩である春来泥岩層は，全体として凝灰質で，白色の細かい縞互層の発達した泥岩で，一部に地層の擾乱帯がみられるが，ほとんど水平に近い構造をもつ．この上位の寺田安山岩類は，春来泥岩層に対してキャップロックの役割と安山岩溶岩の亀裂をとおして地下水を供給する役割を果たしており，安山岩の分布・形状は，本域の地すべりの発生機構を考える上で重要である．

地質的には，照来層群春来泥岩層の泥岩あるいは凝灰岩が地下水の作用により軟弱化・粘土化して地すべりの面を形成し，地すべり変動を発生せしめた．ことに，融雪期の地下水の増大は地すべりの誘因となることが多い．地すべり面は，層状に同種の岩石がつらなるので，地層面に沿って発達し，全体として流水盤型－層すべりの変動である．すべり面の形態は頭部の滑落崖付近では垂直に近い急傾斜であるが，主すべり面は5～10°の傾斜で北西方面に傾く地層面とほぼ平行とみてよい．なお，地すべりは，通常はクリープ型の運動を示すが，深層にあたる大規模変動の場合はスライド型の運動を示すことがある．浅層あるいは表層部はクリープ型の運動を示す．

一般に，地すべり変動は，一つの山体に亀裂が入って，やがて崩壊・滑落をおこして地すべりの構成物質を形成する．もちろん，はじめから山体自体が滑動して次第に山体の破壊が起こる場合もある．いずれにせよ，地すべり変動がある程度すすむと，礫・砂・泥の混合物から成る物質が地すべりをする主要物質となる．こうして，数万年以上の長期にわたって地すべり変動が継続すると，

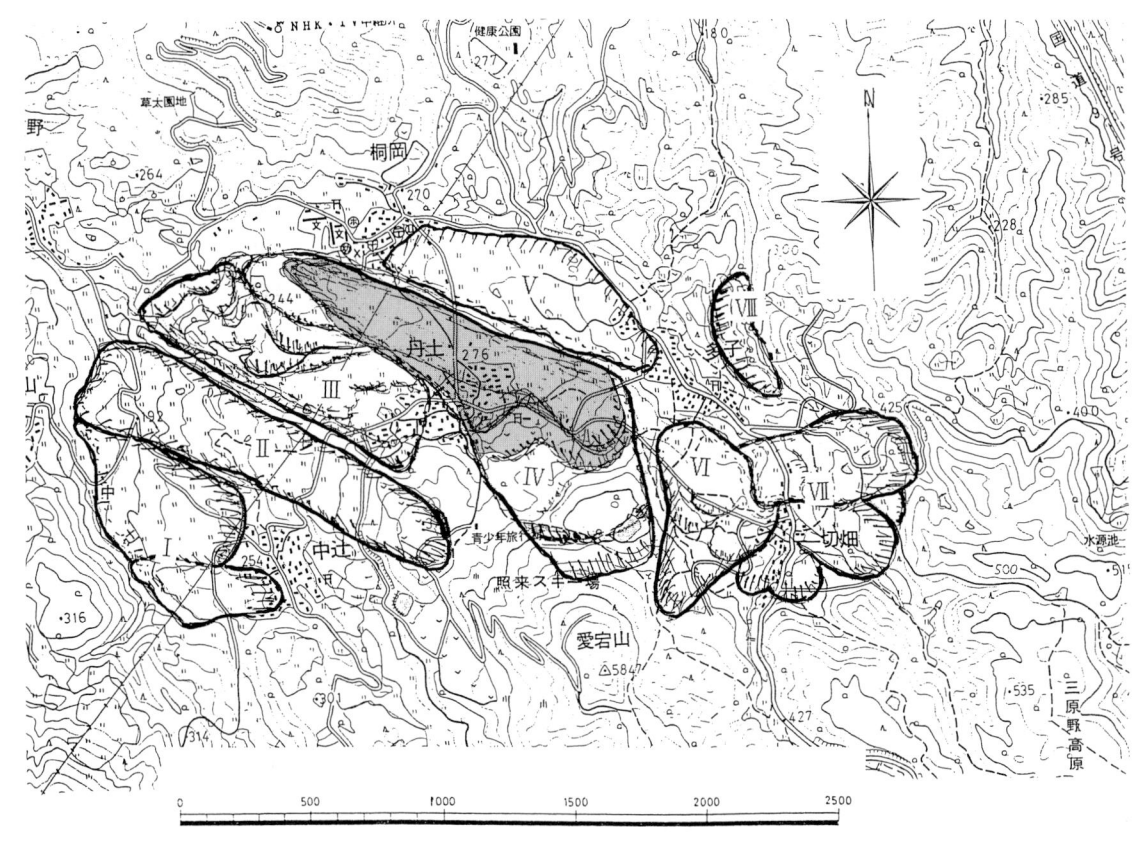

図 2.1.4　丹土地すべり，およびその周辺の地すべりのブロック区分図
（兵庫県土木地質図編纂委員会，1996；藤田，1992にもとづく）
丹土地すべり（広義）は，Ⅰ～Ⅷのブロックに分かれる．
Ⅲ・Ⅳブロックが丹土地すべり（狭義）で，この地域全般の主体となる地すべりである．Ⅳブロックのうち，アミかけの部分が1922（大正11）年の地すべり滑動の範囲である．

周囲の山地とは明瞭に異なる比較的緩斜面の独特の地形を形成する．前述の構成物質も次第に細粒化し，また粘土化が進み，粘性土主体のクリープ型の運動をくりかえして，安定化の方向に向かう．地すべり変動も深層の大規模変動から，浅層，表層へと移動し，小規模となる．この浅層・表層の変動は安定化することなく，くりかえされる傾向が強い．こうして地表面は起伏に富んだ複雑な地形が形成されるのである．

　丹土地区では，その発生時期のはっきりしたことは不明であるが，本域の住民は古くから地すべり滑動を経験しており，本地区では，約300年以前から活発な変動を生じているという記録が残されている．明治8年以前より明神尾の北東地区から照来川に向かって徐々に地すべりが生じ始めた．1897（明治30）年3月から1922（大正11）年3月にかけて，丹土集落の照来川に近い北西部から北方に向けてすべる地すべりが発生し，地すべりの上位部は年々南東方向に拡大した．中でも1922（大正11）年2～3月にわたる地すべり滑動はⅢブロックの約25 haの地域に及び，水平変動量は約3～4 m，地すべり頭部の陥没は約6 m，丹土集落でも1日の変動量は平均約60 cm（最大350 cm）に達したという．また，滑落崖の認められない地域においては，水平変位が認められ，その変位量は約14 m（最大60 m）であった．この地域は現在でもスキー場があるように積雪地帯であって，地すべりはいずれも融雪期に発生し

ている．とくに，同年2月に20℃を超える異常な高温を示して融雪が急激で，これが誘因である，という．神戸海洋気象台の山本技官などが調査報告をしている（藤田，1992による）．現在でも地すべり滑動の跡がのこされているが，最近は大きな変動は認められず，むしろ周辺地で中規模の地すべりが融雪期に発生している．

　昭和になって30年までの間，主として照来川に対して砂防堰堤工・床固工・護岸工が施工され，地すべり防止の役割を果たした．ことに，1958（昭和33）年の地すべり等防止法制定後は，照来川護岸工および地下水排除を主とした対策工の施工後は顕著な変動は認められず，わずかに照来川沿いなどの急傾斜地において小規模の変動が生じている．

2.2　白亜系生野層群（福知地すべり）

　生野層群は，中国地方の山陽帯に属する白亜紀後期の酸性火成岩体である．同時期の酸性火成岩体は，兵庫県南部の中国山地を中心に広く分布し，丹波・北摂地域では有馬層群，播磨地域では広峰層群・相生層群，播但地域では生野層群と呼ばれている．いずれも，流紋岩質の火砕岩を主体とし，流紋岩～安山岩溶岩，堆積岩を挟んでいる．放射年代は，7000万年～1億年前ごろの値が得られている．これらは一連の火山活動によって形成されたとみられている．生野層群は，その分布地域によって，東から生野岩体，大河内岩体，宍粟岩体，佐用岩体に分けられ，それぞれ直径10 km前後の火山が東西に約15 km前後の間隔で配列していて，これらは，その分布形態から中心噴火型の火山岩類とみられている（中沢ほか，1987）．

　1976年に発生した台風17号は秋雨前線と呼応して9月8日ごろから強い降雨を全国にもたらし，全国の9万ヵ所を上回る公共土木施設に被害をもたらした（土木学会，1976）．この台風17号の豪雨によって，福知地すべりは，1976年9月13日

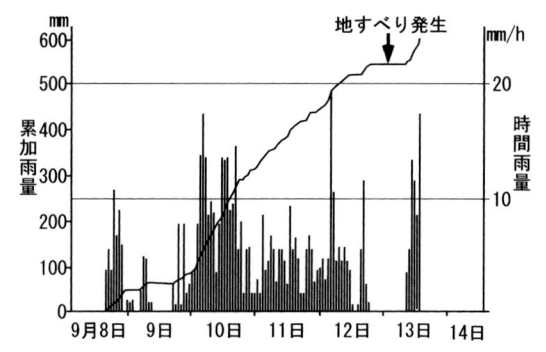

図 2.2.1　地すべり発生にいたるまでの降雨状況（一宮町三軒家，兵庫県土木地質図編纂委員会，1996）．

の朝に発生した．発生箇所は，生野層群の大河内岩体の西縁部に位置する箇所で数種類の岩体が断層関係で接する箇所であった．

　福知地すべりは，発生前日からの地すべり周辺部での前兆のほか，地すべり発生時の連続写真の撮影などがなされていて，その挙動についていくつかの報告がある（奥西ほか，1977；武居，1982；兵庫県土木地質図編纂委員会，1996）．以下，これらにもとづいてその発生状況と地すべりの要因について紹介する．

（1）　地すべり発生状況

　1976年（昭和51年）の9月中旬に通過した台風17号は，当地域に日雨量にして60～170 mmの降雨を4日間にわたってもたらした．発生当日の13日には，その累計雨量は550 mmに達していた（図2.2.1）．

　地すべり発生の前日，地すべり脚部に位置する渓流の水が黄色く濁るという前兆があったほか，沢水の流量減少がみられている．また，当日には，その沢水は渇水状態になっていた．地すべり頭部付近には，亀裂の発生とその拡大が認められ，付近の杉林では，異常な倒木があったとの報告がされている．

　発生当日の午前6時ごろには，小規模な斜面崩壊が発生し，午前7時20分ごろから，地すべり脚部の北西部に小規模の崩壊が始まる．その後，

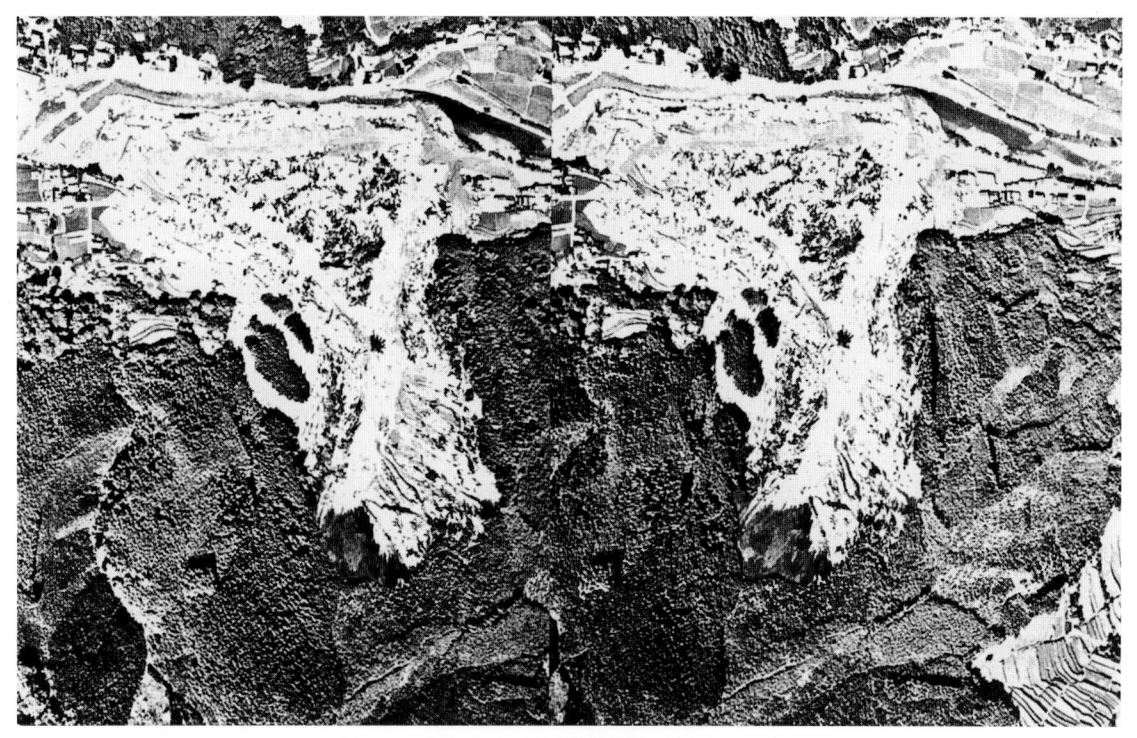

図 2.2.2　福知地すべりの航空写真（武居，1982）．

午前 9 時 20 分ごろから，地すべり脚部で生じていた崩壊は，いっきにすべりの範囲を拡大させ，大崩壊へと移行していく．数分後には，斜面下方の沖積低地部に，崩壊土砂が押し寄せていて，約 10 分で 600 m の距離を移動したとみられている．この急激な土砂の移動は 10 分程度でおさまった．その後，緩慢な動きが継続し，午前 9 時 50 分ごろには沖積低地部を埋積して，土砂移動は停止した（図 2.2.2）．崩壊土砂によって，揖保川の上流部がせき止められ，一時は湛水状態となった．

この地すべりによって，下三方小学校校舎をはじめとする公共施設の流失・埋没 17 棟，住宅被害 52 戸，被災人員 192 名（うち死者 3 名）の被害が生じた．

最終的な地すべりの規模は移動土砂量は 80 万 m^3 を上まわるとみられている．

（2）地形・地質・水文特性と地すべりの要因

地すべり前の地形図をみると，北西に開いた谷地形を形成していて，谷の出口部分には，沖積錐が発達し，その末端は揖保川に浸食されている（図 2.2.3）．武居（1982）では，この地形的特徴は，典型的な多重スランプを示す地すべり地形であるとしている．過去に地すべり記録のない箇所

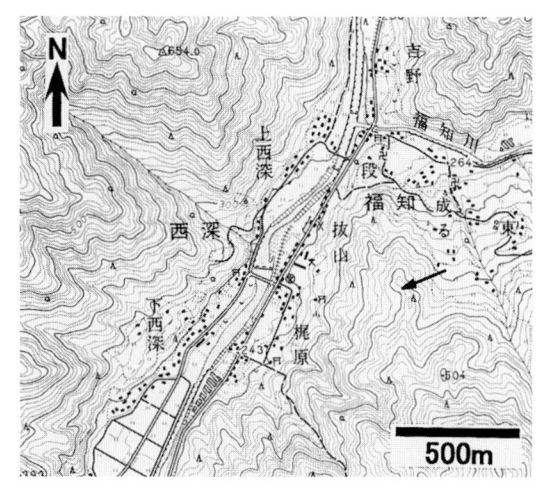

図 2.2.3　地すべり発生前の地形図（国土地理院作成 1/25000 地形図「安積」，昭和 50 年 4 月発行を使用）．地すべり発生箇所は矢印の西側．

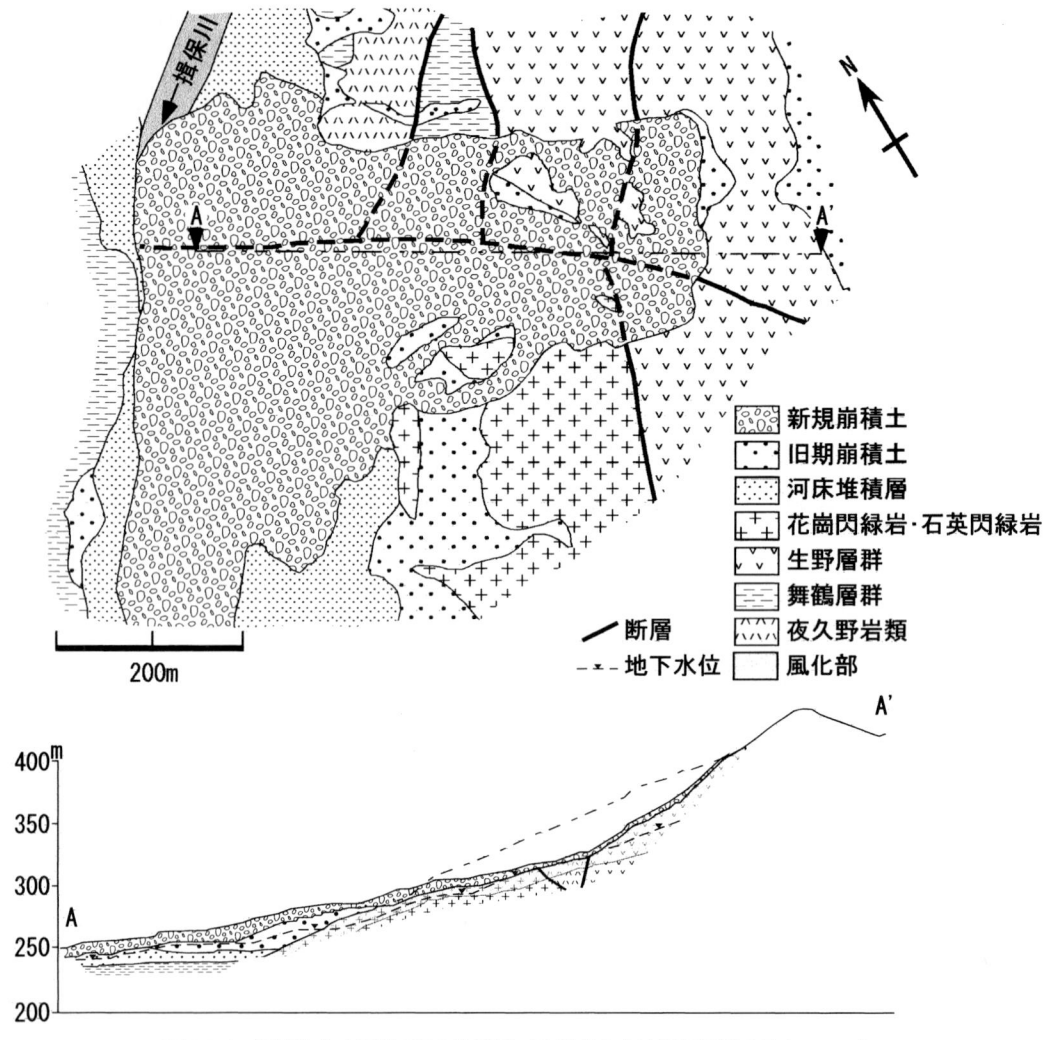

図2.2.4 福知地すべり地周辺の地質図（兵庫県土木地質図編纂委員会，1996）．

であったが，地形的にも崩壊跡地が周辺に多数認められる地域であった．当地付近に「抜山」という地名がつけられていることからも，斜面変動の履歴があったらしいことがわかる．

地すべり地の地質は，その上部に生野層群の凝灰岩，下半部の北西側には夜久野複合岩類の変花崗岩および舞鶴層群の粘板岩，下半部の南西側には花崗岩類からなる（図2.2.4）．すなわち，当地すべり地は生野層群の分布縁にあたる箇所である．また，各々の岩体は，主として断層関係で接していて，地すべり地の中軸に沿うように，北西-南東方向にのびる主断層が認められる．この断層は，地形的にも明瞭で，揖保川を挟んだ北西側の山地斜面に直線的な谷を形成している．この断層にほぼ直交するように地すべり地内には数本の北東-南西方向にのびる断層が認められる．地すべり対策調査によるボーリングから，地すべり地内の基盤を構成するこれらの岩体のうち，生野層群の凝灰岩と花崗岩類が深部まで風化が進んでいることが明らかとなった．また，崩積土に含まれる礫のほとんどは生野層群の凝灰岩礫からなっている．これらのことから，この地すべりの素因の主要なものとして，生野層群の強風化帯が，斜面に沿って分布することがあげられる．

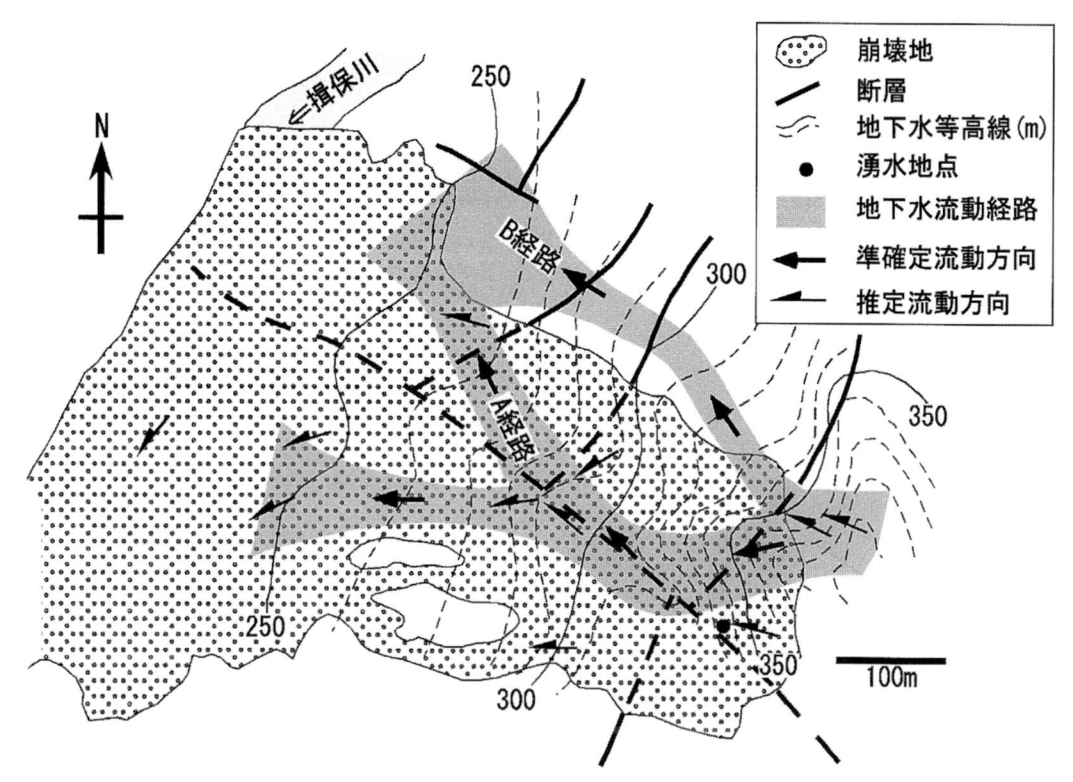

図 2.2.5 福知地すべり地の地下水流動経路（兵庫県土木地質図編纂委員会，1996）．

地下水調査として，電気探査とボーリング孔を利用したトレーサー調査が実施されている．その結果，その流動経路は，地すべり上方の尾根筋から地すべり冠頭部で地すべり地の中軸部を通るA経路（10^{-2}〜10^{-3}cm/s程度）と地すべり地の北側に沿って流れるB経路（流速$1.0×10^{-2}$〜$5.0×10^{-2}$cm/s）に分岐する流れが確認された（図 2.2.5）．また，地下水の存在深度は，全体として，地すべり上部では強風化岩と風化岩中の深い位置に，地すべり中央部では，強風化岩より浅い位置に存在している．また，北西方向にのびる主断層にあたる地すべり冠頭部付近には湧水点が認められ，断層にそった地下水の流れが形成されていたようである．

以上から，斜面は生野層群の強風化した凝灰岩から主として構成され，それに加えてそこを通る断層によって岩盤に亀裂の発達があり，それにそって地下水の顕著な流路が形成されていた．そし

て，台風17号のもたらした500 mmを上まわる連続降雨がかさなり，地すべり発生にいたったとみられている．

3 内帯南部

3.1 白亜系和泉層群

（1） 地形・地質の概要

　最上部白亜系の和泉層群は中央構造線に沿ってその北側に細長く分布する地質体で，四国から紀伊半島にかけて，その南北幅は10 km近くに達する．和泉層群の主体をなす岩相は砂岩と泥岩からなるリズミックな互層で，礫岩を伴うほか，凝灰岩を挟在しているところもある．和泉層群は堆積と同時に中央構造線の左横ずれ断層運動によって変形し，中央構造線に対して時計回りに鋭角で交わる褶曲軸をもつ褶曲群を形成している．断片的な調査によると，和泉層群の岩盤の性質，とくに，泥岩の固結度や砂岩の節理系が阿讃山地東端部から淡路島の諭鶴羽山地を通って紀伊半島の和泉山地にかけての地域と，阿讃山地中央部以西では異なるようである．したがって，以下の記述は紀伊半島和泉山地の和泉層群に限定する．

　紀伊半島和泉山地でみると，東にゆるい落とし角をもつ向斜型褶曲の北翼が広く露出し，北翼の地層の傾斜は南に40°前後の傾斜をもっている（図3.1.1のa）．このような和泉層群の地質構造は地形にも反映され，向斜型褶曲の地層配列をかたどる山稜の配列パターンがみごとな組織地形を形成している（図3.1.1のb）．また，個々の山稜は地層の傾斜を反映し，流れ盤側斜面で緩く，受け盤側斜面で急な斜面勾配をもつ非対称山稜を形成している．さらに，非対称山稜には，流れ盤側斜面で樹枝状水系，受け盤側斜面で平行状水系という，山稜の両側斜面で異なる水系パターンが発達している．このような地形形成には後述するように斜面変動の運動様式が大きく影響している．

（2） 和泉層群の地質特性：斜面変動を支配する地質因子

　斜面変動の素因という観点から和泉層群の主岩相である砂岩泥岩互層をみると，注目すべき地質特性は，砂岩泥岩互層であること，平滑で連続性がよい層理面であること，砂岩層には規則的に系統的節理群が発達していることである（横山，1995）．

　構造地質学では，岩石が破壊することなく流動する能力のことを延性度という．和泉層群の砂岩と泥岩とでは，新鮮な状態の岩石であっても，砂岩のほうが泥岩よりも延性度が小さく，延性度には元来差がある．それがさらに地表付近では，泥岩が塩類風化（Yokoyama and Hada, 1989）や乾燥収縮（堀篭，1990）などによって一方的に劣化し，シュミットハンマー打撃による反発係数で新鮮岩の1/2以下まで強度低下する（Yokoyama and Hada, 1989）．その結果，地表付近の互層岩盤では，ほとんど新鮮なままの砂岩と劣化した泥岩とが累重しているところがあり，そこでの岩盤の延性度較差は新鮮な岩盤よりも大きくなっている．このことが後述する岩盤クリープの発生条件の1つになっている．

　砂岩層の層厚は5～50 cmにはいるものが多く，1 mを超えるものは稀である．一方，泥岩層の層厚はほとんどが20 cm以下である．いずれに

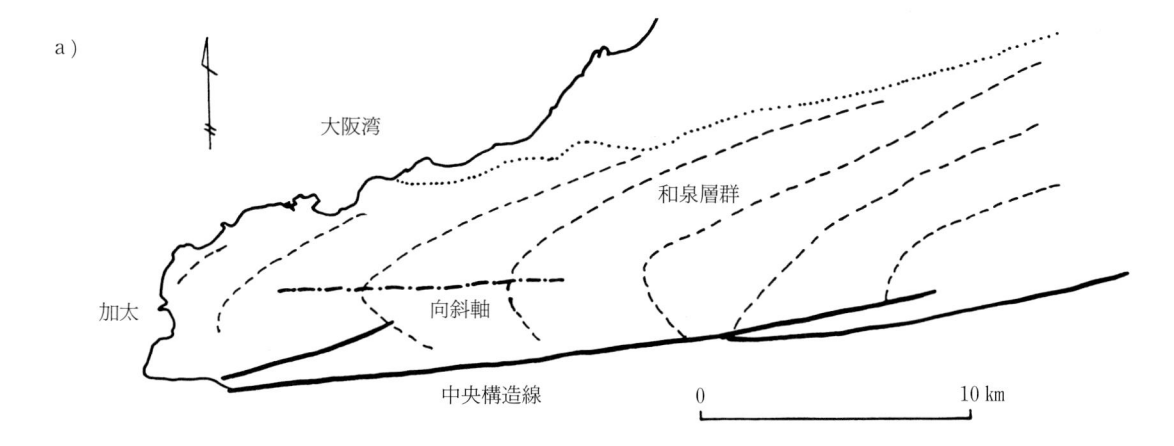

図 3.1.1　和泉山地の地質構造と地形の対応
　（a）和泉山地の和泉層群の地質概略図．破線：和泉層群の走向線，点線：和泉層群の分布境界．（b）和泉層群分布地域のゼブラマップ（標高 100 m ごとに塗りつぶして作成）．和泉山地は和泉層群の褶曲構造を反映した組織地形で特徴づけられる．

しても，層厚が薄いので，和泉山地の斜面規模では，層状岩盤としての特質が斜面変動に反映される（図 3.1.2）．

　層理面は本来割れ目ではないが，和泉層群では級化層理の発達による粒度差（物性差に反映）が最も大きくなる砂岩層下底の層理面に沿って割れ目に転化しやすく，実際に砂岩層下底に沿って強度の小さい泥岩側が破砕していることが多い．層理面に沿って生じた割れ目は平滑でかつ連続性が良いために，斜面長が数十 m 規模の斜面に対しては有効なすべり面となりえる．

　地表付近の低封圧条件下でも，劣化した泥岩は，第 1 部の図 4.3 の非対称座屈褶曲（岩盤クリープ性の褶曲）にみられるように，容易に破壊してかなりフレキシブルに変形することができる．しかし，硬質の砂岩は既存の割れ目が発達していないと変形しにくい．和泉層群で砂岩層の変形挙動を規制しているのが，規則的かつ密に発達している系統的節理群である．系統的節理群は砂岩－泥岩境界面のところで消滅し，上下の泥岩中には延びていない．系統的節理群には互いにほぼ直交する 2 組の節理群があり，それらと層理面との方位関係は図 3.1.3 に示す．この図では節理面や層理面の法線が下半球面と交わる点を赤道面上におかれたシュミットネットと呼ばれる等面積投影ネット上に投影したものである．層理面は東北東走向で

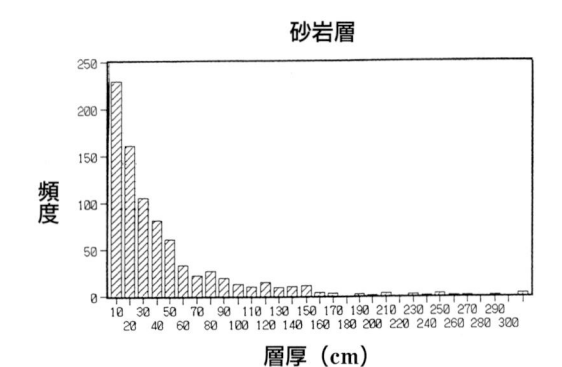

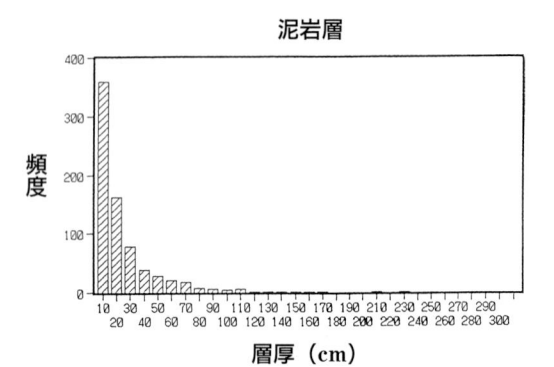

図 3.1.2 単層の層厚と頻度との関係（横山，1991 a）．砂岩層，泥岩層ともに，層厚は大部分が 50 cm 以下と薄い．

図 3.1.3 2 組の系統的節理群と層理面の方向（シュミットネット下半球投影）（横山，1991 a）．(a) 1 つの露頭での測定例，(b) 各露頭での卓越方向をプロット，●：層理面，＋：早期形成の Set-J1 系統的節理群，○：後期形成の Set-J2 系統的節理群．

南に 30～40°傾斜する．早期に形成された Set-J1 系統的節理群はほぼ層理面の最大傾斜方向に走り，後期に形成された Set-J2 系統的節理群は層理面の走向方向にほぼ平行に走る．早期形成の Set-J1 系統的節理群は連続性が非常に良いが，後期形成の Set-J2 系統的節理群は Set-J2 系統的節理群のところで成長が止まってしまうために連続性に乏しい．

節理間隔は砂岩層の層厚の増大に比例して広くなる傾向があるが，層厚が 1 m を超えると層厚の増大と関係なく一定の節理間隔をもつようになる（図 3.1.4）．系統的節理群の一部（とくに早期形成のもの）には方解石脈の充塡が観察されるが，形成時期を問わず，多くの節理面は固着度が非常に低く容易に分離する．

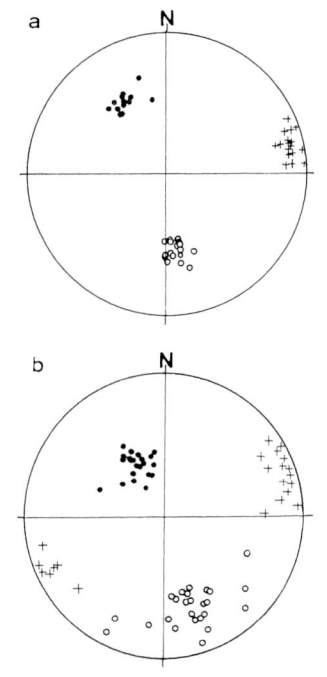

（3）斜面変動

和泉山地の和泉層群の斜面変動は上記の地質特性に支配されて，流れ盤側斜面で，岩盤クリープから滑落（岩盤すべり）という運動様式の変遷をもつ斜面変動が多発する．個々の場所で滑落する砂岩層は表層の 1, 2 層で，個々の崩壊の規模が 100 m³以下と非常に小規模である．大規模な地すべりが多発している阿讃山地の和泉層群とはちがっている．

流れ盤側斜面では，初期の重力性変形は複数の泥岩層の中で同時に起こる微小すべりで始まる．通常の自然斜面では斜面の傾斜が層理面の傾斜と平行かそれより緩いので，地層は容易には滑落することはない．その代わり，地層は座屈して地表に向かって膨れてきて，翼間角の開いた対称座屈

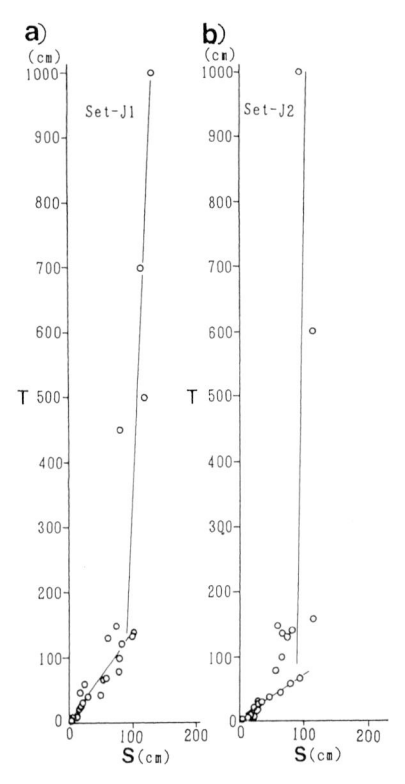

図 3.1.4 砂岩層の層厚（T）と節理間隔（S）との関係（横山，1991b）．Set-J1：早期形成の系統的節理群，Set-J2：後期形成の系統的節理群．

図 3.1.5 逆断層センスの再動を示す小断層（横山，1995）．a：掘削1年後．f1，f2は小断層の位置を示す．b：掘削2年後．f1，f2の小断層に沿って上盤の地層が迫り出している．またAでは砂岩薄層がアーチ状に曲がっている．

褶曲（背斜型褶曲）が形成される．これが岩盤クリープの始まりである．

このように岩盤クリープ性の褶曲の発生を容易にしている要因は，和泉層群の砂岩泥岩互層が大きな延性度較差をもち，容易に割れ目に転化し得る層理面が幾重にも重なっており，系統的節理群が砂岩層の曲げを容易にしているからである．

この対称座屈褶曲を認知することが崩壊の予測という観点での斜面診断において重要である．しかし，層理面の微妙な傾斜変化や系統的節理群の微小変位から褶曲を認知するのは露頭条件が良くないと難しい．むしろ，対称座屈褶曲の成長に伴って形成されるいくつかの特徴的な変形を認知するほうが容易である．

その1つは対称座屈褶曲の斜面上方側の翼において，砂岩層を切って形成されるスラストシア型割れ目（横山，1991b；Yokoyama and Hada, 1989）である．この割れ目の走向は層理面の走向方向に近く，傾斜はほぼ水平に近い．割れ目に沿って上盤が迫り出すために，後期形成の系統的節理を横切るときには明瞭なずり変位を与えている．スラストシア型割れ目は通常連続性に乏しいが頻繁に発生しているので，初期の岩盤クリープの認定指標として重要である．

山側に傾斜した地質時代の小断層の再動も有効な認定指標になる．断層の存在は地層をずらしているので，層理面に沿ったすべりを妨げることになり，対称座屈褶曲の成長も抑えることになるが，斜面上方からのすべり力が大きくなると，走向が層理面の走向方向に近く，山側に傾斜した断層の場合は，その断層に沿って断層上盤が逆断層セン

スで地表に向かってせり出してくる．その結果，層理面が現れている露頭ではオーバーハングした谷向き小崖の超微地形が形成される（図 3.1.5）．

　地層の座屈で始まった岩盤クリープ変形は対称座屈褶曲を形成した段階で終わり，運動様式が滑落（岩盤すべり）に移行して一気に崩壊してしまうことが少なくない．しかし，斜面を構成する単層の層厚や互層パターン，その他地質条件，さらには掘削による応力開放や斜面形状の改変などによって，すぐには破局的な崩壊にいたることなく，岩盤クリープ変形が進行することがある．上述の非対称座屈褶曲や重力性ドレイプ褶曲（横山，1995）はその例である．

　対称座屈褶曲から岩盤すべりへの移行は，特定の泥岩層で微小割れ目群が連結し，ついには連続した1枚のすべり面に成長することによって可能になる．すべり面の位置は上述したように砂岩層下底面（層理面）の泥岩中であることが多い．ただし，層理面が割れ目に転化しただけでは滑動は発生しない．輪郭構造の形成が必要である．とくに砂岩層のような硬質岩中の輪郭構造形成の難易が岩盤すべりの発生頻度を規制する．紀伊半島和泉層群の場合，系統的節理群が効果的に働いている．とくにせん断抵抗の大きくなる側方崖の形成に斜面の最大傾斜方向に走る，平滑で連続性の良いSet-J1系統的節理群の存在が小規模な岩盤すべりを多発させる原因になっている（第1部の図4.8 参照）．

　はじめに述べた非対称山稜の形成に斜面変動が関係している．流れ盤側斜面では層理面に沿った小規模岩盤すべりの多発で相対的に斜面勾配が受け盤側斜面より緩やかになるとともに，樹枝状水系が発達した．一方，受け盤側斜面では流れ盤側斜面と比較して崩壊の発生頻度が低く，系統的節理群に支配された崩落によって谷が刻まれ，平行状水系が形成された．平行状水系の方向も斜面の最大傾斜方向とはやや斜交し，Set-J1系統的節理群の方向に近い．受け盤側斜面でありながら，平行状水系が発達し得たのは，砂岩と泥岩とで浸食抵抗に大きな差異はあるが，1枚1枚の単層の層厚が薄くて浸食抵抗の差異が水系規模の地形には反映されなかったからである．非対称山稜の発達は斜面変動と密接な関係をもった現象である．もしそのようなら，非対称山稜の発達程度から斜面変動の発生の危険地域を予測することも可能であろう．

3.2　古第三系神戸層群

（1）　地質の概要

　神戸層群は主として三田盆地と神戸市西部に分布している（図3.2.1）．ごく最近まで，神戸層群の時代は植物化石によって新第三系中新統と考えられてきたが，凝灰岩層のフィッション・トラック年代とK-Ar年代から古第三系であることが明らかになった（尾崎・松浦，1988；尾崎ほか，1996）．

　尾崎・松浦（1988）は従来の研究を整理し，三田盆地の神戸層群を下位から三田累層・吉川累層・細川累層の3つの累層に区分した（図3.2.2）．これらの地層は大局的には西〜南に非常に緩い角度で傾斜した同斜構造をなしている．

　神戸層群の主体は河川〜湖沼性の砕屑岩層で，そのなかに多量の凝灰岩を挟在し，砕屑岩層もしばしば凝灰質であるのが特徴である．砕屑岩層には上方細粒化のサイクルが認められ，1つのサイクルは下位より砂岩や礫岩などの粗粒岩層に，亜炭などの炭質物を含む泥質岩が重なっている．凝灰岩層は泥質岩層の上位に発達することが多い．これは沼沢地の広がる穏やかな環境のもと，そこに分布する植生・腐植層を広域テフラが覆った状況を想像させる．

　神戸層群の凝灰岩は流紋岩質の降下軽石や火砕流堆積物などの初生的堆積層を凝灰質な二次堆積層が覆い，両者をあわせた凝灰岩層全体の層厚は20 mに及ぶ場合もある（尾崎・松浦，1988）．彼

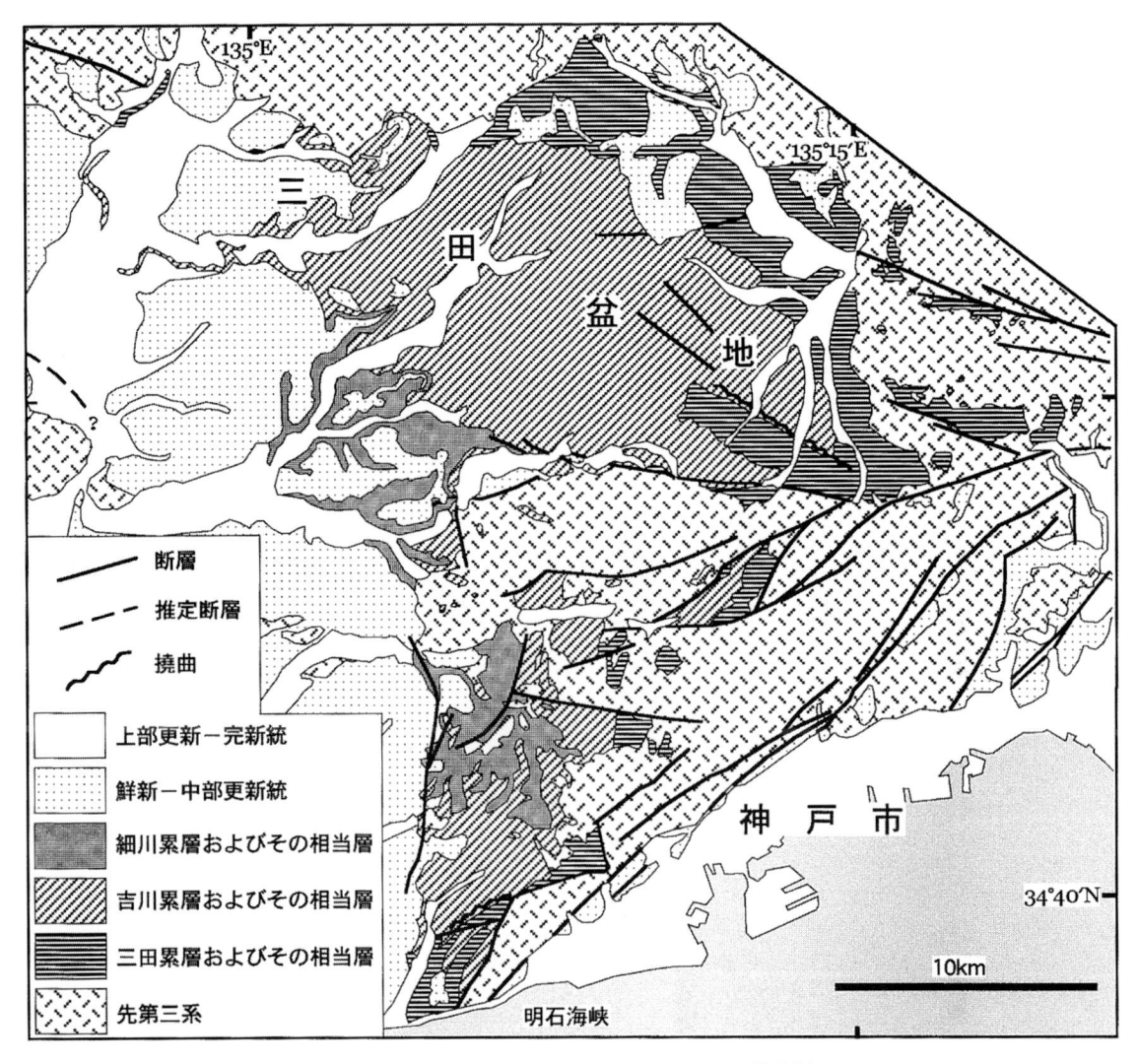

図 3.2.1 神戸層群の分布（尾崎ほか（1996）を簡略化）．

らは連続性のよい凝灰岩層には名称を与え，下位から東条湖・上久米・北畑・石上山・戸田凝灰岩層に区分している．秋山ほか（2000）はさらに詳細な識別を行って，3層の凝灰岩層を追加している（**表 3.2.1**）．

（2） 地すべり地の分布と凝灰岩層の関係

神戸層群は昔から地すべり多発地域であることが知られていた．1つの地すべり地は小規模な地すべり地形の集合体からできており，ケスタ地形の緩斜面側で地すべり地どうしが連なって分布することが多い．これは特定の地層に規制されて，流れ盤斜面で地すべりが多発していることを示している．しかしながら，地質との関係は必ずしも明瞭ではなかった．地すべり発生が凝灰岩層と密接に関係していることを明確に指摘したのは廣田ほか（1987）である．彼らは，地すべり地形は吉川累層の分布する三田盆地中央部を流れる美嚢川上流部や吉川川沿いの斜面に集中し，中でも，Kyu-tf2凝灰岩層とその上位にあるKyu-ss2砂岩層を含む層準に集中していることを明らかにした．Kyu-tf2凝灰岩層は上久米凝灰岩層に相当する層準である．そこでは多くの地すべりが上久米凝灰岩層をすべり面として，上位のkyu-ss2砂

3　内帯南部

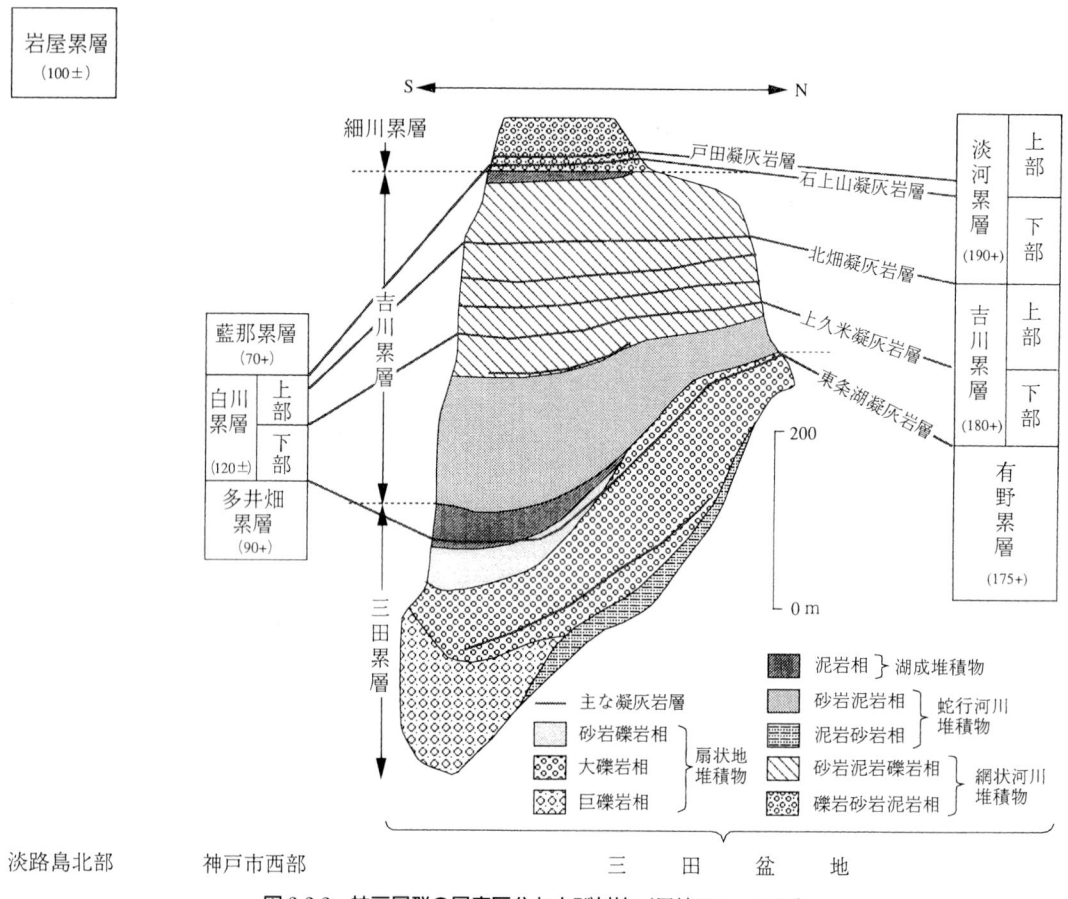

図 3.2.2　神戸層群の層序区分および対比（尾崎ほか，1996）．

表 3.2.1　神戸層群層序区分対比表（秋山ほか，2000）．

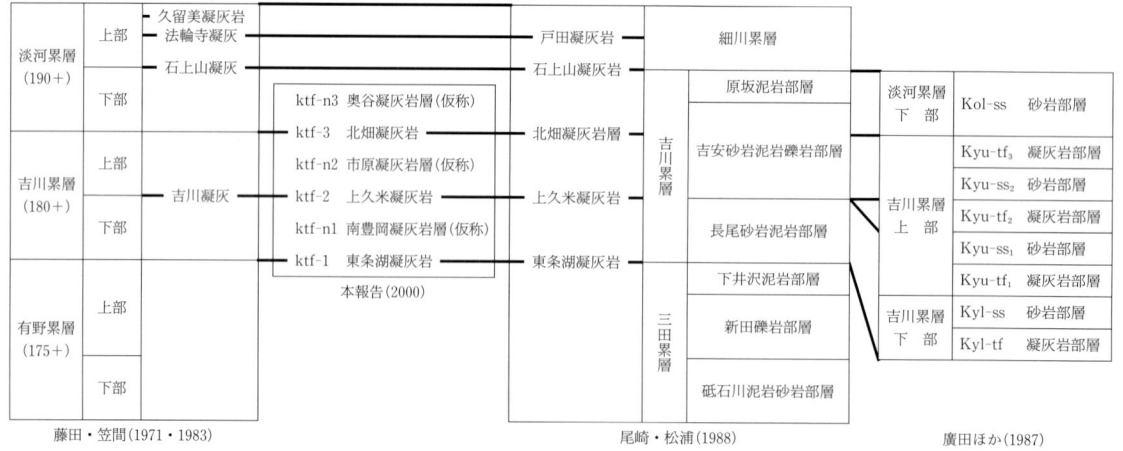

層厚：m

表 3.2.2 上久米凝灰岩層の岩相区分（秋山・東（1999）を簡略化）

岩相区分		岩相記載	地すべりとの関係
岩相 5	粗粒凝灰岩	岩相 4 に挟在され，一部で火山礫凝灰岩となる	比較的硬質ですべり面にならない
岩相 4	細粒凝灰岩	緑灰〜灰色を呈する粘土〜シルト粒度の凝灰岩	軟質化するとすべり面になることもある
岩相 3	粗粒凝灰岩	灰〜白色を呈し，平行葉理が発達する	一般に硬質ですべり面にならない
岩相 2	泥質凝灰岩	泥質分に富む層と，より細粒凝灰質な層がリズミックに互層する	凝灰質に富む薄層の方が軟質化しやすく，すべり面になることもある
岩相 1	塊状粗粒凝灰岩	尾崎・松浦（1988）の岩相 A・降下軽石層に相当する	軟質化しており，すべり面になる

岩層が地すべり移動体となっている．

この上久米凝灰岩層の岩相を詳細に区分し，すべり面を形成する岩相を明らかにしたのが秋山・東（1999）である．彼らによると，上久米凝灰岩層は 5 つの岩相に区分され（表 3.2.2），最下層である塊状粗粒凝灰岩はほとんど粘土化した軟質凝灰岩層である．

（3） 地すべり素因としての軟質凝灰岩層の特徴

軟質凝灰岩層はモンモリロナイトを多く含み（Yasuoka et al., 1995 など），吸水膨潤性が高く，さらに塑性限界が高くて塑性指数が大きい．このため，軟質凝灰岩層はせん断強度が小さくてすべり面（せん断面）を形成しやすいだけでなく，硬質岩層中の割れ目に貫入することや，切土法面では次第に膨れだし，表層が流れ出すことさえある．

このような軟質凝灰岩層は上久米凝灰岩層以外の層準の凝灰岩層にも存在し，そこでも地すべり発生の原因になっている．近年，住宅地や道路，ゴルフ場等の開発工事に伴う地すべりが多く発生するようになった．そのような地すべりには軟質凝灰岩層をすべり面として発生したものが多く，挟在する軟質凝灰岩層の層厚が数 cm 以下であっても，流れ盤構造をもつ斜面であれば，地すべり発生の可能性の高いことを示している．

地すべりの発生条件を考えた場合，神戸層群の重要な特徴は，硬質凝灰岩層中の軟質凝灰岩層の挟在や両者の互層，さらには軟質凝灰岩層を含む凝灰岩層を硬質砂岩層が被うキャップロック構造の存在である．それは上久米凝灰岩層内の各岩相の組合せや，上久米凝灰岩層とその上位にある砂岩層との関係に典型的に現れている．そのことが上久米凝灰岩層分布域において，後述するような神戸層群に特有の地すべりが発生する原因になっているのである．

（4） 凝灰岩層に伴うさまざまな地すべりの形態

神戸層群の地すべりは大半が凝灰岩層と何らかの関係をもち，凝灰岩層自体の岩相・岩質や層厚，他の地層との組合せ，断層の有無や配置などによって多様な形態の地すべりが発生している．主だったタイプを類型区分すれば下記のようになる（図 3.2.3）．

①スランプ型すべり
②層面すべり
③覆瓦重複すべり
④キャップロック型すべり
⑤流動型すべり

現実には各タイプの組み合わさった複合地すべりもみられる．

①スランプ型すべり

強風化によって軟質化した凝灰岩層や，地すべり変動によって破壊・軟質化した地すべり移動体の二次すべりとして発生する．流れ盤斜面で発生することから，スランプと層面すべりからなる複合地すべりであることも多い．層面すべりに相当

164 3 内帯南部

地質記号凡例

- tf ：凝灰岩
- tfmd ：凝灰質泥岩
- ss ：砂質岩・礫岩
- md ：泥質岩
- g ：未固結礫層
- dt ：崩積土

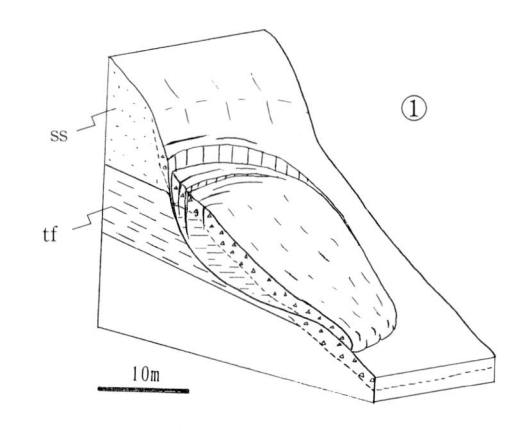

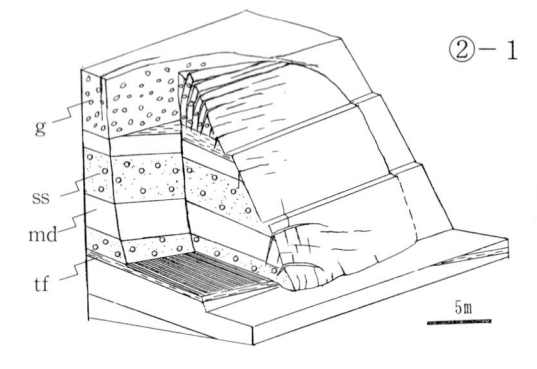

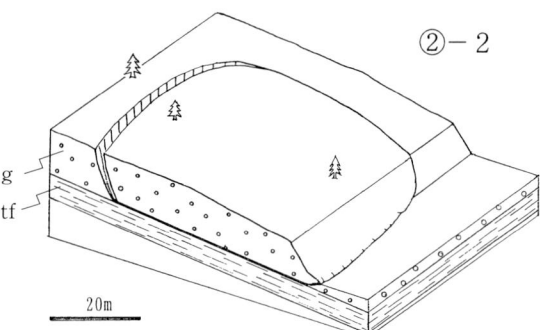

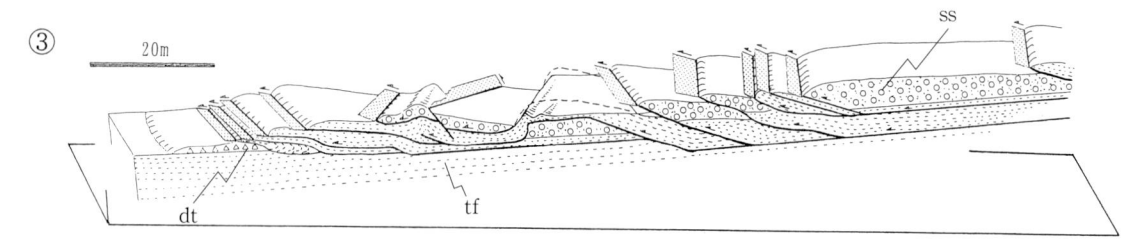

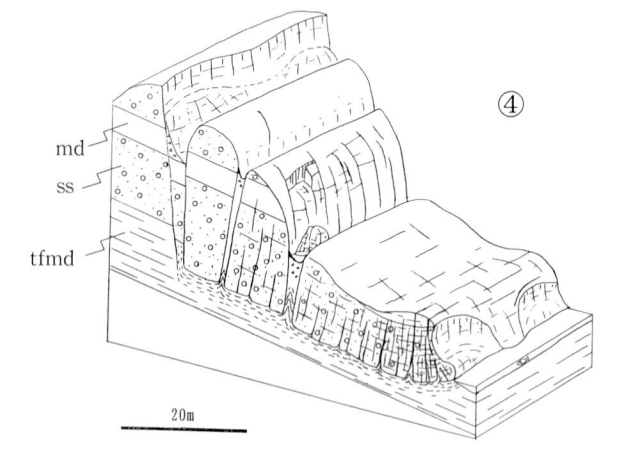

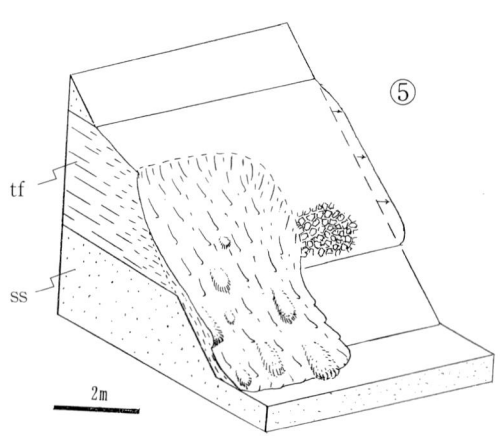

図 3.2.3 神戸層群における地すべりタイプのモデル図
①スランプ型すべり ②−1層面すべり（切土工により発生することが多く，薄い軟質凝灰岩層をすべり面とする）②−2層面すべり（凝灰岩層を覆う礫層が地下水を涵養することで凝灰岩層を軟質化させ，すべり面が形成される）③覆瓦重複すべり（地すべり移動体の末端部がくりかえして乗り上げることで覆瓦構造を形成する）④キャップロック型すべり（厚い砂岩・礫岩層の下位の凝灰岩層や凝灰質泥岩層が塑性変形することで生じる）⑤流動型すべり（粘土化した凝灰岩層が膨潤し，亀甲状の割れ目を表層につくることが特徴で，表層が粘性度の高い流動を起こす）．③は加藤・横山（1992）による．

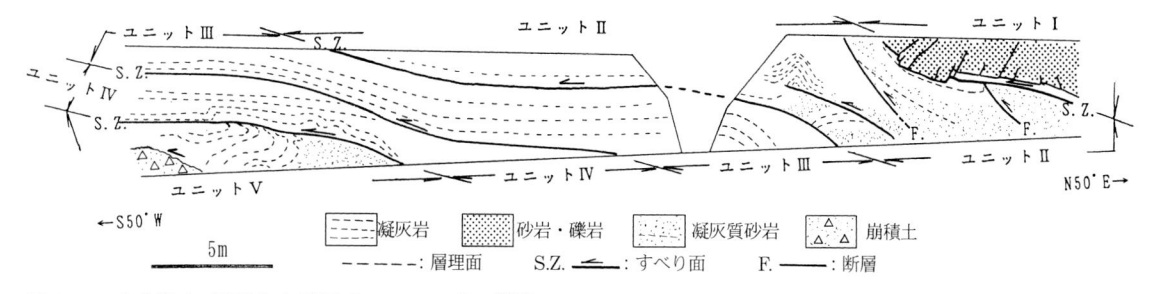

図 3.2.4　金会地すべり地における flat-ramp-flat 構造
　図 3.2.3 の③の末端部にあたる．地すべり移動体にはたらく横方向からの圧縮応力によって形成される階段状をなすスラストである．すべり面が脆性的な物性をもつ移動体を斜めの角度で切断して，移動体上部に乗り上げることで活動的なすべり面がルーフスラストとなる．そのため ramp は山側を向いた傾斜をなす．

する部分ではすべり面は軟質凝灰岩層中に形成されている．地すべり地でくりかえし起きる地すべりもこの型が多い．

　このタイプで最も有名な地すべりが北畑地すべりである（藤田，2000）．1983（昭和58）年4月に発生したこの地すべりは北畑凝灰岩層中にすべり面をもち，近年の神戸層群の地すべりとしては珍しく，人為的な行為をまったく受けることなく突然活動が始まった．発生域の運動様式はスランプ型であるが，最大毎分数 m に及ぶ移動速度で移動し，脚部より下流側に最大 40 m 近い移動量を示す押し出し域を形成した．変動の特徴から押し出し域の運動様式は流動型地すべりの様相を呈しているものと考えられる．

②層面すべり

　硬質岩層に挟在する薄い軟質凝灰岩層中にすべり面をもつ地すべりで，流れ盤斜面で発生する．典型的な層面すべりでは，すべり面は軟質凝灰岩の広がりに完全に規制され，硬質岩層との境界面（層理面）に沿っている．地すべり移動体の主体は風化岩であることも硬質な新鮮岩であることもあるが，すべり面が軟質凝灰岩層の物性と堆積構造の規制を受けているのが特徴である．このタイプは切土造成時に発生しやすく，掘削土量が多いと，新鮮岩であっても安心できない．

③覆瓦重複すべり

　金会地すべりや豊岡地すべりなど上久米凝灰岩層分布域に典型的に発達する地すべりで，主すべり面は上久米凝灰岩層の最下層の軟質凝灰岩層に形成されるが，末端部では地すべり移動体がその軟質凝灰岩層を滑剤として山側に傾斜したすべり面を形成しながら，地表に向かって乗り上げる．このタイプの地すべりではこのような変動を繰り返し，その結果，屋根瓦を重ねたような構造（覆瓦構造）が形成されている．地すべりの運動様式からいうと，Varnes（1978）の重複地すべりに相当するので，加藤・横山（1992）は覆瓦重複すべりと命名した．なお，詳細は金会地すべりを例に次節で記述する．

④キャップロック型すべり

　すでに述べたように，神戸層群のキャップロック構造は下位の軟質凝灰岩層を含む凝灰岩層と上位に分布する厚い塊状の砂岩（礫岩）層（キャップロック）がつくる構造である．一般に，地すべりにおけるキャップロック構造の意義はキャップロック中に発達するクラックのもつ地下水涵養能力にあると考えられてきた．しかし，ここでキャップロック型地すべりを神戸層群の地すべりの典型的なタイプとしてとりあげたのは，キャップロックの荷重による下位層の塑性変形に注目してのことである．すなわち，キャップロック型地すべりでは，キャップロックと下位層との相互作用で，砂岩層（キャップロック）では，縦クラックの形成，そのクラックの開口（ガル（gull）の形成）

と砂岩層のブロック化，砂岩ブロックの沈降という一連の変動が起こり，それに伴って下位の軟質凝灰岩層では，ガル中への貫入，キャップロック前面への絞り出しなどが起こる．

　このような変動が継続すると，ラテラルスプレッド（lateral spread）と呼ばれる斜面変動が起こる．加藤ほか（1999）および加藤（2000）は，西畑地域において，砂岩層（キャップロック）と凝灰質泥岩（下位層）からなるキャップロック型地すべりでラテラルスプレッドの現象を記載している．

　なお，鮮新～更新統である大阪層群や段丘層の砂礫層が凝灰岩層を不整合に被って分布する地域では，砂礫層に貯留された地下水が凝灰岩層に供給され，凝灰岩層を軟質化させることで地すべりが発生している．これはキャップロックの地下水涵養能力が地すべりを発生させた例で，神戸層群にはこういったタイプのキャップロック型すべりも存在する．

⑤流動型すべり

　このタイプは，放置された切土面に露出した軟質凝灰岩層や，モンモリロナイトを多く含む破砕・軟質化の著しい地すべり移動体などで発生しやすい．その特徴は移動体が変動前の形態を完全に失って形態を保たずに斜面を流れ下るところにある．中には表層部から順次どろどろに溶けだしたような状態を呈して斜面下を流下するものもある．一般には移動層厚が非常に薄くて規模も小さい．

（5）金会地すべりにみる覆瓦重複地すべりとキャップロック型地すべりの例

　金会地すべりは上久米凝灰岩層の分布する美嚢川沿いの南向き斜面で起こっており，上久米凝灰岩層とその上位の粗粒砂岩と礫岩からなる層は典型的なキャップロック構造を形成している．この地すべりでは覆瓦重複すべりとキャップロック型地すべりの現象が観察できる（加藤・横山，

1992；加藤・横山，1993）．規模は幅 0.5 km，長さ 0.6 km で，層理面傾斜の卓越方向とはやや斜交して南南西方向に開いた馬蹄形の地すべり地形を有する．

　金会地すべり地の下半部はやや凸状の地形をなしていて，覆瓦重複すべり（次頁の図 3.2.3 ③）の現象はそこに生じている．非変動域の層理面は N 50～70°E，0～20°S で，大局的には流れ盤構造（平均 ENE，7～8°S）をなすのに対して，覆瓦重複すべりが起こっているところでは，多数重複する軟質凝灰岩層の層理面が ENE～WNW の北傾斜になっている．そこでの典型的な構造は flat-ramp-flat 構造（図 3.2.4）で，軟質凝灰岩層をすべり面とする地層が斜めに切り上がり（ramp 構造），さらにルーフスラストを形成しながら粗粒砂岩～礫岩層の上面を移動している．硬

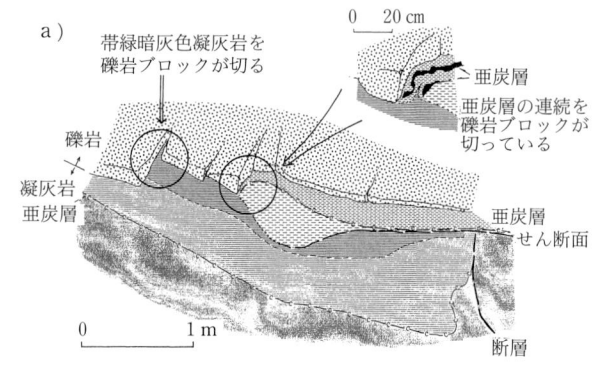

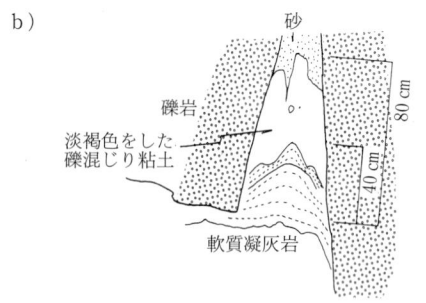

図 3.2.5　軟質凝灰岩とキャップロックとの境界における変形
　a）砂岩・礫岩層のガル形成に伴うブロック化と各ブロックの軟質凝灰岩層中への沈み込み．
　b）礫岩層のガルの下部から貫入する軟質凝灰岩層と，貫入に伴う背斜型構造の形成．

質凝灰岩層と軟質凝灰岩層との細互層部では，rampの下底での引きずり褶曲や，シェブロン褶曲などの褶曲構造を形成している．また，地すべり移動体の尖端は崩積土層の上に乗り上げている．

キャップロック構造に起因する変動も同時に起こっていて，その特徴は，①粗粒砂岩～礫岩層に数10 cmから数m間隔で発達する引張割れ目（ガル）の形成，②ガルの成長に伴う粗粒砂岩～礫岩層のブロックの形成，③各ブロックの軟質凝灰岩層中への沈み込み，④ガル下部から軟質凝灰岩層の貫入とそれに伴ってできる背斜型構造の形成，などである（図3.2.5）．

3.3 新第三系二上層群（亀の瀬地すべり）

大阪府と奈良県の県境に位置する亀の瀬地すべりの歴史は古く，その起源は数万年前までさかのぼると考えられる（友松ほか，1981；藤田，1982；西山，1998）．本文では，正確な地すべり移動の記録が残されている1931～1932（昭和6～7）年の地すべり再発生以降の地すべり土塊に生じた亀裂の発達過程と移動状況をとりまとめ，地すべり地質特性と移動特性との関係について考察した．

（1） 地形地質の概要

a) 地質概要

亀の瀬地すべり周辺は，新第三紀中新世に活動した火山岩類である二上層群（佐藤，1989）が分布し，地すべり自体もこの二上層群を構成する安山岩の岩塊からなっている（図3.3.1）．

亀の瀬周辺に分布する二上層群は，サヌカイト質安山岩・火山砕屑岩及び花崗岩巨礫を含む礫岩層からなる原川累層とその上位の安山岩を主体とする定ヶ城累層に区分され，定ヶ城累層は下部より基底礫岩層，旧期ドロコロ溶岩，亀の瀬礫層，新期ドロコロ溶岩に細分される（表3.3.1）．

また，地すべりの東側には若干の固結粘土を伴う砂礫層が分布し，大阪層群相当層とされている．

地質構造は，大和川右岸の地すべり地周辺では，北から南に向けた斜面と同じ流れ盤構造を示し，大和川左岸の断層（大和川断層）でより下位の火山岩類（明神溶岩）や花崗岩と接している（図3.3.2）．地すべりは，この流れ盤構造をした新期ドロコロ溶岩が凝灰質で相対的に強度の弱い亀の瀬礫層との境界をすべり面として発生したものである．

b) 地形概要（図3.3.3）

亀の瀬地すべり地は，脚部が大和川に接し，一部は大和川の河床下を通り対岸に乗り上げている．地すべり末端部の標高は30 m 頭部標高240 m，平均傾斜が12度前後の緩斜面を形成しているが，大和川河岸部分と頭部滑落崖は40度前後の急斜面を形成する．

地すべり末端を西流する大和川は亀の瀬地すべり部分で屈曲しており，後期更新世に発生したと推定される地すべり活動による河川流路移動の可能性を示している．

地すべり地東側のブロックは，一見段丘のように見えるが，ブロック内は最大10 m程度の小起伏状となっており，段丘礫はみられず，直接地すべり岩塊の安山岩が露出・風化しているのが確認できる．以上のことから，亀の瀬地区の地形は後期更新世から断続的に引きつづいた地すべり活動によって形成された可能性が強く，周辺の地形とは異なる独特の特徴を有している．

（2） 地すべり活動

亀の瀬地すべりは長さ1200 m 幅900 m 土塊総量1500万m³の岩盤地すべり（バーンズの分類ではRock block slide）であり，初期の地すべり（後期更新世）は，末端部を流れる大和川の下刻によって発生した可能性が高く，1931（昭和6）年の地すべり再発生もこの大和川沿いのブロックから始まった．その後地すべりは1933（昭和8）年に一端終息したが，再び1951年頃

図 3.3.1 亀の瀬地すべりとその周辺の地質概略図（佐藤（1989）にもとづき編集）．

～1962年（昭和26年頃～37年）まで局部的に移動，さらに1967（昭和42）年に大規模に滑動した．亀裂の変遷は図3.3.4に示すようなものである．なお，亀の瀬地すべりの研究は古く，高田（1932）は昭和6～7年の地すべり再発生当時から詳細な調査を行っている．図3.3.4は，これらの研究・調査結果を総合して電子化し，坂本ほか（1997）でまとめたものに門脇（1995），打荻（1968）などのデータを追加し，重ね合わせたものである．

移動土塊は，主に安山岩塊からなっているが，不動部分の岩塊と比較して下記のような特徴がある．
① 地すべり土塊となっている安山岩は，発達する板状節理から剥離し，厚さ10～20 cmの板状あるいは岩塊状になり，岩塊間は高含水比の粘性土で充填されていることが多い．この粘土はスラリー状となり含水比は液性限界以上を示すこともある．

なお，地すべり層厚の厚い部分（厚さ

表 3.3.1 亀の瀬地区の層序表．

地層名			肉眼鑑定による岩相　等
大阪層群			砂礫層が主体，固結粘土層を挟在する．
二上層群	定ヶ城累層	新期ドロコロ溶岩	板状節理の発達した複輝石安山岩溶岩 地すべり土塊を構成する．
		亀の瀬礫層	花崗岩礫・安山岩礫を含む凝灰質な砂岩・礫岩，凝灰岩
		旧期ドロコロ溶岩	変質部　自破砕状の安山岩〜凝灰角礫岩 未変質部　下部は板状節理が一部発達した複輝石安山岩，新期ドロコロ溶岩よりも節理が少なく塊状で，有色鉱物は普通輝石が目立つ
		基底礫岩層	含花崗岩礫礫岩
	原川累層	含花崗岩巨礫礫岩層	花崗岩巨礫を含む礫岩層　花崗岩の谷を埋積した土石流堆積物状の不淘汰な岩相を示す．
		安山岩溶岩類	花崗岩巨礫礫岩層に挟在する 安山岩溶岩の薄層および凝灰角礫岩等を含む火山砕屑岩類
		明神溶岩	非晶質のサヌカイト質安山岩
	ドンズルボー累層		亀の瀬周辺では分布しない
領家花崗岩			花崗岩類（地すべり地よりも西側に広く分布し，地すべり地内へは急傾斜し，地すべりには直接関与しない）．

（国土交通省大和川工事事務所の資料にもとづき作成）

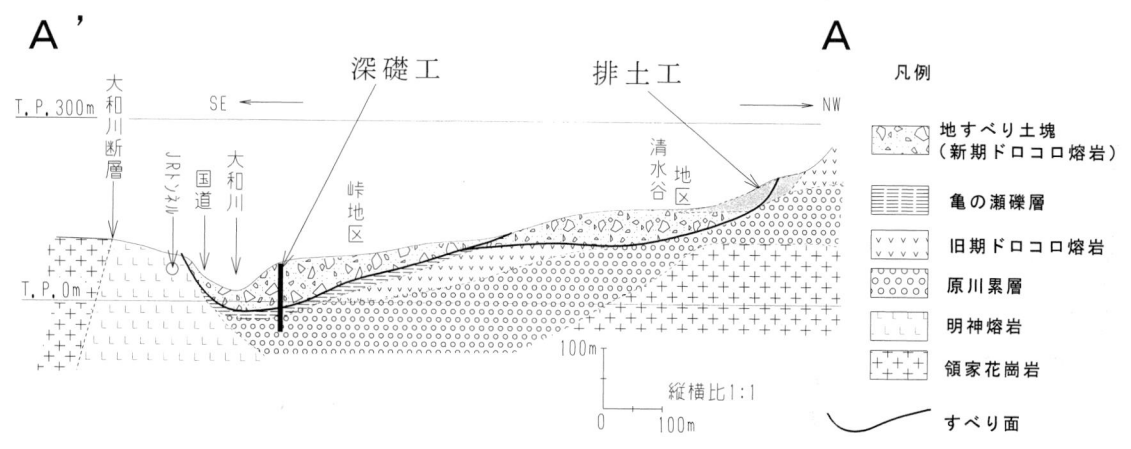

図 3.3.2　亀の瀬地すべりの地質断面（国土交通省大和川工事事務所原図）．

50〜70 m）の中心付近は亀裂が少なく岩盤状になっているところもある．

②亀裂から分離した岩塊そのものは風化があまり進んでおらず，一軸圧縮強度で 1000 kgf/cm² 以上の強度を示すものがある．

③一方，すべり面近くの岩塊は黄灰色を示し，強く風化または変質し，一部では固結粘土状となっている．

以上のように，地すべり移動層を形成する安山岩は移動により破砕分離が進んでいるが，移動層厚の厚い部分（最大 70 m 程度）では，中心部の破砕は比較的少ない．実際に過去の移動履歴からすると，亀の瀬地すべりは，100〜300 m 程度の移動ブロックに分離するが，それ以上には分裂せず，ある程度の大きさを保ったまま移動している．

170   3 内帯南部

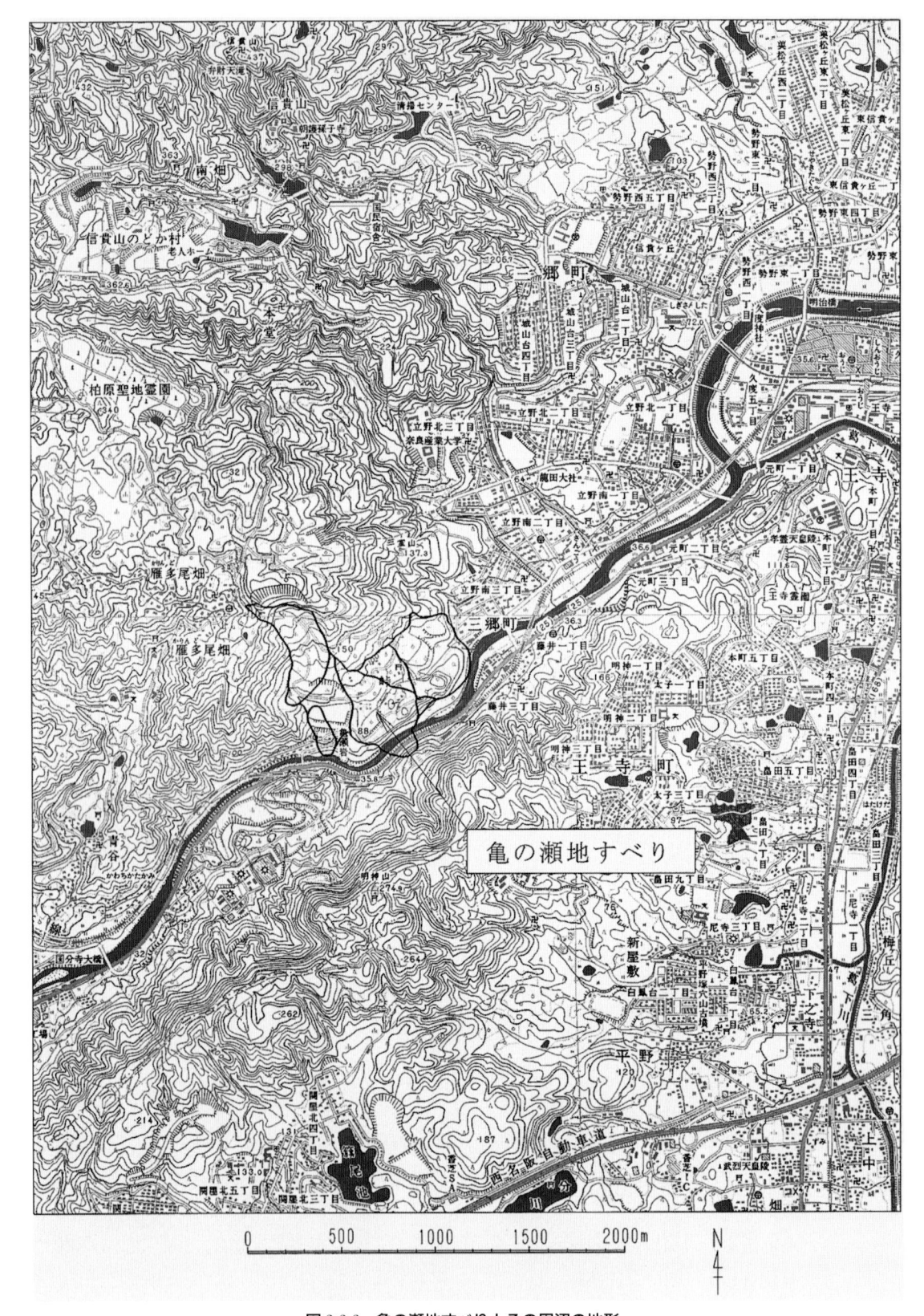

図 3.3.3 亀の瀬地すべりとその周辺の地形.
数値地図 25000（地図画像）「和歌山」を使用.

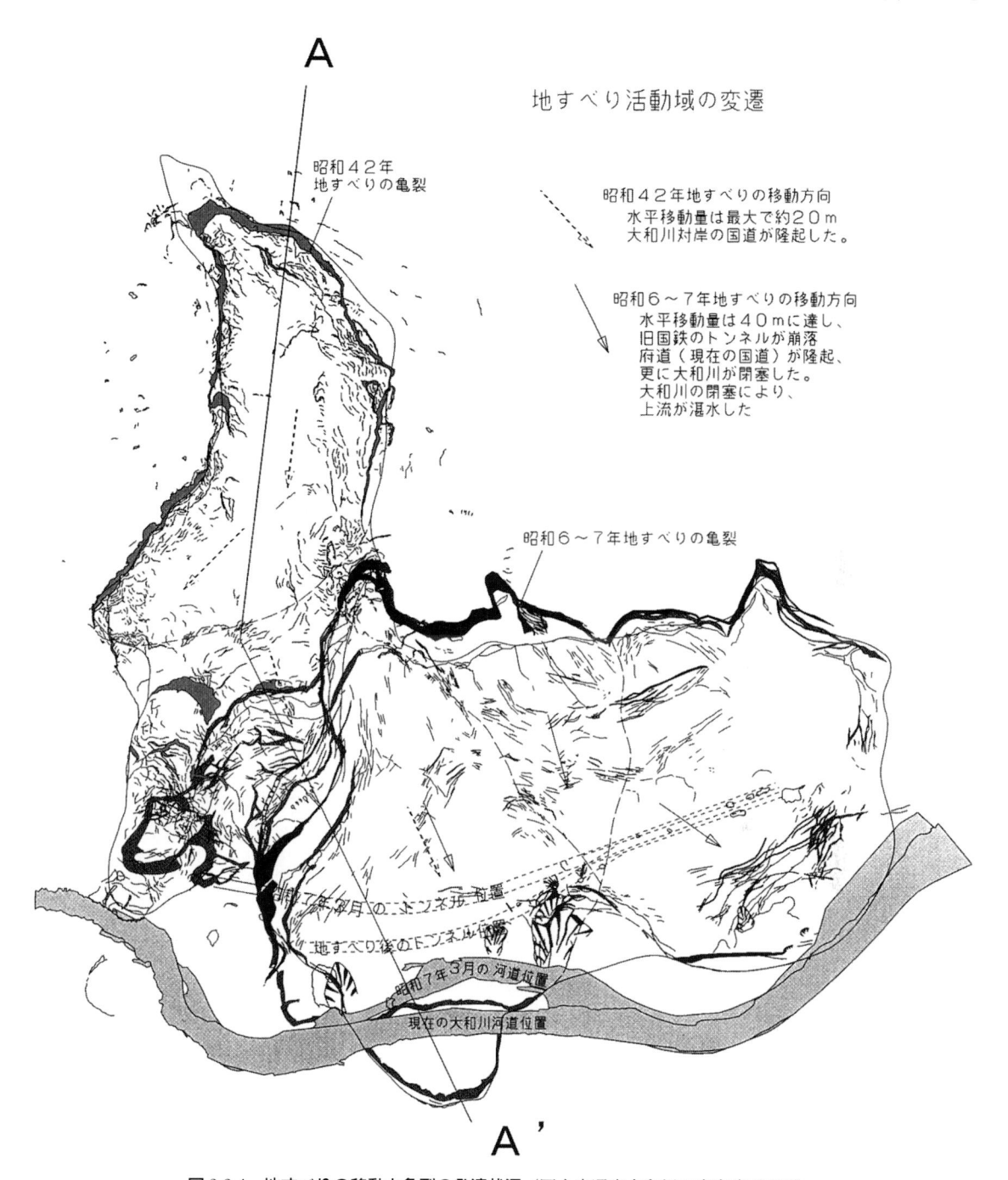

図 3.3.4　地すべりの移動と亀裂の発達状況（国土交通省大和川工事事務所原図）．

亀の瀬地すべりは，新第三紀の地すべりでも，火山岩が移動層になっている地すべりであり，その形態は，比較的大きなブロック単位で移動し，地すべりブロックは相互に影響を及ぼしあいながら滑動したと考えられ，当地すべりの移動機構は，その規模および土塊を構成する地質によって規定されている．

3.4 第四系大阪層群

(1) 地質の概要

大阪盆地とその周辺に分布するいわゆる古期洪積層にかかわる調査・研究は，天然ガス開発を目的として，1949年に千里丘陵地域で本格的に始められた．同丘陵を模式地として大阪層群と名づけられたこの地層は，新第三紀鮮新世から第四紀更新世にかけての堆積層で，未固結の粘土・砂・礫からなり，1960年代に平野部の地盤沈下の原因解明のために行われた深層ボーリング調査（OD-1～9）により，基本的な層序が確立された．

大阪層群の最下部層は非海成層の砂・礫層を主体とするが，その上位層は海成の粘土層と砂・礫層との互層からなり（大阪層群研究グループ，1951），海成粘土層については下位よりMa1，Ma2，…（MaはMarine clayの略記号）のように名づけられ（市原，1960），現在では，大阪層群中に11層，上部洪積層（段丘相当層）中に2層，沖積層中に1層の海成粘土層が確認されている（池辺ほか，1964，市原編著，1993など）．このような地層構成は，気候変動に伴う海水準の変動によるものである．海成粘土層や火山灰層を鍵層として大阪層群の分布が広域的に把握された結果，Ma1からMa2の海成粘土層の堆積時に海がもっとも内陸部にまで広がっていたことが判明した．

(2) 地質構造上の特異点

大阪平野における地盤情報は，深層ボーリングによる情報（例えば，大阪市総合計画局，1964，1966）や，地下鉄工事などの多くの土木建築事業に伴うボーリング調査情報をもとに，「新

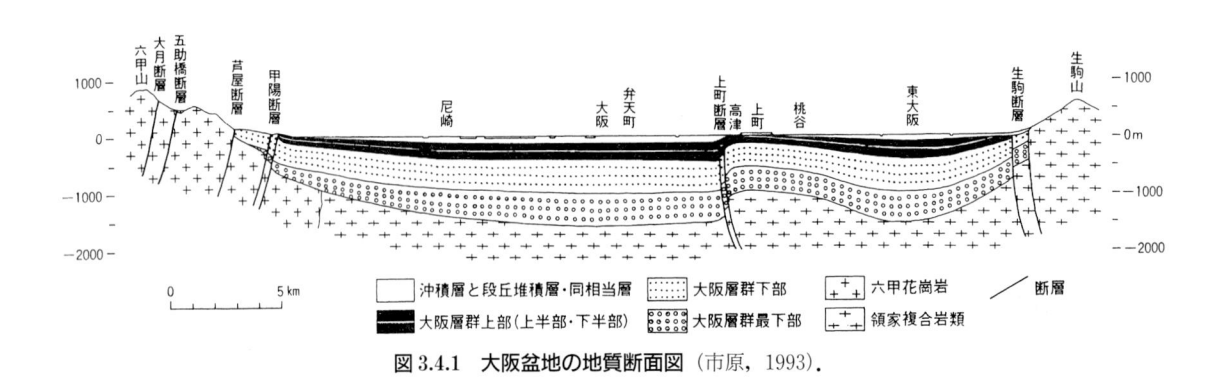

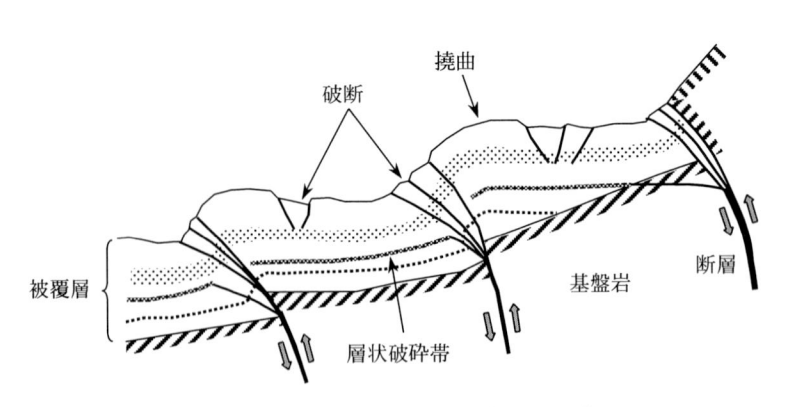

図3.4.1 大阪盆地の地質断面図（市原，1993）．

図3.4.2 逆断層の活動に伴う被覆層の変形を示す概念図．

編 大阪地盤図」（土質工学会関西支部・関西地質調査業協会，1987）に体系的にまとめられている．

例えば，Ma3層に挟まれているアズキ火山灰層は，OD-1（西大阪）とOD-2やOD-9（いずれも上町台地）とでは，前者のほうが300 m以上低い位置に分布する．また，OD-1（907 m掘削）では基盤岩の確認にはいたらなかったが，OD-2では656 m深で領家花崗岩が確認され，基盤岩分布深度においてはさらに大きな落差がある．

このような変位をもたらした地盤変動は六甲変動と呼ばれており（藤田，1974），これにより，六甲・生駒・鈴鹿などの上昇山地とその間の大阪・奈良・琵琶湖などの沈降盆地が形成された（図3.4.1）．上町台地も同様に上昇山地であるが，大阪平野下に隠されている山地である．

地殻変動により山地を上昇させた断層は，盆地周辺部の丘陵や山地との境界部に逆断層として分布し，基盤岩が大阪層群上に衝上している場合がみられる．このような場所では，大阪層群の地層は断層運動の影響を受けて，図3.4.2に示すように山地斜面上に階段状を成して分布していたり，撓曲帯の形成により変形している．

境界断層沿いの大阪層群内部の特徴的な変形構造として，"層状破砕帯"と呼ばれる弱層部の存在が明らかになってきた．これは，海成粘土層中で数cm～数十cmの厚さで形成されていることが多く，Ma0～Ma2の海成粘土層中に広域的に認められる．層状破砕帯では層理面に平行に割れ目（せん断破壊面）が密に発達し，その面は鏡肌を呈している．

層状破砕帯の形成要因について，西垣（1983）は次のように考察している．海成粘土層は時代の古いものほど強度が大きいが，それらが地表近くにあると過圧密比が大きくなり，脆性破壊しやすい．粘土層の上・下部はシルト分や砂分を含む漸移層であり低塑性なので，低拘束圧下では中央部の均一な高塑性部ほどせん断破壊を受けやすい．せん断応力を及ぼすのは基盤岩中の逆断層運動である．

横山（1992）は，露頭で，層状破砕帯は境界逆断層から分岐して大阪層群の層理面にほぼ平行してのびる断層で，その変位センスは境界逆断層と同じであることを確認した．さらに，層状破砕帯は異方性が大きく応力の集中しやすい層相境界に沿って，均質な粘土側に発達する傾向があることを指摘した．すなわち，海成粘土層の中央部ではなく，シルトや含礫粘土層との境界や層相のわずかなちがいによる粘土中の境界に沿って発達しやすい．また，破砕帯の詳細な変形構造の解析から，層状破砕帯の発達過程として初期の変形は脆性的であるが，次第に延性的になってせん断帯が成長すると考えた．そして，層状破砕帯がMa0～Ma2という特定層準の海成粘土層に発達する要因として，Ma0以深に分布する砂礫優勢の地層群からそれ以浅の粘土・シルト・砂互層の地層群への物質変化が，その境界に位置するMa0～Ma2への集中変形を引き起こしたと考えている．

（3） 大阪層群の地すべりの特徴

大阪層群における地すべりは，5～11世紀頃の，泉北丘陵における土器製作に伴う粘土層の掘削，のぼり窯の構築，燃料のための森林の伐採とそれに伴う山地の荒廃にさかのぼる．近年では，同丘陵や千里丘陵などの丘陵地は大規模住宅地として開発され，これに伴って地すべりが発生した例も多く，地すべり防止指定区域の指定を受けている地区もある．これまでの造成工事で発生した地すべりのいくつかについて，中世古・橋本（1988），西垣（1977，1983），横山（1992，1994）などにより，そのすべり面の詳細な観察やすべり面粘土の強度特性および地すべり機構について報告されている．

中世古・橋本（1988）によると，泉北丘陵における地すべり地は，大阪層群のMa0～Ma2の海成粘土層を含む粘土層の分布域にその大部分が分

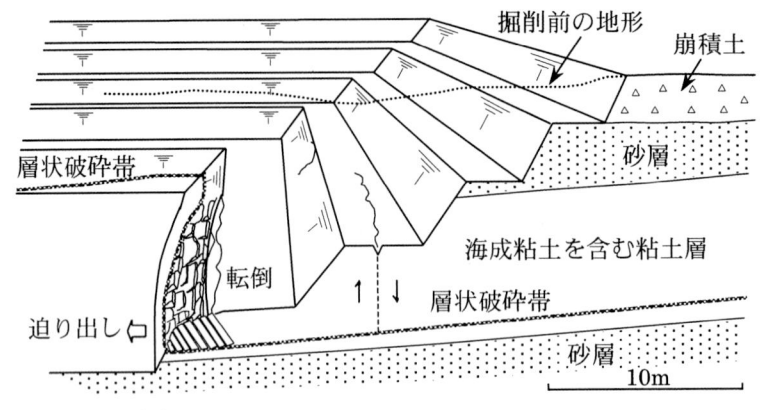

図 3.4.3 切土直後に発生した斜面崩壊の例（泉北丘陵，横山，1994 を修正加筆）．

布している．また，その地すべりの大部分は表層複合地すべりで，点発生後退拡大タイプであると特徴づけている．すなわち，個々の地すべり土塊の規模は極めて小さく，厚さは一般に 10 m 以下であるが，小規模な地すべりがくりかえし発生して，その結果，地すべり範囲が拡大していった．泉北丘陵内のある地すべり地では，すべり面は Ma2 層を含む粘土層中の非海成粘土層中に発達した厚さ 1 cm 程度の破砕部で，条痕が発達し水平方向に鱗片化した状態であった．このような層状破砕帯は，泉北丘陵以外にも，大阪府高槻市内の地すべり地でも確認されており，また関西国際空港の地盤調査でも Ma2 層を含む層準に著しい条痕が認められる粘土層が確認されている．

この層状破砕帯の粘土層の物理・力学特性については，中世古・橋本（1988），西垣（1977）による以下の報告がある．破砕粘土の含水比や液性限界および塑性限界については，新鮮粘土と比較して同等程度であり，とくに軟弱な粘土ではない．しかし，層状破砕粘土が地すべりにより攪乱された場合には，破砕粘土は吸水膨張により含水比が増加する．また破砕粘土の粘着力や内部摩擦角については，新鮮粘土に比べて小さい．したがって，地下水条件が悪化（地下水圧が上昇）した場合にはせん断抵抗が低下し，粘土の膨潤と軟弱化によりその強度は残留強度にまで低下するのですべり面が形成されやすく，クリープ性のすべりを生じ得る．

ところで，この層状破砕帯については，新鮮粘土層に比べて 5〜8 割程度の大きさの N 値を示すが，一般に層厚が薄いために，標準貫入試験による検出は困難である（西垣，1977）．藤崎・山根（1993）は，大阪層群と同時代である古琵琶湖層群中の粘土層においても層状破砕帯の存在を指摘しており，その部分の比抵抗が周辺部よりも低いことを利用して，マイクロ電気検層による検出の有効性を述べている．

（4） 研究事例

a) 大阪層群の層状破砕帯に支配された斜面変動の運動様式について

切土直後に発生した斜面変動　図 3.4.3 は，丘陵地斜面を平均斜面勾配 30°で箱型に平均 15 m 掘り下げたところ，層状破砕帯が法尻に露出し，その 2 日後に崩壊が発生した例を示す．崩壊形態としては横幅 12 m，奥行き 2 m と横長の形状で，層状破砕帯に沿う滑動はわずかで，小断層に囲まれた粘土ブロックの転倒が中心であった．また，崩壊の 3 日前に少量の降雨があったのみで，崩壊時あるいは直前に降雨はなかった．

この場合の斜面変動の特徴として層状破砕帯との関係については，①主として層状破砕帯の直上

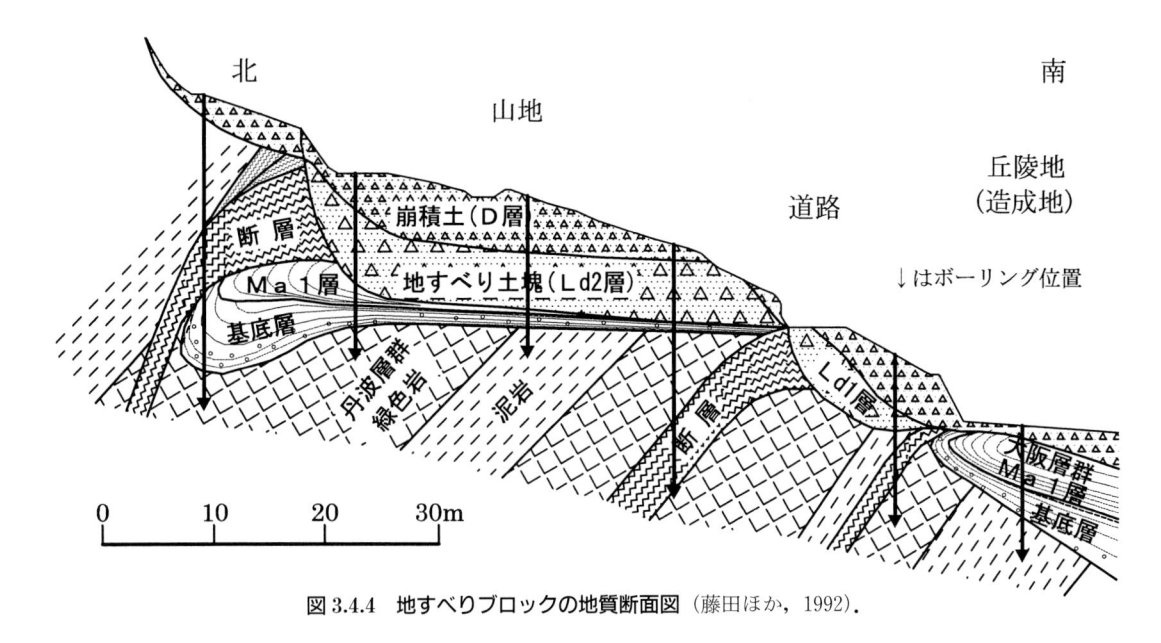

図 3.4.4　地すべりブロックの地質断面図（藤田ほか，1992）．

の粘土層が変形している，②層状破砕帯は切土面に連続して広く露出するので，崩壊部分の横幅が広いが奥行きは短く，層状破砕帯に載っている地盤が全体として崩壊するのではなく，むしろ崩壊の規模は層状破砕帯の連続性から推定される規模よりもかなり小さい，③層状破砕帯に沿う滑動量は小さく数十cm程度以下である．また変形の特徴としては，④変形量は，層状破砕帯が切土面に露出している移動地盤の先端付近でもっとも大きく，斜面上方に向かって小さくなる，⑤しばしば粘土層の迫り出しによる斜面の変形はかなり大きい，⑥層状破砕帯の直上の小断層に囲まれた粘土ブロックは，しばしば転倒している，⑦変形の期間は比較的短く，崩壊の知らせを受け現地に駆けつけたときには主たる変動は終息していた．

発生機構　従来の説明によると，層状破砕帯が雨水の浸透により吸水膨張し，残留強度にまで強度低下するために滑動するとされた．しかし，本例では，層状破砕帯の含水比や液性限界および塑性限界は新鮮粘土よりも小さく，また切土により露出した深部が崩壊するのに，降雨の影響を受けやすい地表部まで崩壊が及んでいない．このような特徴と，掘削や降雨との時間関係から，ここでは，応力開放による斜面変動であり，そのために崩壊したと考えたい．切土直後には滑動が顕著ではなく，粘土ブロックの転倒が卓越するのも，応力開放が原因と考えられる．このような状態で放置されたならば，攪乱された破砕帯粘土が，その後の降雨により強度低下を来たし，従来考えられているタイプの地すべりに発展するものと予想される．

過圧密粘土は低ひずみで脆性破壊を起こしやすく，これは掘削により大きな水平成分の地圧が開放され，開放される応力やひずみ量が大きくなるためである．すなわち，急激な掘削を行うと，応力集中の生じる法尻に破壊を生じるせん断力が発生し，水平に近いせん断面の形成が期待される．このとき法尻に層状破砕帯が存在すると，低ひずみでかつ新鮮粘土部よりも小さい強度で破壊し，それが進展すると残留強度にまで強度低下を起こし，滑動する．

b）大阪層群の盆地縁辺部の地すべり機構について

調査結果によると，図 3.4.4 に示すように，丹波層群内に複数の断層が確認され，その傾斜は $50°\sim70°$ と地層傾斜よりもやや大きい．一方，丘陵地の大阪層群はピンク火山灰層およびMa1層を含む層準で，丹波層群を不整合に覆って緩く傾

A 大阪層群の堆積

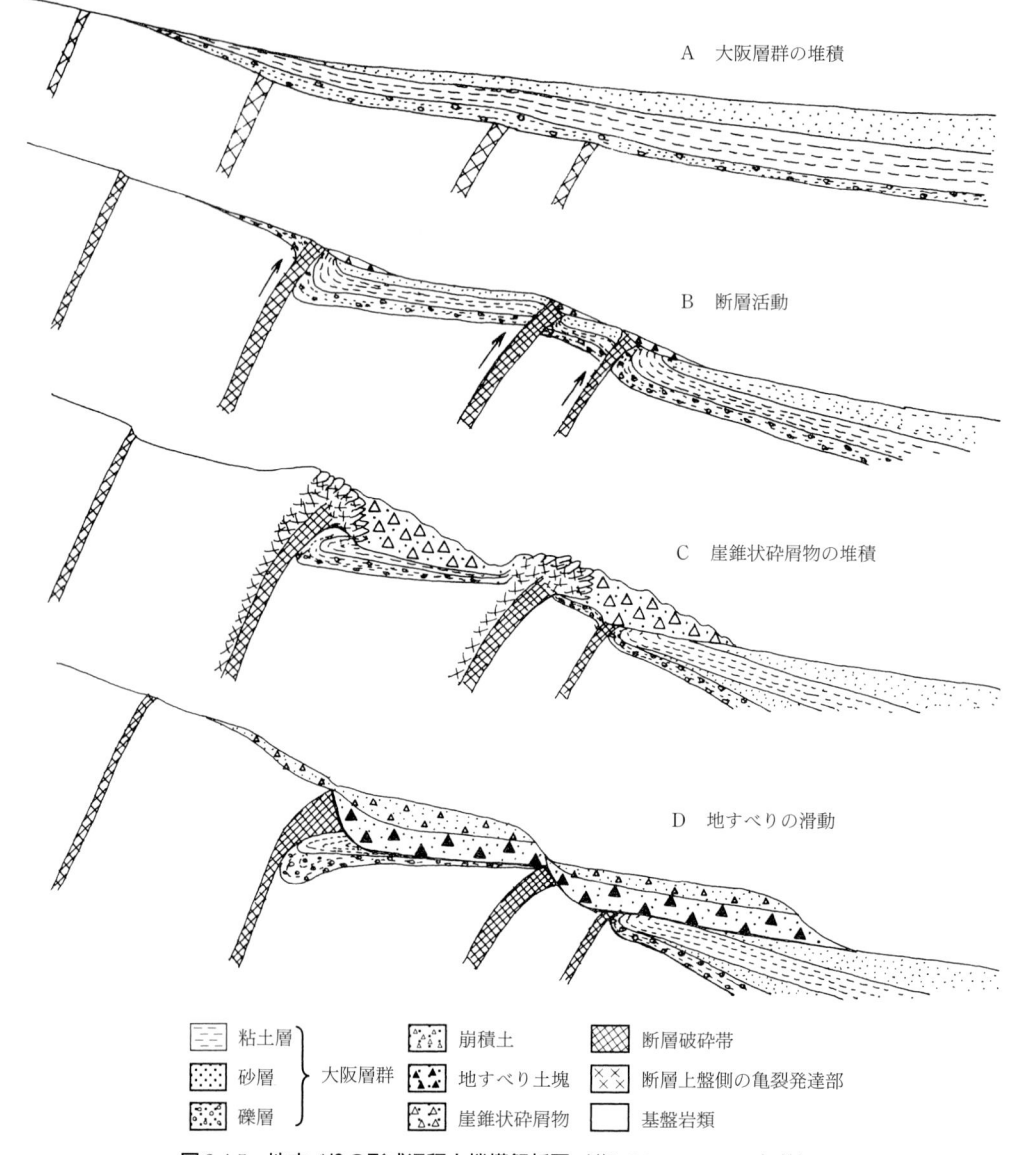

B 断層活動

C 崖錐状砕屑物の堆積

D 地すべりの滑動

凡例：
- 粘土層 ⎫
- 砂層　 ⎬ 大阪層群
- 礫層　 ⎭
- 崩積土
- 地すべり土塊
- 崖錐状砕屑物
- 断層破砕帯
- 断層上盤側の亀裂発達部
- 基盤岩類

図3.4.5　地すべりの形成過程と機構解析図（藤田ほか，1992に加筆）．

斜するが，断層によって垂直方向に10m程度変位して全体として階段状分布を示し，断層の直近では垂直もしくは一部逆転している．

山地斜面には，基質が粘土からなる角礫層が分布する．この堆積物は，丹波層群起源以外の異質礫をほとんど含まず，一見岩盤の破砕部のような岩相を呈するが，基盤岩との間に大阪層群の粘土層を挟むこと，片理構造に方向性がなく源岩状態をとどめていないこと，基質と礫が明瞭に区分され亜円礫を伴うことなどから，地すべり土塊とその崩積土であると判断された．

地すべり土塊と基盤岩の間には，厚さ0.35〜10.0mの貝殻混じりの粘土層や淘汰の良い砂層からなる大阪層群が分布する．この地層は断層破砕帯の粘土化帯と低角度（10°）で接し，地すべり土塊（Ld2層）の下位に薄く分布し，部分的に鏡肌が発達するなどせん断変形を受けている．つまり，大阪層群の粘土層をすべり面とし，

Ld2層を地すべり土塊とする地すべりが山地斜面下に存在する．なお，破砕帯と大阪層群の接触面が低角度であるのは，衝上時の地表付近での「押し出し」によるものと考えられる．

一方，南側の丘陵地では昭和50年代の切土造成時に，やはり大阪層群のMa1層をすべり面とし，角礫を大量に伴う堆積物を地すべり土塊とする地すべりが発生した．現在は，境界部の道路の下にわずかであるが当時の地すべり土塊（Ld1層）が残っている．

地すべりブロックの発生と機構
①大阪層群の堆積と断層による変位

Ma1層の海進時に堆積した大阪層群（図3.4.5 A）は，その後，複数の逆断層運動の影響を受けて，下盤側の大阪層群は垂直〜逆転変位した（図3.4.5 B）．このとき，大阪層群はある程度固結がすすんでおり，応力によって亀裂を生じるような脆性的破壊を受けている．その直後から浸食作用を受け，階段状地形をなす大阪層群の大半は削剝された．

②破砕帯起源の崩積土の堆積

大阪層群の浸食面上には，破砕帯や衝上断層の上盤側の亀裂の発達した岩盤から供給された岩塊を主体とする崖錐状の砕屑物が堆積していった．砕屑物が大量に供給され堆積する要因として，断層の断続的な活動，地形ギャップの拡大，亀裂性岩盤のクリープ変形など，破砕帯に特有な現象があったと考えられる．この崖錐状砕屑物は，岩塊を多く含むため移動しにくくかつ浸食されにくいので，地形のギャップが埋まるまでかなり急な地形をなして断層崖の下に堆積・残留したと推定される（図3.4.5 C）．

③地すべりの発生

この調査地のもっとも特徴的な点は，崖錐状砕屑物の下に大阪層群のMa1層を伴う粘土層が浸食し残されて存在したことである．この粘土層は，断層運動に伴って少なからずせん断を受けていたであろうし，表層からの風化作用もあったと考えられるので，すべり面となりやすい性質を備えていた．また，断層破砕帯でダムアップされた山側の地下水が，亀裂や崖錐状砕屑物をとおしてすべり面に供給されやすい環境であったと考えられる．このような状況下で，Ld1層，Ld2層を地すべり土塊とする地すべりが発生したと考えられる．

地すべり滑動の結果，丘陵地側にはその頂面を覆って舌状の地形的高まりが，山地側には緩斜面が形成された．その後，これを覆って崩積土（D層）が堆積した（図3.4.5 D）．

以上の調査研究事例に示すように，盆地縁辺部など基盤岩との間に逆断層を伴う地質構造下においては，大阪層群の地層がせん断変形を受け，特にMa0〜Ma2層の層準では層状破砕帯が形成され，この存在が大阪層群の地すべりの素因としてもっとも重要であると考えられる．

4
外帯北部

4.1 三波川結晶片岩類（善徳地すべり）

　三波川結晶片岩地帯では，隣接する御荷鉾変成岩地帯よりも斜面傾斜角が5〜10°急であり，地すべり地域，非地すべり地域との判別が困難な場合が多い．また，三波川結晶片岩地帯は，全体的に地質が脆弱であり，地すべりの発生は，岩質と小・微褶曲構造に依存している場合が多いようである．その中にある善徳地すべりは，吉野川最大支川祖谷川の中流部，西祖谷山村善徳の，地形勾配約25°の三縄層の泥質片岩（黒色片岩），塩基

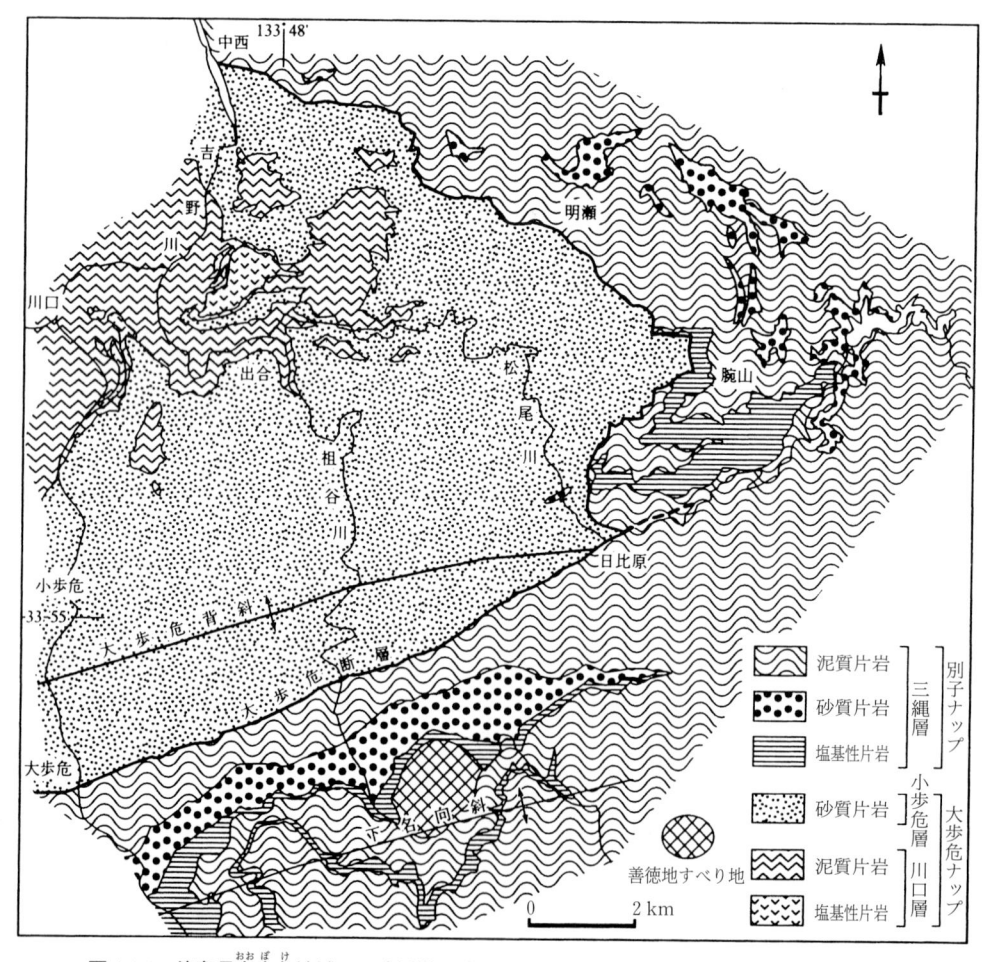

図 4.1.1　徳島県大歩危地域の三波川帯の地質図（剣山研究グループ，1984を一部改変）．

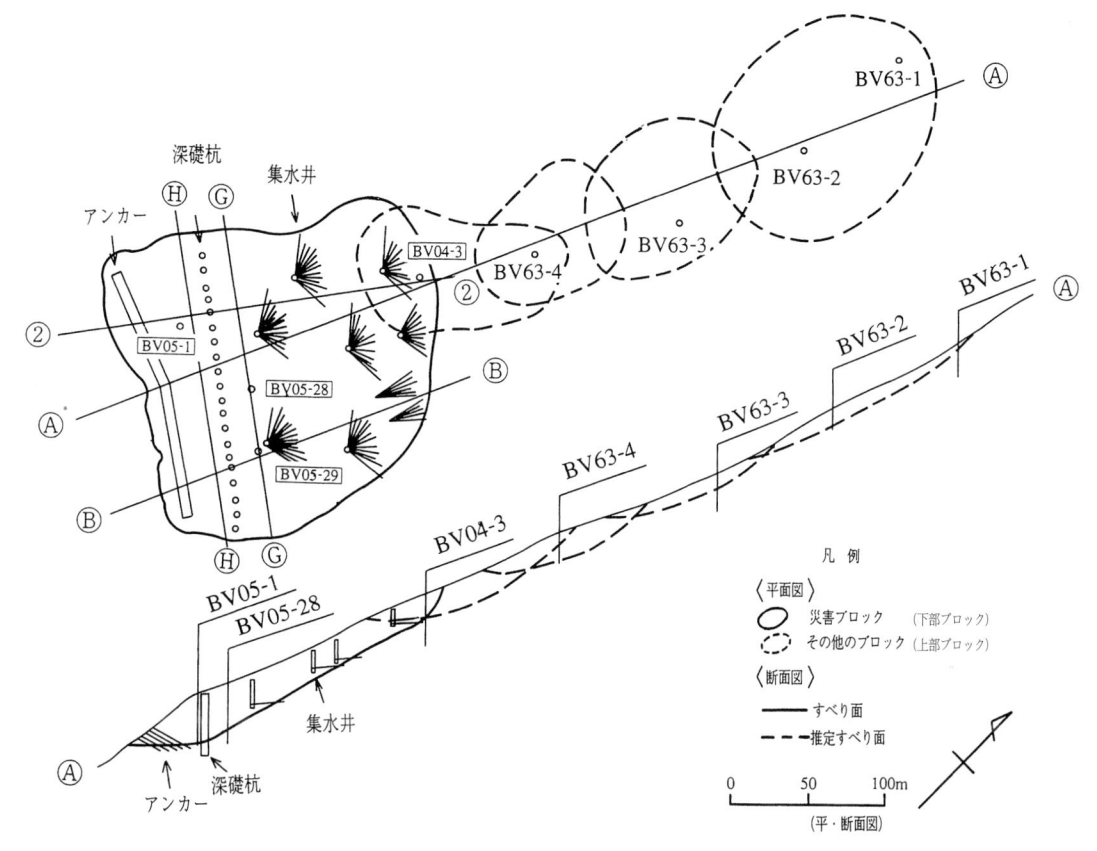

図 4.1.2 Z-1 ブロック平面・断面図.

性片岩（緑色片岩）が小・微褶曲構造を示した別子ナップ地域（図 4.1.1, 剣山研究グループ, 1984）に位置する．地すべり防止区域の面積は 220 ha に達する．

本論で述べる善徳地すべり Z-1 ブロックは，1993 年 7 月末の豪雨（日雨量約 350 mm，3 日間で約 500 mm）により，変動が著しく増大し，その活動状況を把握することができた．さらに，Z-1 ブロック（下部ブロック，図 4.1.2）の地すべり対策工（深礎杭工）を施工するにあたり，そのすべり面を露頭（深礎杭掘削面）で検討することができた．

以下では，三波川結晶片岩地帯を代表する善徳地すべりの変動特性と地質（すべり面）の関連性について守随（1994）をもとに考察した．

（1） 地すべりと地質

本地域の地すべりは，地質的には断層破砕帯に支配されるものではなく，主として，岩質と小・微褶曲構造に依存しているものと考えられる．藤田（1992）は，層面片理面の傾斜方向と地すべりの主滑動方向とのなす角を θ として，θ と地すべりの関係を調べ，$0° \leqq \theta < 130°$ で地すべりは多く（全体の 37.5 %），$0° \leqq \theta \leqq 90°$ の範囲に属する地すべりは全体の 71.8 % に達していることを明らかにした．このことは，結晶片岩の地すべりが流れ盤型の地すべりであることを指摘している．

善徳地すべりの位置する地域は，砂質片岩（風化層が厚く存在するが，層面片理面の発達が弱く土砂化していない），塩基性片岩（地すべり土塊中に土砂化あるいは岩塊状に認められる．新鮮部

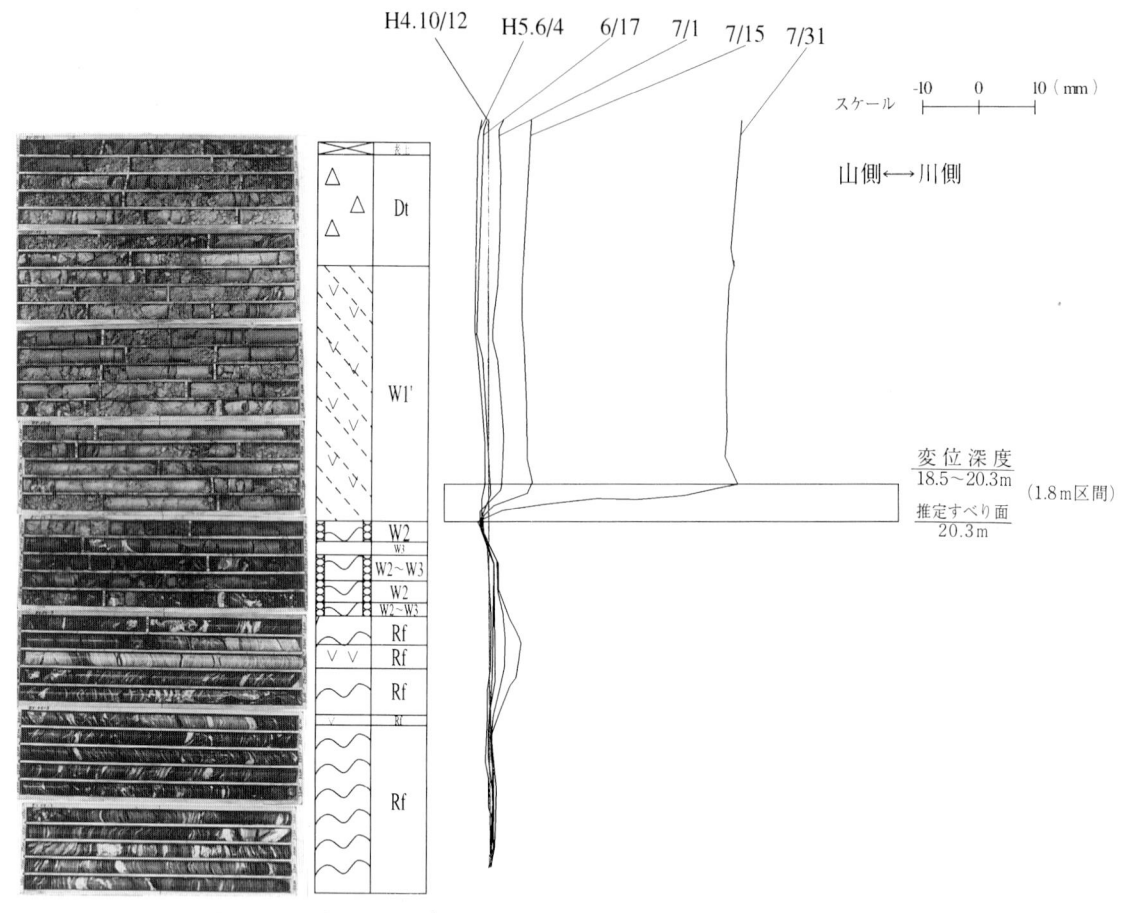

図 4.1.3 調査ボーリング BV04-3 のコア写真・柱状図・孔内傾斜計変位状況.

は硬質だが，層面片理面がやや発達している），泥質片岩（基盤岩として広く認められ，層面片理面が発達している．表層部は土砂化しやすい）よりなり，地すべり末端部を東西（N 80°E）にのびる向斜軸（下名向斜）の北側に位置する．そのため，南向き斜面の当地区では，流れ盤となり，斜面下部では泥質片岩が，斜面上部では砂質片岩が認められる．塩基性片岩は，露頭として局部的に確認でき，地すべり防止区域の両サイドは，塩基性片岩により規制されている．また，後述するZ-1 地すべりブロックの深礎杭坑壁観察では，地すべり土塊中には多くの塩基性片岩の転石が認められるのに対して，基盤岩においては，硬質（CH 級岩盤）な黒色片岩より構成されていることが確認できた．

以上のように，善徳地すべりでもその発生素因は流れ盤に沿って認められる塩基性片岩（第三紀地すべりの泥岩中に挟在されている凝灰岩と同様の位置づけ）の分布形状とナップ構造に規制された（横臥褶曲又は衝上断層によって流れ盤構造を形成）泥質片岩の風化帯によるものと推定される．

（2） 地すべり Z－1 ブロックの変動状況

当ブロックは，斜面全体のうち，下部ブロックでの変動が大きく，孔内傾斜計等に累積がみられており（年間 5～10 mm 程度），1993（平成 5）

年には，7月末の豪雨により，7～10 cm 程度の変位を示し，多くの観測孔が推定すべり面付近（褐色下面）で孔曲がりのため測定不能になった．一方，上部ブロックは，孔内傾斜計等に年間2～3 mm 程度累積がみられるものの，7月末の豪雨時でも変位は10～20 mm 程度であり，下部ブロックほどの動きはみられず，上部と下部ブロックの動きの連続性は認められないものと推定される．

なお，下部ブロックの観測孔ではその後も累積変動がみられ，同年11月の100 mm 程の降雨でやや活発化したが，対策工施工後は，動きは落ち着いてきている．

（3） Z-1 ブロックすべり面付近の地質状況

図 4.1.3 に地すべり頭部における，地質と孔内傾斜計変位状況を示した．地すべり頭部～中部の変位深度の区間は1.8 m と比較的シャープである．なお深礎杭施工位置に相当する，地すべり末端部のそれは，2.65 m を呈していた．いずれにしても，すべり面は，原岩色を呈した結晶片岩上位の区間である．このように孔内傾斜計観測結果よりすべり面の位置を把握できたため，あらためて，その地質状況をボーリングコアおよび深礎杭掘削面で観察した（図 4.1.4）．地すべり粘土中には，移動土塊のマトリックスに礫質岩塊が混入しているのと同様に，マトリックスの中に φ 5～20 mm 程度の基盤岩（泥質片岩，砂質片岩）の亜円礫が多く含まれていた．

当地すべり粘土層の鏡下による観察は，守隨(1994) が詳述している．それによると，地すべり粘土層の構成物は，周辺の地質体となる岩石の砕屑物（泥質片岩，塩基性片岩，砂質片岩）よりなり，組織については，礫サイズのものが，長軸をほぼ同じ方向に配列しているのがみられ，礫の定向配列の方向に沿って，基質粘土の定向配列によると思われる縞状の組織が観察された．また，定向性を示す粘土層の周辺には，円磨の高い砂粒

図 4.1.4 深礎杭 No.6，深度 22 m 付近で確認されたすべり面．
すべり面は基盤岩（泥質片岩）の片理面にほぼ沿った分布を示す．地すべり粘土中には，φ 5～20 mm 程度の基盤岩の亜円礫が多くみられる．

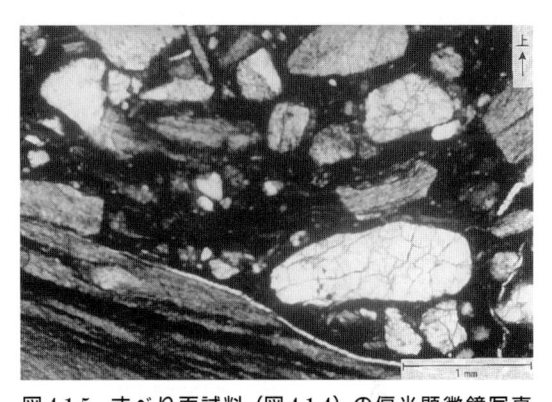

図 4.1.5 すべり面試料（図 4.1.4）の偏光顕微鏡写真（オープンニコル）．
礫の局所的定方向配列が認められる．基質粘土部は，明暗の縞状構造を呈する．

子が多く，これらの砂粒子にマイクロクラックが認められ，強いせん断応力が加わった可能性が推察された（図 4.1.5，図 4.1.6）．

一方，W1層（土砂～強風化層＝地すべり土塊），W2層（風化・変質層），Rf～W3層（弱風化～基岩層）に相当するボーリングコアを採取し，それらを垂直に切断し，組織を観察してみた（図 4.1.7～図 4.1.9）．W1層の組織は0.5～2 mm 程度の亜角礫が多く認められる．細粒部は，緑泥石，カオリナイト，黒雲母，長石，石英，角閃石よりなる．W2層（すべり面上位の礫質岩塊）の組織

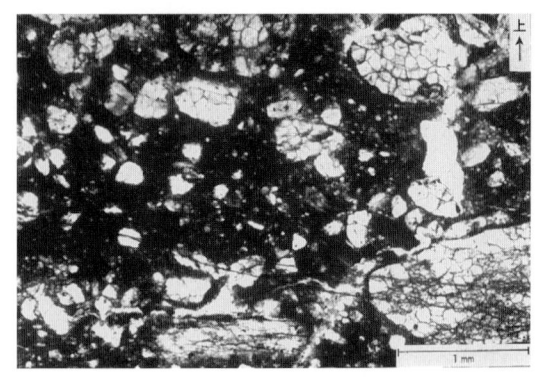

図4.1.6 すべり面試料（図4.1.4）の偏光顕微鏡写真（オープンニコル）．
礫の弱い定方向配列がみられる．礫は円磨されており，マイクロクラックが認められ，強いせん断力が加わった可能性がある．

図4.1.8 調査ボーリングBV05-29'深度16.2 mの強風化岩（移動層）の中の中風化岩塊（W2）の偏光顕微鏡写真（クロスニコル）．
変質した泥質岩で，細粒部はカオリナイト，黒雲母，長石，石英よりなる．左下の石英細脈はほどんど変質が認められない．

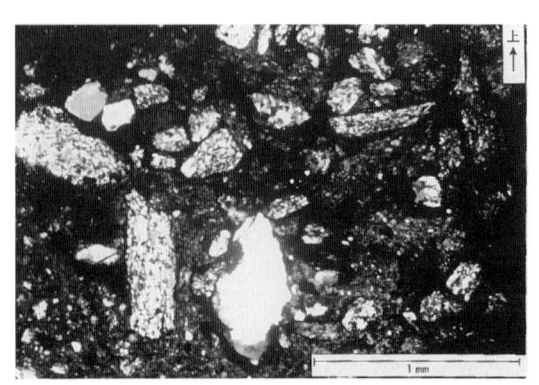

図4.1.7 調査ボーリングBV05-29'深度9.9 mの強風化岩（W1，移動層）の偏光顕微鏡写真（クロスニコル）．
基質粘土中に φ0.5～2 mm程度の結晶片岩・石英・角張った砂粒子が散在する．基質部は緑泥石，カオリナイト，黒雲母，長石，石英，角閃石よりなる．

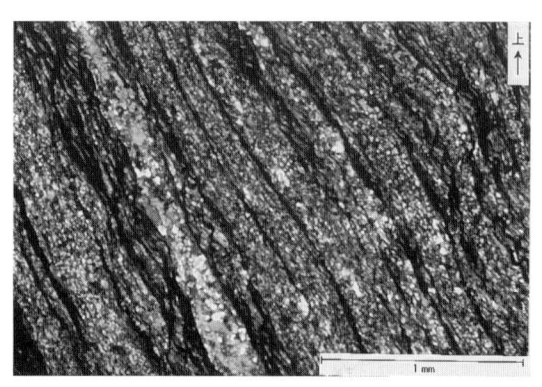

図4.1.9 調査ボーリングBV05-28'深度41.5 mの弱風化岩～新鮮岩（W3～Rf，不動層）の偏光顕微鏡写真（クロスニコル）．
0.2～2 mmの縞状構造を示し，細粒石英の縞と黒雲母の縞が交互に配列している．細粒石英の縞の中には少量の緑泥石を含む．

は，変質した泥質片岩よりなり，細粒部は，カオリナイト，黒雲母，長石，石英よりなる．Rf～W3層の組織は，0.2～2 mmの細粒石英と雲母が互層しており，細粒石英層に少量の緑泥石が含まれている．

（4）変動量とすべり面構造との関連性

ボーリングコアの試料を用いて，今回変動（1993（平成5）年7月末～8月）したすべり面と，地質状況から推定（かつて変動）したすべり面のテクスチャーの相違を検討してみた．なお，地すべり土塊についても比較した．

採取した試料は表4.1.1に示すとともに，各断面図（図4.1.10，図4.1.11）にそれら採取位置を示した．

その結果，母岩（弱風化～新鮮岩）のNo.3，4，10，15は，石英・黒雲母・緑泥石が認められた．泥質片岩は石英と黒雲母の互層，塩基性片岩は石英と緑泥石の互層，砂質片岩は基質に石英が密集（緑泥石が一部含まれ定向配列）していた．

4.1 三波川結晶片岩類

表 4.1.1 試料一覧

試料No.	ボーリングNo.	深度(m)	樹脂固定薄片	普通薄片	X線分析
1	BV04-3	18.05-18.70	○		○
2	BV04-3	19.80-20.00	○		○
3	BV04-3	30.50-30.70		○	
4	BV04-3	31.50-31.70		○	
5	BV05-1	14.30-14.50	○		○
6	BV05-1	15.20-15.30	○		○
7	BV05-28'	24.45-24.65	○		○
8	BV05-28'	25.80-26.00	○		○
9	BV05-28'	34.50-34.70	○		○
10	BV05-28'	41.40-41.60		○	
11	BV05-29'	9.80-10.00	○		○
12	BV05-29'	11.40-11.60	○		○
13	BV05-29'	15.20-15.40	○		○
14	BV05-29'	16.10-16.30		○	○
15	BV05-29'	28.30-28.50		○	
16	BV04-25	28.40-28.50		○	
17	BV04-25	29.30-29.40	○		○
18	BV04-25	53.00-53.20	○		○
計	−	−	11試料	6試料	13試料

表 4.1.2 すべり面構造の観察結果一覧

テクスチャー	試料採取位置	地質状況から推定したすべり面 (No.9,14,16,17,18)	今回変動したすべり面 (No.1,2,5,6,7,8,11,12)	地すべり土塊 (No.13)
定向性	礫	無(9,17,18)	有(1,2,7,11) 無(8)	無(13)
定向性	砂	無(9,17,18)	有(1,2,7,11) 無(8)	無(13)
定向性	粘土	有(18) 無(9,17)	有(1,2) 無(8)	無(13)
円磨性	礫	やや有(17,18) 無(9)	有(1,2) やや有(1,2,5)	やや有(13)
円磨性	砂	やや有(17,18) 無(9)	有(7,8,11,12) やや有(1,2)	無(13)
マイクロクラック	礫	やや有(18) 無(9,17)	有(7,11) やや有(5,8,12) 無(1,2)	無(13)
マイクロクラック	砂	やや有(18) 無(9,17)	有(7,11) やや有(8,12) 無(1,2)	無(13)

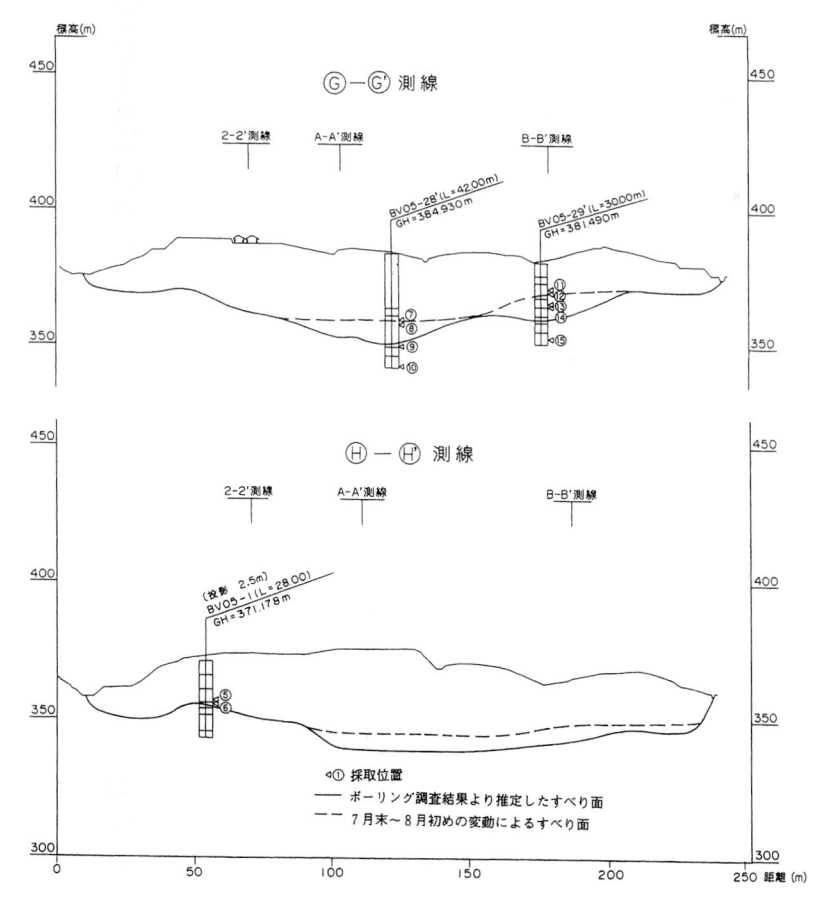

図 4.1.10 Z-1ブロック横断面図（すべり面と試料採取位置）．

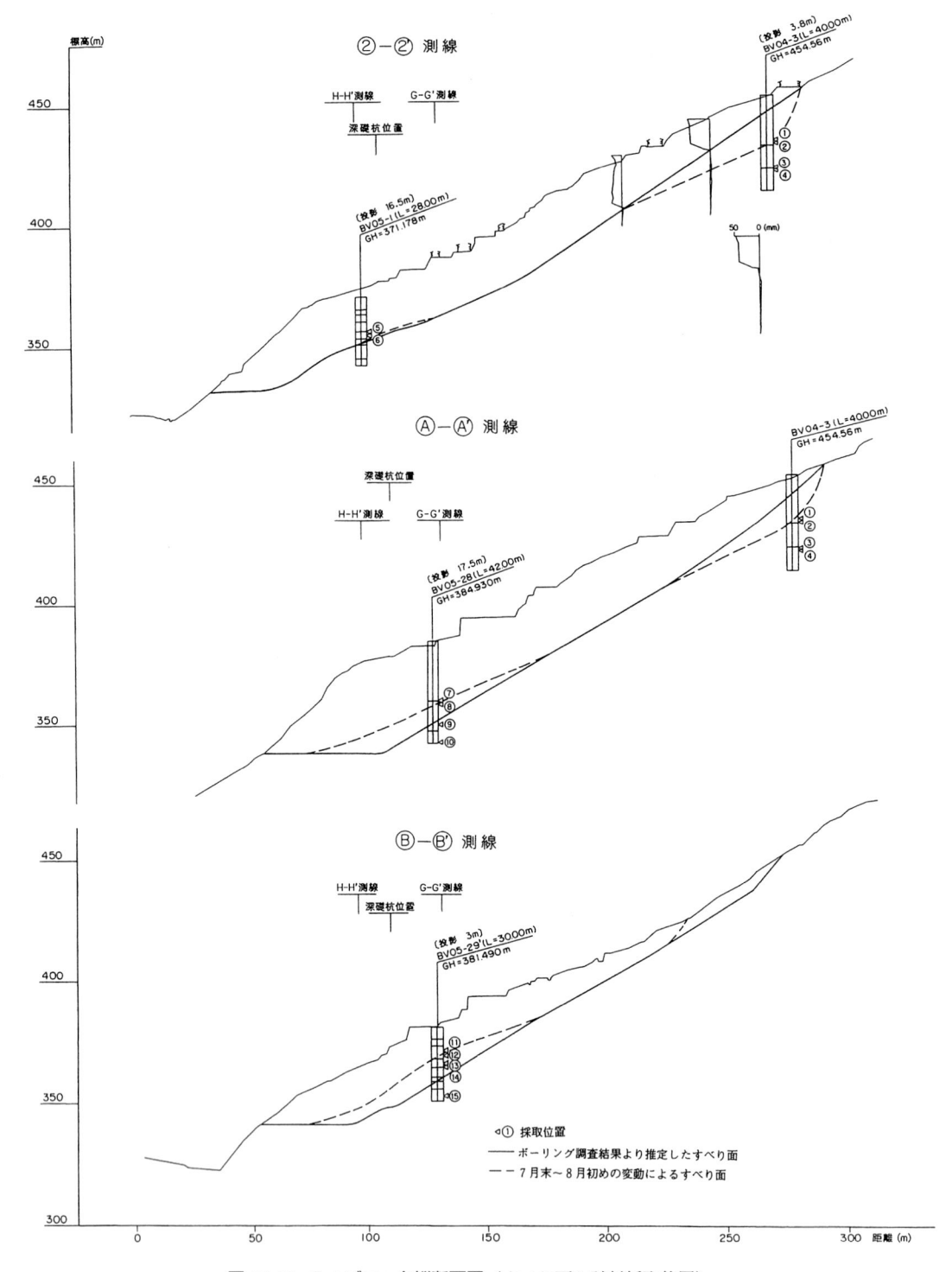

図 4.1.11　Z-1 ブロック縦断面図（すべり面と試料採取位置）．

一方，すべり面付近においては，カオリナイトはもとより，イライト－モンモリロナイトの混合層鉱物が認められた．

すべり面構造の観察結果の一覧を表 4.1.2 に示した．今回変動したすべり面の No. 1, 2, 5, 7, 8, 11, 12 は，礫部，砂部，粘土部の定向性・各粒子の円磨・マイクロクラックの存在のいずれか，あるいはその複合した状況が認められた．

一方，地質より推定できるすべり面においては，Z-6 ブロックの上位ブロックに位置する，No. 17, 18 で定向性，円磨性，マイクロクラックに若干の優位性が認められたのみであった．なお，地すべり土塊内の No. 13 には，これら特有のテクスチャーは認められなかった．

以上の結果より，活動が活発な地すべりの変動量とすべり面構造とは，定向性，円磨性，マイクロクラックにおいて，正の相関性があることがわかり，これらの特徴を理解することは，すべり面の位置決定に役立つことがわかった．

4.2 御荷鉾変成岩（蔭地すべり）

高知県長岡郡大豊町に位置する蔭地すべりは，御荷鉾緑色岩類中に発生した大規模な地すべりとして認識され，これまで地質調査，変動量調査等をはじめとする種々の調査・研究が行われてきている．ここでは，既往調査研究結果等をふまえて，地形・地質解析を主体とする基礎的解析から当地区の大規模地すべりの発生機構・発達過程について考察を行うこととする．

（1） 地形・地質概説

御荷鉾帯は，三波川帯と秩父帯との境界付近に位置し，群馬県多野郡御荷鉾山付近から中部地方，紀伊半島，四国地方を経て九州東部まで分布する．総延長は 1000 km を超え，幅は 3～10 km である（鈴木, 1977）．

御荷鉾帯の地形は，一般に南北に接する三波川帯，秩父帯に比して著しく緩傾斜であり，丸みを帯び，水系密度が小さいなどの特徴を示す．また，四国島内の地すべり（大規模マスムーブメント）地形の分布は，地質に大きく左右されるようであり，100 km² あたりの大規模崩壊地形の数は御荷鉾帯で最も大きくなっている（寺戸, 1986）．当地区も大規模な地すべり地形を呈しており，前述の一般的な御荷鉾帯の地形的特徴を示している．

四国における御荷鉾緑色岩類は，前述のように東西にのびる三波川帯と秩父累帯の境界部に分布する．三波川南縁帯に属し，秩父累帯とほぼ整合的に接しているといわれている（鈴木, 1998）．その分布は断続的であり，調査地である大杉-豊永地域では幅約 5 km と比較的広い分布を示す．御荷鉾緑色岩類は一般に変成度が弱く，原岩の組織が極めて明瞭に残されていることが特徴である（鈴木, 1983）．

（2） 地すべり地形

蔭地すべりは，吉野川右支南小川沿いの北西向き斜面に位置し，標高 1305 m の山頂から沖野々川，小桧曽谷（青ザレ谷）に挟まれる幅約 3 km，長さ約 3 km の広大な緩斜面を形成している．

この緩斜面は大規模な地すべりの移動体と考えられ，この範囲内には，「蔭地すべり」をはじめ，隣接する「柚木地すべり」，「沖野々地すべり」を含んでいる．

標高 1305 m の山頂には開析の進んだ滑落崖が認められ，初生的な滑動によって形成されたものと考えられる．この滑落崖は西に向かって開いているため，初生的な滑動の移動方向はおおむね西向きと考えられる．その後標高 1243 m の山頂を滑落崖頂部とする地すべりがほぼ北向きに発生したものと考えられ，この滑動に相当する滑落崖は初生的な地すべりの移動体を切っている．この地すべり滑動が当地区の地すべりの主体をなすにいたったものと推定され，上述の沖野々川と小桧曽谷（青ザレ谷）に挟まれる幅約 3 km の緩斜面を

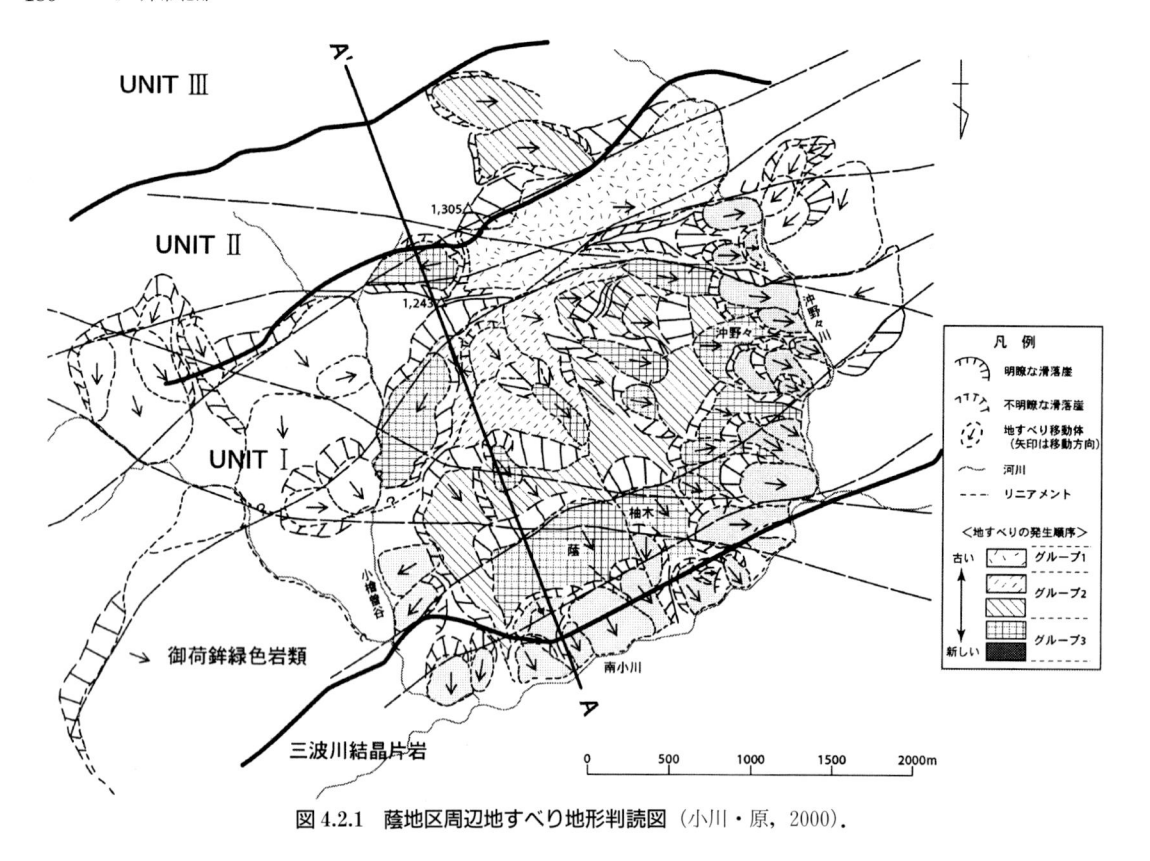

図 4.2.1　蔭地区周辺地すべり地形判読図（小川・原，2000）．

形成したと考えられる．

　この滑動のあと，地すべり地形内部で分化を開始し，幅 1 km 程度以下のすべりが発生した．この滑動によって，大きくはおおむね南小川に向かう北向きの移動方向を示すもの（蔭地すべり）と，沖野々川に向かう西～北西方向の移動方向を示すもの（柚木，沖野々地すべり）とに分かれるようになったものとみられる．その後，南小川，沖野々川沿いの幅数百 m 程度以下の地すべりブロックに分化して，現在にいたるものと考えられる．

　また，当地区周辺に認められるリニアメントは東西性のものが卓越する．これらのリニアメントは，主として選択的な浸食に起因して形成されたものと考えられ，浸食されにくい箇所がおおむね東西方向に連続的あるいは断続的に並んで認められるものである．当地区では，硬質な貫入岩類（かんらん岩，はんれい岩）や玄武岩溶岩類等の分布が確認されており，リニアメントはおおむねこういった硬質なものと，脆弱な緑色岩類（ハイアロクラスタイト，凝灰岩類）等との境界を示すものと考えられる．

　南小川沿いに認められるリニアメントは，三波川帯と御荷鉾緑色岩類の境界に相当するとみられ，当地区において認められるリニアメントは，おおむね周辺の地質構造を反映しているものと考えられる．

　以上の判読結果を図 4.2.1 に示した．地すべりブロックの新旧に関する判定は滑落崖と移動体の切り合い関係に着目して行った．したがって，新旧の関係はあくまで相対的な関係である．

（3）　蔭地区の地質とその構造

　前述のように当地区は大規模地すべり地形を呈しており，地すべりの砕屑物により被覆され，沢沿いでも基盤岩の露頭はほとんど認められない．そこで，被覆層の分布が比較的少ない小桧曽谷，

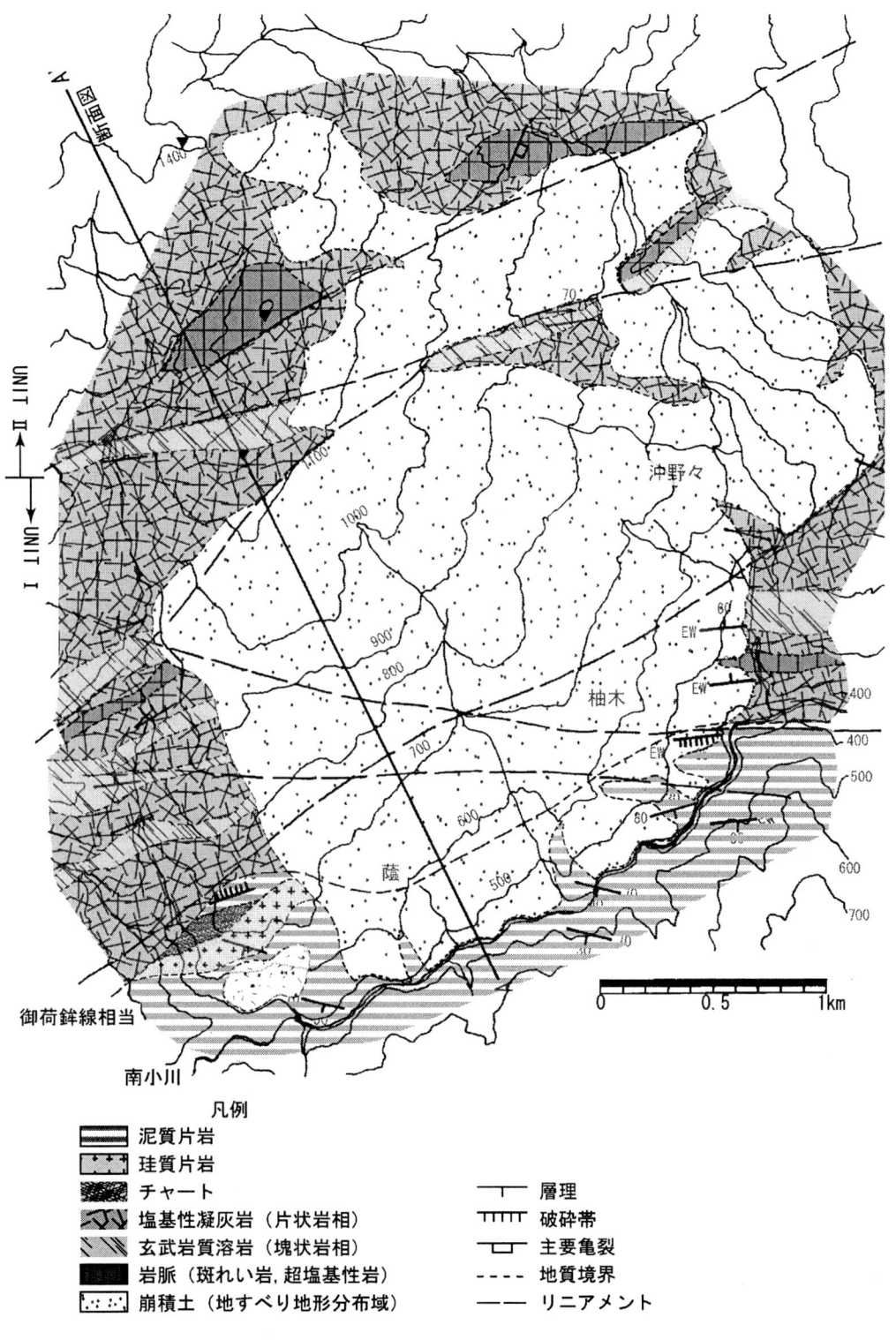

図 4.2.2 蔭地区周辺地質図.
武田ほか (1977) を参考とし，地表地質踏査と空中写真判読により作成.

凡例
- 泥質片岩
- 珪質片岩
- チャート
- 塩基性凝灰岩（片状岩相）
- 玄武岩質溶岩（塊状岩相）
- 岩脈（斑れい岩，超塩基性岩）
- 崩積土（地すべり地形分布域）
- 層理
- 破砕帯
- 主要亀裂
- 地質境界
- リニアメント

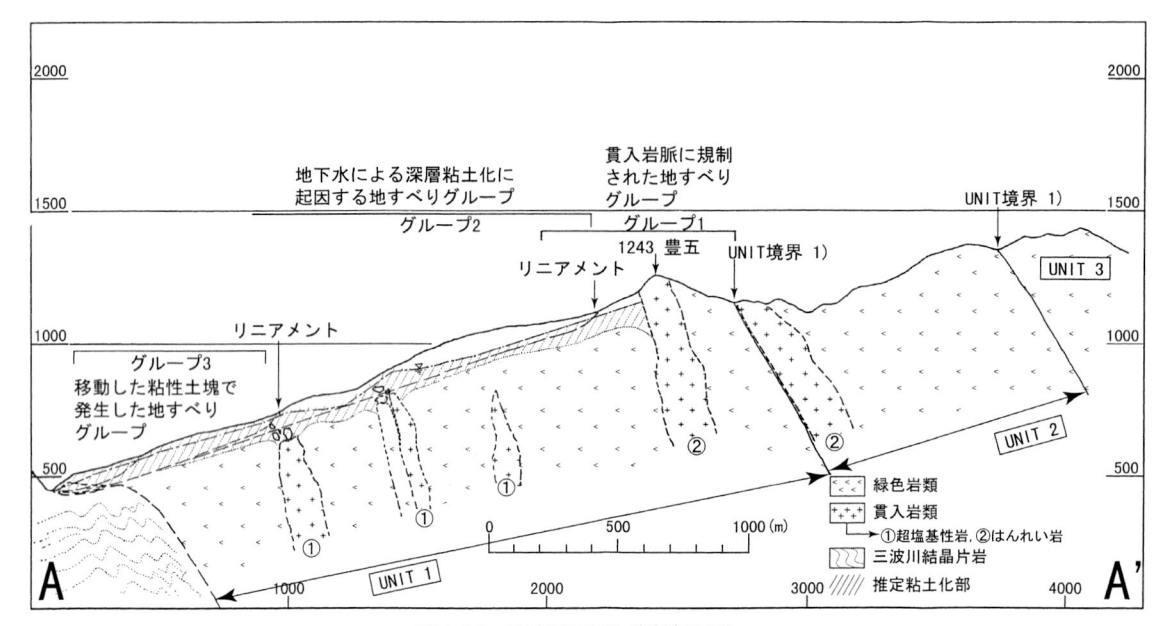

図 4.2.3 蔭地区モデル地質断面図.

沖野々谷を主体とした地表踏査により，地質図（図 4.2.2）を作成した．

この結果，当地区に分布する緑色岩類には以下の 3 つの主要岩相が認められた．
岩相 a：風化に弱く脆弱な緑色岩（ハイアロクラスタイト，凝灰岩）
岩相 b：塊状の緑色岩類（枕状溶岩等）
岩相 c：堅硬緻密な貫入岩類（かんらん岩，はんれい岩，輝緑岩）

構造は，おおむね東－西～東北東－西南西走向で 70～80°南傾斜を示す．これは，武田ほか（1977）の研究による 3 つのユニットから成る大局的な構造と整合的である．貫入岩脈は前述のユニット境界と中位斜面に延びるリニアメント付近において 3 群認められ，地質構造同様に 50～80°南傾斜の受け盤構造と推定される．

脆弱化しやすい岩相 a の分布は地すべりの地質的素因となっており，これまでに粘土鉱物学的研究が進められている（例えば，夕部ほか（2000））．

露頭観察によれば，岩相 b や c との境界部ほど，粘土化が進行し，かつ湧水や滲水が多く認められた．

また，これまでの調査・研究結果から以下の点が確認されている．

Ⅰ．南小川沿いの三波川結晶片岩分布域に同層を被覆して多量の緑色岩類（地すべり砕屑物）が分布する．

Ⅱ．上記の緑色岩類はハイアロクラスタイト主体層と枕状溶岩主体層とに大別される．

Ⅲ．複数の滞水層が存在し，降雨の有無にかかわらず全域で地下水位が高い．

以上より，図 4.2.3 にモデル断面を示す．

（4） 地すべりの発達過程

以上までの地形・地質解析から，当地区の地すべりの発達過程はおおまかに次の 5 段階に分けることができるものと考えられる．

STAGE-0：滑動前
STAGE-1：初生的滑動
STAGE-2：地すべり本体の滑動
STAGE-3：地すべりの分化
STAGE-4：河川沿いの地すべりの発生

以上の各 STAGE について，図 4.2.4，図 4.2.5

に模式図を示す．

なお，近傍のボーリングコア中で採取された炭化物の年代測定（^{14}C）から21310±70年前という結果が得られている（夕部，2000）．この年代はサンプルの採取位置からSTAGE-3の発生年代に相当する可能性があるものと考えられる．

以上，本検討により以下の機構が推定された．
a．硬質な貫入岩脈，塊状岩相等の分布に頭部，側部を規制されて，地すべりが発生している．
b．これら硬質岩類は，地下ダムのような役割を果たし，風化・粘土化しやすい片状岩相部の粘土化を促進し，地すべり発生の素因の1つとなった．
c．地すべりの発達過程は大きく5STAGEに区分でき，そのうちSTAGE-3の発生年代は約20000年前の可能性がある．

本稿は多くを地形・地質解析といった基礎的解析によったものであり，現段階では仮説の域をでない．今後，この仮説にもとづき調査解析をすすめ，蔭地すべりの実体を明らかにしていく必要があろう．

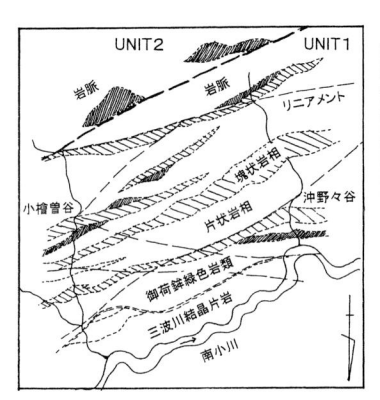

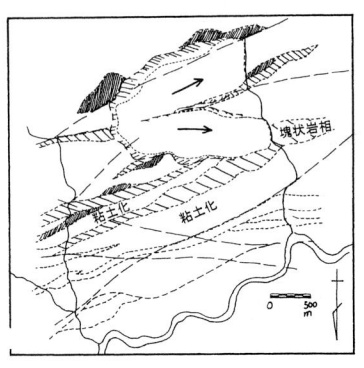

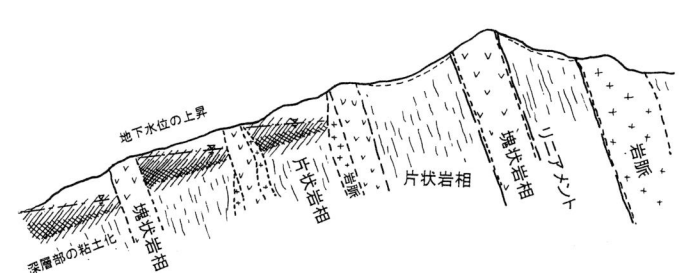

図4.2.4　地すべり発達過程模式図（STAGE-0, 1）．

STAGE-2

片状岩相の風化変質に伴い、岩脈や塊状岩相も次第に脆弱化

リニアメントを頭部とする地すべりブロックの発生。(グループ2)

地すべり土塊は岩脈等を破壊しつつ下位斜面へ移動。

STAGE-3

粘性土を主体とする地すべりブロック(グループ2)がリニアメント付近を頭部として大規模に再滑動

御荷鉾緑色岩の地すべり土塊は三波川結晶片岩分布域へ移動。

STAGE-4

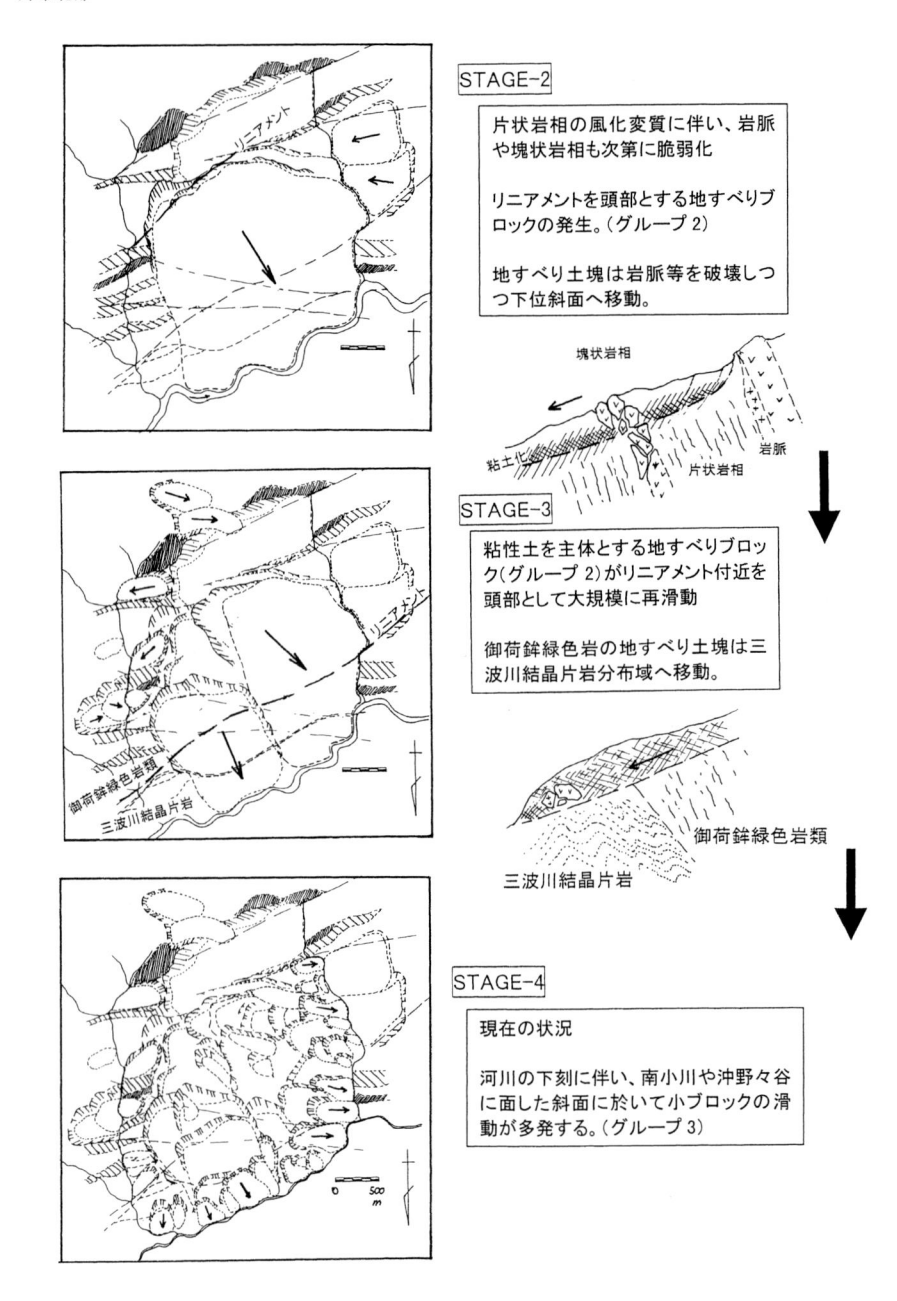

現在の状況

河川の下刻に伴い、南小川や沖野々谷に面した斜面に於いて小ブロックの滑動が多発する。(グループ3)

図 4.2.5 地すべり発達過程模式図 (STAGE-2〜4)

5 外帯南部

5.1 外帯付加体の地質特性

　ここでは，以下に地すべりとのかかわりにおいて，主に付加体からなる四国および紀伊半島西部の秩父累帯および四万十帯の地質特性をまとめ，秩父累帯の地すべりの特徴について概観するとともに，とくに黒瀬川帯で発生している四国の長者地すべりについて言及する．また，四万十帯の地すべりについて5つの事例について地形・地質の特性について概観する．

（1）秩父累帯の地質特性

　西南日本外帯のテクトニクスの再検討が進展した結果，秩父累帯は起源をまったく異にする複数の地帯（テレーン）によって構成されることが主に四国で明らかにされ，それらは北から，秩父帯（狭義），黒瀬川帯，三宝山帯と命名された（波田・吉倉，1991）．従来から，秩父累帯は北帯・中帯・南帯，あるいは，北部秩父帯・黒瀬川帯・南部秩父帯に細分され，複合的な地帯という認識がされていたが，上記の地帯区分は新しいテレーン解析の結果にもとづくもので，それぞれの地帯境界の位置は従来と異なる．図5.1.1に四国における地帯区分を示したが，とくに黒瀬川帯の膨縮が激しいものの，秩父累帯も他の地帯とともにみごとな東西帯状の配列を呈している．これに対して，紀伊半島では，低角度のナップの形成運動や大規模な横ずれ断層運動の影響が大きく，また，削剥レベルがかかわって，秩父累帯は半島中央部でいったん分布が途切れることから，東の志摩半島から台高山脈・大峰山脈にかけての部分と，西の有田郡から紀伊山地にかけての部分とに分かれて分布している．

　紀伊半島西部および東部に分布する秩父累帯の地層は，四国の場合と同じように東西に細長く延びて帯状に配列し，北もしくは南へ中～高角度で傾斜している．ところが，紀伊山地の中央部の大峰山脈・台高山脈では，秩父累帯の地層（三宝山帯とみなされる）は，四万十帯の白亜系の上位に低角のスラストを介して，ナップが積み重なるパイルナップ構造を形成して載っていることから，クリッペ状に四万十帯に大きく張り出すように分布している．さらに，とくに紀伊半島西部の場合，黒瀬川帯を中心に秩父帯にまたがるように下部白亜系が，また三宝山帯を中心に，一部秩父帯や黒瀬川帯にも広がって上部白亜紀層が，それぞれ先白亜系を被覆して分布する．そのため，秩父帯を構成する付加体はある程度の幅で分布するものの，黒瀬川帯の岩層は白亜系にとりかこまれるように孤立して，あるいは，白亜系の北縁に狭い分布をするにすぎないし，三宝山帯の主要な分布も海岸地域に限られる．

　秩父帯には，主としてトリアス紀後期ないしジュラ紀前期から中期にわたる年代を有する，プレート収束域で形成された付加体が分布する．付加体は，メランジュ相のチャート－緑色岩－砕屑岩が複合する岩層と粗粒砕屑岩相が卓越する整然層の2つの岩相組み合わせで構成される．

　三宝山帯には，トリアス紀ないしジュラ紀後期

192   5 外帯南部

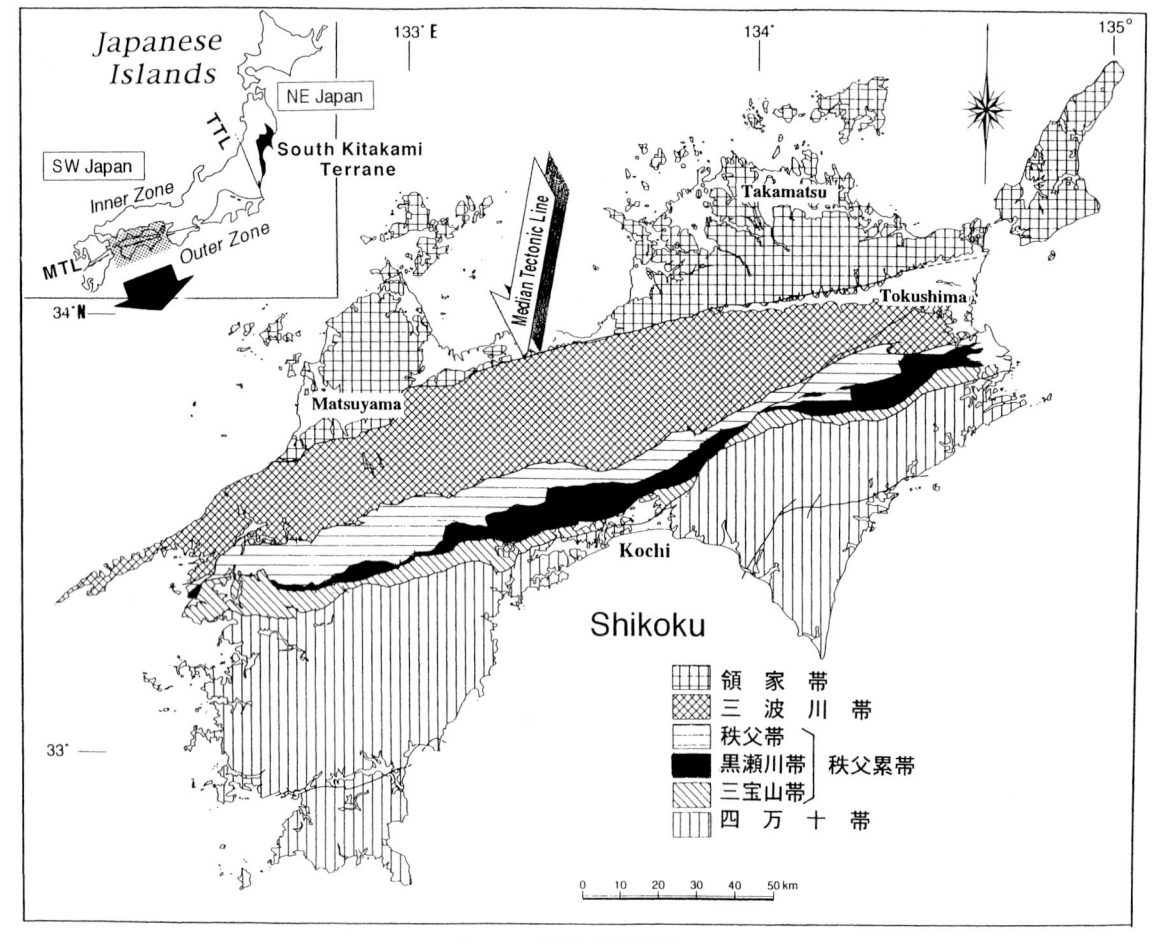

図5.1.1 四国の地帯区分.

の年代を有するチャート―砕屑岩相の付加体（整然層）が主に分布し，その他にジュラ紀初期〜中期およびジュラ紀後期〜白亜紀最初期の年代を有するメランジュが伴われる．さらに，それらを基盤としてその上位に重なるジュラ紀後期〜白亜紀初期の前弧海盆堆積層が分布する．チャート―砕屑岩相の付加体は，海溝へ向かって移動する海洋プレートの上に遠洋域から海溝へと変化する環境で堆積した，下位よりチャート層，遠洋〜半遠洋性堆積層（赤色頁岩など），砂岩〜砂岩／泥岩互層の順番で重なる一連のシークエンス（チャート―砕屑岩シークエンス）がユニットを構成しながら衝上断層によってくりかえす岩相をさす．チャート―砕屑岩相の付加体は，前述した粗粒砕屑岩

相の付加体と同様に，海溝内側斜面基部におけるはぎ取り作用によって形成されるとみなされる．三宝山帯付加体の形成時には，海溝充填堆積層が四万十帯の場合ほど厚くなかったために，衝上断層は海洋プレート最上位の海溝充填堆積層より下位のチャート層中に発達することになったとみなされる．

これに対して，北側の秩父帯と南側の三宝山帯に挟まれる黒瀬川帯は，西南日本外帯では大層特異な地帯である．すなわち，黒瀬川帯以外の地帯はすべて海洋プレートの沈み込みに伴って形成された海洋プレート物質からなる付加体を主体としているのに対して，黒瀬川帯を特徴づけるのはそれらとはまったく異質な大陸プレート起源の岩層

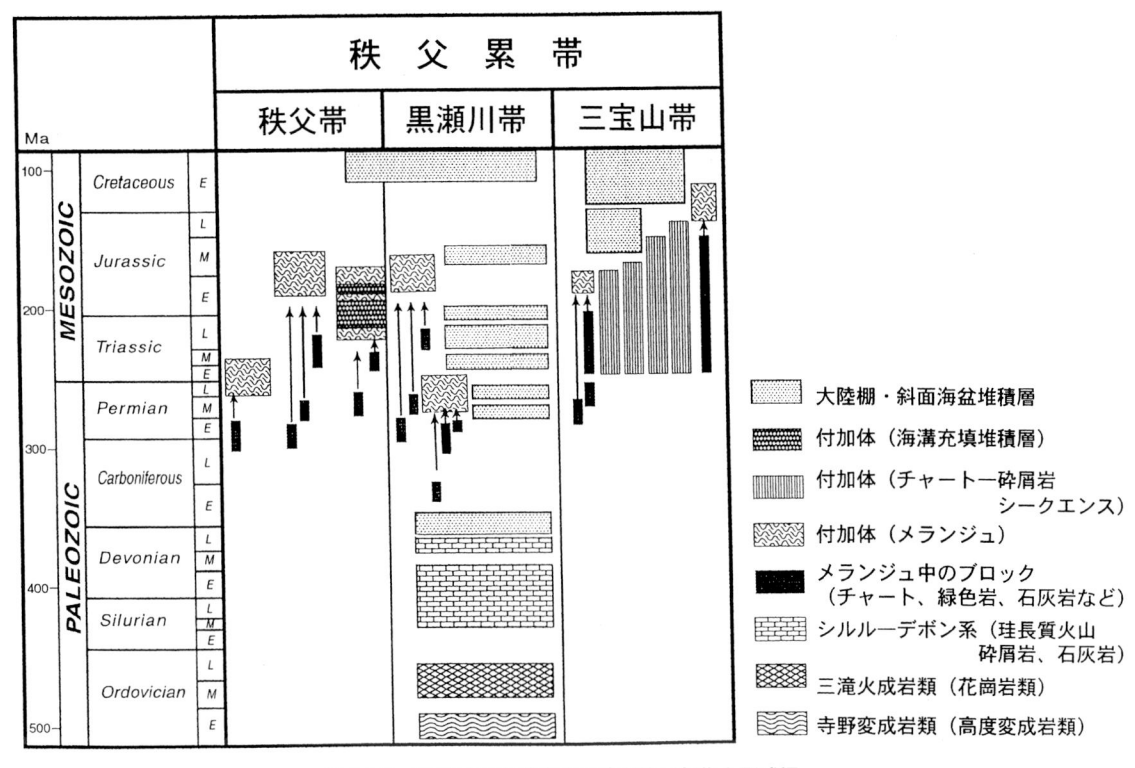

図5.1.2 秩父累帯を構成する地質体の年代と形成場.

である．しかも，大陸の結晶質基盤岩類（花崗岩類及び高度変成岩類）と粗粒な陸棚堆積層（礫岩を特徴的に伴う）などは一連の層序を形成しているのではなくて，すべて断片となって蛇紋岩基質中にブロックとして分布する蛇紋岩メランジュ帯を形成している．なお，黒瀬川帯には黒瀬川構造帯（市川ほか，1956）が含まれる．

秩父帯，黒瀬川帯，三宝山帯を構成する地質体の岩相と年代を図5.1.2に模式的に示した．

このようなテレーンの考え方に基礎を置く西南日本外帯テクトニクスの再検討によって明らかになった重要なことは，各テレーンを構成する地質体がどのような造構的な枠組みの中で形成されたかが詳細に議論可能となったことである（図5.1.2）．地質体の起源が把握できれば地質体全体の基本的な特性が浮き彫りになり，それによって地質体の基本的な物性の第一近似が可能となり，それは応用地質学的あるいは土木地質的にたいそう重要な基礎的情報を提供することになると考えられる．

メランジュ相の付加体が分布する領域では，岩層の側方への連続性が悪く岩相の変化が激しいため，地表踏査やボーリングのデータから地下の地質状態を推定したり，トンネル掘削中に前方の地質の状況を把握する場合困難を伴う．また，物性を著しく異にする岩石種が大なり小なりせん断されて脆弱な泥質岩中に混在することから，土木工事上たいそう厄介な存在である（テクトニック・メランジュの場合には，とくに泥質岩基質が顕著な剪断変形を被っていて著しく脆弱となり，切羽の崩壊や斜面災害などの素因となる）．したがって，土木工事に際してこのような地質体が分布することが判明した場合には，事前に十分な調査を行い綿密な対策工を考慮した上で，細心の注意をはらって工事をすすめる必要がある．

一方，付加体でもチャート－砕屑岩相や粗粒砕屑岩相および，その上に構造的に不連続な形（構

造的不整合）で被覆する前弧海盆堆積層は基本的には整然層で構成される．したがって，これらの岩相が分布する領域では地層の連続性は基本的にはよいことから，地質状況を把握するのは比較的容易で，土木地質的には，より脆弱な泥質岩の優勢な岩相が広く分布する部分やオリストストロームの部分，風化帯および変質帯，断層破砕帯あるいは剪断帯（とくに，アウトオブシーケンス・スラスト）に注意をはらえばよいことになる．また，斜面と地層の傾斜の関係や，崖錐堆積層あるいは崩積土層の厚さが問題となる．これに対して黒瀬川帯は，黒瀬川構造帯の部分ばかりでなく全体としても蛇紋岩メランジュ帯としての特徴を有することから，すべての地質体が断片的になっていてその地質は極めて複雑である．断片的な地質体には，前述したように大陸地殻を構成していた結晶質基盤岩類と蛇紋岩メランジュ帯形成時に周りの地帯から黒瀬川帯に組み込まれたメランジュおよび，それらを不整合的に被覆していた陸棚堆積層が含まれる．そのサイズは多種多様であり，しかもそれらはこれまた種々の規模の蛇紋岩を伴う断層を介してお互いに接している．黒瀬川構造帯ではとくに蛇紋岩の分量が増して，土木工事に際してその部分で強大な土圧が長期間作用することが問題となることが多い．このような視点は，地すべりを考える場合にも有効であろう．

（2） 四万十帯の地質特性

四万十帯は，日本列島における最も主要な地質区の1つで，もっとも太平洋側に位置する．東は房総半島から関東山地に始まり，西南日本外帯に沿い，南西諸島まで分布している．その総延長は走向方向に約 1800 km に達する．

四万十帯はその名のごとく四国の四万十川流域を模式地としており，岩相層序区分上の単元では，四万十超層群（Shimanto Supergroup）によって構成される．それはさらに，白亜系の部分を下部四万十超層群（Lower Shimanto Supergroup），第三系の部分を上部四万十超層群（Upper Shimanto Supergroup）に区分することがある．

四万十帯は仏像構造線を介して，秩父累帯の南側に広がる地帯であり，四国では他の地帯とともに東西帯状の配列をしている（図 5.1.1）．しかし，紀伊半島中央部では前述したように秩父累帯が欠如する部分があり，そこでは四万十帯と三波川帯が位置的には仏像構造線に該当する有田川構造線で直接している．さらにその東側では三波川帯も欠如することから，四万十帯は中央構造線を介して領家帯と直接することになる（栗本，1982；竹内，1996）．さらに東部の紀伊半島中央部では，秩父累帯三宝山帯とみなされる地層が四万十帯を低角度の断層関係で構造的に被覆することから，四万十帯の地層は中央構造線の南側で，クリッペ状の三宝山帯の地層を北西側から南西側，そして南東側へととりまくように分布する．また，紀伊半島では，部分的に新第三紀層である田辺層群や熊野層群，ないし，さらに若い海岸段丘層が基盤の四万十超層群を不整合に被覆して広く分布するが，四国ではその分布は海岸沿いの狭い地域に限られている．

四万十帯を構成するのは世界的に有名になった海洋プレートの沈み込みに伴って形成された四万十帯付加体で，それは岩相の上から大きく，粗粒砕屑岩相とメランジュ（混在岩）相に二分される．四万十帯の大部分を占めて分布する粗粒砕屑岩相の付加体は，さまざまな量比で互層する砂岩と泥岩（タービダイト）で構成される．一般によく成層しているが，海底地すべりなどによって形成されたオリストストロームを含む．メランジュ相の付加体は，泥質岩を主体とする地層で，その中にさまざまのサイズと年代を有する砂岩・砂岩／泥岩互層・緑色岩類・チャート・多色頁岩・石灰岩など多様な外来岩塊をブロック（レンズ）状に含む．四国や九州においては，それは，広く分布する粗粒砕屑岩相の地層の間に断層関係でサンドウ

ィッチ状に挟み込まれるように，幅狭い帯状の分布をすることが知られている．

なお，粗粒砕屑岩相に属する地層としては，粗粒砕屑岩相の付加体の他に，付加体が形成されることによって発達していく海溝内側斜面に形成された付加体基盤上の斜面海盆あるいは海段の堆積層が含まれることは前述した通りである（前弧海盆堆積層）．付加体は，深海堆積層及び遠洋〜半遠洋堆積層で構成されることから，石灰岩を除くと，通常放散虫化石等の微化石しか産しないが，前弧海盆堆積層の場合は，四国の宇和島層群，上組層（うわぐみ），紀伊半島の寺杣層（てらそま）のように，アンモナイトやイノセラムスなどの大型化石を特徴的に含む．四国に分布する地層がどのような岩相を有し，その形成場はどのように考えられるかについては，紙面の都合上言及しないので，最近まとめられた「四国土木地質図及び同説明書」（四国地方土木地質図編集委員会，1998）を参照されたい（紀伊半島については，「近畿地方土木地質図」（近畿地方土木地質図編纂委員会，2002）を参照されたい）．

四万十帯は，四国では白亜系が分布する北帯と第三紀層が分布する南帯に大きく区分され，それぞれはさらに，北から新荘川亜帯（しんじょうがわ）と大正亜帯および室戸半島亜帯と菜生亜帯（なばえ）に細分されている．北帯と南帯を画するのは，安芸―中筋構造線である．一方，紀伊半島では，御坊―萩構造線と本宮―皆地断層によって，北から，白亜系が分布する日高川帯，第三紀層が分布する音無川帯（おとなしがわ）と牟婁帯（むろ）とに区分されている．紀伊半島の四万十帯が他地域の四万十帯と異なる地質学的特徴は，①とくに，九州地方の南東部や中部地方の赤石山脈の四万十帯に比較して，変形度・変成度が弱く堆積時の構造を比較的よく残していること，②付加体メランジュ相の分布が広くなくて，とくに，音無川層群や牟婁層群には緑色岩類およびチャートがまったくみられないこと（したがって，メランジュが分布するのは日高川帯のみである），③白亜系にも古第三系にも，一部の地層に，砕屑物が南方から供給された証拠があること，などである．①と②の特徴は，付加体基盤の削剥レベルが，他地域に比較して浅いことがかかわっている可能性が高い．したがって，紀伊半島では上記した粗粒砕屑岩相とメランジュ相とがそれぞれまとまった地質単元として別個に出現するのではなくて，1つの地層中にそれらが頻繁にくりかえして混在する場合が多い．また，北部の地層ほどメランジュ相の部分が広くなることも上記のことがかかわっているとみなされる．

四万十帯を構成する地層の基本的な地質特性は，秩父累帯の項でまとめた通りである．せん断された泥質岩中に物性を異にするブロックが含まれるメランジュ相の部分では，斜面が不安定で小規模な斜面崩壊が発生していることが多い．粗粒砕屑岩相の部分では，砂岩／泥岩互層は一般に北へ急斜していることが多いことから，流れ盤斜面では泥質部が滑動する層すべりタイプの斜面変動がしばしば発生する．一方受け盤となる斜面では，斜面変動は地層のクリープ的滑動から崩落にいたる，いわゆるトップリングが主要な運動様式で，四国の佐喜浜川上流で1746年に発生した大規模崩壊はこの代表的な事例である．

なお，四国の仏像構造線に沿ってその南側に分布する新土居層は，砂質岩の優勢な粗粒砕屑岩相の付加体であるが，熱水変質を被って沸石類（ローモンタイト）が生じていることから，砂岩なども著しく脆弱となっている．同様の現象は，中新世の花崗岩が貫入している南予から幡多半島（はた）にかけての地帯の四万十帯でも小規模ではあるがスポット的に観察される（花崗岩との直接の接触部はホルンフェルス化している）．

5.2 秩父累帯の例

(1) 秩父累帯の地すべり

寺戸（1986）は，四国の$10^5 m^3$以上の崩壊土量

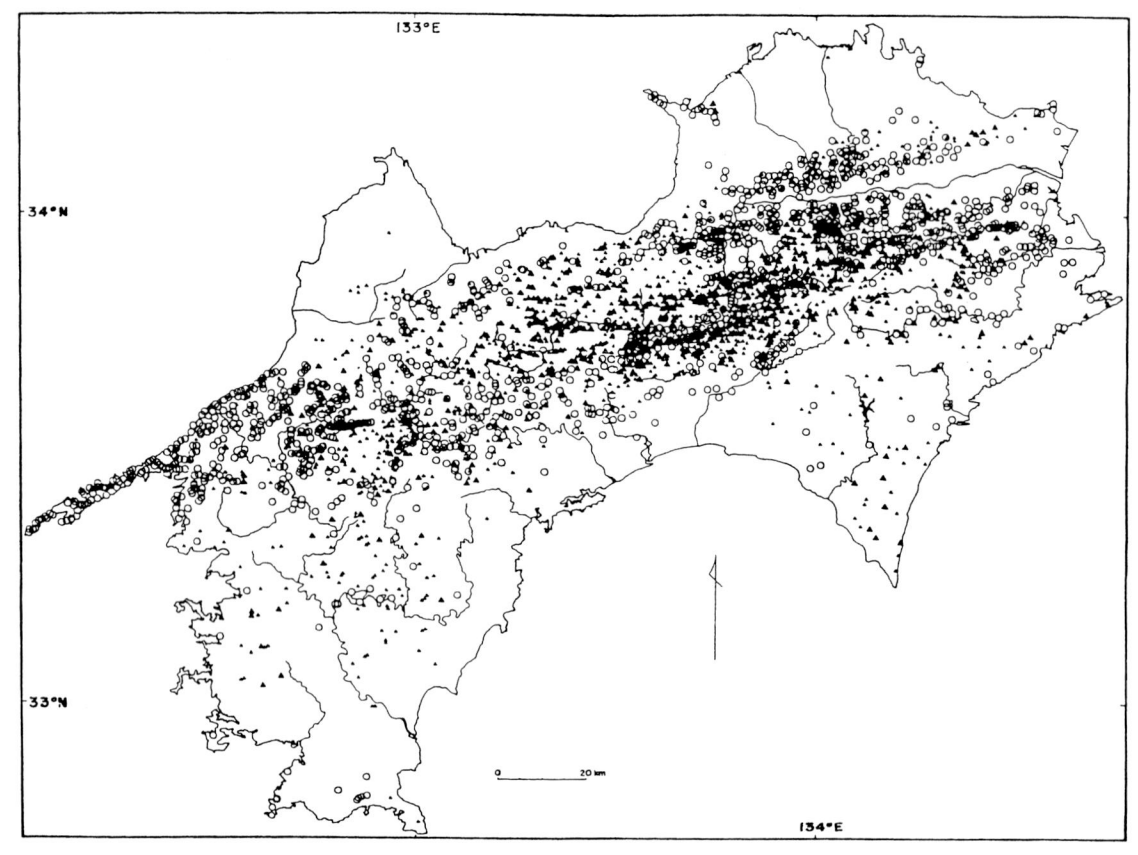

図 5.2.1 四国における大規模斜面変動地形と地すべり指定地および同危険箇所の分布（寺戸，1986）．
▲：大規模斜面変動地形（大：$10^6 m^3$ 以上，小：$10^5 \sim 10^6 m^3$）
○：地すべり指定地及び同危険箇所

を有する中〜大規模地すべり指定地および危険個所，ならびに新期・古期崩壊地形を含む斜面変動地形を検討し，その分布を図 5.2.1 のように示した．また，これにもとづく地質系統別の斜面変動地形の割合を表 5.2.1 のようにまとめた．それによれば，御荷鉾緑色岩類の分布地帯と三波川帯で斜面変動が多発しているのと比較すると，秩父累帯や四万十帯での大規模斜面変動地形の数は随分少ない．ただし，秩父累帯や四万十帯では，群発性で急性型の初生的斜面変動が発生して，直接の被害の他に長期にわたって河川を荒廃させるような地すべりが多いことが指摘されている（藤田ほか，1990）．図 5.1.2 と図 5.2.1 を対照しながら秩父累帯についてみると，秩父帯から黒瀬川帯にかけての領域でより多くの斜面変動が発生している

表 5.2.1 四国における地質系統別の大規模斜面変動地形の分布の割合（寺戸，1986）．

項目 地質系統	四国島に対する面積比(%)	大規模崩壊地形の数*	100 km²あたりの大規模崩壊地形の数
領家帯**	19.3	110	2.8
三波川帯	21.6	683	17.8
御荷鉾帯	2.2	159	40.7
秩父累帯	22.5	534	13.4
四万十帯	34.4	137	2.2
計	100.0	1,647***	9.3***

* このほか，中央・御荷鉾・仏像の構造線上に，各々3，25，5ヵ所有り．
** 第三系および和泉層群を含む．
*** その他を含む．

ことが読みとれる．三宝山帯で斜面変動がより少ないのは，前項で述べた秩父累帯の地質特性から理解されるように，三宝山帯には，付加体でも，

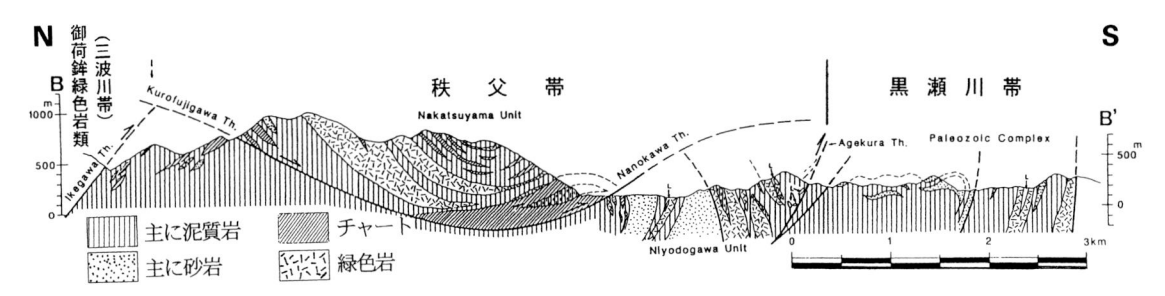

図 5.2.2 高知県中央部における秩父帯及び黒瀬川帯（北半部）の地質断面図（Hada and Kurimoto, 1990 にもとづく）．

垂直に近い傾斜を呈する厚層のチャートと砂岩を主体とする整然層（チャート—砕屑岩シークエンス）が広く分布していることがかかわっているとみなされる．さらに，これらの岩石は風化に対してより堅硬で急斜面をかたちづくることから，後述するように地すべり以外のかたちで物質は下方移動している，とみなされる．

群発性で急性型という点では，昭和50年の5号台風によって高知県下の各所で土石流，山腹崩壊が発生し，100年に1度という甚大な被害をもたらした（実際には昭和51年にも同様の災害が発生した）．この時の崩壊地の分布と崩壊に関係する諸因子が柏谷ほか（1976）によって分析され，とくに降雨状況の異なる2地域を選んで諸因子間の関係が議論されている．2地域は地質も大きく異なっていて，1つは黒瀬川帯から三宝山帯にまたがる地域（A地域とする）であるのに対して，もう1つの地域は秩父帯に位置している（B地域とする）．前者では斜面の傾斜角の分布の幅が広いが（平均傾斜角は28°），後者ではその分布幅が狭くて斜面の傾斜がそろっている（平均傾斜角は約33°）．ただし，傾斜の最頻値はいずれも約33°である．

このような地形的特徴には，地質の違いが強く反映されていることはまちがいない．すなわち，A地域の主要な部分を占める黒瀬川帯には，火成岩，変成岩，堆積岩とあらゆる種類の岩石が出現し（図5.1.2），それらは蛇紋岩中にあまり大きくないブロックとしてとりこまれていて，全体としては北へ急斜する構造を呈している．また，東西性・高角の走向断層ばかりでなく，南北性の横断断層も存在する複雑な地質で特徴づけられ，1つの地質単元が著しく小さい．そのような地質の特徴は，次項の「長者地すべり」で示す地質図（図5.2.3）にも典型的に表現されている．一方，秩父帯に位置するB地域には，前述したように，粗粒砕屑岩相とメランジュ相の付加体が分布する．柏谷ほか（1976）でとりあげられた地域の西側にあたる高知県中央部の地質断面図を図5.2.2に示した．特徴的なのは，地形的により高い部分にチャート・緑色岩類・苦灰岩の巨大なシート状外来岩塊を含むメランジュが水平に近い構造で重なるように分布していて，それは，地形的により低い部分に分布する地層の上に低角のスラストでのっている．スラストの下位の地層は，オリストストロームが発達するユニット（メランジュ相）と粗粒砕屑岩層とが中〜高角度の逆断層によって繰り返す覆瓦構造を呈する地層である．スラスト・シートを形成する岩石は風化に対して堅硬な岩石で，高知県中央部でも，中追渓谷や中津渓谷等の特徴的な地形をかたちづくっている．したがって，B地域の斜面の傾斜は，黒瀬川帯を中心とするA地域より分布の幅が狭くて全体としてより大きい傾斜の側に偏っている．

いろいろな傾斜角の斜面が存在するA地域でみると，斜面の傾斜角が31°までは傾斜に比例して崩壊数が増加するが，それを越えれば反対に減少する傾向が示された（柏谷ほか，1976）．31°以

上の領域では崩落可能な物質が傾斜に比例して減少し，いわば崩落可能な物質の存在が崩壊数を規定するとみなされることから，斜面の傾斜が31°よりも大きい斜面では，地すべり以外の落石や崩落のような運動様式で常に物質の下方移動が進行しているとみなされる．同様の傾向は，徳島県における三波川帯から秩父帯にかけての地すべりを検討した藤田ほか（1976）でも示されている．すなわち，25°～30°程度の地表面傾斜を1つの基準にして潜在的な地すべりの予測ができる，といえよう．

（2） 黒瀬川帯の長者地すべり

群発性で急性型の初生的斜面変動が大多数を占める四国にあって，長者地すべりは徐動性・継続的な活動をしている数少ない地すべりの1つで，四国における代表的な蛇紋岩地すべりとして，これまでさまざまな調査・研究がなされてきた（竹内，1980；桧垣，1992など）．また，地下水が豊富でそれが地すべりの重要な原因になっていることから，地下水排除工を中心とする種々の対策工が施工されてきたが，現在も年間10cm程度の移動が継続しているという．

長者地すべりが位置しているのは，蛇紋岩メランジュ帯として特徴づけられる黒瀬川帯で，その中でも黒瀬川構造帯と呼ばれる部分で発生している．黒瀬川構造帯は西南日本外帯でも第一級の構造帯で，マントルに由来する蛇紋岩が頻繁に伴われる．仁淀川支流の長者川右岸に位置する地すべり土塊は，標高550mの尾根を頭部とし，幅250m，長さ900m，面積約20haで，平均斜面勾配15°の舌状押し出し地形を形成し，北北東から北へ向かって屈曲しながら長者川に向かって移動している．その末端は，長者川を越えて対岸（左岸）に達しており，典型的な川越え隆起現象がみられる．長者地すべりは，地下水位の上昇および斜面末端部の長者川による浸食を直接の誘因として発生している．

図5.2.3に地すべり地域の地質図を示した．地すべり地帯の中央部の基岩中に顕著な南北性の横断断層が存在し，それを境界にして東西両側で岩相・地質構造が著しく異なっている．すなわち，断層の西側には高角度の傾斜を呈して風化に対してより堅硬な塩基性片岩（片理の発達が弱く，より珪質なものが主体）や珪質片岩が分布するのに対して，その東側には地表面に対してわずかに受け盤となるような緩やかな傾斜で，主として脆弱な泥質片岩（粘板岩）からなる弱変成岩が広く広がっている．これらの岩層は，黒瀬川帯の古生代末メランジュ相の付加体で，沈み込み帯における付加体形成時の変成作用を被っている．長者地すべりは，このような南北性断層を境とする地質・構造上のちがいに規制されて，断層の東側に形成された半地溝状の谷地形の部分に，粘板岩および黒瀬川構造帯に由来する蛇紋岩を多量に含む厚い崩積土層が形成されたことに始まる．崩積土層は風化しやすい泥質片岩の分布域に形成されており，地下水が集水・貯留されやすい地形条件と相まって，地すべりは風化した基盤岩（主に泥質片岩）と崩積土層（蛇紋岩を多量に含む）の境界をすべり面として発生している．矢田部ほか（1997），横田ほか（1998），佐々木ほか（2001）は，蛇紋岩地すべりのすべり面形成には粘土化しにくい蛇紋岩以外に剪断抵抗角の小さい粘土鉱物の供給が不可欠であると述べている．長者地すべりでも，ボーリングコアから得られた地すべり土塊深部の葉片状ないし粘土状の「蛇紋岩」には，露頭あるいは地すべり土塊上部表層から得られた蛇紋岩と異なり，緑泥石やモンモリロナイトなどの小さな剪断抵抗角を有する粘土鉱物が含まれることが報告されている（田村，1993）．

地すべり地頭部には，黒瀬川構造帯の花崗岩類やシル―デボン系とともに蛇紋岩が広く分布することから，地すべり移動土塊にはとくに蛇紋岩とシル―デボン系の珪長質火砕岩類が多量に含まれる．竹内（1980）は史実資料にもとづいてシ

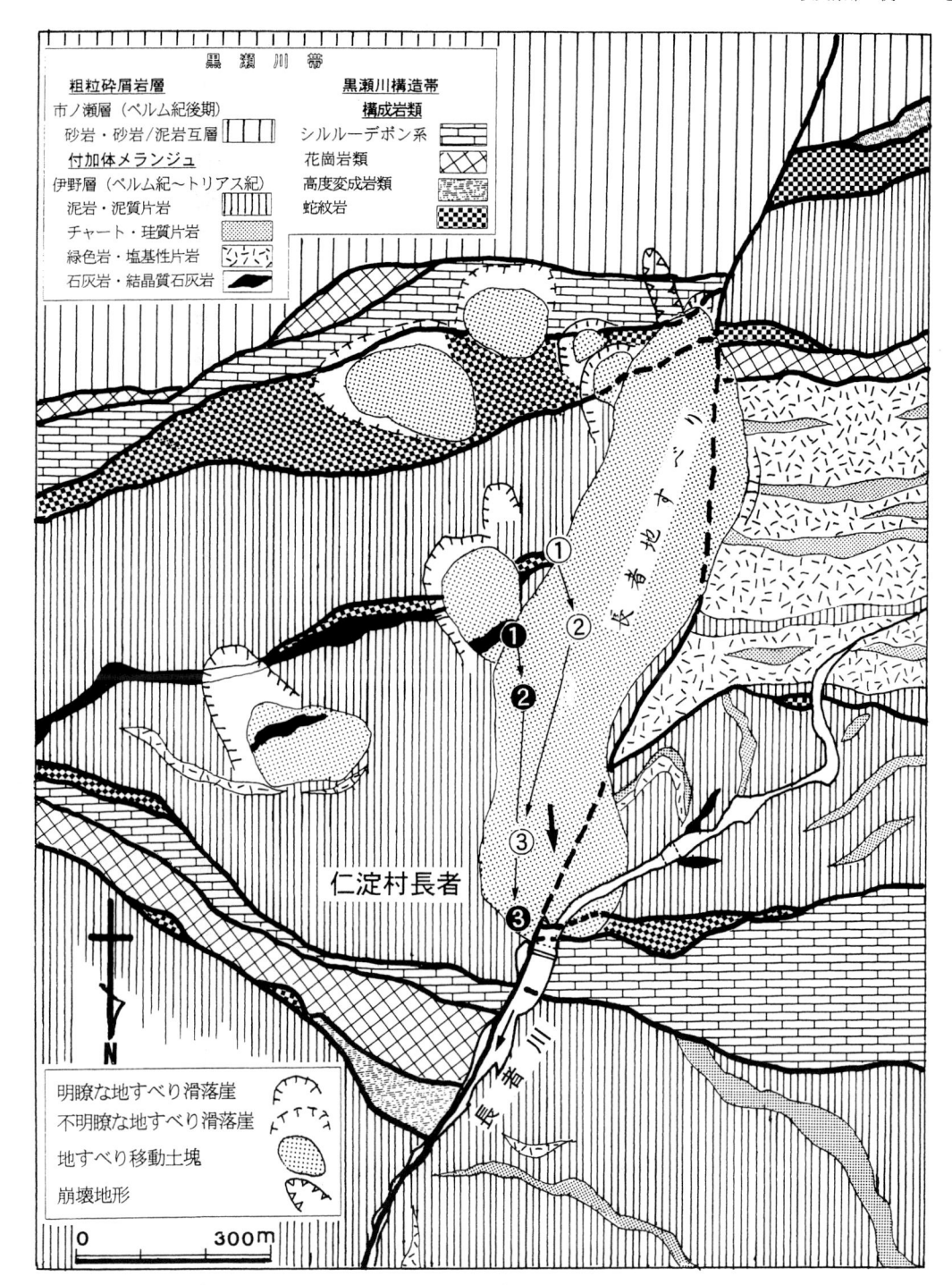

図 5.2.3 高知県高岡郡仁淀村の長者地すべりと付近の地質図.
太線は断層を,また,細線は異なる岩層の境界を示す.主要な地形構成は,桧垣 (1992) に基づき加筆.なお,数字はシルル－デボン系の珪長質火砕岩類及び伊野層の石灰質片岩のブロックが地すべり土塊に組み込まれた後,移動している様子を示す (本文参照).

ノベの竹原と呼ばれる地点（墳墓ではないかとされている）の移動に，また，桧垣（1992）は基岩をなす蛇紋岩から供給され，地すべり土塊として移動した蛇紋岩の分布に，それぞれ着目して現在のすべり面による移動量，移動過程を考察した．

前者の分析にもとづくと，史実に明らかな応永年間（1394〜1428年）から1886年（明治19年）の豪雨により地すべり活動が活発化するまでの約475年の移動量が約100 m（20 cm/年），それ以降1979年（昭和54年）頃までの93年間の移動量は120 m（1.3 m/年）となる．

一方，後者の解析にもとづくと，地すべり土塊の構造が変化する部分を境として地すべり斜面は上・中・下部に区分されるとして，上部斜面が移動を開始したのがほぼ1886年に地すべり活動が活発化した時期とおおむね対応すること，それ以前に蛇紋岩は基岩部分から約200 m移動していたとみなされることから，竹内（1980）による1886年以前の20 cm/年の地すべり移動速度から推定すると，地すべり開始は1886年の約1000年前となり，史実に残された延暦年間（792年）の斜面大崩壊により旧長者川が現地すべり斜面の末端を流れるようになった時期とほぼ一致するとした．

長者地すべりの移動量やその変遷を考察できる指標は他にもある．蛇紋岩は露頭から直接地すべり土塊上部に供給されているのに対して，シルル―デボン系の珪長質火砕岩類は露頭から崩落した岩塊が地すべり移動土塊側方に一旦集積した後（図5.2.3の①），地すべり中部から崩積土層中に組み込まれて順次下方へ移動している．また，泥質片岩に挟まれて蛇紋岩を伴って出現する石灰質片岩も同様の過程を経て，地すべり下部斜面上部から（図5.2.3の❶）地すべり土塊に組み込まれた後下方へと移動している．現在も，石灰質片岩の分布域で発生した小規模な地すべりによって石灰質片岩のブロックが長者地すべりの移動土塊の側方に移動しているのが観察される（図5.2.3）．

長者地すべりは，その変遷過程で，地すべり地側方から末端開放の形となって不安定化した土塊が，後退性の地すべりとして現在の地すべり斜面に入り込んだことが指摘されている（桧垣，1992）．地すべり土塊に組み込まれた珪長質火砕岩類や石灰質片岩はいずれも風化に対して強く，また，地すべり土塊中に一様に分布するのではなくて，岩塊の集まりとして複数地点にかたまって分布している．

したがって，それぞれの供給地点と複数の岩塊の集積地点間の距離を測ることによって（図5.2.3），長者地すべりの活動史を推定できる．それによると，シルル―デボン系珪長質火砕岩類，石灰質片岩はともに，1886年以降の移動速度は約1.2 m/年であり（図5.2.3の①→②及び❶→❷），また，桧垣（1992）にもとづいて延暦年間に地すべり活動が開始したとすると，1886年以前は移動速度は約30 cm/年となる（図5.2.3の②→③及び❷→❸）．竹内（1980）や桧垣（1992）によって示された値によく対応しているといえるであろう．最近は，排水トンネル等の本格的な抑止工によって，その移動速度10 cm/年程度に減少しているという．地味ではあるが着実に調査に裏づけされた対策工を実施していくことが，国土保全と生活基盤の安定に寄与していることがわかる．

5.3 四万十帯の例

紀伊半島中央部に位置する奈良県十津川流域は，地質的には主として中生層からなる四万十帯に属している．同村は1889年（明治22年）8月に未曾有の豪雨を蒙り，規模の大きい崩壊が多発した．このときの崩壊については宮本（1958），千葉（1975a，b），籠瀬（1976），藤田（1983），平野ほか（1984），藤田ほか（1985），平野ほか（1987），藤田ほか（1990）などによって報告されている．とくに，水災直後に巨智吉野郡役所（1891）は「吉野郡水災誌11巻」を作成し，同誌には崩壊地の

表 5.3.1 水災誌にもとづく大規模崩壊の性質.

順位	旧村名(大字)	字	縦×横(間)	換算面積(m²)	註
1	北十津川村	榎谷奥ダラ亦山	1500×1200	$5.9×10^6$	小字名ダラマタは広域にわたる
2	野迫川村(立里)	赤谷奥	1080×600	$2.1×10^6$	現在は大塔村
3	東十津川村(小川)	古屋山	900×360	$1.45×10^6$	'小川新湖'を形成
	(上葛川)		480×240		(合算)
4	十津川花園村(川津)	跡谷山	900×480	$1.43×10^6$	'野広瀬新湖'形成
5	大塔村(清水)	火ノ瀬山	660×600	$1.32×10^6$	'河原樋新湖'形成
			(900×480)	($1.43×10^6$)	カッコ内は北十津川村(長殿)に記載の数字
6	北十津川村(杉清)	燧谷山	900×480	$1.43×10^6$	
7	北十津川村(杉清)	山葵山	800×500	$1.32×10^6$	'山葵新湖'形成
8	東十津川村(高滝)	(記載なし)	720×500	$1.19×10^6$	
9	十津川花園村(池穴)	岩井谷山	700×500	$1.16×10^6$	
10	北十津川村(山天)	松本山	1500×200	$9.9×10^5$	崩壊の深さ40間, '山天新湖'形成
11	北十津川村(山天)	大塔山	600×480	$9.5×10^5$	

(平野ほか, 1984)

位置,規模などについて詳しく記録されている.

崩壊を引き起こした誘因は1889年(明治22年)8月17日から19日にかけて四国を北上した低気圧(勢力の弱い台風)に伴う豪雨であり,十津川流域の西に位置する和歌山県田辺における19日の降水量は901.7 mm,降雨強度は170 mm/時が観測され(平野ほか,1984),低気圧の進路の東側に位置していた十津川流域においても同程度の豪雨がもたらされたものと推定される.

十津川流域における「大崩」(縦50間×横50間,面積換算で8250 m²,以上)と呼ばれる崩壊は1200〜1300ヵ所に達し,とりわけ大規模な崩壊を示したのが表 5.3.1 である.この表に掲げた11ヵ所の崩壊地の崩壊深は不明である.しかしながら,崩壊深の記録がなされている旧十津川村および旧南十津川村については,若干規模は小さいが,12ヵ所の崩壊地について崩壊面積と崩壊深の間の相関が求められている(平野ほか,1984).これから,表 5.3.1 に示した11ヵ所の推定平均崩壊深は約70 mとなる.崩壊深としてこの値を用い,また崩壊に伴う岩盤の体積増加率(いわゆるフケ率)を考慮して崩壊土量を推定すると,表 5.3.1 で示される崩壊地で生じた崩壊土量は10^7〜10^8 m³のオーダーに達し,非常に大規模な崩壊が発生したことが想像される.以下では,

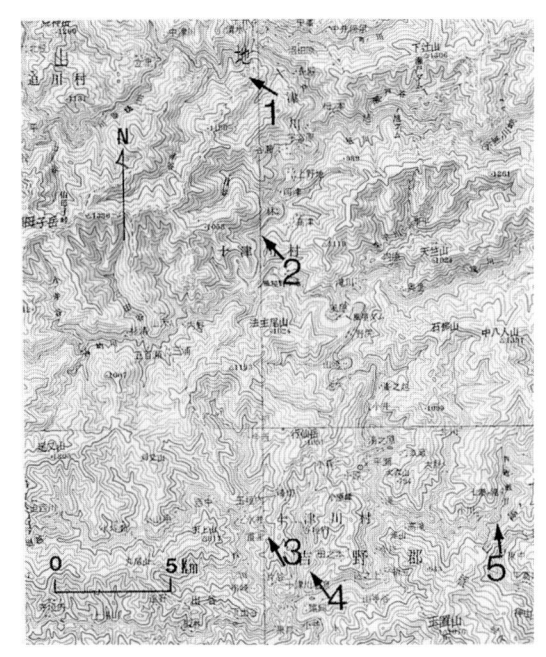

図 5.3.1 事例として用いた崩壊地の位置.
(国土地理院発行1/20万地勢図「和歌山」および「田辺」を使用)

すでに調査がなされている崩壊地のうち,①大塔村の河(川)原樋川に沿う河原樋火の瀬山,②旧北十津川村高津中山,③旧南十津川村の山手・殿井,④旧西十津川村の重里,⑤旧東十津川村の小川古屋の5ヵ所の崩壊(図 5.3.1)の地形・地質の性質について概観する.

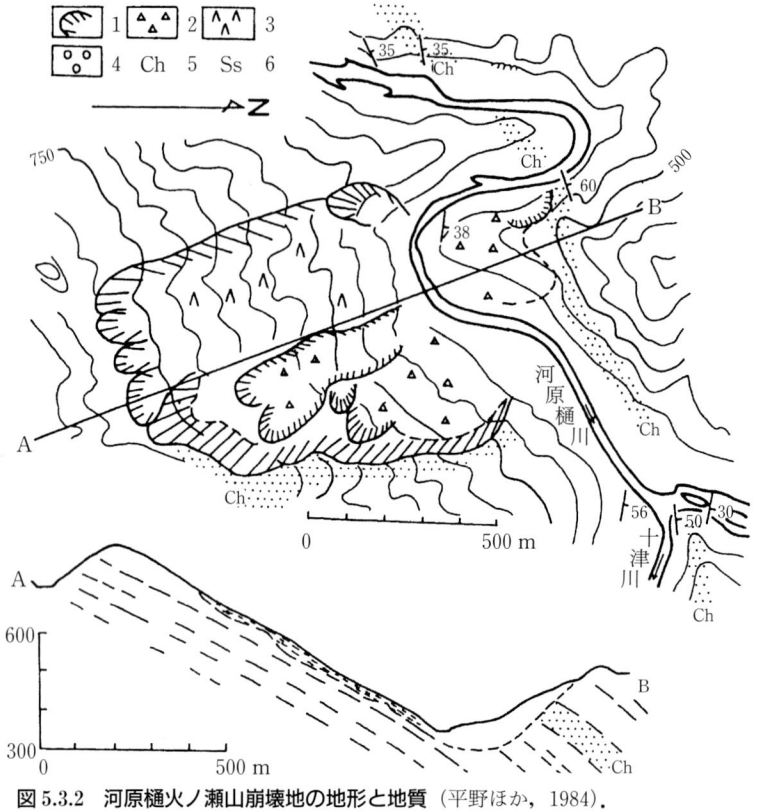

図 5.3.2　河原樋火ノ瀬山崩壊地の地形と地質（平野ほか，1984）．
1；滑落崖，2；崩土，3；すべり面，4；崖錐など，5；チャートないし頁岩，6；砂岩

(1) 河原樋火ノ瀬山

　この崩壊は十津川上流の河原樋川右岸の北向き斜面に位置している（図 5.3.1 の 1）．水災誌によれば，崩壊は 8 月 21 日午後 4 時ごろに発生した．崩壊地の面積は，$1.32 \times 10^6 m^2$ に達し，このときの崩土は河原樋川を横塞し，「河原樋新湖」を出現させた．この新湖は 9 月 7 日に決壊した．新湖を形成したときの天然ダムを構成したる崩土の一部は，現在でも，対岸（左岸側）で確認することができる（図 5.3.2）．崩壊地の地質構造は，図 5.3.2 に示されるように，北に傾斜する流れ盤構造を呈し，砂質頁岩を下盤にして頁岩部分が滑動している．崩壊地は地形的にはケスタ状地形を示し，その基部は河原樋川の攻撃斜面となっている．このような地質的・地形的条件が大規模な崩壊を引き起こさせた素因となっている可能性がある．

(2) 高津中山

　この崩壊地は十津川本流左岸の北西向き斜面に位置している（図 5.3.1 の 2）．水災誌によれば，崩壊は 8 月 20 日午前 7 時ころに発生し，崩壊地の面積は $1.43 \times 10^5 m^2$，崩壊深は約 27 m に達している．このときの崩土は十津川本流を横塞し，「林新湖」を形成した．「新湖」を形成した天然ダムは当日の夕方には決壊した．対岸には天然ダムを形成した崩土の一部は現在でも段丘状の小山となって残っている（図 5.3.3）．崩壊地およびその周辺の地質構造は北へ約 30°で傾斜する砂岩層を下盤にし，その上部の頁岩が滑動した流れ盤構造を示している（図 5.3.3）．地形的には，崩壊地はケスタ状地形を示し，その基部は十津川の攻撃斜面となっている．このように，崩壊地付近の地質

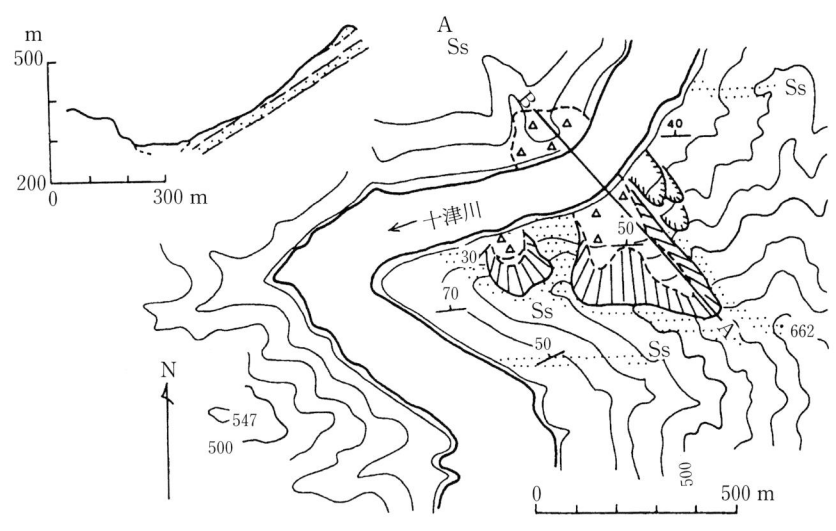

図 5.3.3 高津中山崩壊地の地形と地質（平野ほか，1984）．
凡例は図 5.3.2 と同じ

的・地形的条件は河原樋火ノ瀬山のそれと同じである．

（3） 重里久保山

重里久保山の崩壊地は十津川支流，西川の支谷である久保谷の北向き斜面に位置している（図 5.3.1 の 3 および図 5.3.4）．ここでの崩壊は，水災誌によれば，8 月 20 日午前 6 時ごろに発生し，崩土は久保谷および西川を横塞し，「久保谷新湖」（地元では「大畑瀞」と呼ばれる）が形成された．数日後には西川の天然ダムは決壊したが，久保谷に形成された新湖は図 5.3.4 で示されるように現在でも残っている．したがって，西川の現谷床と新湖付近の埋積された久保谷の現谷床との間にはかなりの高度差がある（図 5.3.4）．崩壊地付近の地質は，主として頁岩からなり，一部緑色岩類・砂質頁岩を含む流れ盤構造を呈している（図 5.3.4）．

（4） 山手・殿井

山手・殿井の崩壊地は，図 5.3.1 の 4 で示されるように重里久保山の南東に接近して位置し，それぞれの崩壊は北東向き斜面および北西向き斜面で発生している（図 5.3.5）．水災誌によれば，崩

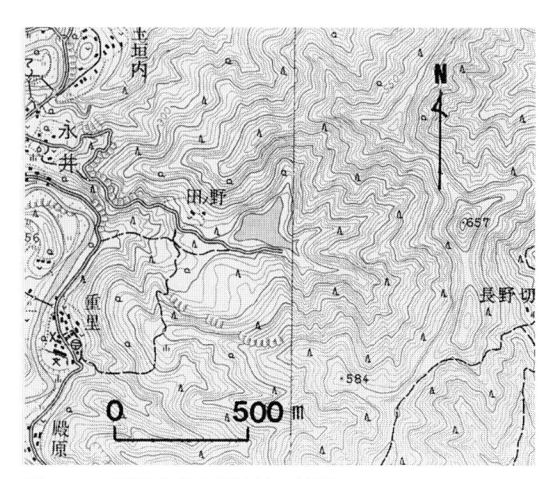

図 5.3.4 重里久保山崩壊地の地形
国土地理院発行 1/25000 地形図「重里」と「十津川温泉」使用．

壊は 8 月 20 日午前 5 時ごろに発生した．山手の崩壊面積は $2.9\times10^5\mathrm{m}^2$ で，崩土は山手谷を横塞し，「山手新湖」を形成した．殿井の崩壊は $1.4\times10^5\mathrm{m}^2$ の崩壊面積を有し，崩土は山手谷の支谷相渓を横塞し，「相渓新湖」を形成した．これらの新湖は，いずれも 9 月 11 日午後に決壊した．地質的には，山手崩壊地付近では走向は NW−SE で，殿井崩壊地付近ではほぼ東西方向である（図 5.3.5）．地層の傾斜は北を示し，両者

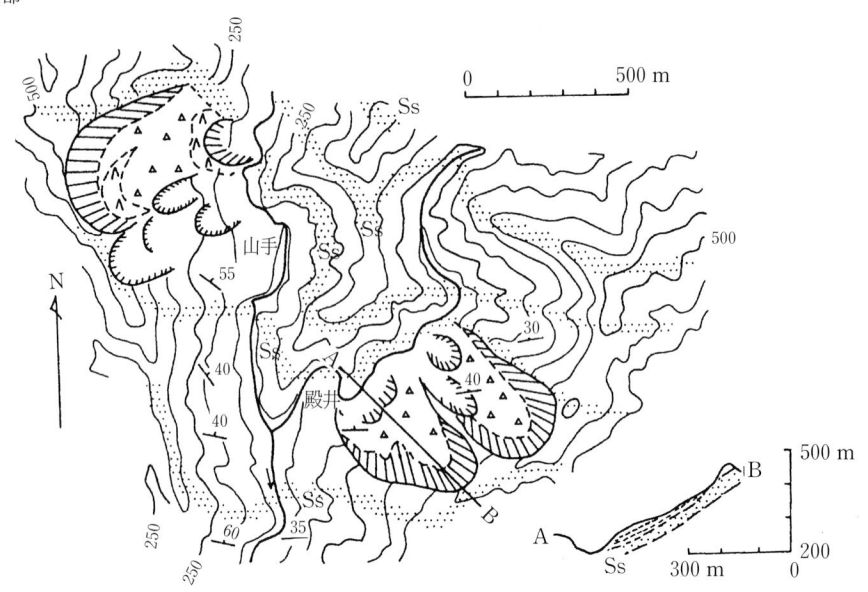

図 5.3.5 山手・殿井崩壊地の地形と地質（平野ほか，1984）．
凡例は図 5.3.2 と同じ

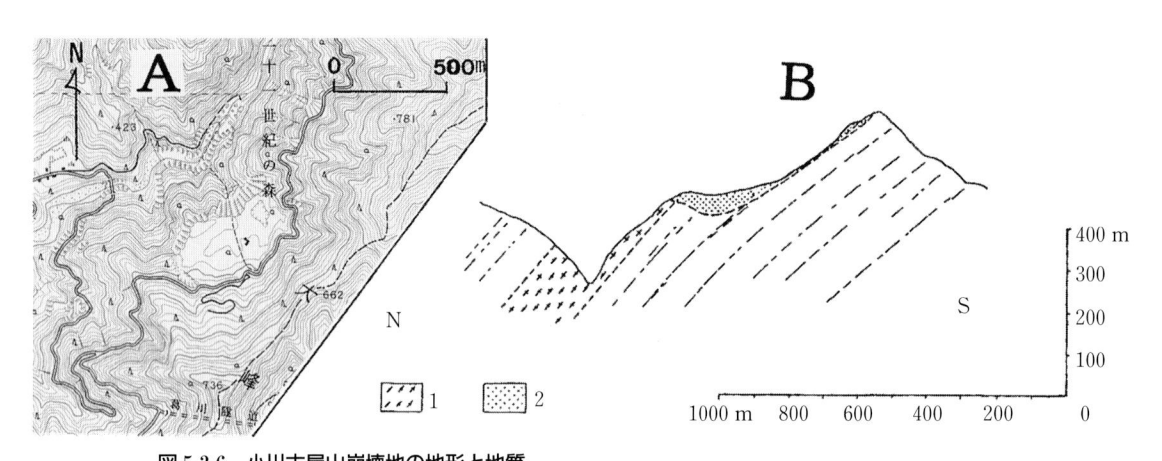

図 5.3.6 小川古屋山崩壊地の地形と地質．
A は国土地理院発行 1/25000 地形図「十津川温泉」を使用．B は藤田ほか，1985．
1：酸性岩岩脈，2：岩屑崩土．

の崩壊は地質構造に対応したもので，しかも流れ盤での滑動を示している．岩質は，硬質の砂岩あるいは砂質頁岩を下盤とし，上盤は主として頁岩から構成されている（図 5.3.5）．地形的には，両者の崩壊地の基部は，山手川ならびに相渓川の攻撃斜面となっていて，下方支持力の低下に影響を与えている可能性がある．

（5） 小川古屋山

この崩壊地は十津川の支流白谷川の左岸で（図 5.3.1 の 5），大峰山地の北西向き斜面に位置している（図 5.3.6 A）．水災誌によれば，崩壊地の面積は $1.45 \times 10^6 \mathrm{m}^2$ に達し，崩壊に伴って生じた崩土は白谷川を横塞し，一時的に「小川新湖」が出現した．崩壊地およびその周辺の地質は，主に頁岩からなり，一部に砂岩を含む．この地層中に

は石英斑岩の岩床が存在し，地質構造は図5.3.6 Bに示すように流れ盤を呈している．このような地質構造に加えて，崩壊地の西端付近には南北に走る小断層が確認されている（平野ほか，1984）．このことも斜面を不安定にさせた一因となっている可能性がある．地形的には，崩壊地の基部は白谷川が深く開析し，しかも攻撃斜面となっていて，このことも斜面を不安定にさせる要因になっている可能性がある．当崩壊地は，現在「二十一世紀の森」となっているが，現在でも当時の崩壊地形を明確に残している（図5.3.6 A）．

（6） 十津川流域における大規模崩壊の特性

以上の事例で記述した大規模崩壊は100年以上経過した現在においても，地形的に明瞭な崩壊地形の形態を残している．崩壊地およびその周辺の地質構造は共通して単斜ないし向斜翼をなしており，いずれも流れ盤の崩壊を示し，地質構造に規制された山地崩壊とみなすことができる．さらに，岩質的には頁岩を含む互層をなし，頁岩質の部分がすべり面となっている．

組織地形的には，斜面と地層の傾斜角が調和的であるという点からすれば，崩壊地ならびにその周辺の地形はケスタ状を示し，重里を除いては斜面下方は穿入蛇行の攻撃斜面になっている．一方，崩壊に伴う崩土により，河谷は横塞されて天然ダムが形成され，その痕跡が崩壊地の対岸に小山となって残存し，一部はそのまま池沼となって残っている．

6

火山体・火山岩および人工地盤

6.1 御岳1984年崩壊

日本では大雨や大地震の度に斜面崩壊や地すべりが発生し，悲惨な災害が起きている．とくに火山体でみられる地すべり・崩壊に限っても，第四紀の火山が分布する日本には多くの事例があるが，ここでは地震を誘因として大規模なものを含む異なるタイプの崩壊が発生した御岳山の事例をとりあげる．

（1） 長野県西部地震と被害の概要

1984年9月14日午前8時48分50秒に M 6.8 の長野県西部地震が起きた．ただし M（マグニチュード）は地震計の振幅にもとづくリヒタースケールである．震央は図 6.1.1 に星印で示すが，震源の深さはおよそ2 km（飯田ほか，1985）であった．なお御岳は地震の5年前の1979年10月28日に噴火（小規模な水蒸気爆発）したものの，地震活動には大きな変化はみられなかった（飯田，1985）．この噴火については青木（1980）に詳しいが，この噴火と長野県西部地震の間には直接的な関係は無いようである．

長野県西部地震の本震の震源断層は，N 70°E の右横ずれ断層である．しかし震源が極めて浅いにもかかわらず，地表に地震断層は現れていない（飯田ほか，1985）とされる．ただし，餓鬼ヶ咽で王滝川をわたる発電用の直径3 mの導水管は，地下に地震断層が推定される位置で全断面に亀裂が走り，断層が導水管を貫通していて断層が右横ずれであることが確認されている（山岸，1985）．本震の直後を含め，しばらくの間は余震が頻発した．とくに10月15日には M 6.2 の最大余震が起きている．大きな余震の度に崩壊が拡大したり，新たな崩壊が発生したことが知られている．

長野県西部地震により御岳山の南東斜面で崩壊が多発した．空中写真では確認できない小規模なものを除くと，崩壊箇所数はおよそ300である（平野ほか，1985）．このうち大きな被害をもたらしたのは，伝上川源頭付近の大崩壊（図 6.1.1 中にAで示すいわゆる「御岳崩れ」），御岳高原の崩壊（Bで示す），松越の崩壊（C）および滝越の崩壊（D）である．その他に，道路脇の急傾斜の法面の小規模な崩壊が多くの箇所で発生している．

地震そのものによる家屋，道路，橋梁など構造物の被害もさることながら，伝上，松越および滝越の崩壊のため，死者行方不明29名，重軽傷10名を数えることになった．松越，滝越，御岳高原の崩壊土量はいずれも10万 m³のオーダーであったが，伝上川源頭部の崩壊では，およそ3400万 m³（長岡，1984）の崩土が下流の伝上川，濁川，王滝川の総延長12 kmを駆け下った．このため，途中の濁川温泉や，柳ヶ瀬から餓鬼ヶ咽にかけての道路上などにいた12名のうち10名が逃げ遅れて遭難した．

図 6.1.1 に示すA～Dの4つの例はそれぞれ特色を有しているが，とくに伝上川源頭部の崩壊は巨大であり，日本では100年に2度あるかないかというほどの稀な現象であった．したがってこの

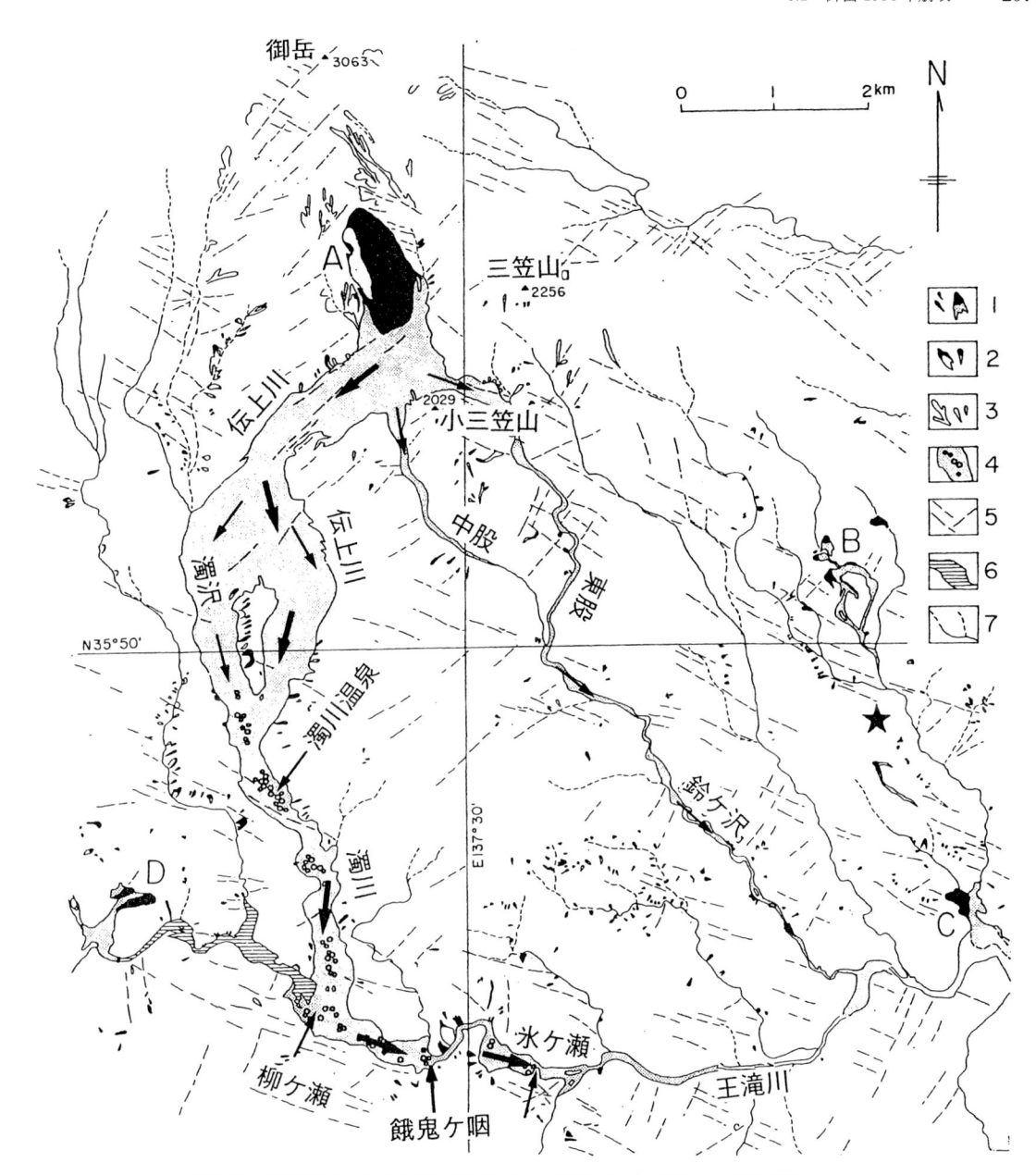

図 6.1.1 長野県西部地震による崩壊の分布とリニアメント（平野ほか（1985）に一部加筆）．
ただし，★は本震の震央，1は崩壊と崩土，2は旧崩壊地の拡大，3は旧崩壊地，4は崩落物質の流走経路（小さな丸印は流れ山），5はリニアメント，6は崩土による堰止湖，7は谷筋．Aは御岳崩れ，Bは御岳高原の崩壊，Cは松越の崩壊，Dは滝越の崩壊．

事例については，災害の直後からさまざまな分野の研究者が現地を調査し，多くの研究がすすめられた．この崩壊は「御岳崩れ」と呼ばれることが多いが，これは日本に多くみられる第四紀火山に発達する放射谷の発達過程としてとらえることができる．今後数百年・数千年経過したのちにはこの事例は，地形的特徴から大規模地すべり地形として扱われることになるであろう．

208   6 火山体・火山岩および人工地盤

図 6.1.2 御岳崩れ (1984 年 11 月 1 日，諏訪撮影)．

（2） 御岳崩れ

伝上川源頭部ではこの地震で，図 6.1.1 に A で示す部分の長大斜面が大きく崩壊した（図 6.1.2 参照）．当時田ノ原にいた皆戸努氏の証言によると，崩壊は本震とともにほとんど間髪を入れずに発生した（奥田ほか，1985）．山体の一部が，伝上川を挟み崩落斜面の直下対岸にあたる小三笠山の鞍部に向かって，すなわち南南東に向かってなだれ落ちた．崩落物質の大部分は鞍部手前に位置する伝上川の深い浸食谷に沿って向きを変え流れ下り始めたが，岩屑の一部は浸食谷に収まりきらず，直進して鞍部を乗り越え，鈴ケ沢の東股と中股へ流れ下った．伝上川を流下した本体は一部は再び斜面に乗り上げつつ，やがて王滝川との合流点の柳ケ瀬で王滝川を大量の崩土でせき止めた．本体はさらに王滝川を下り，餓鬼ケ咽を経て氷ケ瀬の狭窄部にまで達した．

御岳崩れ発生斜面の状況については，図 6.1.3 に示す地震前後の地形図からその特徴を知ることができる．この長大な斜面の傾斜角は約 24°で，崩壊は標高 1900 m から 2550 m にわたる．崩壊部の斜面長はおよそ 1400 m，最大幅約 700 m，最大深さ約 150 m である．この斜面の脚部は伝上川の浸食によって切られ，崩壊地が生じていた．

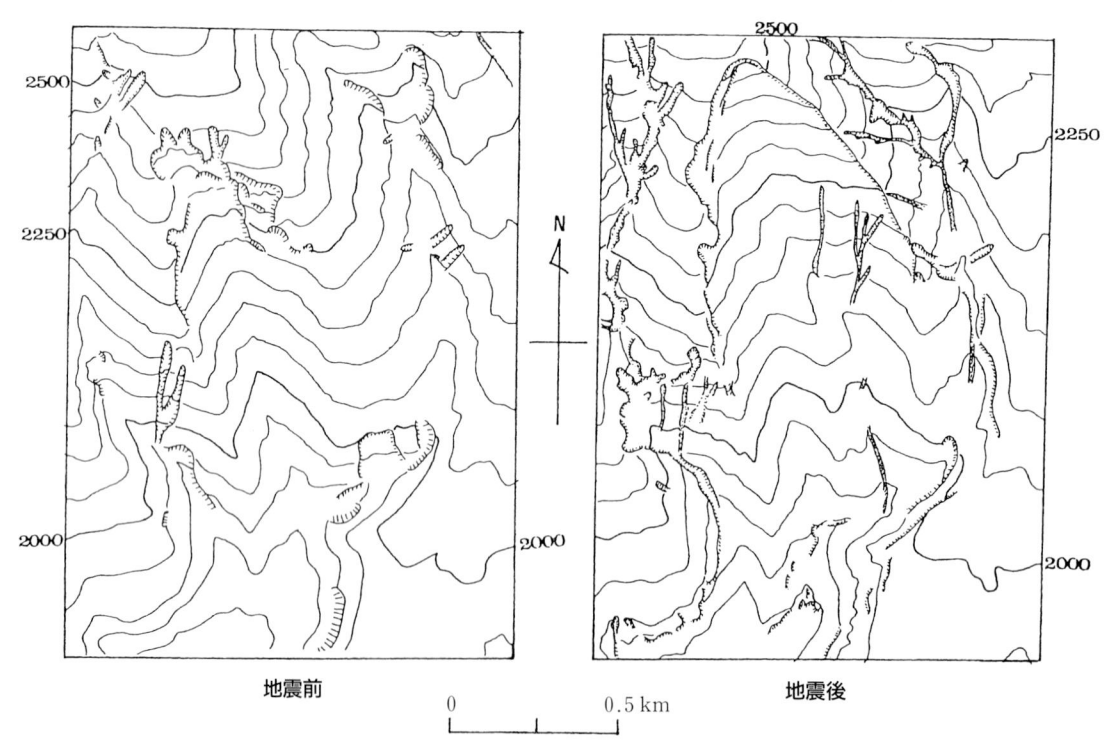

地震前　　　　　　0　0.5 km　　　　　　地震後

図 6.1.3 御岳崩れ前後の斜面の地形．
　　　　長岡 (1984) にもとづき平野ほか (1985) がまとめたもの．

この脚部の崩壊地は，1948年以降の空中写真の比較により，浸食の進行に伴って徐々に拡大してきたことが明らかにされている（北澤ほか，1985）．また，御岳崩れの起きた斜面に隣接して長さ1000mほどの古い崩壊地があったが，御岳崩れはこの古い崩壊地が東側へ拡大したとみることもできる．国土地理院発行の作成年次が異なる7枚の地形図の比較から，この古い崩壊は1949年から1951年の間に発生したものと推定されている（北澤ほか，1985）が，この崩壊は1948年の米軍撮影の空中写真に写っている（北澤ほか，1985）ので，地形図の測量方法の変化をも考慮するなら，崩壊の発生はさらに昔に遡るものと思われる．

露出した崩壊斜面の観察結果にもとづく崩壊地の地質構造は図6.1.4に示す通りであり，崩壊部分は流れ盤であったことがわかる．火山形成史について小林（1985）によれば，約8万年前に始まる「新期御岳火山活動前期」の溶岩に由来する崖錐性堆積物の斜面があり，これを5～6万年前に始まる「新期御岳火山活動後期」に噴出した安山岩質溶岩が厚く覆い，その後の浸食によって尾根型斜面がかたちづくられた．図6.1.4に示す崩壊地源頭部では，最下部に千本松軽石層，ついで黄色軽石層，さらにレンガ色の火砕流堆積物があり，その上に厚いスコリア丘噴出物，最上部に溶岩が堆積している．

御岳崩れの結果，千本松軽石層に覆われた谷地形が現れた．この事実にもとづき小林（1985）は，千本松軽石層は粘土化していてその上の火砕岩層は脆弱でしかも厚く重なっていたため，地震時にこの火砕岩層が軽石層を滑材として移動を始め，砕けつつ滑動したものと考えた．間隙の多い軟弱な軽石層はおそらく水で飽和していて，崩壊の開始とともに大きな過剰間隙水圧が発生し，滑材としての性能を高めたにちがいない．当日昼まえ（崩壊後すぐ）に中日本航空が撮影した斜め空中写真や，中部日本放送が撮影したビデオ記録には，

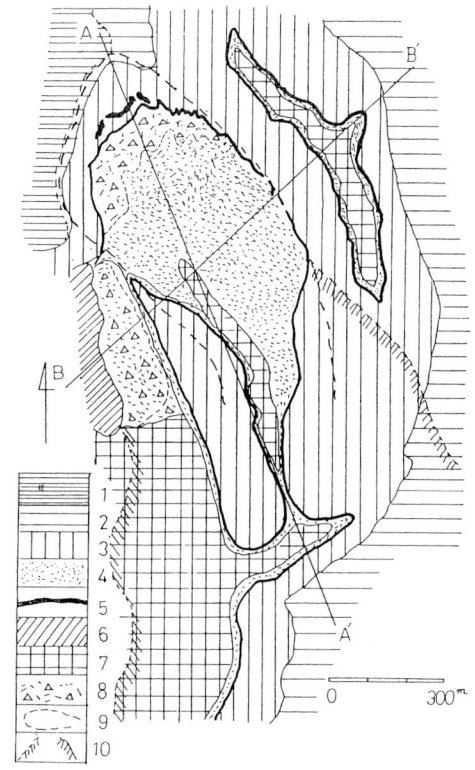

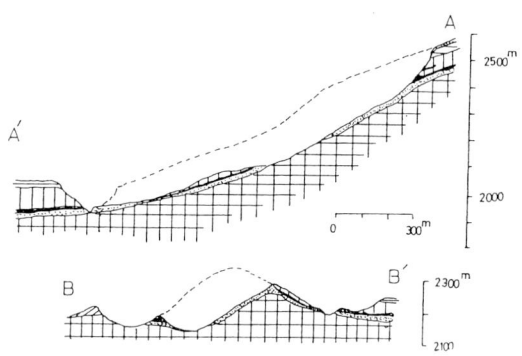

図6.1.4 御岳崩れの斜面の地質構造.
松本盆地団研木曽谷グループ（1985）によるものに平野ほか（1985）が一部加筆・修正したもの.
1は最上位の安山岩溶岩，2は上位に安山岩溶岩，3は下位安山岩溶岩と集塊岩，4はスコリア，5は軽石，6は安山岩溶岩，7は旧期火山岩，8は崩壊後の崖錐堆積物，9は滑落崖，10は岩屑なだれ堆積物の境界

崩壊斜面に泥水流や白い水の流れが幾筋も写っており，軽石層が水で飽和していたことを示唆する．なお，崩壊5日前に120mmのまとまった降雨があり，さらに当日地震前に30mmの降雨があ

ったことで，山体の間隙水圧の上昇は特に顕著であったと推定される．

崩壊地の斜面が，空隙の多い軟弱化しやすい軽石層の上を厚くて荷重の大きな火砕岩や溶岩が覆うという構造をしていたこと，それが流れ盤であったこと，地下に埋没谷があり地下水を集めやすい条件にあったこと，問題の斜面の脚部が伝上川の浸食によって切られ不安定化していたこと，が御岳崩れの素因である．このような素因の形成は，御岳山の火山活動史において図6.1.5に示すような「地形の逆転」現象が起こったためと考えられる．このような地形状況に地震動が誘因として加わった結果，尾根型斜面が崩壊して谷型斜面となった．伝上川による斜面基部の浸食にはリニアメントに関連した水系配置も関与している．

（3） その他の崩壊

a) 御岳高原

御岳高原で発生した崩壊（図6.1.1のB）は，水を含んだ多孔質の軽石層が地震動によって流動化したもので，土量は$4 \times 10^4 \mathrm{m}^3$程度である．源頭部はごく浅く，スランプ運動を示す．移動物質は粘土質で流動性の高いもので，マッドラインからみて厚さは約1 m，それが通過した道路のア

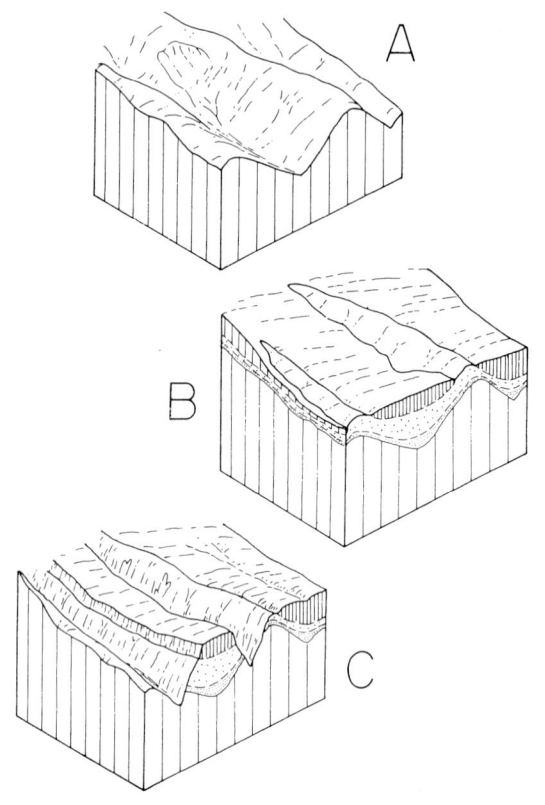

図6.1.5 御岳崩れにおいて想定される地形の逆転現象．（平野ほか，1985）
Aは噴火前の浸食地形，Bは火砕物および溶岩流の堆積，Cはその後の浸食による地形の逆転．

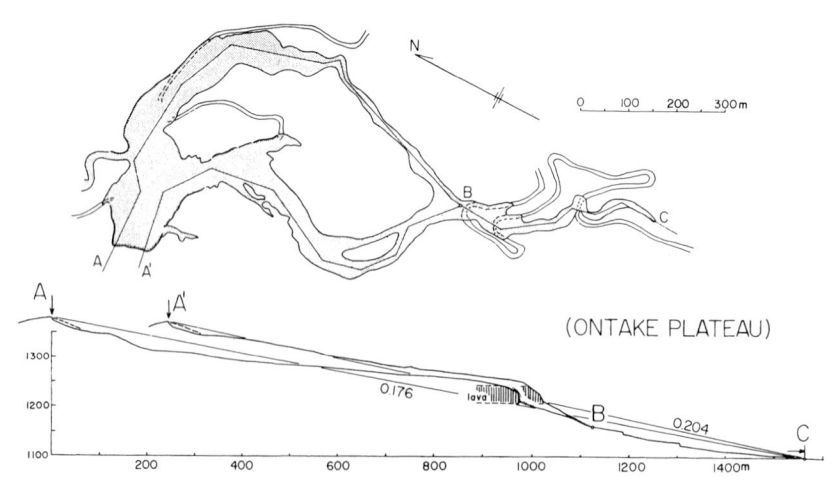

図6.1.6 御岳高原で発生した浅い地すべりと流動状況（平野ほか，1985）．
数値は等価摩擦係数．

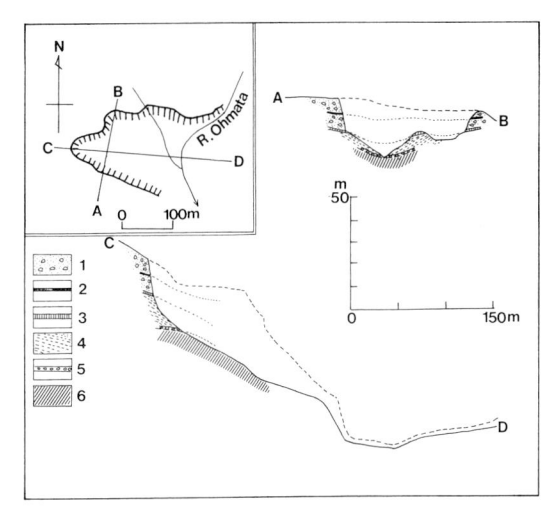

図 6.1.7 松越の地すべりで見られた埋没谷地形を横断面（A−B）と縦断面（C−D）で示す（平野ほか，1985）．
1 は段丘礫層，2 はスコリア，3 は軽石層，4 は凝灰質の砂またはシルト，5 は基底礫，6 は基盤（中生代-古生代）．

スファルトや直径 10 cm 程度の小さな立木も何ら損傷を受けていない．にもかかわらず，それは図 6.1.6 に示すように 2 つに分かれて長い距離を流下し，等価摩擦係数はおよそ 0.2 と規模に比べて極めて小さく（$10^5 m^3$ の規模でも通常は 0.6 程度），先行降雨のもとで十勝沖地震によって青森県下で発生した事例における 0.16（武居ほか，1980）に匹敵する．流動の過程において溶岩流のつくる急な崖の部分ではジャンプして木立の高い位置にマッドラインを残している．火山堆積物で発生する地すべりあるいは崩壊において，先行降雨と地震が競合したときの到達距離を評価する上でもっとも流動しやすい危険な場合として，注目すべき一事例である．

b) 松越

図 6.1.1 の C として示すように，王滝川に北から合流する支流の大又川右岸の松越段丘で発生した地すべりである．崩落部分の地質状況を調べると，段丘礫層の基底にかつて支流がつくった谷地形があり，それが段丘堆積物によって埋められていた（図 6.1.7）．この埋没谷地形に規定されて地すべりの深さや形状が決まっている．大又川に平行して発達する段丘崖部分で発生したので，崩落土層は河川にほぼ直交する方向に移動し，大又川を横切り対岸に高く乗り上げた．図 6.1.7 において，崩落部分の基底は段丘面より約 50 m 下にあるが，崩土は対岸のほぼ同一高度にある同じ段丘面上に達している．したがってこれにもとづいて流下速度を計算すると，$0.5 mv^2 = mgh$ より $v = 31$ m/s 程度となる．このように地震によって発生するものは高速で移動することがある．

図 6.1.8 滝越の地すべり（左）とその基底部分にみられる湖成堆積物（右）．

c) 滝越

図6.1.1のDであるが，崩壊したのは火山堆積物で，その下位にほぼ水平の層理をもつ火山灰起源の粘土ないしシルト質の緻密な湖成堆積物が存在する（図6.1.8）．したがって，先行降雨によって火山堆積物中の間隙水圧が上昇していたことに加えて，地震動に対して両者がまったく異なる反応を示し，両者の境界面より上の火山堆積物が崩落したものと推定される．崩土は直下の小さな谷と尾根を越えて人家を襲った．またこの事例においては滑落崖はほぼ直線的であり，断層など何らかの構造線の影響があったかもしれない．

火山の周辺においては，火山活動に伴う噴出物によって既存の水系が閉塞され，凹地がいくつも形成される．凹地部分は時に火山性堰止湖となって水を湛え，それが長期にわたって存続すると，その部分に細粒の火山噴出物を主な素材とする湖成堆積物が形成される．とくに長い活動史をもつ火山では，現在の地形からは直接それと判別できない古い湖成堆積物の分布が認められる場合がある．このような湖成堆積物は一般に透水性が低いなど，周辺の火山堆積物とはまったく異なった性質を有している．したがって，それと他の部分との境界は，崩壊発生の際に局部的かつ特異なすべり面あるいは分離面となり得ることをこの事例は示唆している．

6.2 人工地盤（とくに地震による地すべり発生の例）

日本の主要平野周辺の丘陵地は，工学的には土砂あるいは軟岩として扱われる第三紀層や第四紀層からなり，比較的たやすく地形改変を行える箇所である．また，地理的にも大都市近郊に位置し，宅地や工場用地で飽和した平地部にかわって開発の対象となってきた．丘陵地は，小起伏地であるため，平地を確保するために土工による切盛造成が行われる．切盛造成にあたっては，切り取り土量にみあう盛土地が確保できるように造成基準標高が決定され，造成地内での土砂移動によって，平坦地がつくられていく．丘陵地の開発は，第二次大戦以降の経済状況の回復がなされた昭和30年代後半から盛んに行われるようになった．

切土法面では，層理面，節理面または断層面などを利用したすべりが発生し，造成時にその対策を講じられる場合がある．これらのすべりの事例については，第2部3.4節で示されている．一方，盛土地での被害例としては，造成後の沈下によって埋設管が破断するような場合や不等沈下に伴って建物基礎が破損するといったものがあげられる．しかし，これらの被害規模はそれほど大きなものではない．

これに対して，しばしば指摘される災害事例として，地震時に発生する造成地での盛土の崩壊や変形がある．ここでは，盛土造成地における地震時の崩壊例について紹介する．

（1） 1978年宮城県沖地震での例

1978年宮城県沖地震は，1978年6月12日17時14分に宮城県沖100km，深度30kmを震源としたマグニチュード7.4の地震である．宮城県では震度Vが記録された．沖積層の広く分布する仙台市をはじめとする平野や低地では，強震や液状化現象による家屋の倒壊や道路・埋設管などの被害が顕著に現れた．そのほか，仙台市周辺や白石市の丘陵地や台地を造成した箇所で，開析谷を埋積した盛土地盤での地盤の変形や崩壊が発生した．

仙台市緑が丘の宅地では，青葉山段丘の南東縁の開析谷を埋めた盛土部での円弧すべりや亀裂の発生，雛壇状に造成された法面石垣の崩壊などがおこり，家屋・埋設管に多くの被害が生じた．図6.2.1は，その一例で，盛土厚と亀裂の位置を示したものである．盛土の最大厚さは約20mにも達する．埋積谷の谷頭部付近では円弧すべりによる半円形の落差50cmの滑落崖が生じ，地すべ

り移動体の末端部には，圧縮隆起部が生じた．主亀裂は地震後も継続して変位し，数日後にはその開口幅は1m以上に達した．図6.2.1の盛土厚は，おおむね埋積された谷地形を示していて，亀裂の発生箇所が盛土域に限られ，旧地形の影響を受けて発達する様子がよくわかる．亀裂の集中する箇所は，盛土厚が大きくかわる谷壁斜面部の切盛境界に近い盛土部にあたる．

白石市寿山緑ヶ丘団地では，造成盛土地の崩壊が発生している（図6.2.2，6.2.3）．この造成地は，起伏量約50mの丘陵地南斜面の谷を埋め立てて造成された．丘陵地は上部中新統白石層の軽石質の火砕流堆積物からなる．盛土は，尾根部を切り取った白石層の凝灰岩をその材料としている．盛土厚さは最大25mに達する．盛土の基底には，北東側の旧谷底からため池部分を経て暗渠が設置されていたが，1976年17号台風の集中豪雨で盛土法面の一部が崩壊しその末端部は土石流化した．その後の調査でこの盛土の含水が高く，地震動を受けると流動化が発生する可能性が指摘されていたという．そして，宮城県地震によって幅120m，長さ230mの範囲で崩壊が発生した．主滑落崖は，切盛境界のやや内側に位置し，その背後には5〜8mの比高をもつ二次滑落崖が生じた．す

図6.2.1 仙台市緑が丘の盛土厚と亀裂の位置（東北大学理学部古生物学教室，1979）．
等高線：盛土厚（単位m），太線：亀裂（落下側にハッチ），波線：圧縮隆起部，瘤線：崩土先端部．

図6.2.2 白石市寿山緑が丘団地の造成前後の地形（東北大学理学部古生物学教室, 1979）．
点線：埋谷部の等高線（単位m），一点破線：盛土範囲，太線：地すべり外縁．

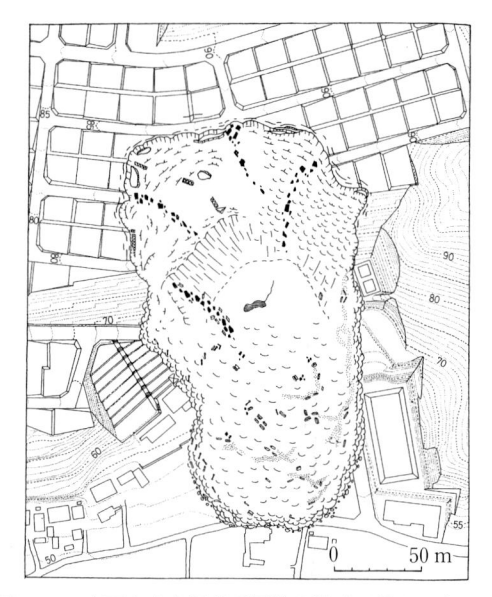

図6.2.3 白石市寿山緑が丘団地の地すべりのスケッチ（東北大学理学部古生物学教室, 1979）．
黒塗り部：路面アスファルト破片，アミ目部：造成時の表層を覆っていたマサ，その他の記号は石積，L・U字型側溝，マンホール，集水マスなどを示す．

べり面の南側末端部は，標高60〜70mにある東西方向の道路面よりやや上方にあったとみられている．この道路より南側に堆積した土砂は，小塊を含む砂泥状を呈し，緩傾斜をなし，地震の3日後でもぬかるんだ状態で，地すべり移動体の末端が泥流化したことを示している．この谷は，昔からため池の水涸れがなく湧水の豊富な箇所で，設置された暗渠は十分に機能していなかったとみられている．盛土材として使われた凝灰岩は，モンモリロナイト，クロライトを含み，水中に放置すると数時間で軟化・崩壊することから，含水量が大きいと容易に崩壊・流動化するもので，素因の1つにあげられている．

（2） 1995年兵庫県南部地震での例

1995年兵庫県南部地震は，1995年1月17日5時46分に淡路島北方，深度14kmを震源としたマグニチュード7.3の地震である．阪神間では震度Ⅵ〜Ⅶが記録された．震源断層に沿って強震に伴う建設構造物の破壊や家屋の倒壊が生じたほか，液状化による港湾施設の破壊など近年まれにみる大震災となった．阪神間は，比較的早くから，住宅開発がすすみ，多くの宅地造成がなされている地域である．1995年兵庫県南部地震による被害のなかで，丘陵地域の被害の多くが谷埋めの盛土地盤で発生した．

代表的な崩壊事例として仁川百合野町の崩壊がある．この崩壊現場は，北東向き約20°の傾斜地である．崩壊地の北西側には，花崗岩の斜面があり，平均的な傾斜角は約30°である．一方，崩壊地の南東側に隣り合って位置する浄水場北東斜面は，段丘崖となっていて，約40°の傾斜地である．つまり，崩壊した斜面が最も緩い傾斜角となっていた．現在の地形図をみると，浄水場付近はほぼ長方形の平坦面となっていて，その敷地はすべて段丘面の上に立地しているかのように見える．

しかし，新旧の地形図の比較を行うと，人工的な地形改変が確認できる．図6.2.4は1885年

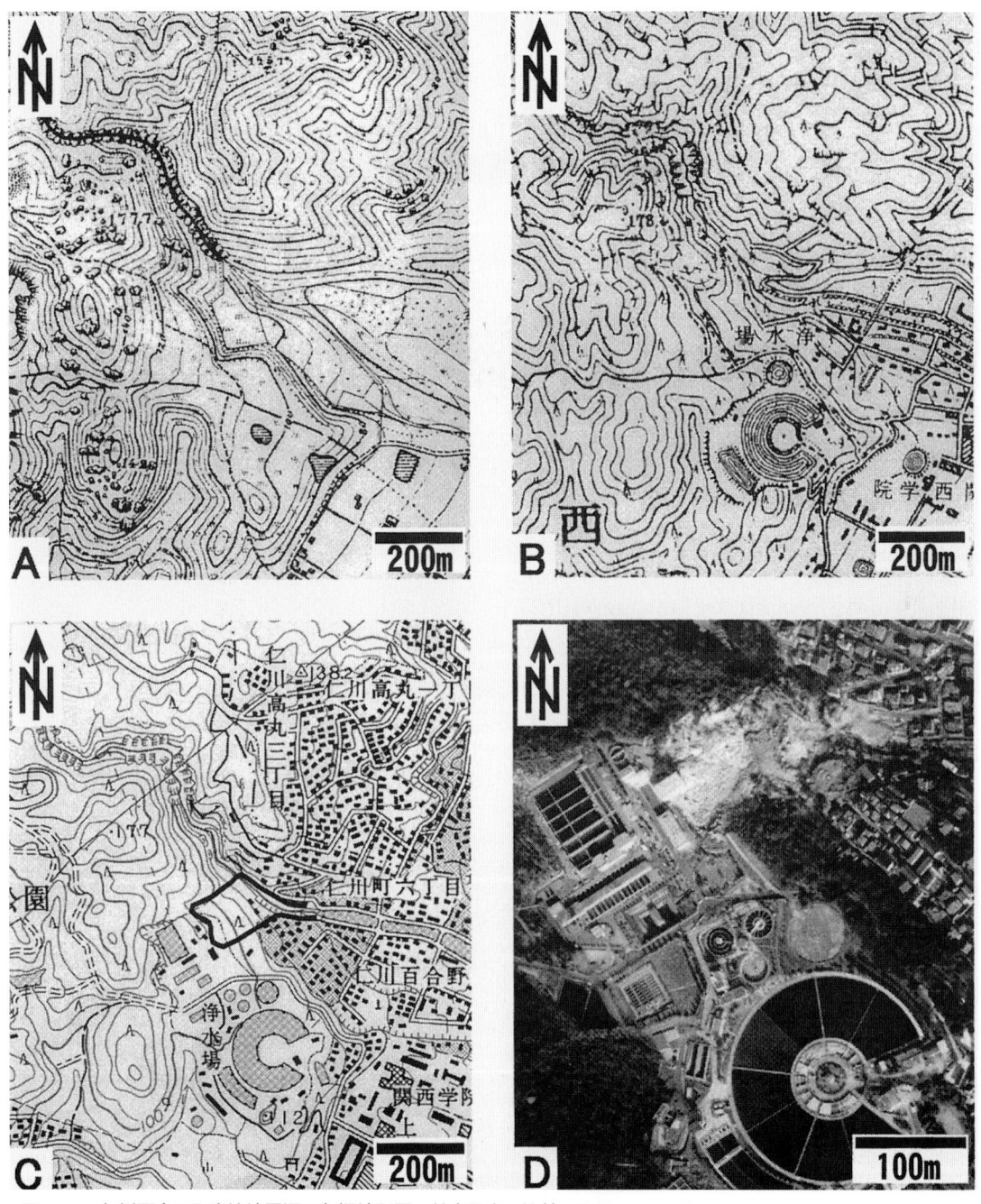

図 6.2.4 仁川百合野町崩壊地周辺の新旧地形図，航空写真の比較（志岐ほか，1995）．
A：大日本帝国陸地測量部作成 1/20000 地形図（明治 18 年測図，同 19 年発行），
B：国土地理院発行 1/25000 地形図「宝塚」（明治 43 年測図の縮図，昭和 22 年修正測図，同 31 年発行），
C：国土地理院発行 1/25000 地形図「宝塚」（昭和 52 年改測，平成 2 年修正測量，平成 3 年発行），
D：崩壊地付近の航空写真，1995 年アジア航測(株)撮影（崩壊地と崩壊土砂堆積部分が白く見える）．

（明治 18 年）・1947（昭和 22 年）・1990（平成 2 年）に測図された崩壊地周辺の地形図を示したものである．明治 18 年の地形図では，崩壊地部分は，傾斜地でなくコの字型をした幅の広い谷として表現されている．この谷地形は，昭和 22 年の地形図では谷地形が認められるものの，谷底は平

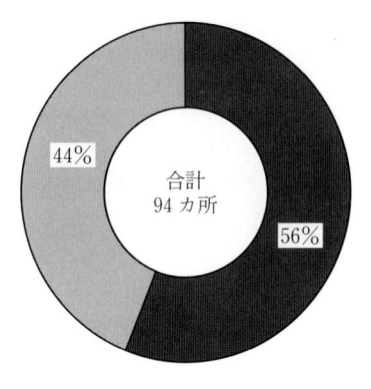

図 6.2.5 西宮地域の谷埋め盛土・ため池跡地の被害の割合（三田村，1998）．

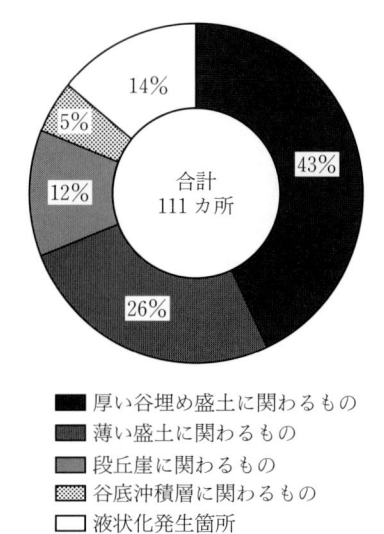

- 地すべり・液状化が確認されたもの
- 確認されなかったもの

合計 94 カ所
44%／56%

図 6.2.6 西宮地域の斜面被害の要因別割合（三田村，1998）．

- 厚い谷埋め盛土に関わるもの
- 薄い盛土に関わるもの
- 段丘崖に関わるもの
- 谷底沖積層に関わるもの
- 液状化発生箇所

合計 111 カ所
43%／26%／12%／5%／14%

坦でなく，緩傾斜面として表現されている．そして，現在の地形図では広い谷はなく，北東傾斜の平滑斜面となり，西側には平坦面が形成されている．つまり，この地形の変化は，盛土による人工改変がなされたことを示す．

崩壊地滑落崖に露出した土砂は，大阪層群の粘土層のブロックや花崗岩礫（直径 10 cm〜1 m）を含む花崗岩質粗粒砂を主としていて，明瞭な成層構造は認められない．また，この土砂の中には部分的に植物片が挟まれている．その植物片の中には，腐朽の程度から現世のものであるとみられる葉のついた松の小枝などが含まれる．旧地形図との比較から，その盛土層の厚さは少なくとも 10〜15 m はあるとみられる．

明治 18 年の地形図で表現されている崩壊地北西側からの直線的な谷は，現在の地形図ではその出口が北東方向に向きを変えて，仁川と合流している．この谷は，常時表流水が流下しておらず，大きな降雨のあるとき以外は，谷に沿う伏流水となっているようである．このことからみて，旧谷筋に沿って伏流した水が盛土の下部に涵養されていた可能性がある．この崩壊箇所付近で崩壊以前に花崗岩中に南北方向の破砕帯が観察されており，このような破砕帯からの湧水も盛土部分に供給されていたとみられている．いずれにしても，盛土内に存在する地下水が崩壊に大きくかかわっている．

阪神間における丘陵地域の斜面地被害については，調査資料が豊富な芦屋・西宮地域での要因別の統計分析がなされている．それによると，この地域に分布する谷埋め盛土・ため池跡地（94 カ所）のうち，斜面変状・噴砂の確認された箇所は全体の 56 ％にも達していて，高い被害率を示す（図 6.2.5）．斜面被害の要因別割合からみると，厚い谷埋め盛土にかかわる変状は 43 ％ともっとも高く，薄い盛土も合わせた盛土にかかわる変状の割合は，70 ％近くに達している（図 6.2.6）．

西宮・芦屋地域の谷埋め盛土について，厚さ，施工時期，周辺地質，方向性，断層距離（地質図に示される既存断層から盛土地の中心までの距離）などの項目を判別し，これらの項目が斜面変状の規模（変状を起こした地域の面積）に対してどの程度寄与しているかを検討するため，数量化 I 類による多変量解析が行われた．その結果，被害規模に大きく関与する要因として地質・厚さ・方向性があげられる．地質としては沖積層上の盛土での被害が大きく地震動の増幅効果や液状化が介在している可能性が大きい．盛土厚さは，5〜10 m で被害が大きくなる傾向がある．盛土厚

の厚いものは，造成時期も比較的新しく，施工管理も良いため被害は軽微であったようである．造成時期に関しても，古いもので被害規模が大きくなる傾向がみられる．断層との位置関係においては，断層近傍から沈降側で大きくなる傾向がある．断層近傍では，地形的に遷急点があり，断層に沿って盛土地が並ぶ傾向がある．変状をきたした盛土地も断層線付近のものに集中している．断層付近やそれに沿う不整形地盤での強震動，断層の沈降側での厚い被覆層による増幅効果やフォーカシング効果が介在しているとみられる．

(3) 谷埋め盛土地盤の地震に対する地質特性

丘陵周辺の盛土地盤は，多くの場合，谷部を埋めて造成を行った場所であり，盛土の下部には地下水脈が形成されやすくなる．このような箇所で強い地震動が加わると，地下水の水圧が増加し，その周辺土砂の強度低下を引き起こし，それが極端な場合には盛土の崩壊を招く．仁川の例は，この代表例であり，これまでにはいたらなくとも，多少なりとも滑動し，住宅に被害を与えた箇所が多い．

盛土斜面が地震動による割れ目の形成段階で終わるか，最終的な崩壊にいたるかは，盛土下部あるいはその下位の軟質層（谷埋め沖積層や表土層）の存在に大きく依存しているのではないかとみられている．例えば，造成前の地盤の表層にある表土や沖積層を除去せずに造成が行われると，軟弱部が盛土下部に位置して，その上に比較的硬質で良好な盛土が位置する「逆転型盛土」が形成される．このため，表面的には，安定し強度のある盛土がなされているように見えても，地震時に，盛土下部で液状化や軟質化発生し，盛土の変形が生じる．1978年宮城県沖地震での丘陵地周辺の造成地盤の崩壊では，このような逆転型盛土での事例が多いとされている．

また，顕著な地表面変形や亀裂集中部は切り盛り境界付近であって，切盛境界付近における振動特性のちがいやその境界面を利用したすべり面形成の容易さなどがあげられよう．多くの盛土被害が過去の地すべり地形が認められない箇所で発生していて，強い震動を被ることにより，盛土内での間隙水圧の上昇に伴う軟化や液状化が地すべり現象に結びついたものとみられる．

とくに粗悪な施工のなされた盛土地盤では，盛土下部に軟質層が存在し，締め堅めが充分でなく，排水処理が充分になされず含水の高い状態にある．地震時にこのような盛土では，容易に盛土は軟化し地表面は変形し崩壊する．新しい造成工事においては充分な締め堅めと排水処理を施し，盛土末端法面の安定を充分に計る必要がある．すでに存在する粗悪な施工のもと宅地化された盛土は大きな問題をはらんでいる．

文 献
第1部

1章

青木 滋・高浜信行，1976，地すべり地の履歴に関する研究（その1）．新潟大理地盤災害研年報，no.2, 11-18.

青木 滋・高浜信行，1977，新潟県における初生斜面崩壊の発生期と発生原因に関する一考察－地すべり地の履歴に関する研究（その2）．新潟大学理学部地盤災害研年報，no.3, 19-29.

千木良雅弘，1995，風化と崩壊－第3世代の応用地質学－．近未来社，204p.

Cruden, D, M, and Varnes, D, J., 1996, Landslide types and processes. *In* Turner, A, K., & Schuster, R. L., eds., *Landslides - Investigation and Mitigation*, Transportation Research Council Special Report, no.247, 36-75.

藤田 崇，1982，第四紀変動とマスムーブメントの発生．地団研専報，no.24, 309-319.

藤田 崇，1983，山地災害と第四紀地殻変動．藤田和夫編，アジアの変動帯，海文堂出版，343-358.

藤田 崇，1990a，地すべり(3)－地すべりを起こしやすい地質－．地下水学会誌，32, no.2, 91-100.

藤田 崇，1990b，地すべり－山地災害の地質学．共立出版，126p.

藤田 崇，1992，四国三波川帯東部の地すべりの地形・地質学的特性．月刊地球，no.152, 74-79.

Fujita, T., 1994, Characteristics of landslides in Southwest Japan based on slope analysis. *Proc. 7th IAEG.*, no.3, 1415-1424.

藤田 崇・平野昌繁・波田重熙，1978，徳島県川井峠近傍の地すべりの地質構造規制．地すべり，**13**, no.1, 25-38.

藤田 崇・山岸宏光，1993，地すべりの構成物質．地すべり学会シンポジウム論文集，23-30.

古谷尊彦，1980，地すべりと地形．武居有恒監修，地すべり・崩壊・土石流，鹿島出版会．192-230.

古谷尊彦，1996，ランドスライド．古今書院，213p.

古谷尊彦・黒田和男，1993，地すべりの分類について．地すべり学会シンポジウム論文集，2-10.

Hasegawa, S., 1992a, Large-scale rock slides along the fault scarps of the Median Tectonic Line in the northeastern Shikoku, Southwest Japan. *In* Bell, D. H., ed., *Landslide*, Balkema, 119-125.

長谷川修一，1992b，讃岐山脈南麓における中央構造線沿いの大規模岩盤すべりと第四紀断層運動．地質学論集，no.40, 143-170.

羽田野誠一，1974，斜面崩壊（その1・その2）．土と基礎，**22**, no.3, 77-84；**22**, no.11, 85-93.

羽田野誠一・岡部文武・渡辺征子・古川俊太郎，1970，北松地域において過去に形成された大規模地すべり地形の一覧表．防災科学技術総合研究報告（国立防災科学技術センター），no.32, 7-23.

平野昌繁・藤田 崇，1986，マスムーブメントの地質構造規制．地質学論集，no.28, 31-43.

Hutchinson, J., N., 1988, Morphological and geotechnical parameters of landslides in relation to geology and hydrogeology. 4th ISL., 3-35.

藤田和夫，1983，日本山地形成論－地質学と地形学との間－．蒼樹書房，468p.

兵庫県土木地質図編纂委員会，1996，10万分の1地質図解説書－兵庫の地質（地質編・土木地質編）．㈶兵庫県建設技術センター，361p, 236p.

Ichikawa, K., 1990, Pre-Cretaceous terranes of Japan. *In* Ichikawa, K., Mizutani, S., Hara, I., Hada, S., and Yao, A., eds., *Pre-Cretaceous Terraneas of Japan*, 1-12.

地すべり学会，1982，特集「地質区分と地すべり特性」．地すべり，**18**, no.4, 17-64.

科学技術庁防災科学技術センター，1982～2001．地すべり地形分布図（第1集～第13集），国立防災科学技術センター．

小出 博，1955，日本の地すべり－その予知と対策－．東洋経済新報社，259p.

黒田和男，1986，地すべり現象に関する日本列島の地質地帯区分．地質学論集，no.28, 13-29.

黒田和男・大八木規夫・吉松弘之，1982，地すべり現象からみた日本列島の地質地帯区分．地すべり，**18**，no.4，17-24．
町田 洋，1984，巨大崩壊，岩屑流と河床変動．地形，**5**，155-178．
中村慶三郎，1934，山崩．岩波書店，254p．
日本第四紀学会編，1977，日本の第四紀研究．東大出版会，415p．
日本応用地質学会編，1999，斜面地質学―その研究動向と今後の展望―．日本応用地質学会，294p．
日本応用地質学会編，2000，山地の地形工学．古今書院，214p．
大八木規夫，1976，地すべり構造論．小島丈児先生還暦記念文集，130-135．
大八木規夫，1992，土砂災害．荻原幸男編，災害の事典，朝倉書店，179-252．
Oyagi, Fujita, Furuya, Hatano, Kuroda, Nakamura, Nakayama, Shimizu, Yoshimatsu, Uemura, Higaki & Yagi ,1991, A New Classification on Landslides with Four Criteria and its Three Dimensional Figure. *Japan−U.S. Workshop on Snow Avalanche, Landslide, Debris flow Predictionand Control.* 277-286.
大八木規夫・大石道夫・内田哲夫，1970，北松鷲尾岳地すべりの構造要素．防災科学技術総合研究報告，no.22，115-140．
大八木規夫・池田浩子，1998，地すべり構造と広域場からみた澄川地すべり．地すべり，**35**，no.2，1-10．
平 朝彦，1990，日本列島の誕生．岩波書店，226p．
植村 武，1974，地すべりの分類と予測，科学研究費報告書「第三紀層地すべりの発生と予測の研究」（研究代表者 西田彰一），3-12．
植村 武，1982a，地すべりをどう観るか．アーバンクボタ，久保田鉄工，no.20，52-55．
植村 武，1982b，新潟県下地すべりの地質的考察．地すべり，**18**，39-43．
植村 武，1986，マス・ムーブメントの地質学的考察，地質学論集，no.28，3-11．
上野將司・田村浩行，1990，四国の変成岩分布区域における地すべり地の地質特性，「地質と斜面崩壊に関するシンポジウム」論文集，土質工学会四国支部，18-23．
宇智吉野郡役所，1891，吉野郡水災誌（全11巻），(1979，1981復刻)，奈良県十津川村．
Varnes, D. J., 1978, Slope movement types and processes. *In* Schuster, R. L., and Krizek, R. J., eds., *Landslides - Analysis and Control*, Trans. Res. Board, Special Report, no.176, 11-33.
脇水鉄五郎，1912，山地の崩壊に就て．地学雑誌，**24**，379-390; **24**，460-472; **24**，540-554．
渡辺 貫，1928，山崩の分類．地質学雑誌，**35**，547-556．
柳田 誠・長谷川修一，1993，地すべり地形の開析度と形成年代との関係．土質工学会四国支部「地すべりの機構と対策に関するシンポジウム」論文集，9-16．
渡 正亮，1986，斜面災害の機構と対策．山海堂，170p．

2章

第四紀地殻変動研究グループ，1968，200万分の1第四紀地殻変動図．第四紀研究，**7**，182-187．
藤田至則，1970，島弧変動について．地学団体研究会専報，no.14，1-32．
藤田和夫，1983，日本の山地形成論．蒼樹書房，466p．
貝塚爽平・成瀬 洋，1977，古地理の変遷．日本第四紀学会編，日本の第四紀研究，東京大学出版会，335-351．
建設省・林野庁・農林省，1973，日本の地すべり―全国地すべり危険箇所一覧表―．257p．
菊池俊一・新谷 融・清水 収・中村太士，1992，造林木におけアテ材形成と地すべり変動履歴．地すべり，**29**，no.3，1-9．
鬼頭伸治・岩松 暉，1996，テフラを用いた南九州日向帯における地すべりの発生時代区分．日本応用地質学会平成8年度研究発表会講演論文集，233-236．
町田 洋・新井房夫，1992，火山灰アトラス―日本列島と層の周辺―．東京大学出版会，276p．
中里 裕臣，1997，地すべり年代学と巨大地すべり調査．地質ニュース，no.516，13-18．
奈良国立文化財研究所，1990，年輪に歴史を読む ―日本における古年輪学の成立―．同朋舎，京都，195p．
高島 勲・張 文山，1998，秋田県鹿角市澄川温泉で発見された活断層・地すべり面の熱ルミネッセンス年代．秋田大学工学資源学部素材資源システム研究施設報告，no.63，109-112．
上野将司・田村浩行，1993，地形解析図に対する地質工学的な考察．平成5年度日本応用地質学会研究発表会講

演論文集，97-100．

柳田 誠・長谷川修一，1993，地すべり地形の開析度と形成年代との関係．土質工学会四国支部編，地すべり機構と対策に関するシンポジウム論文集，9-16．

吉川周作・三田村宗樹，1999，大阪平野第四系層序と深海底の酸素同位体比層序との対比．地質学雑誌，**105**，332-340．

吉永秀一郎・熊木洋太・柳田 誠・上野将司・桧垣大介・堀 伸三郎・宮城豊彦・飯田智之，1999，第四紀における斜面発達史．日本応用地質学会編，斜面地質学—その研究動向と今後の展望—，89-121．

3章

藤田 崇・平野昌繁・波田重煕，1976，徳島県川井近傍の地すべりの地質構造規制．地すべり，**13**，no.1，25-36．

古谷尊彦，1980，地すべりと地形．武居有恒監修，地すべり・崩壊・土石流—予測と対策—，鹿島出版会，334p，192-230．

古谷尊彦，1996，ランドスライド—地すべり災害の諸相—．古今書院，213p．

長谷川修一，1992，讃岐山脈南麓における中央構造線沿いの大規模岩盤すべりと第四紀断層運動．地質学論集，**40**，143-170．

服部昌之，1977，戦前撮影の大阪・京都の空中写真．地図，**15**，3，17-30．

平野昌繁，1981，空中写真でみる地形災害—歴史的大災害（その1）—．京都大学防災研究所年報，**24**，B-1，449-460．

平野昌繁，1984，地形と地すべり．地質と調査，no.21，2-6．

平野昌繁，1987，空中写真でみる地形災害—歴史的大災害（其の2）—．人文研究（大阪市立大学文学部紀要），**39**，（第4分冊），193-209．

平野昌繁，1991，斜面崩壊を例とした防災ポテンシャルの永年的変化に関連した問題点．文部省科学研究費補助金（代表者，水谷伸治郎），重点領域研究報告書「資料解析にもとづく防災ポテンシャルの変遷に関する研究」，211-226．

平野昌繁，1993a，土砂移動現象の背景．小橋澄治編，森林保全学，文永堂出版，7-46．

平野昌繁，1993b，日本の1950年代における航空写真の経時的地域的特性に関する予察的研究．人文研究（大阪市立大学文学部紀要），**45**，第6分冊，9-42．

Hirano, M., 1994, Application of the variation principle to geographic pattern analysis. *In* Takaki, R., ed., *Research of Pattern Formation*, KTK Si Publ., 469-483.

平野昌繁・石井孝行，1989，土砂移動現象における土塊横断形状の地形学的意義．京都大学防災研究所年報，**32**，B-1，197-209．

平野昌繁・小橋澄治，1987，六甲山地における土砂災害の変遷とそのデータベース化．文部省科学研究費自然災害特別研究（1），研究成果報告書（災害資料の収集とその解析による自然災害事象の研究），127-138．

平野昌繁・大森博雄，1989，土砂移動現象における規模・頻度分布特性とその地形学的意義．地形，**10**，no.2，95-111．

平野昌繁・諏訪 浩・藤田 崇・奥西一夫・石井孝行，1990，1989年越前海岸落石災害における岩盤崩落過程の考察．京都大学防災研究所年報，**33**，B-1，219-236．

平野昌繁・横田修一郎，1976，西南日本に例をとった電子計算機による地形数値解析．地理学評論，**49**，440-454．

Hsü, K.J., 1975, Actualistic Catastrophism. *Sedimentology*, **30**, 3-9.

伊東太作，1989，航空写真情報検索システム（NARS）．人文科学とコンピュータ，2-2，1-6．

金子史朗，1972，地形図説1．古今書院，180p，とくにp.43．

小橋澄治・平野昌繁，1985，砂防学と地形情報—六甲山地土砂災害対策のためのデータベースの構築—．地形，**6**，3，205-224．

小出 博，1955，日本の地すべり—その予知と対策—．東洋経済新報社，264p．

国土地理院，1965，1/25,000土地条件図「大阪東南部」．

国土地理院，1970，北松地域地すべり地形分類図．（1/50,000）．

国立防災科学技術センター，1982，地すべり地形分布図第1集．防災科学技術研究資料，69．

町田　洋，1984，巨大崩壊，岩屑流と河床変動．地形，**5**，155-178．
宮部直己，1935，山崩，地すべり，陥没など．防災科学第二巻「崩災」，岩波，377p.，127-194（とくにp. 136）．
長岡正利，1984，長野県西部地震による災害状況．測量，no.405，22-28．
中村慶三郎，1964，名立崩れ―国土と崩災―．風間書房，230p.
丹羽俊二，1998，ナローマルチビームによる島原海域の海底流れ山地形の把握．国土地理院時報，no.89，51-58．
中野尊正・吉川虎雄，1951，地形調査法．古今書院，176p.
Ohmori, H., 1981, Simulation of change of landform from a geomorphometric method, *Trans. Japan. Geomor. Union*, **2**, 95-100.
Ohmori, H., 1983, A three dimensional model for the erosional development of mountain on the basis of reliet structure, *Trans. Japan. Geomor, Union*. **4**, 107-120.
Ohmori, H. and Hirano, M., 1984, Mathematical explanation of some characteristics of altitude distribution of landforms in an equilibrium state. *Trans. Japan. Geomor, Union*, **5**, 293-310.
奥田節夫，1984，歴史的記録からみた大崩壊の土石堆積状態の特性．京都大学防災研究所年報，**27**，B-1，353-368．
Oyagi, N.(ed), 1977, *Landslides in Central Japan*(*Guide book for excursions*). Japan. Soc. Landslides, 28 p.
武居有恒（監修）・小橋澄治・中山政一・今村遼平・池谷　浩・平野昌繁・古谷尊彦・奥西一夫，1980，地すべり・崩壊・土石流．鹿島出版，334p.
Tsuboi, C., 1933, Investigation on the deformation of the earth's crust found by precise geodetic means. *Japan. Jour. Astro. Geophys*., **10**, 93-248.
Vernes, D. J., 1978, Slope movements types and processes. *In* Schuster, R. L. and Krizek, R. J., eds., *Lasndslides Analysis and Control*, T.R.B., Spec. Rep., no.176, 11-33.
山野井徹・石黒重実・布施　弘・神田　章，1974，新潟県の地すべりとその環境．地すべり，**11**，no.2，3-14．

4章

地学団体研究会編，1996，新版地学事典．平凡社，東京，1443p.
千木良雅弘，1984，節理性岩盤表層部にみられるトップリングの性質とその意義．応用地質，**24**，9-20．
千木良雅弘，1985，結晶片岩の大規模岩盤クリープ性地質構造―関東山地三波川帯大谷地区を例として―．地学雑誌，**84**，39-62．
藤崎俊彦・山根　誠，1993，古琵琶湖層群の薄い〝層状破砕帯〟に発生した地すべり．「丘陵地域の応用地質学的特性と課題　シンポジウム」講演論文集（日本応用地質学会関西支部・関西地質調査業協会），9-12．
伏島祐一郎，1997，野島断層周辺の斜面に生じた小規模な断層地形．活断層研究，no.16，73-86．
長谷川修一，1992，讃岐山地南麓における中央構造線沿いの大規模岩盤すべりと第四紀断層運動．地質学論集，no.40，143-170．
長谷川修一，1997，中央構造線の活断層露頭と地すべりによるえせ断層露頭．日本地質学会関西支部報，no.122，8-9．
桧垣大助，2000，岩盤クリープと線状凹地．日本応用地質学会編山地の地形工学，古今書院，東京，138-141．
廣瀬　亘・田近　淳，2000，2000年有珠火山の噴火とその被害．応用地質，**41**，150-154．
池永　茂・横山俊治，1996，三波川帯結晶片岩の岩盤クリープ（谷側への曲げ褶曲）による切土斜面の変形．第35回地すべり学会研究発表会講演集，381-384．
井口　隆，1995，谷埋め盛土地盤における地震時地すべりの事例と若干の考察．「兵庫県南部地震等に伴う地すべり・斜面崩壊」研究報告書，地すべり学会，101-117．
伊勢野暁彦・田邊謹也・林　健太郎・岡村忠一，2000，岩盤クリープと斜面ハザードマップの一例．平成12年度研究発表会・講演会予稿集，日本応用地質学会中部支部報，9-12．
岩松　暉・下川悦郎，1986，片状岩のクリープ性大規模崩壊．地質学論集，no.28，67-76．
岩の力学連合会，1985，ISRM指針「岩盤不連続面の定量的記載法」，103p.
柏木健司・横山俊治，2000，福井県大飯町赤礁崎の超丹波帯珪質粘板岩に発達する傾動構造．第39回日本地すべり学会研究発表講演集，103-106．

加藤靖郎・横山俊治，1992，覆瓦重複すべりの構造神戸層群金会地すべりを例として．第31回地すべり学会研究発表講演集，91-94．
紀平潔秀，1989，すべり面の構造についての事例研究．地すべり，**26**，no.2，9-16．
Lettis, W.R. and Kelson,K.I., 1998, Is a fault a fault by any other name ? Differentiating tectonic from neotectonic faults. *Proc. of 8th International Congress of IAEG*, 609-629.
松本盆地団研木曽谷サブグループ，1985，昭和59年長野県西部地震による地盤災害と御岳山南麓の第四系（その1）．地球科学，**39**，89-104．
水落幸広・植原茂次・田中耕平，1986，斜面崩壊とリニアメント―長野県西部地震での小崩壊を例として．日本地質学会第94年大会講演要旨集，515．
中村慶三郎，1934，山崩．岩波書店，東京，254p．
中村慶三郎，1955，崩災と国土―地辷・山崩の研究．古今書院，東京，300p．
中世古幸次郎，1973，大阪層群にみられる地スベリについて．土と基礎，**21**，no.7，41-47．
中世古幸次郎・橋本 正，1988，地すべり（大阪層群を中心として）．土と基礎，**36**，no.11，15-19．
新潟の地すべり'98編集委員会編，1998，新潟の地すべり'98．地すべり学会新潟支部・(社)地すべり対策技術協会新潟県支部・新潟県，262p．
日本応用地質学会編，1999，斜面地質学―その研究動向と今後の展望―．日本応用地質学会，294p．
西垣好彦，1977，大阪層群における破砕帯地スベリ例．土と基礎，**25**，no.2，57-62．
西垣好彦，1991，洪積層の応力履歴と地盤特性．地球環境と応用地質，日本応用地質学会関西支部創立20周年記念論文集，185-197．
野崎 保，1992，堆積軟岩地域における初生地すべりの発生機構に関する研究―主に新潟県下における地すべり地を中心として―．新潟大学博士論文，102-106．
大八木規夫，1976，地すべり構造論．小島丈児先生還暦記念文集，広島大学出版研究会，130-136．
大八木規夫，1982，地すべりの構造．特集 地すべり，アーバンクボタ，久保田鉄工株式会社，no.20，42-46．
大八木規夫，1992，土砂災害．萩原幸夫編集，災害の事典，朝倉書店，東京，179-246．
大八木規夫・大石道夫・内田哲男，1970，北松鷲尾岳地すべりの構造要素．防災科学技術総合研究報告，no.26，115-140．
Oyagi, N., Fujita, T., Furuya, T., Hata , S., Kuroda,K., Nakamura,S., Nakayama, Y., Shimizu, F., Yoshimatsu,H., Uemura, T., Higaki, D. and Yagi, H., 1991, A new classification landslides with four criteria and its three dimensional figure. *Proc. of Japan-U.S. Workshop on Snow Avalanche, Landslide, Debris flow Prediction and Control*, 277-286.
大八木規夫・横山俊治，1996，斜面災害と地質学―「地すべり構造論の展開」．早坂康隆・塩田次男・小田匡寛・竹下 徹・横山俊治・大友幸子編著，テクトニクスと変成作用（原 郁夫先生退官記念論文集），創文社，東京，335-343．
清水文健，1992，地すべり地形の判読例．東北の地すべり・地すべり地形―分布図と技術者のための活用マニュアル，地すべり学会東北支部，97-118．
Shoaei, Z. and J.Ghayoumian, 1998, Seimareh landslide, the largest complex slide in the world. *Proc. of the 8th International Congress of IAEG*, 1337-1342.
Stewart, I.S. and Hancock , 1991, Scale of structural heterogeneity within tectonic mormal fault zones in Aegean Region, *Jour. Structural Geology*, **13**, 191-204.
田近 淳，1995，堆積岩を起源とする地すべり堆積物の内部構造と堆積層．地下資源調査所報告，67，59-145．
田近 淳・大津 直，2000，岩盤クリープした硬質頁岩の崩壊．地球科学，**54**，149-151．
高野秀夫，1960，地すべりと防止工法．地球出版，東京，314p．
玉田文吾，1973，新第三紀地すべりの発生機構について．土と基礎，**21**，14-21．
上野将司，2000，内山地すべり小起伏山地での二重山稜の再活動．日本応用地質学会編，山地の地形工学，古今書院，東京，180-182．
脇水鉄五郎，1912，山地の崩壊に就て．地学雑誌，**24**，379-390，460-472，540-554．
八木浩司，1996，地すべりの前兆現象としての二重山稜・多重山稜・小崖地形と変動様式．中村三郎編著，地すべり研究の発展と未来，大明堂，東京，1-25．

横田修一郎・仲津忠良，1996，西宮市上ヶ原地区の例にみる兵庫県南部地震による盛土すべりと旧地形に対応した地表での地割れ変位．地球科学，**50**，385-390．

横田修一郎・野崎 保，1997，ロッキー山脈中のSlumgullion earthflowについて．日本応用地質学会中国四国支部平成9年度研究発表論文集，33-36．

横山俊治，1991，和泉層群の節理とそれによる斜面崩壊の構造規制．構造地質，no.37，3-11．

横山俊治，1994，大阪層群の層状破砕帯に支配された斜面変動の運動様式．第33回地すべり学会研究発表講演集，91-94．

横山俊治，1995，和泉山地の和泉層群の斜面変動岩盤クリープ構造解析による崩壊「場所」の予測に向けて．地質学雑誌，**101**，134-147．

横山俊治，1999，断層．日本応用地質学会編「斜面地質学—その研究動向と今後の展望—」，22-24．

横山俊治・藤田 崇・菊山浩喜，1995，1995年兵庫県南部地震で発生した宝塚ゴルフ場の斜面変動．「兵庫県南部地震等に伴う地すべり・斜面崩壊」研究報告書，地すべり学会，61-77．

Yokoyama, S. and Hada, J., 1989, Gravitational creep folds in the Izumi Group of the Izumi mountains, Southwest Japan. *Jour. Japan Landslide Soc.*, **26**, no.3, 10-18.

横山俊治・池尻勝俊，1994，テクトニックに動いている大阪層群の層状破砕帯上で発生した斜面変動．日本地質学会第101年学術大会講演要旨，275．

横山俊治・柏木健司，1996，安倍川支流関の沢流域の瀬戸川層群に発達する傾動構造の運動像．応用地質，**37**，20-32．

横山俊治・柏木健司・藤田勝代，2000c，斜面診断におけるノンテクトニック褶曲の識別方法．日本地質学会第107年学術大会，13．

横山俊治・菊山浩喜，1998，墓石・灯籠の転倒方向からみた1995年兵庫県南部地震の水平地震動の方位と地表変状の方向規制．地質学論集，no.51，78-88．

横山俊治・菊山浩喜・田中英幸・海谷叔伸，1997，1995年兵庫県南部地震による盛土の地表変状の原因．構造地質，no.42，51-61．

横山俊治・櫻井皆生・平野祐三，2000a，花崗岩断層破砕帯の構造に規制された豪雨時表層崩壊の運動様式．地すべり，**37**，no.1，18-24．

横山俊治・田近 淳・野崎 保，2000b，地すべりのハザードマップそのⅡ—ハザードマップへの試み—．日本応用地質学会平成12年度シンポジウム「斜面ハザードマップの現状と課題」，45-57．

吉田鎮男・木村敏雄，1975，断層に沿う破砕帯の強度と地すべり—鶴川断層の例—．第12回自然災害科学シンポジウム講演論文集，135-136．

5章

芦田和男・江頭進治，1985，長野県西部地震による御岳くずれの挙動．京都大学防災研究所年報，**28**，B-2，263-281．

Bagnold, R. A., 1954, Experiments on the gravity-free dispersion of large solid shperes in a Newtonian fluid under shear. *Proc. Royal Soc. London*, 225A, 49-63.

千木良雅弘，1998，災害地形学入門．近未来社，206p．

Davies, T. R., 1982, Spreading of rock avalanche debris by mechanical fluidization. *Rock Mechanics*, **15**, 9-24.

Davies, T. R. and McSaveney M. J. (2002) Dynamic simulation of the motion of fragmenting rock avalanches. *Canadian Geotechnical Journal*. **39**, 789-798.

Erismann, T.H., 1978, Mechanics of large landslides, *Rock Mechanics*, **12**, no.1, 15-46.

藤田 崇，1990，地すべり—山地災害の地質学．共立出版，東京，126p．

福囿輝旗，1985，表面移動速度の逆数を用いた降雨による斜面崩壊発生時刻の予測法．地すべり，**22**，no.2，8-13．

Goguel, J., 1978, Scale-dependent rockslide mechanism. *In* Voight, B., ed., *Rockslides and Avalanches*, Elsevier, 692-705.

Guest, J. E., 1971, Geology of the Farside Crater Tsiolkovsky. *In* Fider, G., ed., *Geology and Physics of the*

Moon, Elsevier, 93-103.

Heim, A., 1882, Der bergsturz von Elm. *Deutsch. Geol. Gesell. Zeitschr.*, **34**, 73-115.

平野昌繁・石井孝行・藤田 崇・奥田節夫, 1985, 1984年長野県王滝村崩壊災害にみられる地形・地質特性. 京都大学防災研究所年報, **28**, B-1, 519-532.

Howard, K., 1973, Avalanche mode of motion: Implications from Lunar Examples. *Science*, **180**, 1052-1055.

Hsü, K. J., 1975, Catastrophic debris streams generated by rockfall. *Geol. Soc. Amer. Bull.*, **86**, 129-140.

Hsü, K. J., 1978, Albert Heim: Observation on landslides and relevance to modern interpretation. *In* Voight, B., ed., *Rockslides and Avalanches*, Elsevier, 71-93.

建設省土木研究所砂防研究室, 1985, 御岳崩れに伴う土砂移動. 火山体の解体及びそれに伴う土砂移動, 日本地形学連合, 88-101.

Kent, P. E., 1965, The transport mechanism in catastrophic rock falls. *Jour.Geol.*, **74**, 79-83.

町田 洋, 1984, 巨大崩壊―岩屑流と河床変動―. 地形, **5**, 155-178.

前島 渉・田中 淳・Coombs, D.S.・Landis, C.A.・波田重煕・吉倉紳一・鈴木盛久, 1992, マッドクラスト礫岩―ニュージーランド南島ケープルス帯トリアス-ジュラ系中の例―. 地球科学, **46**, 105-112.

松田時彦・有山智雄, 1985, 長野県西部地震に伴う御岳山の岩屑流堆積物. 1984年長野県西部地震の地震および災害の総合調査, 文部省科学研究費補助金 (No.59020202) 報告書, 207-215.

McSaveney, M.J., 1978, Sherman Glacier Rock Avalanche. *In* Voight, B., ed., *Rockslides and Avalanches*, Elsevier, 197-258.

Melosh, H. J., 1979, Acoustic Fluidization: A new geologic process?. *Jour. Geophys. Res.*, **84**, B, 7513-7520.

Middleton, G.V. and Hampton, M.A., 1973, Sediment gravity flows mechanics of flow and deposition. *Turbidites and deep-water sedimentation, Soc. Econ. Paleont. Mineral, Pacific Section, Short course*, Anaheim, 1-38.

Middleton, G.V. and Hampton, M.A., 1976, Subaqueous sediment transport and deposition by sediment gravity flows. *In* Stanley, D. J. and Swift, D. J. P., eds. *Marine sediment transport and environmental management*, John Wiley, New York, 197-218.

Moriwaki, H. Yaszaki, S. and Oyagi, N., 1985, A gigantic debris avalanche and its dynammics at Mount Ontake caused by the Naganoken-Seibu earthqusake,1984. *Proc. 4th Inter.Conf. and Field Workshop on Landslides*, Tokyo, 359-364.

守屋以智雄, 1985, 1984年御岳南山腹の大崩壊と岩屑流. 月刊地球, **7**, no.7, 369-373.

長岡正利, 1984, 長野県西部地震による災害状況. 測量, **405**, 22-28.

Nemec, W., 1990, Aspects of sediment movement on steep delta slopes. *Coarse-grained deltas*, (eds. Collela, A. and Prior, D.B.), *Spec. Pub. Int. Assoc. Sed.*, **10**, 29-73.

奥田節夫, 1984, 歴史記録からみた大崩壊の土石堆積状態の特性. 京都大学防災研究所年報, **27**, B-1, 353-368.

奥田節夫・奥西一夫・諏訪 浩・横山康二・吉岡龍馬, 1985, 1984年御岳山岩屑なだれの流動状況の復元と流動形態に関する考察. 京都大学防災研究所年報, **28**, B-1, 491-504.

奥西一夫, 1984, 大規模崩壊のメカニズム. 地形, **5**, 179-194.

Postma, G., 1984, Mass-flow conglomerates in a submarine canyon abrioja fan-delta, Pliocene, southeast Spain. *In* Koster, E.H. and Steel, R.J., eds., *Sedimentology of gravels and conglomerates*, Mem. Can. Soc. Petrol. Geol., **10**, 237-258.

Potter, P.E. and Pettijohn, F.T. (eds.), 1963, *Paleo-current and basin analysis*. Springer-Verlag., 435p.

Prior, D.B., Bornhold, B.D. and Johns, M., 1984, Depositional characteristics of a submarine debris flows. *Jour. Geology*, **92**, 707-727.

Prior, D.B. and Bornhold, B.D., 1990, The underwater development of Holocene fan deltas. *In* Collela, A. and Prior, D. B., eds., *Coarse-grained deltas*, Spec. Pub. Int. Assoc. Sed., **10**, 75-90.

斎藤廸隆, 1968, 第3次クリープによる斜面崩壊時期の予知. 地すべり, **4**, no.3, 1-8.

斎藤廸隆, 1981, 斜面崩壊予測 (講座「土質工学におけるレオロジー」7.2節). 土と基礎, **29**, no.5, 77-82.

斎藤廸隆・上沢 弘, 1966, 斜面崩壊時期の予知. 地すべり, **2**, no.2, 7-12.

佐々恭二, 1986, 御岳土石流など不飽和土石流の流動機構について．京都大学防災研究所年報, **29**, B-1, 315-329．
Sassa, K., 1996, Prediction of earthquake induced landslides. *7th Inter. Symp. on Landslides*, Balkema, 115-132.
Scheidegger, A.E., 1973, On the prediction of the reach and velocity of catastrophic landslides. *Rock Mech.*, **5**, 231-236.
Shreve, R. L., 1966, The Sherman Landslide. *Alaska Science*, **154**, 1639-1643.
Shreve, R. L., 1968, The Blackhawk Landslide. *Geol. Soc. Amer. spec. paper*, 108, 47p.
Suwa, H., 1999, Intermittent surges of debris flows, Japan-China Joint Research on the mechanism and conuntermeasures for the viscous debris flow, *DPRI, Kyoto Univ.*, **42**, 42-49.
諏訪 浩・平野昌繁・奥西一夫, 1991, 九州四万十帯切取り斜面の岩盤崩壊過程．京都大学防災研究所年報, **34**, B-1, 139-151．
諏訪 浩・西村公志・松村正三・山越隆雄, 1997, 蒲原沢土石流の復元．文部省科研費（No.08300017）報告書「1996年長野県小谷村の土石流災害調査」, 7-1～7-20．
諏訪 浩・奥西一夫・奥田節夫・高橋英樹・長谷川博幸・高田 衛・高谷精二, 1985, 1984年御岳山岩屑なだれ堆積物の諸特性, 京都大学防災研究所年報, **28**, B-1, 505-518．
田近 淳, 1995, 堆積岩を起源とする地すべり堆積物の内部構造と堆積相．地下資源調査書報告, no.67, 59-145．
高浜信行, 1993, 岩盤地すべりについて．シンポジウム「地すべり地形・地質用語に関する諸問題」論文集, 地すべり学会, 51-56．
高浜信行・野崎 保, 1981, 新潟平野東縁, 五島山地西麓の土石流発達史．地質雑, **87**, 807-822．
Takahashi, T., 2000, Initiation and flow of various types of debris flow. *Proc. 2nd Inter. Conf. on Debris Flow Hazard Mitigation*, Balkema, 15-25.
田中 淳・前島 渉・Coombs, D.S.・Landis, C.A.・波田重熙・吉倉紳一・鈴木盛久, 1992, マッドクラスト礫岩の運搬・堆積機構―ニュージーランド南島ケープルス帯トリアス―ジュラ系中の例―．地球科学, **46**, 113-120．
宇井忠英・荒巻重雄, 1985, 火山活動に伴う崩壊―岩屑流．月刊地球, **7**, no.7, 375-378
Voight, B.(ed.), 1978, *Rockslides and Avaranches*, Elsevier.

6章

土木学会編, 1986, ダムの地質調査．(社)土木学会, 東京, 111-112．
榎田充哉, 1992, 地すべり地における地下水変動のモデル解析．地すべり, **29**, no.2, 28-38．
宜保清一, 1996, 残留係数を導入した安定解析法―沖縄島尻層群泥岩地すべりへの適用―．地すべり, **33**, no.2, 46-50．
宜保清一・江頭和彦・林義隆, 1992, 地すべり土の残留強度の大変位剪断試験による測定法と物理的鉱物学的性質による類推法．農業土木学会論文集, no.159, 57-63．
Hayashi, Y., Higaki, D. and Ishizuka, T., 1992, Structure of slip surface formed by rock block slide. *Proc. of 6th International Symposium on Landslides*, no.1, 127-132.
建設省土木研究所砂防部地すべり研究室, 1988, 地すべり粘土の力学的強度特性, 土木研究所資料, 2570, 1-9．
建設省河川局砂防部傾斜地保全課・建設省土木研究所, 1996, 地すべり対策評価手法の検討．建設省技術研究会報告, no.49, 9, 1-39．
丸山清輝・吉田克美, 1994, 再滑動型地すべりの移動機構．地すべり, **30**, no.4, 12-19．
中村浩之・白石一夫, 1977, すべり面形式と地すべり発生条件に関する一考察．土木技術資料, **19**, 5．
仲野良紀, 2000,「粘着力c（kN/m², =最大鉛直層厚H (m)）」の根拠についての一考察．第39回地すべり学会研究発表会講演集, 301-304．
日本道路協会, 1999, 道路土工 のり面工・斜面安定工指針．(社)日本道路協会, 東京, 108-109．
太田英将・林義隆, 2001, 地すべり3次元安定解析の利用法（その3）．第40回地すべり学会研究発表会講演集, 211-214．
奥園誠之, 1993, 法面斜面防災における技術的問題点とその対策．建設工事に伴う法面崩壊．地すべり対策講習

会講演会資料，土質工学会（現地盤工学会），145-162．
高野秀夫，1983，斜面と防災．築地書館，東京，125p．
渡 正亮，1992，岩盤地すべりに関する考察．地すべり，**29**，no.1，1-7．
山崎孝成・眞弓孝之，1994，すべり面の特性の把握と計測．H6年度地すべり学会シンポジウム論文集，38-53．

7章

防災科学技術研究所，2000，地すべり地形分布図データベース．
　　http//lsweb1.ess.bosai.go.jp/jisuberi/jisuberi_mini/jisuberi_top.html
地質調査所，1995，100万分の1日本地質図第3版CD-ROM版，数値地質図G-1，地質調査所．
地質調査所，1999，20万分の1地質図幅集（画像），数値地質図G-3，地質調査所．
Chung, C. F. and Fabbri, A. G.,1999, Probabilistic prediction models for landslide hazard mapping. *Photogrammetric Engineering and Remote Sensing*, **65**, 1389-1399.
CRCソリューションズ，1999，GEORAMA．（株）CRCソリューションズ．
　　http//www.civil-eye.com/eg1/03/Georama/top.htm
福原正斗・谷 茂，1999，地質三次元解析・表示システムの開発—最適化原理の利用例—．情報地質，**10**，68-69．
ジオデータサプライ，1991，20万分の1活断層データFAULTL，同説明書．（有）ジオデータサプライ．
後藤恵之輔・八百山孝・鬼童 孝，1985，ランドサットデータを用いた地辷り箇所の検索．土と基礎，**33**，no.7，13-16．
井口 隆，2001，数値情報化による地すべり地形分布図の多面的利用．情報地質，**12**，68-71．
岩松 暉，1999，電子フィールドノートとモバイル日報．情報地質，**10**，74-75．
岩崎好則・松山紀香，1992，露頭データベース作成への提言．第3回日本情報地質学会講演予稿集，11-12．
Jibson, R. W., Harp, E. L. and Michael, J. A., 1998, A method for producing digital probabilistic seismic landslide hazard maps: An example from the Los Angeles, California, Area. *U.S. Geological Survey Open-File Report*, no.98-113, 17p.
梶山敦司・塩野清治・升本眞二・藤田 崇，2001，第40回日本地すべり学会研究発表会講演集，533-536．
上林徳久・石森繁樹，1990，衛星画像による地すべり地判読．日本リモートセンシング学会誌，**10**，405-411．
活断層研究会，1991，新編日本の活断層；分布図と資料．東京大学出版会，437p．
建設省傾斜地保全課監修，1998，斜面カルテの作成要領，同解説．
Kimura, H. and Yamaguchi, Y., 2000, Detection of landslide areas using satellite radar interferometry. *Photogrammetric Engineering & Remote Sensing*, **66**, 337-344.
国土地理院，1997，数値地図50mメッシュ（標高）日本Ⅰなど．国土地理院．
国土地理院，1999，細密数値情報（10mメッシュ土地利用）近畿圏1996など．国土地理院．
国土地理院，国土地理院航空機SAR，4．地表変動量検出の原理．
　　http//www.gsi.go.jp/SAR/e.html（図7.10で引用した）
国際航業，1998，GeoCALS．国際航業（株）．
　　http//www.kkc.co.jp/genavis/geocals/default.htm
Maptek, 2001, Vulcan. Maptek Pty Ltd.
　　http//www.maptek.com.au/vulcan/vulcan.html
升本眞二・塩野清治・ベンカテッシュ ラガワン・坂本正徳・弘海原清，1997，地質情報とGIS—地質図情報の特殊性について—．情報地質，**8**，99-106．
村上広史，1995，国土地理院数値地図の精度に関する考察．情報地質，**6**，59-64．
村上 裕，1999，地質情報とGIS．地質と調査，no.81，8-15．
根本達也・藤田 崇・升本眞二・ベンカテッシュ ラガワン・塩野清治，2001，地形面と地層面の関係の数値表現—数量化理論第Ⅱ類を用いた地すべり地判別への適用—．情報地質，**12**，102-103．
能美洋介・塩野清治・升本眞二・ベンカテッシュ ラガワン，1999，地形図を基にしたDEMの作成法—等高線間に分布する標高情報の活用—．情報地質，**10**，235-255．
大久保彰人・高木潤治・黒柳直彦・波多江直之・田村正行，1999，衛星データと同期調査による広域土壌水分の推定．日本リモートセンシング学会誌，**19**，30-44．

Raghavan, V., Masumoto, S., Shiono, K., Noumi, Y. and Fujita, T., 2001, Development of an online database system for management landslide Information. *Proceedings of UNESCO/IGCP Symposium "Landslide risk mitigation and protection of cultural and natural heritage"*, 165-173.

斉藤和也・林 真智・沼田洋一・真屋 学・高槻幸枝，1999，リモートセンシングデータを利用した積雪モニタリング．日本リモートセンシング学会誌，**19**, 279-284.

資源・環境観測解析センター，1996，新編リモートセンシング用語辞典．(財)資源・環境観測解析センター，291p.

島 担，1982，ランドサットデータから想定される地すべり発生地の分布．第21回地すべり学会研究発表論文集，2-3.

清水文健・大八木規夫，1989，地すべり・地すべり地形判読への利用（防災分野でのリモートセンシング），日本リモートセンシング学会誌，**9**, 404-417.

高山陶子・諏訪部一美・小野田敏，1998，GIS による地すべり地形の抽出のこころみとシステム化への課題．日本情報地質学会シンポジウム'98講演論文集，49-57.

綱木亮介，1999，地すべりと GIS．地質と調査，no.81, 16-22.

宇都宮陽二朗，1981，サテライトリモートセンシングによる土壌含水比分布の地図化の試み．地理学評論，**54**, 740-750.

山岸宏光・川村信人・伊藤陽司・堀 俊和・福岡 浩，1997，北海道の地すべり地形データベース．北海道大学図書刊行会，313p.

柳沢幸夫・小林巌雄・竹内圭史・立石雅昭・茅原一也・加藤碩一，1986，小千谷地域の地質．地域地質研究報告（5万分の1地質図幅），地質調査所，177p.

横田修一郎，1996，露頭データベースの作成はなぜ困難か？．情報地質，**7**, 297-301.

全国地質調査業協会連合会，1999，建設 CALS/EC に対応する業界システムの構築に向けて．(社)全国地質調査業協会連合会，128p.

文 献
第2部

1章

Hada, S., 1988, Physical and mechanical properties of sedimentary rocks in the Cretaceous Shimanto Belt. *Modern Geology*, **12**, 341-359.

Huzita, K., 1962, Tectonic development of the Median Zone (Setouti) of Southwest Japan, since the Miocene, with special reference to the characteristic structure of Central Kinki Area. *Jour. Geosci. Osaka City Univ.*, **6**, 103-144.

兵庫県土木地質図編纂委員会，1996，兵庫の地質—10万分の1兵庫県地質図解説書—，地質編．㈶兵庫県建設技術センター，361p．

Ikebe, N. and Huzita, K., 1966, The Rokko movements, the Pliocene-Pleistocene crustal movements in Japan. *Quaternaria*, 8, 277-287.

加賀美英雄・塩野清春・平 朝彦，1983，南海トラフにおけるプレートの沈み込みと付加体の形成．科学，**53**，429-438．

近畿地方土木地質図編纂委員会，1981，近畿地方土木地質図及び同解説書．㈶国土開発技術センター，376p．

水谷伸二郎，1988，テレーン解析とコラージュテクトニクス—私のみた地球科学の一側面—．地質学雑誌，**94**，977-966．

中沢圭二・市川浩一郎・市原 実，1987，日本の地質6「近畿地方」．共立出版，東京，297p．

日本応用地質学会，1999，斜面地質学—その研究動向と今後の展望—．日本応用地質学会，294p．

平 朝彦，1990，日本列島の誕生．岩波書店，東京，226p．

横山俊治・柏木健司，2001，近畿地方の地形・地質と斜面変動—斜面変動を軸にした地質区分の試み—．らんどすらいど，no.17，30-58．

2章

土木学会，1976，ニュース—台風17号の被害—．土木学会誌，**61**，11，90-92．

藤田 崇，1988，近畿北担地域の地質と地すべり．第27回地すべり学会研究発表講演集，40-41．

藤田 崇，1992，兵庫県北部の丹土地すべり．第31回地すべり研究発表講演集，51-52．

Furuyama, K., 1989, Geology of the Oginosen volcano group, Southwest Japan. *Jour. Geosci. Osaka City Univ.*, **24**, 39-74.

兵庫県土木地質図編纂委員会，1996，兵庫の地質—10万分の1兵庫県地質図解説書—，土木地質編．㈶兵庫県建設技術センター，236p．

中沢圭二・市川浩一郎・市原 実，1987，日本の地質6—近畿地方—．共立出版，東京，297p．

日本応用地質学会関西支部，1986，北但地域の地質特性と応用地質学的諸問題．日本応用地質学会関西支部，91p．

奥西一夫・奥田節夫・横山康二，1977，兵庫県一宮町の大規模崩壊について．昭和51年台風17号による被害の調査研究，科研費報告書，98-104．

武居有恒監修，1982，地すべり・崩壊・土石流—予測と対策—．鹿島出版会，東京，334p．

弘原海 清・松本 隆，1958，北但馬地域の新生界層序（その1）．地質学雑誌，**64**，625-637．

3章

秋山晋二・東 一樹，1999，神戸層群上久米凝灰岩層の岩相による地すべり内部構造の判別について．第38回地すべり学会研究発表講演集，435-438．

秋山晋二・中川 渉・今岡照喜・谷 保孝・伊藤雅之，2000，神戸層群の凝灰岩の層序・岩石学的特性からみた地

すべりの素因．第39回地すべり学会研究発表講演集，375-378．
土質工学会関西支部・関西地質調査業協会，1987，新編 大阪地盤図．コロナ社，東京，285p．
藤崎俊彦・山根 誠，1993，古琵琶湖層群の薄い"層状破砕帯"に発生した地すべり，「丘陵地域の応用地質学的特性と課題 シンポジウム」講演論文集（日本応用地質学会関西支部・関西地質調査業協会），9-12．
藤田 崇，1982，亀の瀬，アーバンクボタ，no.20，12-13．
藤田 崇，2000，神戸層群で発生した1983年北畑地すべりの運動像．第39回地すべり学会研究発表講演集，399-402．
藤田 崇・中川 鮮・栃本泰浩・古谷正和，1992，大阪層群盆地周辺部の地すべり機構．日本応用地質学会平成4年度研究発表会講演論文集，13-16．
廣田清治・佐々木一郎・谷岡建則，1987，神戸層群の地すべりと地形，地質の関係（兵庫南部・吉川町）．島根大学地質学研究報告，大久保雅弘教授退官記念論誌集，no.6，119-130．
堀篭浩弘，1990，淡路島南東部和泉層群の地形・地質と内田頁岩の風化について―主に頁岩のスレーキング特性―．災害科学研究所報告「淡路島内田頁岩の埋立材料特性に関する研究」，7-38．
藤田和夫，1974，近畿地方の地質の特徴―主としてネオテクトニクスの立場から―．土と基礎，**22**，no.10，59-66．
池辺展生ほか，1964，大阪市地盤沈下調査（中間）報告書（OD-1），第2編．大阪市，1-33．
市原 実，1960，大阪，明石地域の第四紀層に関する諸問題．地球科学，**49**，15-25．
市原 実編著，1993，大阪層群，創元社，308p．
門脇 淳，1995，大規模地すべりの調査と対策「亀の瀬地すべりを例として」．地すべり防止工事士登録更新特別講習テキスト，大阪，（社）地すべり対策技術協会．
加藤靖郎，2000，神戸層群西畑ラテラルスプレッドの内部構造．第39回地すべり学会研究発表講演集，395-398．
加藤靖郎・三好正夫・東 一樹，1999，第三系神戸層群のlateral spreads．第38回地すべり学会研究発表講演集，431-434．
加藤靖郎・横山俊治，1992，覆瓦重複すべりの構造：神戸層群金会地すべりを例として．第31回地すべり学会研究発表講演集，91-94．
加藤靖郎・横山俊治，1993，軟質層の塑性流動による上載硬質層の斜面変動―第三系神戸層群の地すべり地における例―．第32回地すべり学会研究発表講演集，79-82．
中世古幸次郎・橋本 正，1988，地すべり（大阪層群を中心にして）．土と基礎，**36**，no.11，15-9．
日本応用地質学会編，1999，斜面地質学 その研究動向と今後の展望．208-213．
西垣好彦，1977，大阪層群における破砕帯スベリ例．土と基礎，**25**，no.2，54-62．
西垣好彦，1983，大阪近傍の新生代層にみられる層状破砕の生成．応用地質，**24**，no.2，1-7
西山幸治，1998，亀の瀬地すべり対策の概要と課題．地すべり調査等の今昔・未来（地すべり学会関西支部20周年記念シンポジウム予稿集），5-15．
大阪市総合計画局，1964，大阪市地盤沈下調査（中間）報告書（OD-1調査報告），大阪市，153p．
大阪市総合計画局，1966，大阪市地盤沈下調査報告書（OD-2調査報告・OD-1調査追加報告），大阪市，72p．
大阪層群研究グループ，1951，大阪層群とそれに関連する新生代層，地球科学，**6**，13-24．
尾崎正紀・松浦浩久，1988，三田地域の地質．地域地質研究報告（5万分の1地質図幅），地質調査所，93p．
尾崎正紀・松浦浩久・佐藤喜男，1996，神戸層群の地質年代．地質学雑誌，**102**，73-83．
坂本竜哉・藤田寿雄・太田英将，1997，CADを利用した亀の瀬地すべりの既存データ電子化．第36回地すべり学会研究発表講演集，433-436．
佐藤隆春，1989，瀬戸内火山岩類―設楽と二上山を中心に―．アーバンクボタ，no.28，42-47．
高田 明，1932，大和川筋亀の瀬地すべりに関する調査，土木研究所報告（建設省近畿地方建設局大和川工事事務所復刻版），23．
友松靖夫・門脇淳・南沢正幸・真砂祥之助，1981，亀の瀬地すべり（その1）亀の瀬地すべりの地質学的背景．地すべり，**18**，no.2，1-10．
打荻珠男，1968，航空写真による地すべり状況の測定．地すべり，**5**，no.2，27-33．
Varnes, D. J., 1978, Slope movements types and processes. *In* Schuster, R. L. and Krizek, R. J., ed., *Landslides Analysis and Control,* T. R. B., Spec. Rep., no.176, 11-33.

Yasuoka, T., Kitagawa, R., Takeno, S. and Yokoyama, S., 1995, Mineralogical characteristics of smectite from the landslide area in the Neogene Kobe group, southwest Japan. *Jour. Sci. Hiroshima Univ., Ser. C*, no.10, 487-505.
横山俊治，1991a，和泉層群の節理とそれによる斜面崩壊の構造規制．構造地質，no.37，3-11．
横山俊治，1991b，和泉層群の応力履歴と地盤特性．地球環境と応用地質（日本応用地質学会関西支部創立20周年記念文集），199-220．
横山俊治，1992，大阪層群の層状破砕帯—layer—parallel shear zone—の形成に関する地質学的問題．日本応用地質学会平成4年度研究発表会講演論文集，149-152．
横山俊治，1994，大阪層群の層状破砕帯に支配された斜面変動の運動様式．第33回地すべり学会研究発表会講演集，91-94．
横山俊治，1995，和泉山地和泉層群の斜面変動：岩盤クリープ構造解析による崩壊「場所」の予測に向けて．地質学雑誌，**101**，134-147．
Yokoyama, S. and Hada, J., 1989, Gravitational creep folds in the Izumi Group of the Izumi Mountains, Southwest Japan. *Jour. Japan Landslide Soc.*, **26**, no.3, 10-18.

4章

藤田 崇，1992，四国東部の三波川帯地すべりの地形・地質特性．月刊地球，**14**，no.2，74-79．
科学技術庁防災科学研究所，1999，地すべり地形分布図「飯田」．防災科学技術研究所資料，no.10，189p．
剣山研究グループ，1984，四国中央部大歩危地域の三波川帯の層序と地質構造．地球科学，**38**，53-63．
小川 洋・原 龍一，2000，御荷鉾緑色岩類分布域における大規模地すべり発生機構について．高知県地盤工学研究会研究発表会講演要旨集，33-34．
守隨治雄，1994，善徳地すべりの地形，地質とすべり面について．地すべり学会関西支部現地討論会論文集，35-97．
鈴木堯士，1977，みかぶオフィオライトの火成活動の様式．三波川帯，広島大学出版会，23-36．
鈴木堯士，1983，地質学から見た御荷鉾地すべりの特性．地すべり学会関西支部現地討論会資料，17-31．
鈴木堯士，1998，四国はどのようにできたか．南の風社，47p．
武田賢治・佃 栄吉・徳田 満・原 郁夫，1977，三波川帯と秩父帯の構造的関係．三波川帯，広島大学出版研究会，107-151．
寺戸恒夫，1986，四国島における大規模崩壊地形の分布と地域特性．地質学論集，no.28，221-232．
夕部雅丈，2000，御荷鉾帯の大規模地すべり—蔭地すべりの変遷過程—．高知県地盤工学研究発表会研究発表会講演要旨集，29-32．
夕部雅丈・横田忠公，小澤史子，2000，御荷鉾帯の地すべりに関する緑色岩の岩石・鉱物組成からの検討．地すべりと斜面崩壊に関するシンポジウム講演予稿集，地盤工学会四国支部，115-120．

5章

千葉徳爾，1975a，明治22年十津川災害における崩壊の特性について（I）．水利科学，**19**，no.2，39-54．
千葉徳爾，1975b，明治22年十津川災害における崩壊の特性について（II）．水利科学，**19**，no.2，20-38．
藤田 崇・平野昌繁・波田重煕，1976，徳島県川井近傍の地すべりの地質構造規制．地すべり，**13**，no.1，25-36．
藤田 崇・平野昌繁・石井孝行・諏訪 浩，1985，紀伊四万十帯にみられる地すべりの地質構造規制．構造地質，**31**，33-40．
藤田 崇・平野昌繁・石井孝行・波田重煕・八尾 昭・諏訪 浩，1990，西南日本における初生的大規模斜面変動の発生・移動機構．文部省科学研究費重点領域研究「自然災害の予測と防災力」ワーキンググループ研究成果報告書，73p．
藤田佳久，1983，明治22年の十津川大水害．地理，**28**，64-73．
Hada, S. and Kurimoto, C., 1990, Northern Chichibu terrane. *In* Ichikawa,K., Mizutani, S., Hara, I., Hada, S. and Yao, A., eds., *Pre-Cretaceous terrane of Japan*, 165-183.
波田重煕・吉倉紳一，1991，四国中央部の秩父地帯と黒瀬川地帯．日本地質学会第98年学術大会 見学旅行案内書，63-83．

桧垣大助，1992，長者地すべりにおける地すべり斜面の変遷過程．地すべり，**29**，no.2，12-19．
平野昌繁・諏訪 浩・石井孝行・藤田 崇・後町幸雄，1984，1889年8月豪雨によると津川災害の再検討―とくに大規模崩壊の地質構造規制について―．京都大学防災研究所年報，**27**，B-1，369-386．
平野昌繁・諏訪 浩・石井孝行・藤田 崇・奥田節夫，1987，吉野郡水災誌小字地名にもとづく明治22年十津川災害崩壊地の比定（その1）．京都大学防災研究所年報，**30**，B-1，391-408．
市川浩一郎・石井健一・中川衷三・須鎗和巳・山下昇，1956，黒瀬川構造帯．地質学雑誌，**62**，82-103．
籠瀬良明，1976，明治22年十津川水害．歴史地理学紀要，**18**，201-225．
柏谷健二・平野昌繁・横山康二・奥田節夫，1976，山腹崩壊戸地形特性に関して―昭和50年5号台風による高知県下の山腹崩壊を対象として―．京都大学防災研究所年報，**19**，B-1，371-383．
近畿地方土木地質図編纂委員会，2002，近畿地方土木地質図及び同説明書．財団法人国土技術研究センター，（印刷中）．
栗本史雄，1982，和歌山県高野山南西方のいわゆる秩父系―上部白亜系花園層―．地質学雑誌，**88**，901-914．
巨智吉野郡役所，1891，吉野郡水災誌．巻之壱～巻之十一，（1977・1981復刻）．
宮本常一，1958，十津川崩れ．水利科学，**2**，no.3，83-94．
佐々木慶三・中村真也・周亜明・宜保清一，2001，姫川メランジェの大規模地すべりの発生機構についての検討．地すべり，**37**，no.4，24-32．
四国地方土木地質図編集委員会，1998，四国地方土木地質図及び同説明書．財団法人国土開発技術研究センター，858p．
平 朝彦，1990，日本列島の誕生．岩波書店，東京，226p．
竹内篤雄，1980，長者地すべり地の活動史―明治19，23年を中心として―．地すべり，**16**，no.4，16-24．
竹内 誠，1996，紀伊半島三波川帯・秩父帯・四万十帯の地質―奈良県吉野地域及び三重県櫛田川地域―．地質調査所月報，**47**，no.4，223-244．
田村美紀，1993，高知県長者地すべりについての地質学的研究．高知大学卒業論文，28p．
寺戸恒夫，1986，四国島における大規模崩壊地形の分布と地域特性．地質学論集，no.28，221-232．
矢田部龍一・横田公忠・八木則男，1997，蛇紋岩地すべりの発生機構に対する検討．地すべり，**34**，no.1，24-30．
横田公忠・矢田部龍一・八木則男，1998，蛇紋岩地すべりに対する鉱物学的一考察．地すべり，**35**，no.3，15-23．

6章

青木治三（研究代表者），1980，御岳山1979年火山活動および災害の調査研究．文部省科学研究費（No. B-54-3）研究報告書，168p．
平野昌繁・石井孝行・藤田 崇・奥田節夫，1985，1984年長野県王滝村崩壊災害にみられる地形・地質特性，京都大学防災研究所年報，**28**，B-1，519-532．
飯田汲事（研究代表者），1985，1984年長野県西部地震の地震および災害の総合調査，文部省科学研究費（No. 59020202）研究報告書，296p．
北澤秋二・宮崎敏孝・堀内照夫，1985，長野県西部地震における御岳崩壊の災害地質学的問題点について．新砂防（砂防学会誌），**38**，no.3，12-19．
小林武彦，1985，御岳火山の活動史と長野県西部地震による崩壊地の地質．火山体の解体過程及びそれに伴う土砂移動（日本地形学連合シンポジウム資料集），48-58．
松本盆地団研木曽谷グループ，1985，昭和59年長野県西部地震による地盤災害と御岳山南麓の第四系（その1）．地球科学，**39**，89-104．
三田村宗樹，1998，阪神間内陸部の人工改変地形．阪神・淡路大震災調査報告編集委員会編，阪神・淡路大震災調査報告（共通編-2），丸善，東京，354-360．
長岡正利，1984，長野県西部地震による災害状況．測量，no.405，22-28．
奥田節夫・奥西一夫・諏訪 浩・横山康二・吉岡竜馬，1985，1984年御岳山岩屑なだれの流動状況の復元と流動形態に関する考察．京都大学防災研究所年報，**28**，B-1，491-504．
志岐常正・三田村宗樹・藤原重彦・池田 碩，1995，西宮市仁川百合野町における崩壊．国土問題研究会阪神・

淡路大震災調査団編，地震と震災―阪神・淡路大震災の警鐘―，国土問題研究会，京都，117-181．
武居有恒監修，1982，地すべり・崩壊・土石流―予測と対策―．鹿島出版会，東京，334p．
東北大学理学部地質学古生物学教室，1979，1978年宮城県沖地震に伴う地盤現象と災害について．東北大学地質学古生物学教室研究邦文報告，**80**，1-97．
山岸 登，1985，長野県西部地震の概要，長野県西部地震の記録，長野県，37-106．

索　引

アルファベット

acoustic fluidization　88
Blackhawk Slide　83
CAD（Computer Aided Design）　124
DEM（Digital Elevation Model）　50, 124, 126
DM（Digital Mapping）　124
FEM（Finite Element Method）　101
flat-ramp-flat 構造　166
GIS（Geographic Information System）　52, 124
GPS（Global Positioning System）　133
Huascaran 山　84
InSAR（Interferometric Synthetic Aperture Radar）　132
JASIC 形式　109
landslide　7
mass movement　8
ramp 構造　166
RQD（Rock Quality Designation）　108
SAR（Synthetic Aperture Radar）　131, 132
Seimareh landslide　63
Sherman Glacier の岩屑なだれ　88
Size effect　84
slope movement　7, 8
Three-dimensional jigsaw effect　84
water film 面　117

あ　行

秋吉帯　140
安曇川町居　50
圧縮帯　70
圧縮リッジ　76
アテ　30
安倍川大谷崩れ　37
網目状小断層帯　64
有田川水害　3, 37, 54, 56
アンカー工　97
安全率　57, 97
安定解析　97, 100, 101
生月島　40
生野層群　152
和泉層群　40, 50, 61, 140, 144, 156
一次クリープ　89

一夜段丘　37
移動岩塊　10
イライト　185
インターネット　125
魚沼層群　25, 63
受け盤　47, 127, 130, 188, 195
雲仙眉山の崩壊　36
運動像解析　60, 62
エアークッション効果　87
液状化　217
液性限界　116, 174
液体シンチレーション法　29
越前海岸　47
円弧すべり　57
延性（延性的）　117, 173
延性度較差　156
塩類風化　156
横臥褶曲　180
大崩　201
大阪層群　23, 74, 138, 141, 144, 166, 172, 216
大谷崩れ　36
大畑瀞　203
大谷石採石場　57
小川古屋　201
沖野々地すべり　185
押さえ盛土工　98
音無川帯　195
乙女地すべり　122
尾根型斜面　39, 210
尾根向き小崖　67
オリストストローム　142, 194, 197
温泉地すべり　6, 7
御岳　4
御岳崩れ（御岳伝上川地すべり）　45, 57, 64, 78, 206, 208

か　行

過圧密粘土　99, 175
開析谷　212
海溝充填堆積層　192
海食崖　46
海成粘土層　22, 74, 172
開析　36
外帯　137

海底地すべり　93
回転すべり　68
カオリナイト　181,185
鏡肌　108,109
攪乱　9
確率降雨　102,103
蔭地すべり　185
火砕流　83
火山　206
火山原面　44
火山性堰止湖　212
過剰間隙水圧　82
加速器質量分析法　29
滑走斜面　45
活断層　64,76,141
滑落崖　32
河原樋火の瀬山　201
亀の瀬地すべり　54,117,145
ガル　165
環境地質図　16
間隙水圧　100,102,217
間隙流体　88
含水量測定　116
岩屑なだれ　4,81,84
岩屑崩土　10
岩屑流　4
完全軟化強度　99
岩相規制　14
岩盤　10
岩盤区分(図)　113,115
岩盤クリープ(変形)　17,65,157,160
岩盤(地)すべり　10,158
岩盤崩落　4
陥没帯　69
帰雲山　37
危険度　97
気候地形　43
気体計数法　29
北畑地すべり　165
切った／切られたの関係　61
切土造成　165
鬼怒川　46
基盤岩類　137
逆算法　98,100
逆転型盛土　217
キャップロック　150
キャップロック型すべり　165,166
急傾斜地法　7

吸水膨張　174
曲面割れ目　61
巨大崩壊　33
切盛境界　213
切盛造成　212
金会地すべり　70,165,166
近畿トライアングル　138
空中写真　10,32,104,209
空中写真撮影　53
グーテンベルグ・リヒターの式　56
葛老山の地すべり　46
口坂本地すべり　68
掘削孔径　107
頸城山地　25
クラック(解析)　61
クリアリングハウス　127
クリープ　9
クリープ帯　74
クリッペ　191
グリーンタフ　4,25,40,46,138,144,146
胡桃地すべり　32
黒瀬川(構造)帯　140,191,193,198
クロライト(緑泥石)　181,214
群発性地すべり　45
群発転倒型崩壊　64
傾向面　51
傾斜区分図　128
傾斜指標図　128
傾斜変換線　38
傾斜変換点図　128
系統的節理群　61,156
ケスタ地形　40,63,161,202
現位置試験　116
限界水位　103,104
現場せん断試験　116
コア写真　109
広域テフラ　26,160
攻撃斜面　37,45,78,205
硬質岩タイプの地すべり　6,16,144
合成開口レーダ　131
構造解析　60
高速地すべり　75
孔内傾斜計　104
後氷期　21
神戸層群　40,74,141,144,160
国土地理院の空中写真　54
古琵琶湖層群　74,138,141,174
小三笠山　78,208

金剛寺の崩壊　37

さ　行

災害予測地図　124
載荷試験　116
最終氷期　23,46
座屈褶曲　65
砂防法　4
三郡帯　140
残差平方和　51
三次元地質モデル（モデリング）　124,127,129
三次クリープ時間曲線解析法　90
酸性岩類　137
酸素同位体曲線　22
三波川帯（結晶片岩類）　140,144,178,191,194
残留強度　99
重里　201
地崩　6
試錐日報　108,109
地すべり　6
地すべり移動体　10
地すべり危険地　144
地すべり形態の三次元モデル化　130
地すべり現象　26,96
地すべり構造　11,60
地すべり指定地　32,144
地すべり対策技術協会　110
地すべり堆積相　92
地すべり多発時代　21
地すべり地形分布図　11
地すべり地の開析度　22
地すべり等防止法　144
地すべり土塊　177
地すべりの運動様式　96
地すべりの地質規制　13
地すべりの分類　7
地すべりブロック　97
地すべり分布図　125
地すべり変動　28
地すべり変動体　10,17
地すべり崩土　33
地辷　6
四万十帯　140,194,200
四万十地向斜　142
四万十超層群　194
斜面診断　159
斜面変動　3,8
蛇紋岩地すべり　198

褶曲構造　63
従順斜面　45
自由水　97
縦断クラック　61
周氷河作用　23
重力性ドレイプ褶曲　160
樹枝状水系　156
主変位せん断面　72
シュミットネット　116,157
シュミットハンマー　156
小崖地形　67
常願寺川鳶崩れ　37
衝上断層　177
条線　69,108,121
縄文海進　46
初生地すべり　17,21,45
人工衛星（JERS-1, GPS衛星, SPOT, ALOS, IKONOS, RADARSAT）　131,132
浸食基準面　23
浸食小起伏面　19
浸食前線　19,43
伸張モデル　86
浸透能　41
人類紀　22
水中地すべり堆積物　93
水中土石流　94
数値地図　126
スーパーエレベーション　36,79
数量化理論　129
ステレオセンサー　131
すべり面　11,13,110,160,163,169,182,198
すべり面強度　99
すべり面形状　97,98
すべり面の構造　70
澄川（温泉の）地すべり　11,31
スライド　93
スラストシア　72
スラストシア型割れ目　159
スランプ　93
スランプ型すべり　163
スランプ地形　150
スランプ崩壊物質　94
スレーキング　9
スレート劈開　66
正規圧密粘土　99
脆性破壊　173,175
整然層　191
西南日本　139

遷急線　19
前弧海盆堆積層　144
線状凹地　67
せん断強度　99
せん断破壊　61
善徳地すべり　178
セントヘレンズ火山　36,86
千本松軽石層　209
ソイルクリープ　41
素因　8,9,60,154,156,177,180,189,210,214
層状岩盤　157
層状破砕帯　74,173
造成地　212
層面すべり　63,165
層面断層　64,74
層面片理面　179
層理面　157,165
草嶺　84
側方クラック　61
底付け作用　143
組織地形　13,156
塑性限界　163,174
塑性指数　163
ソリフラクション　41
粗粒砕屑岩相　142,191,194
三次クリープ時間曲線解析法　90

た　行

大規模地すべり地形　207
大規模崩壊　4
第三紀層地すべり　6,7
対称座屈褶曲　159
堆積性メランジュ　143
堆積相（解析）　92
体積増加率　201
堆積物重力流　93
台風　149,152,213
第四紀層　212
大陸時代　4
高場山トンネル　90
宝塚ゴルフ場地すべり　65
立坑　114
高津中山　201
多重山稜　67
多重スランプ　153
盾状火山　44
谷埋め盛土　65,216
谷型斜面　39,210

谷密度　13,43
ため池跡地　216
単位体積重量　116
断層　167,173,177,197,216
断層崖　47
断層谷　47
断層破砕帯　49,64
丹土地すべり　144,147,150
段波　83
丹波帯　140
地下水　97
地形起伏量図　125
地形形成過程（プロセス）　38,41
地形の逆転　210
地形分類図　39
地形変換線　19
地向斜造山運動　6
地質構造規制　14
地すべり等防止法　3,7
秩父古生層　142
秩父累帯　140,191,194,195
地中浸食　64
地中変化構造　68
地表面変形構造　11,68
チャート－砕屑岩シークエンス　192
中央構造線　21,50,156,194
柱状図　109
宙水　97
超過移動距離　85
長者地すべり　198
超丹波帯　140
重複地すべり　165
直前予知　89
直下型地震　49
地理情報システム（GIS）　52,124
泥岩偽礫　94
泥流型土石流　83
データベース　124
テクトニック・メランジュ　143,193
テクトニックな構造　60
照来層群　144,146
テレーン　142,191
展開図　114
電子スピン共鳴　30
電子野帳　127
伝上川　78,206
展張帯　68
天然ダム　37,46,50,202

等価摩擦係数　55, 80, 84, 211
撓曲　173
島弧時代　4
島弧変動　24
踏査　98
動態観測　98, 102
頭部浸食　43
土砂移動現象　36
土石流　4, 82
土丹　115
土地条件図　39
十津川災害(水害)　6, 54, 56
十津川　45, 200
トップリング　4, 16
土木地質学　113
土木地質図　16
苫田地すべり　72
豊岡地すべり　165
豊浜の地すべり　47
ドラック褶曲　74
トレーサー調査　155

な　行

内帯　137
内部構造　68
内部摩擦係数　88
長野県西部地震　78, 206
流れ盤　40, 63, 127, 130, 145, 147, 156, 161, 163, 167, 179, 195, 203, 209
流れ山　33, 36, 80, 81, 84
名立崩れ　47
ナップ　191
成沢地すべり　121
軟岩　9
軟質岩タイプの地すべり　6, 16, 144
仁川百合野町(の崩壊)　50, 75, 214
濁川温泉　81
二次クリープ(領域)　89
二重山稜　18, 33, 67
二上層群　145, 167
抜戸地すべり　121
抜山　154
ネオテクトニクス　16, 18, 138
熱水変質　25
熱ルミネッセンス　30
粘性土　58
粘性土石流　83
年輪年代学　30
能生小泊の地すべり　47
ノンテクトニック　73, 76

は　行

ハイアロクラスタイト　186
排土工　98
パイルナップ構造　191
はぎ取り作用　143, 192
ハザードマップ　9, 124
破砕帯地すべり　6, 7
破砕流動型崩壊　64
磐梯山　4, 6, 85
被圧水　97
ピーク強度　99
稗田山の崩壊　6
非系統的節理群　61
微褶曲構造　179
歪像解析　60, 62
非対称座屈褶曲　157
非対称山稜　63, 156
飛騨外縁帯　140
飛騨帯　140
引っ張りクラック　61
引っ張り破壊　61
氷河　6, 19
氷河性海水準変動　23
氷期(氷河時代)　18, 22, 43
兵庫県南部地震　70, 75, 214
標準貫入試験　107, 174
表土　10
平山地すべり　32, 54
風化　154, 165, 169, 177, 188, 194, 198
風成火山灰層　27
フォーカシング効果　217
不撹乱試料　107
付加体　4, 137, 141, 191
覆瓦重複すべり　70, 165, 166
福知地すべり　145, 152
不整形地盤　217
不整合　64
仏像構造線　194
フラクタル次数　56
プレートテクトニクス　142
プレッシャーリッジ　32
不連続面　115
ブロックサンプリング　116
粉体流　82
分離丘　33, 69

米軍写真　53,54
平行状水系　156
並進すべり　69,70
ベクトル型データ　124
崩壊性地すべり　18,45
崩積土層　10
崩壊余裕時間　90
放射谷　207
放射状クラック　61
放射性炭素年代測定(C^{14})法　29
膨潤　9,163,174
ホートン法　51
ボーリング　98,104
ボーリング柱状図　108
北松　11,40,69
北但層群　144,146
ホグバック地形　63

ま 行

マイクロクラック　181
マイクロ電気検層　174
舞鶴層群　154
舞鶴帯　140
埋没谷　45,210
真幸の地すべり　33
マスムーブメント　41,51,92
棚口地すべり　3,53
御荷鉾変成岩　185
未固結層　10
水のなる地すべり　122
水ミチ　64,65
見玉地すべり　44
宮神地すべり　150
宮城県沖地震　212
民間写真　54
無水掘　108
村岡累層　148
室生地すべり　145
牟婁帯　195
メガブロック　84
メランジュ(相)　16,139,142,191,192,194
盛土　212
モンモリロナイト　163,185,198,214

や 行

山崩　6
山須原岩盤崩壊　91
山手・殿井　201

大和川　167
山甫行　6
誘因　8,10
湧水　116
融雪期　149
歪み速度　89
柚木地すべり　185
抑止工　97
横ずれ断層運動　191
吉野郡水災誌　200

ら 行

ラスター型データ　124
ラテラルスプレッド　166
乱泥流　94
リアス式海岸　46
リーデルシア　72
力学像解析　60
立体視　53
リニアメント　186
リモートセンシング　124,127,131
流動化　116
流動型すべり　166
領家帯　140,194
緑泥石(クロライト)　181,214
輪郭構造　68
リングせん断試験　117
林野庁の写真　54
ルーフスラスト　166
レイヤー　124
六甲山地　56
六甲変動　24,138,173
露頭データベース　127

わ 行

涌池の抜け　46
鷲尾岳地すべり　11,69

編者紹介

藤田　崇　ふじたたかし　　大阪工業大学名誉教授．理学博士．
1935年島根県生まれ．大阪市立大学理工学部卒業，原子燃料公社を経て，大阪工業大学教授．主著に『地すべり―山地災害と地質学』（共立出版）主編著に『丘陵地の地盤環境』（鹿島出版会）『斜面地質学』（日本応用地質学会）など．

執筆者紹介

三田村宗樹	みたむらむねき	大阪市立大学理学部地球
平野　昌繁	ひらのまさしげ	大阪市立大学文学部地理
横田修一郎	よこたしゅういちろう	島根大学総合理工学部
横山　俊治	よこやましゅんじ	高知大学理学部自然環境科学科
諏訪　　浩	すわひろし	京都大学防災研究所
田中　　淳	たなかじゅん	大阪工業大学一般教育地学
太田　英将	おおたひでまさ	太田ジオリサーチ
林　　義隆	はやしよしたか	太田ジオリサーチ
升本　眞二	ますもとしんじ	大阪市立大学理学部地球
加藤　靖郎	かとうやすお	川崎地質
栃本　泰浩	とちもとやすひろ	川崎地質
守隨　治雄	しゅずいはるお	日本工営
原　　龍一	はらりゅういち	日本工営
小川　　洋	おがわひろし	日本工営
波田　重熙	はだしげき	神戸大学大学教育研究センター
石井　孝行	いしいたかゆき	大阪教育大学地理学研究室

書　名	地すべりと地質学
コード	ISBN 4-7722-5064-6
発行日	2002年8月30日初版第1刷発行
編著者	藤田　崇 Copyright © 2002 Fujita Takashi
発行者	株式会社古今書院　橋本寿資
印刷所	図書印刷株式会社
製本所	渡辺製本株式会社
発行所	古今書院 〒101-0062　東京都千代田区神田駿河台2-10
電　話	03-3291-2757
ＦＡＸ	03-3233-0303
振　替	00100-8-35340
ホーム ページ	http://www.kokon.co.jp/

検印省略・Printed in Japan